广 雅

聚焦文化普及，传递人文新知

广　大　而　精　微

博物馆是什么

陈建明

张小溪　著

广西师范大学出版社

GUANGXI NORMAL UNIVERSITY PRESS

·桂林·

博物馆是什么
BOWUGUAN SHI SHENME

图书在版编目（CIP）数据

博物馆是什么 / 陈建明，张小溪著. --桂林：广西
师范大学出版社，2023.6
ISBN 978-7-5598-5985-3

Ⅰ．①博… Ⅱ．①陈… ②张… Ⅲ．①博物馆-建
筑设计 Ⅳ．①TU242.5

中国国家版本馆 CIP 数据核字（2023）第 062263 号

广西师范大学出版社出版发行

（广西桂林市五里店路 9 号　邮政编码：541004）
（网址：http://www.bbtpress.com）

出版人：黄轩庄

全国新华书店经销

广西广大印务有限责任公司印刷

（桂林市临桂区秧塘工业园西城大道北侧广西师范大学出版社
集团有限公司创意产业园内　邮政编码：541199）

开本：880 mm ×1 240 mm　1/32

印张：17.625　　字数：446 千

2023 年 6 月第 1 版　　2023 年 6 月第 1 次印刷

印数：0 001~6 000 册　定价：98.00 元

如发现印装质量问题，影响阅读，请与出版社发行部门联系调换。

设计一座博物馆,并不是从建筑设计开始的。

湖南

陈建明
（博物馆学者）

李建毛
（博物馆学者）

陈叙良
（博物馆学者）

方昭远
（博物馆学者）

湖南省博物馆（2022 年 7 月更名为湖南博物院）

黄建成 **何为** **陈一鸣**
（空间展示总设计） （空间展示设计师） （空间展示设计师）

北京 北京中央美术学院

矶崎新
（建筑总设计）

东京 东京矶崎新工作室

上海

胡倩
（建筑设计师）

上海矶崎新 + 胡倩工作室

杨晓 **赵勇**
（建筑设计师） （建筑设计师）

湖南省建筑设计院

序言

一座博物馆的代表性思维方式是什么？

　　2017年11月29日那个微凉的雨天，我跟随一万多名观众挤进刚刚开放的湖南省博物馆新馆时，断不会去思考例如"建一座博物馆的代表性思维"这种问题。长沙与这座城最重要的文化建筑，经过五年半闭馆的漫长等待，久别重逢。崭新的博物馆，像一个尚未拉开幕布的剧场，每一个满怀期待的人，都好奇迎面而来的将是什么。尝鲜时刻，理应前往，如此而已。我与大多数参观者一样，瞥了一眼通透的落地玻璃幕墙，乘电梯而上进入西汉的生活长卷，再去瞅了一眼湖湘的前世今生，怀抱着在展厅获取的一点新知，盎然而归。

　　那个时候，我尚未听说过"博物馆学"，所了解与博物馆关联的词语仅限于"文物""考古""历史""艺术"。虽然曾作为文化与地理类记者，跟随考古队去过发掘现场，旅行时也断断续续进过不少博物馆，但我知道，我连博物馆爱好者都算不上。漫不经心，浮光掠影，那不是真正地逛博物馆。哪怕认真看文物，未曾关注到其他维度的东西，未曾观照博物馆本体，那么也犹如只抓住了一个

　　　　　　　　　　　　　　　　　　　　博物馆是什么

点，却错失了更重要的"线"与"面"。你对博物馆了解的维度越多，获得的就越多。这是那时候的我，并不知道的。

在一个访谈中，操刀湖南省博物馆①建筑设计的矶崎新大师说，湖南省博物馆的解决方案浓缩了今后中国博物馆的代表性思维方式，它能为其他博物馆提供参考。从空间到展示，尤其是在从古到今这样一个空间的连续与展品的连续上，是超越"Museum"的"Museum"，是"Museum·Plus"。这引起了我的极大兴趣。一座博物馆是怎么建起来的？每个博物馆该如何去寻求自己的"解决方案"？正确的代表性思维方式是怎样的？建筑设计师如何决定空间与外形？博物馆人如何从库房挑选文物，又如何讲述故事？对于未来将要走进博物馆的形形色色的人，设计者是如何为他们着想的？一座传说中的"Museum·Plus"建成的背后，所有参与的人都扮演了什么角色？他们彼此之间有怎样的冲突与困境？而我走进一座博物馆所感受到的模糊的舒适与不适，背后有怎样清晰的逻辑构成？

湘博，就是身边最好的研究样本。了解了一座馆，理论上，也就了解了更多的馆。而湘博的原馆长陈建明，也一直希望有一本书来讲述他与团队是如何思考设计一座博物馆的。他最初的设想是三本书，分别涉及博物馆一体化设计的思想、建设、呈现，这也是本书的原点。探索这些并非易事。一座大体量博物馆的建成需要成千上万人协作，耗时数年，是专业综合性极强的庞大作品。即使仅谈设计，就涉及馆方设计任务书、建筑设计与建筑深化设计、空间与展陈设计等。作为一个不具备专业背景的非亲历者，我只能以不同角色从不同视角去探寻，将一个个碎片拼贴、连线。去日本冲绳拜访矶崎新先生，在上海的建筑工作室与胡倩交谈，最多的是在长沙

---

① 编者注：湖南省博物馆于2022年7月更名为湖南博物院，简称湘博。

本地及大理，同陈建明、李建毛、陈叙良、黄建成、杨晓、赵勇、何为、陈一鸣一一交流。为了避免内容过于庞杂，舍弃了很多本应访谈的人，比如VI（Visual Identity，视觉识别系统）设计者，也是新馆标志设计者韩家英老师等人，他们都是设计环节不可或缺的人。博物馆是一幕时光巨制，在访谈里我努力去窥一个概貌。原本只是旁观它，走近它，最终自己可能也成了剧中之人，这是它的奇妙之处。

访谈跨度长达近三年。当然它不是必须要这么久，但在这断断续续拖延的时间里，最后我们的访谈方向发生了大的转变。最初，其实是局限在湘博本身的构想、设计、建设与最终呈现，以及这个过程中的经验、困境与遗憾。但随着内容的深入，以及从将信将疑到真正认可了它的代表性，便试图从一个点走向更广阔的探讨，希冀它的思索能影响到未来更多博物馆的建设。

访谈开始时湘博已开馆。我们关注一个新馆，容易从具象的入手，比如矗立在那儿的建筑，比如展厅的展陈。最初，我是带着表象的参观印记，带着普通人易有的质疑与挑剔，甚至带着种种传言去求证的。我们看到的是"结局"，从结局去追问，当事人可以跟你描述曾经的出发点，以及路途上转过了几道弯，对比起点与终点，发现有些依稀是最初的样子，有些早已面目全非。

新馆建设伊始，湘博在门口中欧贵宾楼顶架了一台照相机，每天定时拍摄，一小时一张。存档的两万多张原始图片，是清晰的历史。从当年老陈列大楼拆除开始，慢慢变成一个大坑，再从大坑里立起钢筋立柱，长成一栋新博物馆，五年半时间哗啦过去，看着一栋楼在两万多张照片里是怎么长起来的，确实充满生命力带来的震撼。

能拍到的建设过程，只是施工层面的事情。决定一个馆的格局的元素、设计思想的生长与变化，都无法拍下。而最生猛、最有意味、最有价值的，恰恰是这前期的思考、激荡、博弈、求和。在这本访谈里，我们更想回到湘博的"孕育"阶段。它不被看见，但最有价值。

它是关于湘博的，又不仅是关于我们眼前这座博物馆的。我们可以理解为有一座实体的湖南省博物馆，同时有一座虚拟的湖南省博物馆。我们试图复盘到它的完美设想状态，看看曾经人们想让湖南拥有一座怎样的博物馆。这几年，越来越多新博物馆、美术馆开馆，去观察它们的状态与呈现所折射的博物馆思想，再回头看湘博最初的设计思想，虽然已是十多年前的产物，可放在今天依旧是真正当代的、前沿的，真正符合博物馆本质与发展方向的。

在2021年的秋天，我看到长沙一位很资深的看展迷感慨长沙与上海的展览差距，赞叹上海西岸美术馆开设的专门的儿童工作坊，工作坊不仅根据每个展览专设了主题，而且所有桌、椅、洗手台都贴心地设置成孩子们适用的高度。那一刻我很想告诉她，在你身边有座博物馆十多年前就设计了3000平米的教育中心，依据不同年龄孩子的身高设置了桌椅与洗手台，以及有着专门的学生入口、学生流线等贴心细节。几年前我是忐忑的，我不能判断放到大的坐标中湘博是否是一座有标杆性质的博物馆；如今我敢肯定，哪怕把观察尺度放长，把地域扩大，这本访谈里呈现的理念，每一处的初心与用心，都立得住。如果它具备这样的普适性，那么，当我们在谈论初始的"虚拟"的湖南省博物馆时，是试图在谈论未来更多的博物馆。

没有一个博物馆是完美的博物馆。哪怕是虚拟的设想中的，也存在认知的局限，或者过于理想主义与书生意气。现实的博物馆就更不用说了。它跟博物馆馆长的眼界与思维、当地经济实力，甚至上级领导的观念都深具关系。一个地方能拥有一座怎样的博物馆，人为因素影响很大，诞生的时机很重要。背后皆有复杂的背景、多维的生态，博物馆就在不断的妥协与合作中最终形成一个集合的生态载体。在湘博的案例上，可以清晰地看到在最初的设计与最终的呈现之间留下的遗憾的鸿沟，衰减与变形本就是常态。在跌宕起伏的剧情里，我看到了做事的不易，也看到了坚持的力量，看到了参与者发光的底色与情怀，也看到了难免的局限与无奈。承认它的复杂，也承认它的不完美，就好。它们诞生在这个时代与这个城市，就有这个时代与城市的烙印，难以越过当下的种种，就当是宿命。从此我在看待每一个新馆时有了更多的宽容，比如2020年开馆的南方某省博物馆新馆，依旧是一座传统的经典型博物馆，从建筑到展陈都鲜有突破，但在服务设置上已很完备，背后一定有它之所以是这个样子的"土壤"。我会尝试去想每座已建成的不完美的博物馆与美术馆背后，都有哪些属于自己的"未建成"。

"未建成"，是湖南省博物馆主建筑师矶崎新先生提出的著名概念。很多人误以为他的意思是——未建成的才是最好的。并非如此。他只是认为那些因为种种原因而未建成的但非常有价值的设计，也是构成建筑史必不可少的一部分。"未建成"在某种含义上，是说它超越时代，此间不可能建成，但必将照耀未来。在写这本书的过程中，我想，陈建明馆长应该深刻理解了"未建成"的深意。超越当下的设计，最是难以百分百实现的，但最初"法乎其上"的思考，值得被记录与书写。那些已建成博物馆的"未建成"部分，留待他人讨论与思考，或许对未来将建成的博物馆会有所启发。

中国的博物馆建设热潮还在继续。虽然西方博物馆已经积累如此多可借鉴的经验，我们本土实践也日趋丰富，但根本的问题似乎依旧没有解决。有人撰写过一篇题为《为什么中国有数百个空空如也的博物馆？》的文章，让人心有戚戚。很多地方修建新的博物馆，只是因为当地"需要"一座博物馆。人们的重心大多在盖一座房子。至于博物馆是什么、当地需要怎样一座博物馆、博物馆怎么定位、藏品如何征集、未来如何运营、如何突出教育性与公共性等一系列问题，在建馆时很少有人思考。很多博物馆在盖好时，尚没有博物馆专业的人参与进去。这样盖起来的，只是一座没有灵魂的建筑，也是对社会资源的巨大浪费。在访谈中，陈建明馆长常常充满忧思。他想大声地对主管者说，建一座博物馆绝不只是盖一座房子。在看了国内诸多博物馆后，我也有同样的忧愁。我们共同的心愿是，但愿这本访谈可以给一些受托建设博物馆而没有经验的人提供一个系统的思路、一个明确的方向。湘博关于博物馆的思考、一体化设计的实践，可以给未来建馆与用馆的人一点启发与经验，尽量避开雷区。说到底，是要相信专业。专业的博物馆需要交给专业的具备博物馆学先进理念的人去做，将博物馆涉及的各大体系思考透彻再去设计与建设，才能成就一座真正的博物馆。

听上去这不过是常识。但有时候常识是何等珍贵与稀缺，执行更是艰难有加。

我在整个访谈过程中，也进行着常识的积累。其中一部分常识来自书中的访谈对象，他们有一个共性，即热爱自己的事业，一生专注于自己的领域，而他们所从事的博物馆、建筑、设计领域，决定了他们必须观照广阔的世界。他们专业、清醒、有趣，是对社会充满责任感的理想主义者，又是对自己所处位置有清晰认知的人，不回避矛盾，也有自己的妥协。一个个充满个性的人，时而尖锐，时而温和，该自傲时自傲，该谦逊时谦逊，就这样变得鲜活立体。其实最初这本书是没想做成访谈录的，但最终还是决定做成访谈录，是因为访谈录呈现的思想虽然不够成体系，也不一定完整，但可以足够真实与坦诚。我只是一个好奇的提问者，他们就坦然地坐在这儿，跟我耐心地说着并不宏大的故事。它是流动的、亲切的。我喜欢这种流动中隐藏的力量，也想保留这份鲜活与坦诚。希望所有读者也跟随我而认识到更真实的他们。可以说，他们每个人都成为我开启新学科的钥匙。在时间的堆叠里，博物馆学的认知在不断构筑，对建筑与展览的理解也不断变化。三年时间，心里有一座博物馆从废墟中悄然建起。它从此成为我进入博物馆的"认知工具"。与此同时，这三年，据不一定精确的统计，我走入博物馆与美术馆138次，看展超过300个，足迹遍及近30个城市。矶崎新先生在中国留下的建筑我基本都去实地造访过，也特地留意了近些年诸多建筑大师在国内设计的大型公共文化建筑。做这个访谈，未必一定需要去看这么多博物馆。但有了这些观察，我可以将访谈中现学的理论应用到各个场馆与展览，同时可以将湘博放在一个更大的坐标上去观察、对比。作为一个行外人，也只能靠这种笨拙的方法去接近博物馆，而看到的种种现象，让我更加确定访谈里所提到的"系统思考"在当下的价值。

　　到今天，我可以确认我热爱博物馆，是一个真正的博物馆爱好者。我既可以保持距离审视每一座抵达的博物馆，又可以更快更深入地进入一座博物馆、利用一座博物馆，在其中获得纯粹的愉悦。这是这次博物馆访谈之旅给我最大的馈赠。我相信每一位看完本书的读者，在掌握了书中所涉及的体系以及对博物馆的理解后，都可以如我一样获得进入博物馆的"认知工具"，从中得到加倍的乐趣。

　　必须得承认，虽然有很多现实与体制的忧思，但博物馆人的努力，我们也是能够清晰地感受到的。博物馆之间的展览与服务已相当"内卷"。越来越丰富的序列与形态出现在琳琅满目的展览中，很多展览不只有图录、策展人导览、语音讲解，还匹配了一系列讲座，针对成人与儿童分别设计互动活动，有非常立体的呈现、阐释、延伸。2021年长沙市博物馆的法门寺地宫临展甚至研发出相应的剧本杀，穿着古装的玩家在展厅里通关，不断拓展着边界。

　　因为新冠疫情的阻隔，博物馆也加快了网络应用的步伐，只要你有心了解，就会发现有无数便捷的途径，可以让你共享与博物馆有关的一切。你可以坐在大理的院子中，看大英博物馆的多位专家走进各个展厅讲述他们的故事，可以听许杰馆长在大洋彼岸讲述如何策展，也可以跟全国各地不同的爱好者分享同一个画展二刷三刷后新发现的有趣细节。逛博物馆成为日常后，生活变得极其宽广且有质感。

关于博物馆的话题可以无穷无尽，一座博物馆的建设与运营也无法穷尽。每天都有新的博物馆开馆，每天都有可能涌出新鲜的"玩法"。要声明的一点是，我们并非没有关注到新的东西，但是在这本访谈中想呈现的，是趋于本质与核心的一些话题，它们不时髦，甚至看着有些"守旧"与不合时宜，但这是基于陈建明馆长等人对博物馆界的一种提醒。无论拥有多少花样，最终一定要记得，什么是博物馆，什么是博物馆展览，体系如何建立，这是基石中的基石。基石稳固，才可以更加放开去"玩"，而不会迷失。这也是本书明明是讲一座博物馆如何设计与建设，最后却定名"博物馆是什么"的缘由。

一座博物馆从设想、设计到建成，是一个不断衰减的过程。一本访谈录所能呈现的又不及百一，而从设想、架构到出版，也是一个不断衰减的过程。我不能完整呈现设计者们的想法，甚至不可能完整表达自己的想法。最终，只能接受这种衰减。还好，里面有很多真正的思想，但凡未来，它能给任何人一些启发，给任何一座新建博物馆一些方法，它就是值得的。

希望未来我们每一座博物馆，都面目清晰，温暖坚定。

希望每一座城市的人们，都能拥有自己真正的博物馆。

热烈拥抱，尽情享受。

张小溪

2021年11月于大理

目录

PART ONE

如果我有三天光明，其中一天要去博物馆。这一天，我将向过去和现在的世界匆忙瞥一眼。我想看看人类进步的奇观，那变化无穷的万古千年。这么多的年代，怎么能被压缩成一天呢？当然是通过博物馆。

——海伦·凯勒

坐标

博物馆馆长说

原湖南省博物馆馆长（曾主持新馆的设计与建设工作）

———

陈建明

访谈者手记

博物馆的主题

　　2018年，我第一次注意到当年的国际博物馆日的主题——"超级连接的博物馆：新方法、新公众"。2019年的主题是"作为文化中枢的博物馆：传统的未来"。我意识到博物馆日的主题在宣示当下博物馆界对自己社会角色的定位。为了理解博物馆，我回看了历年国际博物馆日主题与每一次国际博协大会主题，它们相当于提供了诸多"关键词"。这些"关键词"串起博物馆学的发展脉络，以及博物馆界的追求与使命，关注点从微观的博物馆具体工作逐渐转变到博物馆的宏观意义层面。从1971年第9届大会至今，大会主题基本平均交叉分布在博物馆与社会、博物馆与遗产、博物馆与变革、博物馆与文化这4个话题中，这也体现了博物馆行业的整体发展趋势。其间非常突出博物馆所承担的社会责任，包括国际博协关于博物馆的定义里，有一项一直没变，是"博物馆是为社会和社会发展服务"。

我必须承认，我当时是惊讶的。博物馆关注的向度与使命远超此前我对它的理解。关注社区，关注传统的未来，关注全球化，关注如何为社会变革和创新提供动力，关注如何致力社会的可持续发展……将自己作为文化中枢的博物馆，赋予了自己诸多使命。它努力地在呼应社会不同阶段的问题，试图去迎接，去思考，去促进，去连接。当代的这些博物馆认为空间正在重塑，博物馆具备影响社会的潜力，特别是在促进平等，消除偏见和包容愈趋多元化、民主化的价值观这些方面可以做出独特贡献。博物馆不再局限于一个固定的建筑空间内，也早已不是沉睡的封闭的场所，不是堆放珍宝的黑屋子。它演变成具有多重身份的角色，拥抱着整个世界。在当下，它是将社会、公众、艺术、历史相连的连接口，是戏剧的空间，是人类情感的容器。它呈现出非同寻常的人文关怀与社会亲和力，成为交流的大平台。它变成一种思维方式，一种以全方位、整体性与开放式的观点洞察世界的思维方式。

　　这样说，看上去是不是有将博物馆无限拔高的嫌疑？是否会让人质疑博物馆赋予了自己过多本来不属于自己的使命？尤其是在博物馆事业发展不平衡的中国，在刚刚开始步入博物馆的我们看来。但回溯整条脉络，就能发现其中的落差在于发展阶段的不同。我们既处于初始的专业修炼、夯实基础阶段，又同时不得不面对铺天而来的新潮流，背负还不足以肩负的使命。其中会造成诸多的脱节、错位，造成浮华背后的隐患。

　　理解了这个背景，更能理解博物馆人的思考与忧虑，更能理解陈建明馆长为何会一次次追问什么是真正的博物馆。

　　每一次博物馆建设，原本应该都是一次重温博物馆定义的机会。但是很多博物馆没有把握住这样的机会。

　　一座真正的博物馆应该怎么建？这是每一位馆长面临的重大课

题。世间没有捷径，不可能省略前面的步骤直接抵达终点。只能不断吸收养分与经验，去浇灌属于自己的花朵。陈建明馆长在自己的博物馆实践中，总结出"六大体系"，每个体系都建立在一次次追问什么是博物馆之上。只有对博物馆本质有着深刻理解，对运营有着清晰架构，在多年实践中不断总结与更新，才能清楚地梳理出这些体系。这是一个闭环。

在造一个博物馆之前，要完成所有这些顶层设计。我更愿意称之为"看不见的设计"，它至关重要，却往往缺失。走进每一座新开的博物馆，有经验的参观者都能清晰感受到这些"看不见的设计"是否到位。唯愿未来，中国每一座新建的大大小小的博物馆，在建筑设计开始之前，都已经思考清楚这"六大体系"，甚至思考这个基础体系之外的更多细节，建起一座座"真正的博物馆"。

Talk 1

文化坐标上的
博物馆

作为理想主义者的馆长陈建明

"您去过世界上多少座博物馆?"我问陈建明馆长。

"513座。"他很精准地回答。

我似乎看见他规规整整地记录着所抵达过的博物馆。正是这些形形色色的博物馆,开阔了他,滋养了他,启发了他,最终他将所吸收的眼界与思想,用在了自己的实践之中。

陈建明,曾任湖南省博物馆馆长达15年,也当选过中国博物馆协会副理事长,国际博物馆协会(International Council of Museums)区域博物馆专业委员会副主席。从1975年在雷锋纪念馆当讲解员,再到1982年从武汉大学历史系毕业后进入湖南省文化局参与博物馆管理,2000年成为湖南省博物馆馆长,他的一生,都沉浸在博物馆事业之中。他系统地组织翻译与引进国外博物馆学丛书,梳理中国博物馆百年发展历史,也努力去探索、构筑博物馆的顶层学科。可以说,他是中国少有的一辈子从事博物馆实践,且将实践与理论真正结合的博物馆学者。他在2000年后带着湘博抵达了一个高峰,在2008年首批中央地方共建国家级博物馆中,湘博排在第三位，便是对他最大的认可。他说，此中原因无他，只是湘博开始理解了什么是真正的博物馆。

　　某种意义上，馆长决定了一个馆的格局。新馆的建设，或者老馆的改扩建，更是能见一个馆长的真章。对于这个重大考题，陈建明交出了自己的答卷。他在不断思索，博物馆是什么，博物馆的使命与宗旨是什么，湖南省博物馆是什么，博物馆建筑是什么……在不同的时期，这种思考在不断深入与拓宽。访谈的这三年间，在长沙，在大理，我一次次听陈馆长谈起他的博物馆，每一年他都有新的思考。他总是站在人类文明的高度去思考，建筑的最高境界是什么，博物馆的最高境界是什么……有时候，一天长达10小时的交谈，他说至喉咙沙哑。说起博物馆，他永远有说不完的话。我相信很多话，他在建设新博物馆时，曾一遍一遍跟他的团队、他的合作伙伴强调。他必须做一个"传道士"，让所有人理解博物馆的本质，才能一起前行。

　　陈馆长的忧思与追问让我想起马丁·斯科塞斯导演。斯科塞斯担心只看过漫威电影的年轻人，以为那就是电影，这些电影带来兴奋，但却没有阐明人类精神的渴望和复杂性。他渴望的是在一个拥挤的老剧院里看《后窗》的那种非凡体验：它是观众和电影本身之间的化学反应所创造的事件。他一再重提"电影是什么"。"电影是关于真相的——美学、情感和精神上的真相。它是关于人的——人的复杂性和他们的矛盾，有时是矛盾的本性，他们可以互相伤害，互相爱护，然后突然面对自己的。它是银幕上的意外，在生活中被戏剧化和解释的，并扩大到艺术形式中找到可能的意义。"电影是什么？博物馆是什么？文学是什么？放在更大的范畴里去看，在这剧变的时代，很多行业的守护者可能都在发出这样的疑问。

　　作为"守护者"的陈建明馆长，有着专业上的认真与深切，又有着某种理想主义的天真。他曾经以"大胆、先锋"出名，有时候他又出奇地"保守"，对时髦、先锋、新潮流保持着警惕，在以下的访谈中，你甚至可以看到在某个话题上，他有着一份近乎"守旧"的坚持，这些看似矛盾的表象背后，我想其实只有一个衡量标杆——这事符不符合博物馆的本质。

他有他的荣光，也有失落；有他的骄傲，也不乏自省；有热切的期望，也有深深的忧虑。即使退休多年，作为永不退休的专家，他依旧精力充沛地活跃在博物馆界，关注新的发展，也将自己的经验带到更多的地方。他惧怕在社会的或博物馆的高速发展中，如果对博物馆理念了解不够透彻，思考不够深入，中国博物馆将被时代裹挟前行，"航行在没有航标的河流上"，未来将去向哪里，他不知道。他担忧局部的止步不前，也担忧开倒车的可能。学历史的人，看事物的尺度往往不一样。这些说法颇有一点不合时宜，却是一个老博物馆人的赤诚。其实真正的对话远比书中呈现的犀利直接，爱之深责之切，我见过他很多的愤怒与尖锐，但他更愿意去温和地批评，更愿意去建设去鼓励，毕竟于他，要的不过是一生耕耘的博物馆事业可以更健康地发展。我们依旧习惯喊他馆长，是不是馆长早已不重要，他是永远的博物馆守护者、传道者。虽然偶尔，一副黝黑花农模样坐在高原玫瑰庄园里利索地擀皮做饼的馆长，称自己的理想其实是打理一个农庄，但我知道他最适合打理的，也将持续耕耘的，还是博物馆那"一亩三分地"。

某种程度上，博物馆已是他的信仰。在他眼里，博物馆关乎人的终极目标，那就是幸福。"欣赏博物馆、利用博物馆，是真的能提高幸福指数的"，他一再强调，这是真的。

这三年中，我频繁地出入博物馆与美术馆，在一次次获得的愉悦中，我认可了这句话。

迷思：
"不在场"的博物馆专业

张小溪×陈建明

张小溪：陈馆长您好，我们的访谈，是赶着一股"博物馆热潮"在进行的。一些省宣布自己要建1000座博物馆，或者很多城市宣布自己要建博物馆之城，感觉中国博物馆进入了高速发展阶段，作为局外人甚至感觉到了一点"魔幻"，您作为业界人士是什么感觉？

陈建明：过去常常看到这个说法，人均GDP达到6000到8000美元，对文化的需求就会井喷，看来此言不虚。这十多年间，事实上中国博物馆的发展已经进入爆炸阶段。2021年中国备案博物馆数量达到6183座，疫情（新冠疫情）前的2019年参观人次达12.27亿。更多的馆正在建设或即将建设，比如我们所在的长沙，应该至少有50座博物馆。国家文物局的一位领导还曾撰文说，中国还缺几个国字头的大博物馆，我们没有大型的国家自然博物馆，也缺国家考古学、人类学博物馆，缺国家当代艺术博物馆，甚至中国国家设计博物馆也是亟需的。中国从农业社会到工业社会，改革开放40年的设

博物馆是什么

计印记，再不收集就又消失了。从航天航空器，到港珠澳大桥设计，有多少应该进入博物馆留下的东西！不然中国近两千万设计专业研究者、学习者、从业者，去哪里学习，去哪里看设计历史？

国家提出到2025年，形成布局合理、结构优化、特色鲜明、体制完善、功能完备的博物馆事业发展格局，到2035年基本建成世界博物馆强国。这是好事。但作为一个老博物馆人，我最担心的是，我们的建设是如此迅猛，投资是如此巨大，观众需求是如此强烈，但如果对博物馆的理念不够理解，对它的思考不够深入，老一套的博物馆方法并不能适应今天，照搬的国外博物馆经验也不一定适用中国，那么我们只会被裹挟前行。说得严重一点，中国博物馆这艘巨轮如果航行在没有航标的河流上，那将是十分危险的。在建设的"大跃进"里，一些地方可能建了无数博物馆，却连一座真正的博物馆都没盖好。所有一切都应该建立在"博物馆是什么"之上，路才不会走偏。因为博物馆太重要了。博物馆关乎人的终极目标，那就是幸福。欣赏博物馆、利用博物馆，是真的能提高幸福指数的。但那要是真正的博物馆才可以。

张小溪：您提到要建"真正的博物馆"。但历史上对"博物馆"的定义一直在发生变化，2019年国际博协京都大会又在重新定义，博物馆界是否依旧没有达成共识？

陈建明：业界一直存在很大争议，2019年3月中国博物馆协会在常州开会讨论博物馆定义时，中国博物馆界意见也不一致。从1946年国际博物馆协会成立时第一次定义博物馆，到京都是第九次修订。这一方面反映出博物馆在全球范围的蓬勃发展、日新月异，理论探讨和总结需要跟上实践快速发展的步伐；另一方面，则反映出博物馆人对自己到底是谁还充满了疑惑，特别表现在定义的核心要素仍然处在飘移之中。因此，"认识你自己"仍是博物馆的首要任务，正如蒙田所说，"世界上最重要的事情就是认识自我"。

京都大会提交投票的新定义是："博物馆是用来进行关于过去和未来的思辨对话的空间，具有民主性、包容性与多元性。博物馆承认并解决当前的冲突和挑战，为社会保管艺术品和标本，为子孙后代保护多样的记忆，保障所有人享有平等的权利和平等获取遗产的权利。博物馆并非为了营利。它们具有可参与性和透明度，与各种社区展开积极合作，通过共同收藏、保管、研究、阐释和展示，增进人们对世界的理解，旨在为人类尊严和社会正义、全球平等和地球福祉做出贡献。"

投票定义公布后，24个国家公开表示反对，中国弃权。这个投票最终流产，在国际博物馆协会大会上也是第一次发生这种情况。其实，一个世界上最大的博物馆专业组织一直在折腾定义，这是反常现象。哪个学科一直在折腾定义？博物馆确实是交叉性很强的学科，但在我们对宇宙深处与微观世界的认知愈加深入的今天，为何会难以对与人的生活发生密切关系的博物馆下定义？这是把使命、宗旨、阶段性目标跟定义混为一谈。比如人，我们如今会讨论21世纪信息时代人应该怎样，而不是重新讨论"人是什么"，除非发生了物种改变。一个定义包括内涵与外延，内涵是不能更改的核心，而外延可以涉及较大范围。

把"艺术品和标本"删掉，这段新的"定义"也适用于其他机构。淹没了博物馆的本质，模糊掉了核心点。这是在消解定义。

真正有价值的，只有"为社会保管艺术品和标本"，也可以说"保管人工制品和自然标本"，这才是核心。博物馆发展到今天，就是公共保护和利用人类遗产（包括自然与文化遗产）的一种社会组织机构。

京都投票前，中国博物馆协会在常州开会讨论，我们认为核心要素还是"物"，可以表述为"物证"，可以表述为"文化遗产与自然遗产"，博物馆物的存在，是客观的存在、文化的存在。文化有个特质，它核心的东西在，又不断地产生新的。每一代人，都有共同的东西，又创造很多不同的东西。通过学科的建设，不同的知识分类，拣选出有代表性的搜集起来，就是存储文化的基因与片段。这种文化的基因与片段，是生成文化发展的条件。博物馆在全世界要么归于文化（领域）要么归于教育（领域），是对的。没有放在科技（领域）里，包括科学博物馆也放在文化与教育（领域）中，实际上它就是由人的文化的存在直接构建起来的。

美国博物馆联盟有个"大帐篷政策"，凡是说自己是博物馆的，我就算你是博物馆。即使你没有藏品，即使你是营利性社会企业，只要你叫博物馆，我都欢迎你来，在我们这里有各种各样的主张与各种各样的博物馆。他们不太承认科学意义上的博物馆学，更注重实物的应用与技能，讲究教育功能。他们的博物馆学一般被称为博物馆研究，第一课就是讲如何筹款争取经费，教你生存技能，怎么策展，怎么包装、运输、签保险合同与运输合同等，实用主义特色展现得淋漓尽致，定义不好下就不定义了。而欧洲尤其是法语圈，是一天到晚讲博物馆的定义，比如什么是博物馆、什么是博物馆物……讲很多大家听不明白的东西。这是两个极端。我们受两种流派的影响。

张小溪：找不到共识会有什么后果？谁都可以用博物馆的名义？图书馆、美术馆这些不叫博物馆的本质上是博物馆，而现在很流行的"失恋博物馆"、卖香水的"气味博物馆"其实不是博物馆。这样下去大众会非常迷糊。

陈建明：博物馆学如果自己讲不清楚自己是谁，到底是做什么的，就不能获得真正的支持与社会认同，甚至可能走偏。找不到共识，就会泛化与异化。

博物馆在中国存在了100多年，但实质与内容还是不太清楚，没有成系统。受日本影响，又没理解日本人怎么给它归类。中国现在（的博物馆）分成博物馆、科技馆、科技中心、艺术馆、美术馆，其实英文名都是Museum，但中文名让大众有了误解，没有形成合力，以为科技馆、美术馆不是博物馆，其实只是博物馆的不同类型。包括名人和烈士故居，如杨开慧故居，同样也是博物馆。动物园、植物园都是博物馆，有展览有收藏的图书馆也同样是博物馆。这是国际通行的看法。

在中国还没有形成这样的共识。公共知识领域仍缺乏对博物馆是什么的共识，因而就难以上升为国家意志，即通过制定博物馆法来规范和指引全国博物馆的建设与发展。甚至有著名博物馆学者认为植物园与动物园不是博物馆。怎么不是呢？同样也是物的解读，同样是读无字之书。植物园也有研究，有品种培育，还办各种花展，体系很完备。比如纽约布鲁克林植物园，门口挂牌提示："布鲁克林植物园是一座活植物的博物馆。"走进去果然如此，幼儿园的女孩儿认识花朵，男孩儿看蛐蛐、兔子，理解动物与植物的共生关系；高中孩子穿着白色专业服装研究孢子花粉。一个植物园，针对不同的人群，从不同的层次，做着普及型的教育。

加拿大温哥华海湾有一个白石镇，以前太平洋铁路会从镇上海边经过，如今废弃的小站改成了白石镇博物馆与档案馆，收集镇上的各种日常物品，比如1890年代一张网球比赛的照片，前面放一个古董网球拍，一个网球，外来客人可以看到1890年代小镇居民的生活样貌与品质，当地年轻人可以看到先辈怎么生活。这就是博物馆

博物馆是什么

的功能。

博物馆可以有千百种形态，但一定有一个核心是一致的——就是它的"基因"——那就是"物"。所以可以给博物馆一个反定义——凡是不以物为核心工作对象的都不是博物馆。

当然，现代社会对博物馆还有一个定义：凡是不以物来达成公益，不以非营利教育为目标的也不是博物馆，可能是马戏团。同样是熊、狮子，在动物园以教育为目的，死后制作成生物标本的，与抓去以娱乐营利为目的表演的，是有本质区别的。

为何植物园、动物园可以算进来呢？我们还要注意一点，公共博物馆、公立图书馆、公立植物园与动物园，都是同时产生的，是欧洲现代化的产物，脱胎于王公贵族出于个人爱好与好奇的本性，去搜集与研究各类东西的活动。中国也有同样的收藏史与教育史，有藏古玩、藏书等，但欧洲近代国家产生后有个根本性的改变，就是物的解放与人的解放。

资本主义社会的产生天然需要受过教育的劳动者和有知识的公民。而要培养公民，需要一系列的建构，其中包括博物馆、动物园、植物园这些公益建设，用马克思的话来说，就是真正培养人的全面发展的。当时很多植物园都是资本家捐助，以教育为目的，免费开放的。

说到底，认知束缚了我们，博物馆发展的不平衡，特别是博物馆理念的缺失，导致了（我们）对博物馆认知的局限。比如故宫是个博物馆，那它的博物馆物是什么？哪怕它的建筑里空空如也，它也还可以是故宫古建筑博物馆。

张小溪：环顾中国，省一级的大型博物馆在这十多年里基本都完成了最新一轮改扩建。我以为在今天讨论"如何建一座博物馆"

已是一个过时的话题。但这两年有不少地方请您去做讲座，或者需要新建与改扩建的博物馆请您做顾问，核心还是讲"如何建一座博物馆"。看来大家都知道要建，但对怎么建还是有诸多疑问。为何到今天"如何去建一座博物馆"还是一个值得一再讨论的新鲜话题？或者说，这是博物馆发展过程中一个"永恒的话题"么？

陈建明：我是经常被邀请去讲怎样建设一座博物馆的。但我一直大声说的是：博物馆是一门专业。先要知道博物馆是什么，才能去讲怎样建设博物馆，才能去讲建筑、展陈设计等。而不是一开始就是建房子，一开始就做展陈，而且是委托展览公司做展陈设计，这不是建博物馆。

可以拿湘博作案例来谈论中国的博物馆与博物馆建设，是有原因的。回顾这20年的历史，它是21世纪初中国博物馆的优秀代表之一，朝着正确的方向在走。2008年一刀切的免费开放是一个转折点。在这种背景下开启的湘博最新一轮改扩建已经是十多年前的事情，但依旧可以当作一个典型案例来剖析。它有基于它的历史与发展，基于博物馆学理念的探索实践，同时它也是传统国字头博物馆的时代缩影。

为何今天还要不断地反复讲博物馆是什么，其实还有一个敏感的问题。如果简单说，就是博物馆如何把控好政治与业务的关系。今天的博物馆并没有比一二十年前进步，甚至在某些方面还是"倒退"的。意识形态是不能放弃的阵地，但我们应该坚持专业诉说。我并不是批判现在的博物馆发展，而是很想将博物馆的基础与专业讲清楚。总体而言，博物馆是一个发展中的事物，博物馆学是一个构建中的学科，但都应该朝着正确的方向前行。我们现在面临的发展困境，从客观角度来说，也许可以借用狄更斯的那句话：这是"最好"的时代，也是"最坏"的时代。好就好在都知道博物馆是个好的东西，坏就坏在博物馆到底是个什么东西，已经没有客观标准了。

张小溪：除去意识形态的问题，在博物馆专业内似乎也没有形成共识？

陈建明：现在的问题是，我们的"事"太多，"业"太小，专业人员太少。各种力量涌进来，专业就容易被绑架，被权力绑架，被资本绑架，如今甚至被所谓高科技绑架，新科技不是用于服务博物馆，而是凌驾于博物馆之上。这都是当代博物馆建设与发展所面临的问题。

博物馆实际是整个现代化公共体系建设的一个部分，公共体系建设包括公园、图书馆、博物馆、大学、中小学、幼稚园等，都是现代化国家建构的重要部分。

而资本与生俱来带着的一些东西会有负面作用，这是资本的本能。资本需要由民主制度来制衡。民主制度需要合格的有现代意识的公民（来维护）。卡耐基说民主的摇篮非公共图书馆莫属，我早在一篇文章里加上了一句，"博物馆与公共图书馆同是民主的摇篮"。公共图书馆与博物馆是真正的亲兄弟，同质事物，唯一的区别是载体。它们不仅仅传播知识，也都是文化记忆的载体与场所。其实应该是三兄弟：图书馆、档案馆、博物馆。尤其中国是有史学传统的，一直有官家档案，但它是为官家服务，还不是为公众服务。公共档案馆的出现，使民众不只是可以去寻找一些档案线索，还有权去查政府的决策是什么，谁发言说了什么，这实际是一种制约。比如马王堆当年的挖掘，按照道理，所有公民都可以去湖南省档案馆查相关资料。

张小溪：博物馆与公共图书馆都是民主的摇篮，恐怕现在大多数人不会有这种认知。而在建设这个"摇篮"的过程中，据我所知，因为我们的大型博物馆大多为国有而非私立，现在一般由城市的城投公司负责投资建设。常见的现象是，某博物馆新建的几万平米的大馆，是由城投公司找一家咨询公司写可行性研究报告的，往往在已投入十几个亿建馆的时候，都还没有博物馆专业人士参与其中。在湖南也有类似现象，比如投资近10亿的某博物馆，建筑已建好，尚不知该馆如何定位，如何运营。这样做出来的博物馆，很难（让人）相信会是一个合格的博物馆。网上的信息是这个博物馆2020年已开馆，可以说没有太大的社会影响，我没有去实地看过，网上查看展览板块，至少可以判断显得非常单薄。这种"专业不在场"的现象在今天的中国是不是较为普遍？它可能造成什么样的后果？

陈建明：建博物馆远远不只是建一座房子。博物馆的设计与策划，对当代博物馆的发展极其重要。你刚提到的"专业不在场"，那就是因为大家认为博物馆专业是可有可无的。而这种专业的缺失，就容易造成博物馆的空心化与异化。如果博物馆本身不提出功能需求，不做好展览方案，全部委托社会单位去做，就会展览馆化。就和电影院一样，具备放电影的基本条件，哪部电影都可以来放映。

你刚说的那个博物馆，似乎是一个可以讨论的案例。财政投9个亿建设，从立项，到2015年开始正式建，居然没有一支博物馆专业团队在里面。

博物馆建设，从一开始，你要先确定自己的定位，什么类型的博物馆，你要怎样建立收藏体系，根据收藏体系再推演展陈体系、教育体系、服务体系，然后才能去做建筑平面功能区分。这一点都没想明白，你如何建设博物馆？展陈方案审评时，当地一位新任领导说，不对啊，这个馆没有顶层设计。他说到了重点。

　　　　　　　　　　　博物馆是什么

这家博物馆在我看来可以定位为自然历史博物馆。自然历史里包含了人。那么我们可以讲这个自然区域的源起与未来，讲人文历史，讲自然生态，这些还是可以自成逻辑关系的。这个馆后来好像一部分划给了规划馆，还有水族馆与鸟类馆。水族馆可以满足人们特别是少年儿童的好奇心，但大多是商业展览行为，与博物馆的专业使命不一样。自然类的博物馆，与历史博物馆的展示完全不一样，第一要有活体标本，第二要有专业饲养员与专业研究员。这个鸟类馆包给展览公司，从方案到标本采购、设计制作，全部是外包的。展览公司做的是可以放在任何场馆展出的鸟类标本展览，讲述的是所有鸟类，包括森林鸟类和海洋鸟类。一个大湖博物馆为何不只收集、研究和展示本区域鸟类？说穿了，这不是在建一个大湖博物馆，而是一个建在大湖边的展览馆。

其实这个博物馆位置非常好，有200多亩土地，完全可以做一个专业的室内馆，同时利用美丽的湖滨，用与湖有关的实物等做一些户外陈列。

也许，由于博物馆专业的缺失，这个博物馆免不了几番折腾。据说又在重新设计博物馆的展陈了……

张小溪：这是不是也属于您讲的"异化"？

陈建明：就是一种异化。因为专业的缺位，中国博物馆异化很厉害，要走的路还很长。现在有个现象，好像大小博物馆都变得不能单独生产一个产品，基本产品和服务都社会化外包。社会化分工的原则是什么？你得先有个主导与主体，用不同的服务与产品来弥补自己。你必须是一个独立体，不然你的核心竞争力在哪里呢？现在博物馆泛化到了什么程度？展览内容策划与陈列设计全都外包，就是泛化到了相当严重的程度。学习是一回事，补充发展是另一回事，但如果连基本的职能都不能履行的话，就已经异化了。所以发展太快有时候并不一定是好事，如果我们没有很好的传统与根基，或者没有足够的专业支撑，喧嚣之下会留下太多隐患，也会造成巨大浪费。

定位：
如何去建一座"真正的博物馆"

张小溪×陈建明

张小溪：您一直在说建"真正的博物馆"，那么这样的博物馆应该如何建？

陈建明：建一座博物馆，必须先明白博物馆是什么，博物馆是干什么的，必须回到博物馆类型学，清楚自己在文化生态体系里的位置。

如果是建立一个新博物馆，面对一张白纸，必须先定位你是什么类型的博物馆，已有的收藏或将要获得的收藏是什么，获取藏品资源的能力有多大，通过怎样的基本陈列表达本馆的性质，这些都是成败关键点。比如建一个谭盾音乐博物馆，你得紧紧围绕"谭盾"与"音乐"两个关键词构建，主题鲜明。如果浏阳新建一个博物馆，你是做自然博物馆讲地质、山川、动植物，还是做浏阳历史？做历史博物馆，你是否有相应的文物支撑？也许做地志型博物馆就容易实现得多。山川地貌、自然人文，将浏阳最有特色的客家文化、烟花文化纳入研究范畴，对基因、族群、方言进行抢救保存，一切因地制宜，皆有支撑，那么这座博物馆就既是浏阳人的客厅，也是学生的课堂。长沙市博物馆应该是一个什么类型的博物馆？应该是讲长沙市历史的博物馆，讲城市的博物馆。那么它古城的生成、状态，从楚国开始修建的城邑到今天都没变过的城址，还有作为重要案例的文夕大火，以及文夕大火的残骸都是核心内容。把这几个事情讲清楚就是很棒的博物馆。而长沙梅溪湖艺术中心，在著名建筑师扎哈设计的前卫的建筑里，去做当代艺术博物馆是最合适的。如果此前没有思考明白你是谁，你能做什么，建筑做得再好，也只能闲置。

改扩建博物馆，比如湘博，我们也要重新思考湘博是什么，它的使命是什么，未来要如何运营等问题。第一，我们是区域性博物馆；第二，基于我们的收藏，我们是历史艺术博物馆。

具体到设计，需要考虑的无非是物（特殊物与通用物）与人。

博物馆特殊物最重要。你首先要考虑的是：你收藏什么，你怎么储存它，你怎么展出。湘博是以马王堆为核心，马王堆又以辛追夫人为核心，你如何思考这些关系？

对于特殊物的照料，还要考虑物的收藏、维护、运输等。首先，各类收藏需要不同库房，标本和文物是各不相同的，考古文物与民俗文物又不一样，大小形状、保存条件都要一一考虑。此外还需要书画装裱室、青铜器修复室，甚至摄影棚等。为了保证特殊物的安全，必须设计单独的出入口，特殊物在建筑里的移动应是垂直与平行的，一定要无障碍，不能有坡度。库房通道要开阔，让大卡车也可以出入。要有超大型的载货梯，让运载箱可以直接放入。每一个细节，都很重要。国家文物局外事办［国家文物局办公室（外事联络司）］曾经联系几个馆去做埃及文物展览，对方一开口就问我们5吨重的石像可以进吗？门够不够大？如今我们终于可以说，我们可以。如果有尺寸巨大的展品，那么临展厅就必须考虑做巨大的空间，不然硬件会制约你的表达与选择，这样一来难免会丧失一部分话语权。而这恰恰是普通人看不到的部分，是博物馆人最需要重视的。

通用物即建筑、设备、家具、仪器等。博物馆本质上是社会教育机构，为公众服务，不宜追求高档装饰。物流通畅、设施设备符合博物馆要求即可。

人又分两部分：第一是工作人员，要考虑他们的办公区域；第二是观众，要考虑提供给他们的公共区域。作为公共机构，要尽量开放，提供尽可能多的便利。订票系统如何设计？你为普通观众如何服务？为团体如何服务？为学生如何服务？这些都是要思考的问题。比如要不要为学生团队规划单独停车场、单独入口、单独教室、远程教育系统？针对低幼儿童，要不要建儿童博物馆？出于对观众需求的考虑，是不是要做母婴室、急诊室和餐厅？

归根到底，一切为了藏品，一切为了观众。心怀观众，才能真正建出让观众满意的博物馆。将对历史的尊重，对观众的热爱，凝结在一个个人性化的细节中，再被观众感知到，产生共鸣，这不也是一种教育吗？

湘博在设计之初，就已经将这些全部成系统地设计好了，这在中国博物馆界是不多见的。

张小溪：听您描述的细节，也刚好说明"不在场"的博物馆专业如果"在场"，会产生多奇妙的反应，结出完全不同的果子。"如何建一座博物馆"无疑是一个庞大的话题，如果要很简洁地总结在博物馆专业下"如何建一座博物馆"，您觉得哪些议题最重要？

陈建明：建一座博物馆，要思考的无非是你如何定位，打算收藏什么，如何去收藏；怎样选址，功能需求有哪些，面积多大，怎样确立展陈体系；预估观众有多少人，如何运营，如何让他们有序参观，如何给他们空间，如何为他们服务。逻辑就是这样来的。

对"如何建一座博物馆"这个问题，不同的时期可能有不同的答案。如果你今天问我，我会在一次次的思考与总结里，提出首先要重点思考"六大体系"。第一，博物馆的收藏与研究体系；第二，藏品保护体系；第三，当代语境下的现代化传播体系；第四，博物馆的陈列展览体系；第五，基于自主学习的教学体系；第六，观众服务与观众参与体系。

围绕这"六大体系"，拿出具体的需求清单，建筑设计师才可以围绕这些去设计兼具实用（性）与美感的建筑。这样设计出来的博物馆，才是符合博物馆本质的，在未来的运营中，才会越走越顺畅、开阔。

张小溪：不管是领导层，还是馆方，都希冀建一座"世界一流博物馆"，现在各地建馆也都会提出这样的口号，业界对"一流"有怎样的标准？

陈建明："世界一流"，不是谁都可以喊的口号。它是综合体系，用西方博物馆比较容易表述的说法讲，还是你的使命与功能定位，二者依托的是收藏。你没有世界级的收藏，你要建世界级博物馆，那只是喊喊口号。你有了世界级的收藏，才会有世界级的研究。有了世界级的研究，你就能真正提供世界级的展陈体系、服务体系、教育体系、科研体系。

上海博物馆为何是世界级的？它的收藏是世界级的，是不可取代的。

河南博物院所呈现的是中华文化的重要发源地，需要打造的是跟世界文明体系对话的平台。这样定位，格局与眼界就起来了。

我们提出建设"世界一流博物馆"，首先在于，湖南省博物馆承载的是中国南方区域性文化，是中华文化中极为重要的部分与载体。虽然不能完全体现中华文明，但我们是中华文明不可或缺的板块，也可以是世界级的。再者，马王堆的考古发现毫无疑问是世界级的。它绝对不只是辛追遗体与素纱襌衣，1号墓没有被盗，极其完整，极其灿烂。它首次将2100多年前中华区域汉文化如此完整地呈现出来，是当时精神文化与物质文化的代表与缩影。马王堆可以跟世界上任何一个重大考古发现媲美，因此拥有马王堆墓葬文物的湘博具备了做一个国家级、世界级博物馆的基础。最后，湘博定位是国家级的历史艺术类博物馆，以我们的藏品、展厅数、展览数、参观人数，搁全世界看都是一座大博物馆。当然，建成之后，运营博物馆的人，也需要有大博物馆的眼光，才可以真正走向"一流"博物馆。

其实长沙梅溪湖艺术中心也具备做世界级当代艺术中心的潜力。建筑是世界级的，功能规划也是世界知名博物馆大家托马斯·克伦斯做的，他在世界闻名的古根海姆博物馆当了20年馆长，美国纽约大都会艺术博物馆现在的馆长马克斯·霍莱因曾是托马斯的助手。如果梅溪湖艺术中心最终做成了一个普通的展览馆，就太遗憾了。

张小溪：说到博物馆专业，在博物馆界曾经有"南陈北韩"之说，"陈"就是您（陈建明），"韩"是首都博物馆原来的馆长韩永。您对博物馆的思考是走在非常前面的。这可能也是我们今日在这里一次次谈起博物馆的原因。

我记得韩永馆长是2004年与湖南省博物馆的李建毛副馆长一起

去参加梅隆基金馆长项目（梅隆基金会中国博物馆馆长培训项目）的"同学"，他自称在那段三个月的访问学习里才真正明白了"博物馆是什么"。在2006年首都博物馆新馆开馆时，他接受媒体采访谈到中西博物馆的区别："博物馆本身的理论体系，中西方也有极大的不同。在中国，博物馆学的基础是历史学和考古学，我就是学历史的，欧美的博物馆基础则为艺术史和文化人类学。偏偏艺术史在中国流于感性而缺乏理性框架的支撑，文化人类学更是薄弱的学科。理论体系的巨大差异，导致中国的博物馆以历史知识为主，而西方的博物馆带有强烈的美学和人类学特征。再加上中国传统的文化传播与西方相比，重知识灌输而少启发思考，更使得我们的博物馆变成专家学者的自说自话。出国考察，一看别人的博物馆，我就知道，我以前学的东西，一半是错的，一半根本没用。"

陈建明：大家谬赞了。也许只是韩永和我是博物馆界愿意说话的人罢了。其实中国博物馆界有不少认真思考与实践的同行者。韩永跟我也是非常好的朋友，他对博物馆的理解也体现在建设首都博物馆新馆中，比如首博的定位、库房、信息化和展览等都做得非常优秀。但我不谦虚地说，那个时期湘博在一些方面也做得很好，因此，2008年湖南省博物馆在央地共建"8+3"博物馆中排名第三，凭什么？其实凭的就是对博物馆的理解。我们那会儿还是老馆，场馆很小，文物本身相比国内很多博物馆也无全面的优势。但我敢自豪地说，在当时全中国的大博物馆中，湖南省博物馆团队是富有博物馆学理念与思想的，并且这不是某一个人的理念，而是整个团队的理念。包括行政、财务等都发挥了很好的作用。恰恰是所有人都很尊重与理解博物馆，热爱博物馆，把博物馆当成自己的家，我才能很幸运地有这个机缘带领湘博做出一些成绩。

博物馆是什么

张小溪：我在跟展陈设计团队的陈一鸣聊天时，他总结了一句话，"黄建成老师教会了我展陈与装修的区别，陈建明馆长教会了我博物馆展览与其他展览的区别"。这可能就是您说的博物馆学理论与思想的贯彻。

陈建明：这句话很有意思，尤其是对设计团队的人来说。

张小溪：您刚提到的"六大体系"，应该也是业界第一次有人提出这样的体系。我们不妨就按照这个体系请您掰开细说，结合您在湖南省博物馆十余年的实践，也不妨把您在全世界各地博物馆看到的案例说给我们听。我相信所有看完的人，都能成为半个博物馆专家。（笑）

建博物馆时
需要观照的"六大体系"

张小溪×陈建明

◎ 博物馆的收藏与研究体系

张小溪：最近在看一个关于本土民营博物馆馆长的访谈，她很重视观众服务，说收藏是每个馆都必备的，所以不用谈这个事情，重要的是如何吸引与服务观众。如今大家的关注点似乎都倾向于此，尤其在新博物馆学的理论里。为何您还是将收藏与研究体系放在第一位？

陈建明：假设说，博物馆学研究形成了共识——凡是不以物为工作对象的都不是博物馆，那么意味着我们这个发展阶段，先要解决博物馆收藏中心的建设。就像现在说做数字化、云展览，其内容来源在哪里？是虚拟的还是非虚拟的，就跟你问文学作品是虚构的还是非虚构的、纪实的还是非纪实的一样，博物馆所有虚拟的展示传播必须来自真实的收藏与研究，否则就不是博物馆传播，而是虚

博物馆是什么

构动漫一类创作了。

我们在做新馆的时候很看重建立自己的收藏中心与收藏体系，博物馆不是娱乐场所。如果你没有藏品中心，你需不需要建立藏品中心？如果你有藏品中心，希不希望建立一个更完善的藏品中心？事实上，国内新建的博物馆大多没建立起藏品中心，有些馆还没起步或者刚刚起步。真正要做博物馆，无法回避这个问题。民营博物馆没有这个挑战，它知道先要收藏好东西，不管收得好不好，它会尽力打造自己的收藏体系。国有博物馆反而没有重视和解决这个问题。怎么去收？怎么去完善？怎么去交流？

张小溪：所以这是以"物"为核心定义的基础。

陈建明：博物馆与其他机构最大的不同是核心工作对象不同。它的核心工作对象是物与物证。从历史源头看，博物馆也是从收藏行为开始的。收藏行为引发了古希腊神庙的收藏，亚里士多德时期的博物院也是在收藏了很多动植物标本的基础上形成的。博物馆如果没有建立自己的收藏还是博物馆吗？现代博物馆就是公藏公用的公共机构。1946 年国际博协用的关键词是"藏品"。从"藏品"的征集、保护、研究、传播和展出一路走来的博物馆，随着类型的不断增加，收藏和保护范围的不断扩大，经营理念的与时俱进，"藏品"这一术语早已很难概括博物馆的实际工作对象。1974 年国际博协提出的博物馆概念关键词是"物证"。"物证"一词不仅包含了全部传统博物馆的收藏品，无论是历史的、艺术的、自然的还是科学技术的；也部分包含了"文化遗产"、"自然遗产"和"非物质文化遗产"定义中的物质遗存。

2007 年在首尔，关键词换成了"物质与非物质遗产"，我觉得没有排他性。遗产的范围有多大不确定，遗产概念是极其不确定的。

如果具有美学与历史价值的、稀缺的、脆弱的才是自然遗产或者文化遗产，那么不稀缺不脆弱的呢？每天看到的树，看到的猫与狗，就不能是博物馆工作对象吗？"遗产"是指经过人甄选的特定的物，如果这是博物馆的物的话，就很狭义了，无论是理论，还是实践上，都行不通。

现代博物馆在全球范围的实践证明，"博物馆工作的对象"这一博物馆定义的核心要素，用"人类及人类环境的物证"来描述，才是既符合博物馆工作实际又适合抽象概括的专业术语。我坚持认为物与物证是最重要的，"物证"（material evidence）一词应该回归，这样博物馆才知道自己是谁，才能坚持正确的发展方向。

无论怎么去分，最后就是物证，再也没人跟它抢了。图书馆收藏物，以图书文献为主；档案馆收藏物，仅为被称作档案的文献。虽然现在载体在变化，但内涵与边界是有界定的。图书馆与档案馆本质上也是博物馆的一种。

张小溪：很多人容易把博物馆与展览馆混淆，尤其是美术馆与艺术博物馆，您能讲讲它们的区别吗？

陈建明：展览馆与博物馆是不是亲戚关系？是。但北京大学宋向光教授认为是猿与人的关系，差别很大。公众若没有相关专业知识，是容易把展览馆等同于博物馆的，因为对于他们而言，都是去看展览。二者之间的区别很简单，有物的收藏研究与常设展示，就是博物馆，哪怕你只有一幅毕加索的画，你也可以做一个博物馆；展览馆只是出租场地的地方，它纯粹提供场地，没有自己固定收藏的东西，展览虽然经常更换，展览很多也是研究的成果，但那是租它场地的人做的研究。如今也有很多博物馆有展览馆化的趋势，需要警惕。

美术馆，其实也是museum，就是艺术博物馆（art museum，fine art museum）。之所以形成如今的局面，要回看历史。最初受日本影响，把艺术一块割裂了，叫美术馆。后来受苏联影响，成为美术展览馆。美术展览馆没有自己的常设展览，也没有科学的收藏体系。如今中国也正在恢复走艺术博物馆的路线，那就一定要建立自己的收藏与研究体系，做好常设展览。

张小溪：那科技馆如果也是博物馆，它的收藏与"物"是什么？它看上去更多的是演示设备。

陈建明：这里一定要强调一下博物馆的类型。博物馆是极其广泛的，要思考清楚属于哪一类博物馆，会有什么样的收藏与展示。科技馆是不是博物馆？很多人有和你一样的疑惑。如果说科技馆与科技中心没有"物"，没有"收藏"，这是一种误导。人类的认知能力已经突破了二维平面与三维空间，人已经能理解看不见的东西。看不见的东西在博物馆，需要通过物来表达。那怎么办呢？那就需要装置，这和当代艺术装置是一回事。如果你承认当代艺术装置可以进博物馆与美术馆的话，那你也应该承认科技中心那些表达风与电的科学装置，与艺术装置是一回事。艺术装置是表达情绪、精神的；科技中心的装置是表达知识、表达人类对自然与自身认知的，它就像一个艺术行为、一个装置一样，也能进博物馆，只是收藏的方式不一样。如果是永久装置，是艺术品，它就是美术馆的藏品；如果是一组大型临展的装置，今天装的是展示龙卷风的，后天装的是展示天文的，会拆掉，但跟科技类博物馆的常设科技展示装置性质是一样的。在考评这类博物馆的时候，不能像考评历史博物馆那样，看收了几件东西，实际上每个装置都应该作为它的藏品记录在案，如同艺术品记录在案一样。虽然展示形态变化了，创作的初衷，表达的情绪、美感及人性的诉求、政治的诉求，永远都在。这就是博物馆物的概念。

把"物"理解为二维三维的和可以搬动的时代早已经过去了。博物馆实践早就走在前面了。1891年开始建斯德哥尔摩斯堪森博物馆的时候，就把一栋栋房子搬了过来。按照我们的概念看，这是"不可移动文物"，但它是博物馆物。不管是博物馆的工作者还是研究者，没有人会否认斯堪森是露天博物馆。我专门在那儿待了一天，看到当时人们玩的游戏——瑞典老爷爷带着孙子在打他爷爷带他打过的那种球——就是非物质文化遗产。中国的非物质文化遗产发展是需要好好思考的。

张小溪：说起这个，想起曾经听科技史博士沈辛成在参加《博物志》播客时谈起一些行业里的现象，痛心疾首。他主要针对的是科技类博物馆。谈及科技博物馆的发展史，最初科技博物馆也是很呆板的，中间经历了企业——比如石油、塑料、化工企业——进来做很多展的过程。我们没有经历这些，直接学了人家最后的形态。但这个形态的出现是有历史背景的。著名核物理学家弗兰克·奥本海默曾于中学任教，后又游历欧洲，最终形成"科学博物馆应当是学校教育的补充"这个结论，他创立的旧金山探索馆后来成为各种科学中心的蓝本。为什么会走这种路径，是因为他在科研体制内受到体制的打压，才希望借由这样的表达诠释一种可能性：科技是可以很平等的，科技可以是散布式的，不必跟历史的线索、国家的命运相关联，可以是世俗的、好玩的、民主的。我们改革开放后看到的是一个成品，我们就说科技馆是这个样子的，我们也要这样做。所以我们做科技馆，就是直接买相关展具，没有自己的灵魂，可以说是被一些模板限制了想象力。这已经落后一步了。沈辛成提到，我们现在认为把企业引进来做展览是不合时宜的，是要被人骂的。你知道这个认知多令人心痛吗？中国企业现在已经发展到最需要利用科教平台把务实、创新精神传播出去的阶段，可我们的平台不让他们做这些事，认为"不纯洁"。西方科技类博物馆是经历过这个阶段的，至今他们仍有许多馆是将科技创新和企业历史高度关联的。我们没有经历这些，直接学最后的"制成品"，属于主动拒斥了此前发展阶段的种种可能。这是不是束缚了一个行业发展的可能性？所有的束缚都来源于我们对历史的无知。没有任何人约束我们，是我们不知道他们（是）怎么走过来的。

我当时听他叹息到这些，觉得你们俩是有一样的忧思的，也都看到了蓬勃发展的中国博物馆背后的隐患，看到中外博物馆其实处在发展的不同阶段，不可生搬硬套。

陈建明：他说得很好。我看过他写的《纽约无人是客》。他是博物馆学和科技史研究领域的后起之秀。

张小溪：虽然前面您提到很多当下的忧虑，但在这十年的博物馆蓬勃发展过程里，普通观众还是感受到了博物馆的服务变化，新博物馆学里也有一些新的口号，比如"从藏品中心向观众服务中心转变"，您怎么看这个口号？

陈建明：这些年提倡博物馆从藏品中心、研究中心转为社会服务中心，毫无疑问是对的。但这句话，不能简单理解为博物馆的重点就是给观众提供服务。我不反对建成观众服务中心，问题是服务中心拿什么服务观众呢？离开了藏品中心，博物馆还剩下什么，一个漂亮的大堂与一些网红文创品，还有咖啡与电影院吗？你若没有藏品中心，就直接走向观众服务中心，你抛弃了什么，你留下了什么，你能做好服务吗？这是当代中国博物馆发展面临的极大挑战。

这个不是过去式的，而是未来式的。要变成观众服务中心之前，必须先建好藏品中心。

如果博物馆行业不研究博物馆，不研究博物馆物，跟着喊口号，路会越走越偏。博物馆是对藏品的学术研究，加上传播学、教育学，来讲历史的故事、自然的故事、科技的故事、艺术的故事等。讲故事只是一种方式与技巧，核心还是物证。在人类的发展史与自然发展史上，存在的这些物证，对人类意味着什么，对自然意味着什么？这才是博物馆需要回答的问题。如此，博物馆才不是旧东西的仓库与坟墓，而是新思想、新文化的源泉与发动机。

眼睛只盯着物的收藏，以学术研究为博物馆的工作重点的时代已经过去了，这是对的。早期的博物馆发展是这样的，它的重心是建构知识体系，所以去征集古生物，探索动物植物的奥秘，它以这个为中心来建构收藏体系，是有这样一个博物馆发展时期，但这个时代过了。过去了不是因为藏品中心不重要了，而是知识生产的场所转移了。博物馆由知识生产场地变成知识传播场地，但传播依托于物。从藏品中心向观众服务中心转化，它的前提与基础是已经有了"藏品中心"。中国博物馆发展阶段与欧美博物馆不一样，处在不同的阶段，所以引进与传播西方博物馆观点的时候一定要慎重。人家已经有完善的、完整的、有传统收藏理念的政策法律和收藏中心，而中国博物馆还没有。

张小溪：您曾说"我们的收藏传统被中断了"，是什么意思？

陈建明：未来中国博物馆收藏体系该如何建立与完善是值得思考的。图书馆每年拨款去买新书，博物馆也需要收藏新东西来完善收藏体系。历史类博物馆，最初它是（靠）超经济手段，比如搞运动收集，更多的是（靠）地下出土——凡是中华人民共和国领土内的都归国家所有①——来丰富藏品的。这里面出来的遗产、物证可以进入国家体系的博物馆。文物商店负责搜集社会流散文物，考古队发掘文物并在研究后将其交给博物馆。但这个体系自己内部缺乏有效的分配，缺乏交流、交换，没有行之有效的可操作的体制与机制。内部，比如考古所与博物馆如今也是割裂的，自从考古与博物馆分开后（极少数如南京博物院的考古未单分出去），出土文物便都留在考古所，例如1979年后长沙出土的文物都没进入省博物馆。地域上的切分也很严重，1990年代以后省考古所想要带走在各地发掘出土的文物也越来越困难了，特别是重大考古发现，都直接在当地建起博物馆，比如海昏侯墓。

现有法规规定，考古单位挖掘出来的东西在出考古报告之后6个月内就要移交。②这个规则本身也许就存在内在矛盾。科学考古是一个完整的概念，考古最重要的是发现过程与遗存物的组合关系。比如马王堆，从真正考古学意义上、历史文物学研究意义上来说，当年发掘时拍的照片、画的图纸，与出土物同样重要。哪一件东西出在哪个箱里面，不能乱。考古考古，考得清就是考（古），考不清就是乱估。当时一些东西还没搞清楚，资料的缺失，加上当年参与发掘研究的人很多已不在了，导致今天很多东西研究不清楚。现在，发掘出土的实物在一个单位，发掘资料在另一个单位，这种考古发掘的信息与物质遗存的分割，显然不利于研究，也将影响到后期博物馆的研究展示与传播。

所以历史类博物馆生存状态受到影响与威胁，意味着将影响到

---

① 中华人民共和国境内地下、内水和领海中遗存的一切文物，属于国家所有。参见《中华人民共和国文物保护法》。

② 详细内容可参看《中华人民共和国文物保护法实施条例》第二十七条。

博物馆未来的走向。省级博物馆要有新的藏品，靠公共财政拨钱去收藏文物的可能性与可操作性有多大？公共财政是（为了）保必需品，怎么能保奢侈品？很多人眼里博物馆是奢侈品、无用品，比如画家的画，吃不得穿不得有什么用？只有吃饱了穿暖了才会追求精神愉悦。靠公共财政的单一拨款来建立博物馆的收藏体系是不可能的。

没有藏品来源，很多事情做不到。所以湘博在新一轮改扩建的时候，很希望冲破束缚，希望获得新的藏品来源。这就是我们要做大型的本土历史文化展览，坚持要做好"湖南人"展陈的根本性动力之一。但是并没有达到预期的效果，只能是借来一些藏品展出，整个陈列做得很勉强。因为1980年代后新出土的文物进不来，进不来就没有东西可展，更重要的是没有连续性的研究。没有研究就没法展示真实的历史面貌，割裂了区域文化。这种条块分割，让一些省级文物机构、省级博物馆很难厘清与履行自己的使命。

可以说，国家办的历史博物馆，现在却变成无源之水、无本之木。

张小溪：根据研究想去收藏某件文物时，可以怎么做？

陈建明：不少地方没有常规的财政资金预算支持博物馆收藏。博物馆看上某件文物或艺术品，需要打专项报告，主管单位批了才可以施行，没批就买不成。总之现在的文物征集很难进行。政府进行审计时，艺术品、文物的价格评估不知道到底应该怎么做。政府审计会问，为什么要买他的不买别人的？为何不买民国的要买清代的？为什么是这个价格不是那个价格？这都很难回答。

在成熟的国际博物馆体系中，这是匪夷所思的。但是在中国就没有配套。审计问也很正常，他本来对这个东西也不了解。博物馆只能找纪检、财务、审计、文物专业的人员和部门负责人组成团队跟藏家谈，做会议记录，签字。操作比较难。我们没有一个像西方的独立于博物馆的第三方评估机构。

张小溪：民营博物馆可以自己收藏，他们有什么困境吗？

陈建明：民营这一块，也得不到足够的支撑与保护。第一，物的获取和拥有还不是受法律保护的、有清晰产权概念的。如果你要做自然类博物馆，上山采集树叶标本也是没有法律保障的，森林保护法、野生动物保护法、海洋法都没有对接，没有赋予个人出于爱好、宣传、科研去采集征集，甚至是生产交流的权利。文物也是这样，没办法区别出土文物与流散文物时，就意味着你的每一件文物都有可能是违法获得或非法拥有的。

私人建立博物馆，如果是历史文物类，凡涉及出土文物就面临较大风险。自然史类型的古生物标本也是一样，很可能会被认定为来源非法，有盗掘和非法买卖的嫌疑。就是现生生物标本（专业术语，与古代生物标本区别），也可能涉嫌非法采集。此外，缺乏健全的鉴定体系，民间收藏者也很有可能遇到泛滥的赝品；往往又因高昂的代价已经付出，只得选择将错就错，公开展示与出版，后果严重，影响深远。

张小溪：民间收藏者、民营博物馆从国外拍卖回来的名画，为了不交高额的税，选择放在保税区，做临展的时候借过来，是不是都是因为相关制度没建立？对于海外流失文物您怎么看？

陈建明：海外的中国文物问题其实说来也可以极其简单，就是凡是有明确的证据证明它是抢的、偷的，比方说圆明园的东西，我认为不应受任何年代的约束，应该追回，没有追诉期（的限制），永远不停止这个追索。凡是明确的犯罪行为、战争行为（导致的文物流失），永远要追索（流失文物）。但绝不等于说，凡是在国外的中国文物，就叫流失，就要追索。

我们需要一个能够理性讨论海外中国文物现状的平台和氛围。要看到，在海外的中国文物中有一部分是正常的经济、文化交流的结果，根本就不存在追索的问题。我们现在应该做的，就是在国际文化遗产保护公约的框架内，依法追索，鼓励返还。同时可以学习国外一些好的做法，如编制尽可能完整的海外文物目录，即使文物不在国内，也能使一代又一代的国人对祖国的文化遗产有一个全面的了解。

张小溪：国外的大博物馆收藏的是世界，中国的博物馆收藏的基本只有中国，虽然有历史原因，但未来博物馆的发展，是否不应该只盯着本国文物，我们是否有能力关注世界其他地区的民族与文化，丰富我们馆藏的种类和数量？不然我们真的永远无法认知真正的世界。

陈建明：中国的博物馆事业起步较晚，西方博物馆几百年来持续在收藏、保存人类文化和自然物证，其中不乏殖民掠夺的，其范围更广，确实收藏了全世界的东西。中国目前没有一个博物馆达到这样的国际视野。

上海博物馆要在浦东建10万平米的新馆。我曾私下探讨说，上海这样具备国际化基础的地方，应该收藏一些世界级的艺术作品，应该有雄心，成立世界艺术部，成立亚洲、非洲、欧洲、美洲艺术部。上海考古不都考到斯里兰卡、考到非洲去了？展品并不是最大的障碍。可以鼓励富豪去收藏，博物馆提供服务，最后捐赠给博物馆。进入博物馆的东西不太允许流出，但退藏机制是存在的。美国纽约大都会艺术博物馆都会挑选重复馆藏或不再收藏的艺术品拍卖，再去购买合适的新艺术品，这些灵活的换血，都能成为博物馆的活水之源。大都会博物馆拍卖一批中国瓷器时，有藏家问我意见，我说当然可以买，因为每件文物都有案可查，比如1905102编号的瓷器，1905就是收藏日期。这些年也陆续有国外收藏家捐赠西方作品给中国机构，中国美术馆很早就接收了一批德国路德维希基金会的艺术品捐赠，其中有毕加索等著名艺术家的作品。

张小溪：搜索到上海博物馆东馆开工当日，上博一位青年学人发声，表示应该用一百年的时间完成一项伟业，将上海博物馆建设成世界顶级的世界古代艺术博物馆，使国人不出国门即可遍览世界艺术。这应该是我们希望看到的理想与激情。

陈建明：未来的博物馆必须是更国际化、包容、多元化的，希望具备全球视野的下一代博物馆人，会让博物馆拥有更多可能性。

张小溪：您之前提到藏品的研究，如今过于强调社会服务与教育功能，可能很多人已经不知道博物馆其实也是一个研究机构。我在逛一些博物馆时，看到简单的陈列，没有体系与增量知识，也会怀疑这个馆是否有研究部门，至少从展陈里就能感受到研究力量的薄弱。

陈建明：我刚到湖南省博物馆当馆长时，前两年的年终业务汇报会，大家都只讲写了发了什么论文，没有人讲如何服务观众，可见研究占的比重是很大的。我说我是不是来了一个假的博物馆，真的博物馆绝对不是一个只做研究写文章的所在。大学也要做科研，但是上课也是重要的。博物馆的发展历史上，恰恰研究是在前面，最初定位即科学研究机构，教育是附带的功能。美国的博物馆一开始就是人民的大学，教育处于核心地位。但从欧洲博物馆的传统发展来看，确实是以研究为目的而进行收藏的，收藏的目的也是做研究，研究成果的发布当然包括陈列、讲解、传播，但教育不是其核心。18、19世纪，人类认知远没有今天的水平，很多学科研究确实要依靠博物馆里的东西，后来这部分功能渐渐被专门的研究所与大学取代了。源头上，托勒密时期的博物馆雏形①，实际是大学、图书馆、博物馆、研究院、实验室混合体，之后，专门的研究、考古、动植物研究都慢慢分家了。也就是说，传统的包含了实验室、大学、收藏库、博物馆在内的知识生产体系分化了；大学、研究所从博物馆里独立了，阵地转移了。人类学研究就是在博物馆里产生的，但是后来在大学里找到了更好的生长空间，它发展了。科学研究的重镇转移到大学与研究院，但博物馆继续发挥价值和作用，重点进行科普，社会分工调整了。反过来说，博物馆的使命分开了：对于学术研究而言，它是研究的阵地与资源，有责任继续提供资源进行研究；对于教育而言，必须先有研究，教育展示的是研究的成果。对于教育而言，博物馆是基于"物证"展示的拥有独特资源的学习机构，其收藏及研究成果是无法替代的教育资源。从这个意义上说，博物馆的研究与教育功能一直保持着，只是此消彼长。

在新的博物馆语境中，纯研究中心的博物馆不符合时代使命。今天，博物馆传统的科研地位确实已经弱化了，站在了大众教育、科普教育、艺术普及的最前沿，而不是站在科学研究的最前沿。但研究是博物馆的家底。博物馆对物进行收集、照料，物要被看懂，

---

① 编者注：公元前3世纪，托勒密·索托在埃及的亚历山大城创建了一座专门收藏文化珍品的缪斯神庙。这座"缪斯神庙"被公认为是人类历史上最早的"博物馆"。"博物馆"一词，也就由希腊文的"mouseion"（缪斯）演变而来。

要阐释与解读，就需要专业知识。一块新石器（时期）的石头、青铜器、化石或者骨头，专业的人才读得懂背后的信息。博物馆是读无字之书的，它必然还是一个研究机构，如果它是教育机构，也应该是基于物的研究基础之上的教育机构。

知道自己仍旧是一个研究机构，那么不管大小博物馆，建设时，都要考虑研究的需求。比如博物馆里建立图书室等都是应有的题中之义。

张小溪：在这种此消彼长中，您是如何把握研究与服务的合理尺度的？

陈建明：湖南省博是很早就认识到这个问题，并走出困境的。我们非常明确地知道，我们是一个研究机构，也是收藏机构，更是一个公共的教育机构与文化机构，还是长沙一个热门的重要旅游景点。那我们的资源分配与工作导向就要围绕这些来展开。对于研究，我们认可论文的重要性，它是学术水准的表现。没有高质量的研究，就没有高质量的论文；没有高质量论文，就表示博物馆学术水准不够；没有学术水准，展陈也难呈现高水准。但工作绝对不能只放在发论文上，如果（工作人员）只坚持研究理念，应该调到社科院、历史所、考古所去。我们不是纯研究所，是博物馆，就要有服务意识。所以，一切都要综合考虑与平衡，要抓住核心，考核标准也随之更改，既强调学术，也强调服务与输出。

张小溪：现在诸多历史博物馆都在走综合路线，历史的、艺术的、自然的，甚至很当代很具实验性的展览都在做。以考古学研究人员为主的历史博物馆有多方面的研究能力吗？

陈建明：这也是我的一个担忧。现在很多大型博物馆都越来越

"国际化"，跨界得厉害。今天埃及展，明天阿富汗展，后天现代西方艺术展。可是我们的专业人员与知识储备是否跟得上？对世界艺术史有研究的馆员在哪里？如果我们的收藏与研究不断弱化，就会面临博物馆展览馆化。

　　法国的国家博物馆分工就很明确。卢浮宫重点在古代艺术，奥赛博物馆定位近代艺术，蓬皮杜艺术中心主攻现当代艺术。中国现在很多大馆定位开始模糊。6183座中国博物馆应该分工，如同大学有自己的招牌专业一样，博物馆也要紧扣自己有研究能力的方向，把握自己的核心竞争力。如果你是历史博物馆，非要历史与艺术并重，方向就错了，也是对观众的不尊重。如果你是历史艺术博物馆，那么就要认真地建立两个方向的研究团队。毕竟每个展览，都应该是研究成果的展示。

　　张小溪：我在一部纪录片中看到策划达·芬奇大展的策展人说，以前对达·芬奇创作油画的方式知之甚少，研究了每一个细节后，知道他用什么材料、颜料、黏合剂，如何嵌板、设计，有怎样的风格手法与层次结构。在这个过程中，才发现达·芬奇是如此生动，如此遥远，又如此当代，思想、情感、技巧都如此深刻，如此有层次，像剥洋葱一样，一时竟难以穷尽。艺术家的个性与精神品质在作品中表达得淋漓尽致。达·芬奇如何跨越时代与今天的人对话？他如何一步步成为画家？如何延续风格？如何运转工作室？如何与他的学生合作？……深入研究理解了这些，按逻辑布置好画作后，魔力就在各个画作之间流动。这应该就是典型的"研究成果的展示"。

　　刚说到当年的博物馆可是研究重镇，我在《贝尔蒙报告》中读到一节博物馆工作日常，叹为观止，心向往之。

"有十个到五十个来自世界各地的人会拿着矿物、蝶类或其他文物来进行鉴定，因为他们说是相关研究部门的工作人员。一个来自印度的科学家也许在从事鱼类收藏。也许还可以发现有来自巴西的科学家，因为我们拥有世界上最全面的巴西河流里的鱼类收藏。

"有医生会把病人胃里的物质送到我们的菌学专家那里，去鉴定病人食用的蘑菇是否有毒。从事植物检疫的或公共卫生服务的美国公务员也拿些东西来进行鉴定，或借鉴我们的收藏和图书馆。

"有植物学家可能在咨询制药厂的科学家，去断定某种药本植物是否有用。隔壁呢，一位管理者可能在分析已发现的被污染食品的有机岩屑。在标本实验室，雕刻师傅们在雕刻一个史前鱼类的模型，以供在新的展览会上陈列。

"在昆虫领域，馆长在研究寄生于蝙蝠身上的奇特苍蝇，以及苍蝇在不同蝙蝠种类中的分布。在哺乳动物方面，馆长致力于研究哺乳动物毛皮的进化过程和气候变化之间的关系。博物馆技术员将搜集到的资料整理好，运送至我国各地的大学。这些材料将会被毕业生用作写博士论文。

"最近，瘟疫笼罩了玻利维亚，他们的卫生当局向我们求助。疑似带菌动物被送到博物馆来鉴定。馆长具备的科学知识使得他能迅速地界定带菌动物——那是一只在我国很常见的小老鼠。博物馆刊物上描述了老鼠的习性、栖息地，以及它们的繁衍方式。这些信息有助于人类迅速有效控制疫情的传播。

"近日天文馆收到了几十个电话，询问前几日出现的天文现象。那可能是流星，也可能是飞机划过天际留下的喷雾。没有人带着乌龟、宠物鱼或爬行动物来水族馆，真就是不寻常的一天。在博物馆里看到一班小伙子是很常见的，他们中有些是来听课的，有些是来找寻动物中的乐趣的。"

陈建明：你倒是从《贝尔蒙报告》里获得很多知识与乐趣。这个中文译本是我的研究生段炼译出来的。现在依旧有一些优秀的博物馆走在科研最前列。比如美国国家美术馆研究中心依旧是美术史研究先锋。华盛顿自然历史博物馆（美国国立自然历史博物馆）副馆长告诉我，他们有500位科学家，在全球各地开展自然科学研究，有两位科学家与中国合作做熊猫繁衍研究，有科学家在巴拿马做热带植物研究，还涉及古生物研究、海洋生物研究等。科学研究成果，呈现在博物馆的展厅与展览里。2012年一个展览上有一个大鲸鱼骨骼，那是搁浅死掉的母鲸，小鲸鱼被救活，科学家给她装了追踪器，在展厅可以实时看到她游弋在何处。科研与展览结合到这个程度，满足了大家的好奇心，获取了新的知识，这就是博物馆要做的事情。

博物馆各专业学科的建设与发展，还应该和大学的相关专业学科紧密联系，海外不少博物馆早已这样做。比方说艺术史，加拿大皇家安大略博物馆的副馆长沈辰（他刚出版了一本《众妙之门》），同时是多伦多大学艺术史教授，他经常带着学生在与学校相邻的博物馆里上课。学校与博物馆一起打造艺术史的知识构建，同时研究成果又在博物馆向大众展示与传播。博物馆的收藏一方面是多伦多大学的研究资源，同时又通过展览、科普讲座，甚至互联网传播给社会大众。

中国博物馆才刚走到这个阶段。如果既不给学术研究提供资源，也不给科普搭建平台，博物馆就会空壳化，就会异化掉，最后什么都不是了。幸亏博物馆物一直存在，也会被公众利用。

张小溪：BBC拍过一部叫《国家美术馆》的纪录片，策展人说道："人们并不了解我们提供了什么。国家美术馆是什么？只有身处其中并且能够理解它的时候人们才会钟爱博物馆。但对于游走于大街小巷的人来说，并不明白我们是什么，提供了什么。事实上我们有这些令人叹为观止的画作，但人们看不懂。"

我想所有博物馆都面临一样的困境。作为馆长，如何告诉公众，博物馆是什么地方？这些博物馆物意味着什么？博物馆提供了什么？

陈建明：博物馆的英文单词"museum"，词源是"muse"，该词源来自希腊文"mouseion"一词，最初是宙斯和记忆女神几个女儿的总称，她们是主司艺术与科学的女神。muse也是缪斯神庙，是祭祀缪斯的场所。在一个相当长的历史时期里，muse是"记忆与沉思"之地。这恰恰是现代博物馆要回归的本质意义。

所以博物馆关乎记忆，关乎传承，是文化发展的源泉与发动机，是文化创作的重生之所。任何东西都不可能是无本之源，如果一个博物馆不思考本源，那它就走不远。

博物馆的核心东西是记忆，保留了人类得以延续的关键性要素，是好奇心与怀旧之心寄托的地方。就像人，我们在家里，也收集玩具、奖状、旅行纪念品，跟博物馆存留的东西是一样的，核心便是记忆与怀旧。博物馆只是放大了而已，是民族的、国家的、人与自然的集体记忆与集体收藏。

有个误解，有人以为物一旦进了博物馆，就意味着没用了。恰恰相反，一般的东西进垃圾堆，足够珍贵的东西才能进入博物馆，成为集体的记忆。在美国历史博物馆，一群美国老阿姨突然惊呼欢叫，原来是发现了"红舞鞋"。我们眼里再寻常不过的一双鞋，却是她们年少时看过的具有时代特征的经典剧作象征物，那是她们的童年集体记忆。柏林犹太人博物馆，有个难民的箱子，里头放着一只玩具小熊。我一直在想，这个小熊的主人会有怎样的命运？我曾在华盛顿特区美国大屠杀纪念馆的一个展览前挪不开脚步，其中的画面令我震惊不已。这就是博物馆的价值，它可以保留记忆，保留历史的一点痕迹。

张小溪：现在我们叫物，过去称器。器，一犬四口，是狂吠不止的狗，守护着某样珍贵的东西。器的源头，或者说核心，是礼。那些看似只是为了玩赏、实用和传承的大小器物，无不有着强大的文化和政治背景作为支撑，某种程度上是建立了一个日常生活的秩序。但物的价值，永远不如对物的认知重要，我们若遗忘了历史，就难以尊重这些"物"。

陈建明：从某种意义上来说，博物馆做的是对这些物的"临终关怀"。比如一种灭绝的鸟，我们只能在博物馆见它最后一面。文化遗产同样充满脆弱性与偶然性，比如马王堆，2000多年间盗墓贼多次尝试盗墓，最后一次是1947年，但盗洞始终没有打通，这是相当偶然与幸运的。在长沙河西古坟垸挖掘的渔阳王后墓，是规格比马王堆还要高的汉墓，刚发掘时考古人员还很激动，可惜在东汉与唐代就被极其精准地偷盗过，即使如此，还是出土了一千多件珍贵物证。如今在长沙博物馆可以看到部分，可以说这些物又"活"过来了。

所以，博物馆也是重生之地。所有进入博物馆的东西，都意味着获得了重生。不能获得重生的是不能进入博物馆的。与前世告别，创造一种新的生命，这就是文化。所有的文化都是在已有的人类文化基础上的重生与发展，继续在文化的洪流中发展。这是因为，文化的基因没有消失，内核没有消失。只要基因还在，文化就还在。

凡是进入博物馆的，不管是自然的还是人文的东西都可以"复活"。古生物化石，作为化石存在于博物馆它就没有消失，甚至还可能"复活"，比如猛犸，比如马王堆的辛追老太太，理论上还可以站起来。可以说不管是人文的还是自然的，只要它的基因还在，它就一直还在。

矶崎新14岁那一年，长崎、广岛的原子弹爆炸，让他在建筑学上提出很重要的"废墟"论。这并不是悲观主义。废墟都是重生之地，跟我的博物馆理念极其吻合。

所以作为博物馆而言，不管是自然的、历史的，还是艺术的，最本质的特征与最核心的功能是基因库。地球上有那么多物种，毁灭与新生是不可抗拒的，我们能做的就是留住基因。很多鸟现在看不到了，只有博物馆有标本。借用哲学的术语，就是海德格尔讲的"存在"，所有的"存在"都是向死而生。自然万物的遗存，人类文化文明的遗存，万物中有价值的东西，通过有专业素养的人，把它们搜集起来做成自然与文明的基因库，这就是博物馆。而且博物馆是要保"一片森林"，比方说保一个村落，一处古建，一个街区。保护不了了，就退到博物馆建筑里面，一组一组的东西搁在里边。比如保护唐代喝茶的一组器物。怎么用它们喝，在哪里喝，喝什么？保留好这些器物，基本的情境就保留下来了。

保存下来的这些基因库与记忆，最能勾起人类好奇与怀旧的本能。玛丽莲·梦露的裙子如果全球巡展，估计很多人会看；林肯在福特剧院被刺时戴的那顶礼帽，在美国巡展过，现在被收藏在美国国家历史博物馆；尼克松总统图书馆和博物馆还举办过美国第一夫人们的服装展。这就是物证，一种见证。人们会对这些感兴趣，这是人的天性。我曾经去捷克察看1968年发生的重大事件的纪念点，在匈牙利国家博物馆寻找一张重大历史事件的照片，对方的人都很惊奇，我怎么会知道，我怎么会来寻找。博物馆是干什么的？就是保存记忆的。你知道的，未曾见过的，更容易引发好奇，这就是博物馆的魅力。人类失去了好奇，人类就消亡了。人类从睁开眼睛那一天开始，就开始好奇。我养了狗以后发现，对狗反应最强烈的是婴儿。刚刚有感知外界能力的婴儿，是最纯洁、最本真、最原始的，这是人类基因的本能。博物馆就是永远让人不要忘记，你是自然之子，你是文化之子。

所以，博物馆能提供的，就是这样的基因库，这样的传承，这样的记忆与沉思，这样的怀旧与好奇。而这些往往通过具体的物，以及物讲述的故事来传达。所以每个博物馆首先要建立自己的收藏与研究体系，这是一切的根基。

◎ 藏品保护体系——看不见的地方最重要

张小溪：梳理完了馆藏，明白了家底，接着就是怎么安放它们。看不见的下水道是一座城市的良心，观众看不见的库房等地，估计也最能代表一座博物馆的品质。这些"看不见的地方"也是我们最感兴趣的。以前中国的博物馆对库房是否重视？

陈建明：整体不太重视。中国整个博物馆的建设受展览馆影响很大。包括业内的很多人，只是强调博物馆的展示功能，不强调收藏功能。尤其是近年不加区别地提出的口号，比如"博物馆还要藏品吗？""博物馆从藏品中心走向观众服务中心"等，更加容易误导人心。你做观众服务中心，要带着藏品中心一起往前走呀！你是租楼的吗？

博物馆的首要使命就是收藏与保护。那么物的存放、保护、修复等至关重要。为它们设计合理专业的功能区域，保证它们的安全，是一座博物馆最基本的使命。这一块要舍得投入，因为面对的都是不可替代的文化遗存物，没有办法用金钱去衡量。理论上来说，博物馆要注意防水、防火、防潮、防有害射线、防虫、防鼠、防霉菌、防风化、防酸雨、防地质灾害、防空气污染等，文物和标本对保藏、陈列和运输的物理环境有恒温恒湿、防火防灾等一系列要求。同样它还有最高的安防要求，需要安装最先进的安防设备设施。场地周界的安防、建筑周界的安防、库区的安防、展柜和重要展品的安防，要用这四道安防线保证文物的安全。

这么多的特殊要求，所以可想而知，博物馆建筑往往是每个时代最复杂最精密，甚至是某些领域最先进的建筑。

张小溪：这么精细的照料也是近年才能做到的，希望以后所有博物馆都能做到这样的精细。单霁翔老师讲过，故宫曾经有库房很糟糕的阶段，文物不能得到好的照料，几乎可以说是没有尊严地待在库房。在这一轮改扩建之前，湘博历史上的库房是什么状态？

陈建明：湘博这个问题还好，主要是1970年代为马王堆出土文物修的库房很坚固安全，号称是亚洲当时最先进的恒温恒湿库房，用的是上海压缩机制冷空调和烧煤锅炉的暖气。当时叫新仓库，有3500平米。马王堆之外的文物也存放在那儿。1990年代新建了一栋库房，也有3500平米。老的库房在2012年6月闭馆之前一直都在用。我们最大的遗憾是，当知道必须搬库房时，我非常想让一位分管的副馆长带领同事利用几年建设时间好好把文物库房梳理一遍，如果能有一个宽敞的场地做仓库，就很方便清理。让研究人员一边整理文物，一边策划"湖南人"的展览，因为光看目录是没感觉的，看到一组组实物就更容易知道如何组合讲故事。但最后临时库房的事情很曲折，只能匆匆打包塞进考古所在铜官窑的库房，没有条件整理了。这是我很大的一个遗憾。

张小溪：您理想中的库房是什么样子？您在对全世界博物馆进

行考察时，应该有特别关注库房的得与失吧？

陈建明：（中国）国家博物馆的库房（墙体）厚度达到一米多，完全按照人防标准设计建造。首都博物馆的库房，韩永主导做得很好，形成周圈安防走廊，周边均设架空层，这样这个库房始终处于悬空状态，达到与外界的完全隔离，印象很深刻。上海博物馆的西馆珍贵文物库在负二负三层，也做得很好。它在馆外的库房做得很大。博物馆可以分开做库房，有些东西可以放外边，尤其真正要做技术处理的，要做物理、化学处理的最好放在外面，可以展开做研究、做科学实验。当时湘博计划在汨罗做库房，主要是为了研究保护与实验，不仅仅是为了收藏。做实验总是会有不可控的东西。

张小溪：我们拿湘博为例，具体到它的馆藏与库房，有什么特别需要关照的？

陈建明：改扩建与新建博物馆，都不仅仅是盖一座房子去放置文物，而是要有完整的保管、收藏条件，要花大力气大投入的。更重要的是，你要考虑收藏什么，怎么藏，以及可预见的中长期内还将收藏什么，增加多少。对于全新的馆，这更加是一个挑战。要预判在一段时间内，会收藏什么类型的东西，能收到多少。

湘博在建设之初，就非常清晰地认识到这一点。我们改扩建的第一要务，就是梳理馆藏，明白自己收藏的是什么，明晰分类，特别是规格与质地。然后围绕收藏，要为新馆建设提供符合我馆收藏条件与环境的库房。库房需要多大？需要哪些功能？哪些功能需要多大面积？哪些面积会有怎样的设施设备的需求？我们全部要清晰地提出来。湘博藏品中最长最重的是什么？最脆弱的需要极端保护条件的是什么？库房怎么分类？怎么设置不同的温湿度条件？丝织品、纺织品、纸质的、石质的、金属的，都要求有什么不同的条件？这些也全部要求各个相关部门详细列出来。最终我们有陶瓷库房、青铜库房、玉石类库房、木器类库房、传世布帛类库房等，另外还要有图书库房、档案库房、账本类库房等。

总之，首先要满足现有的库存，要合理分区，精准温湿度控制，建立一个立体的一体化的库房。天地、柜组、灯光、保管用的柜架、展柜展具、消防全部一体化设计。过去受到局限，不同部门管的东西都放一起，丢了东西谁负责？现在，在科技手段面前都不是问题。谁进库、谁移动了文物都一清二楚。真正的问题是，找到收藏品安身立命的适合的物理环境，甚至包括化学环境，这是此轮高科技的博物馆新馆（建设）要解决的基本问题，同时要留下发展的空间。

总结一下就是，分库要科学，库房建设要舍得花钱，要有新的观念与理念。这里又涉及资金，库房不属于基础建设，发改委给的建设费用里不包含这一块的费用，得找财政要，财政又问发改委不是给过经费了，怎么还不够。

张小溪：湘博有哪些需要特别照料的物？

陈建明：我们有一个最特殊的库房，辛追夫人的库房。辛追夫人的库房基本位于所有库房的中心。你看到的她其实不是在展厅里，而是在库房里。

张小溪：辛追夫人这个库房的处理确实很精妙，我之前完全没意识到，我们在展厅看到的她其实是在库房。

陈建明：她那么脆弱，放在展厅无法保存，所以设计了单独的一个核心文物库房，受到特殊照顾。工作人员也很方便进去换药水。这都只有在设计之初全部设计好，才能做到如此浑然一体。这个库房环境非常苛刻，空调都是单独控制的精密低温空调，两台系统，三线电源控制，保证从不断电，恒温恒湿，控制在4—7摄氏度，而且（有人）24小时值班，如果一台出故障，立刻启用备用机组。库房的密封度很高，也保证了温湿度的恒定。

张小溪：是不是现在全世界已经有很成熟的成体系的库房建造与控制方式，比如丝织品库房等？

陈建明：是的。藏品柜到底用什么材质？木头的优缺点、金属的优缺点分别是什么？都需要专门做调研。当时有法国、韩国、德国的公司都给了我们很好的方案。所以这一块得加大投入，不只是库房。房子本身就是该物理隔断的地方隔断，该连通的时候连通。而温湿度控制要有特别的系统保障，特别的物理空间区隔，比如胶片、皮革，要求的温度更低。我在加拿大一个博物馆，看到单独一个小库区就是放胶片的，需要保持在2摄氏度。湖南省博纸制品与纺织品多，都是最难保存的。所以库房最重要的就是按照不同（藏品的）质地分区，分别设置最合适的物理环境。

初步设计方案的暖通专业室内设计参数里，分了金属类文物库房，纸质书画、纺织品文物库房，木器、玉器类文物库房，陶瓷类文物库房，核心文物区（古尸存放区）。温度方面，前几者都是要求夏季24摄氏度，冬季18摄氏度，古尸是全年3—6摄氏度；湿度要求不同，比如金属夏冬季湿度要求是40%—50%，纸质书画、纺织品湿度要求是50%—60%，木器、玉器湿度要求是55%—65%，陶瓷类湿度要求是45%—55%。为了达到理想的保存温度，就需要一整套系统。库房的空调都是恒湿恒温，专业团队监控。

张小溪：文物尺寸也不一样。

博物馆是什么

陈建明：同一个库房内，文物尺寸不一样，保管员对自己保管的文物比较了解，有的要根据文物尺寸定做藏品柜，有的可以买通用柜子，但柜板可以升降，可以调节大小。小件的玉石器可以放置在平着推拉式的柜子里，大件的石砖可以放置在开放架子上。瓷器又应该怎样保存？简单放在抽屉里，还是木头架子上，还是做一个东西把它塞进去让它不能动呢？那么多瓷器按照什么逻辑存放？这都是要考虑的问题。过去，珍贵文物都是专门做一个个的囊匣来存放的，现在的条件可以整体设计了。这才是博物馆库房需要解决的问题。

张小溪：做临时展览时，馆外借来的文物怎么处理？

陈建明：临时展览有时候直接进展厅布展，同时也需要设计临时文物库房。这时候要考虑方便程度。比如跟外馆合作展览，要设计文物点交区域，同时临时库房要尽量靠近临展厅，外边需要有通道空间放置临展的展柜，方便团队布展施工。你会发现库房之间的走廊很宽，因为要进叉车。展柜做好之后，打开库区与外界的门，很方便就抵达临展厅出入口。当你把所有步骤先考虑清楚再设计，动线就会非常流畅，未来使用这个馆来做临展的人就能享受便捷。

文物进出涉及卸货区。我们设计了非常高大开阔的库房区，卸货不用淋雨。集装箱在这里卸下，旁边就有临时库房。没考虑到这些的博物馆与美术馆，在下雨天装卸就很恼火。

要充分利用藏品，就需要提供利用的条件。就像不可能搬动一件文物穿过整个博物馆去观摩，所以观摩室要安排在库房旁边，拍摄室也是如此。

张小溪：库房藏品的安全如何保证？库房的消防与其他地方的

消防相比有什么特殊之处？

陈建明：安全当然是重中之重。消防控制也很重要。最重要的是要断了火源。那电怎么办？库房需要监控与报警、照明，不能没有电。所以各种需求都是冲突的。库房要密封、防盗，这与消防的需求也是冲突的。

我们只能未雨绸缪。首先库房的门跟银行金库的门一样，厚实，可以防火10个小时。普通消防是用水，博物馆的库房里那么多遇水就毁的东西，怎么办？所以整个大库区都不能设计卫生间，不能走水（管）。如今有更多元的针对不同材质的消防措施。纸质品库房、丝质品库房、木漆器库房、女尸保存室等不宜用水消防保护的贵重物品，藏品库可以采用气体灭火系统。

湘博在多雨靠山的地方，库房在地下，一部分挨着山，旁边是年嘉湖，又要提防地下水。为了更好地防潮，我们就多做了一个2米高的架空层，对库房的防潮很有好处。如果发生火灾，室内发生消防喷淋，水也可以迅速地排到架空层，那里设置了水泵，可立刻将水抽走。这等于多花600万元给库房加了一个保护层，是非常值得的。泡坏一件珍贵文物的经济损失都不止600万元，何况文物根本不能讲经济价值。这个设计最初并没有考虑，在深化设计过程中根据实际情况才更改的。

为库房我们开了很多次会。原先老的库房条件不够，现在改扩建机会来了，可以朝最好的角度去思考。做不到是另外一回事情，你不提就是失职。这是博物馆建设首要的东西，博物馆需要把这些提炼梳理成工艺技术设计资料，第一时间提供给以后的合作方，我们就是提供给了矶崎新团队。这是我们当时做的第一件事情。

张小溪：这就是那本厚厚的功能需求书里提出的？

陈建明：设计前提出的功能需求中关于保护收藏这一块很重要，也是每个建馆的人要非常重视的，这是基础。补充一句，有的类型的博物馆本身就是有古建、遗址、古迹的，这也是首要的。比如说古迹怎么保护？不要事先不想清楚，事后随便搭个棚子。原先的保护棚要不要加固？比如马王堆的3号墓坑，如果湘博就在马王堆发掘的原址，那首先就要考虑墓坑如何保护。

这里也涉及一个专业团队，我把它归入一个大类——藏品保护技术部门。它的使命就是收藏和保护，包括科技保护。类似大保管部的概念。不管在库房、展厅还是出去巡展，藏品保护都是这个部门的责任。他们要负责登记录入，负责让文物保持良好的状态，文物能不能出去借展等事宜也都由这个部门说了算，一票否决。

张小溪：我在2021年申请进了一趟湘博库房，做得非常好。比如陶瓷库房，您说的一体化设计也在某种程度上实现了。据说很多其他馆，事先没有精细化设计，先布置了灯光，最后可能灯光打在柜子的正顶上，打开柜子看文物根本看不清楚。但湘博之前保管库的人，早早规划好了柜子在哪儿，安装灯光的时候就照顾到了这些细节。

陈建明：出入库房的车道也要注意，你如果去湘博车库就会发现出乎意料的宽阔。这是为了"物"的进出，装载着大小文物的运输车辆，就是通过这开阔的车道直接开到库房门前，或者最靠近展厅的一个平台。平台跟卡车车厢的厢板直接对接，文物就可以直接上拖车、拖进电梯。电梯设计为10吨电梯，大体积文物箱子、几吨重的雕像都可直接进到展厅。原来老馆，肩挑手提走楼梯，全靠工人抬。幸好博物馆理念发展了，这方面的问题还是解决了。

总之，一个库房，涉及非常多专业的事情，只有从最早的顶层设计、功能分区、流线开始就都由非常专业的人主导，才可能做好。这个时间要花，这个力气要花。

张小溪：还有一个观众关心的问题。夏天去过博物馆的人都有一个感触，展厅里冷得不行，曾经有观众骂博物馆拿国家的钱不当回事。很多博物馆因为太冷还免费提供毯子。

陈建明：这就是对博物馆的误解。库房的文物受到精心的照料，展厅的文物同样必须精心照料。湖南省博物馆靠山邻湖，温度调高0.5摄氏度，湿度就会增加5%，文物技术保护就有问题了。展厅文保要求夏天在22摄氏度左右，冬天在19—20摄氏度。有的展柜里还有单独的恒温恒湿空调，但是这种展柜非常昂贵。展厅的自动监控24小时不断，每小时报告一次，定时有人去展厅巡查，总之严格控制湿度波动范围。为了文物的安全，只能请来看文物的人穿上外套。

现在的智能化都非常高。我们也利用新馆建设，在博物馆藏品保管保护领域，实现对展品及藏品的全流程数字化记录，通过精细化的微环境调控手段和虚拟化修复及评估技术，将藏品的智能化保护水平提升到一个新的高度。

张小溪：提到修复，纪录片《我在故宫修文物》引发了一股热潮。博物馆的修复区是如何布局的？

陈建明：很多博物馆的修复量都非常大。要根据自己的馆藏情况，设置相应的修复室。其实这是一整个系列。我们根据自己的情况，会设置纸制品修复室、金属文物保护修复室、陶瓷保护修复室与陶瓷标本室、纺织品保护修复室、漆木器保护修复室、书画装裱室、分析测试室、熏蒸室、药剂材料室、绘图室、文物观摩室等。

当时每个部门都根据自己的专业特点提出过非常详细的需求。

比如丝织品修复，就需要分干湿区。需要染色，需要水池，那化学试剂需要布置在哪里？染色与修复需要采光，但纺织品文物又最好不见光，如何处理？电源与水分别分布在哪里？房间干湿度如何控制？这些都是非常具体、专业的问题。

《我在故宫修文物》确实吸引了一批年轻人，但那是诗意化的修文物，很多人来了后发现不是他们所想象的那样，又走了。文物修复工作者不只需要动手修复，还要做科研课题，需要检测，需要化验，需要处理病害，需要研究纹样、结构、材料，你只有研究透了才能开始动手。这都是艰辛漫长的工作，没有五年的经验可能进不了门，可能一年都修复不了一件（文物）。甚至是同样的一件织物修复，在新疆的经验，就不能运用到马王堆文物上，环境不同。我希望年轻人真的能沉静下来，学习专业知识，忍受寂寞，也享受修复文物带来的快乐与成就。

张小溪：在经历了两轮博物馆建设之后，如果有人现在跟您请教库房要怎么建设，您会特别叮嘱他什么？关于库房这块有什么"前车之鉴"可以总结，帮助大家避免踩坑？

陈建明：还是得回到最初的问题，你收藏什么，未来要收藏什么，根据不同的收藏对库区提出不同的需求。如果你是小型馆，原则也是相通的。库区可以让集装箱进去，运输可以垂直送达。尽可能让藏品都是平行与垂直地移动，尽可能在室内移动，到达各个展区。大型集装箱可以直接通过电梯抵达库前区，在库前区留下相应的空间与设施，比如消毒处理的空间，方便文物入库。如果是美术馆，大件的雕塑要怎么处理？立体的展品有什么需求？如果更多的是架上绘画，可能柜子会成批地来，需要什么条件？通用的消毒手段是什么？如果不进库，放在临时库区，要如何处理？如何方便到达临展厅？所有流程必须事先思考清楚，以后使用起来就方便了。实际上，这一块国家标准与规范已经有不少，问题在于，知道这些的人可能全程与建馆无涉，而建馆的人要么无视这些，要么就只是"照本宣科"。

◎ **当代语境下的现代化传播体系——贯穿博物馆业务全流程的数字转化**

张小溪：听您说"六大体系"的时候，我第一反应是有点惊讶于您把"当代语境下的现代化传播体系"放在了看似更重要的陈列展览体系之前。您是怎么思考现代化传播的？是2019年开始的新冠疫情影响了对这一块的思考吗？

陈建明：这个是很早就在思考的。我们当时算是超前地强调了公共传播与数字传播，强调数字化。因为博物馆必须做成开放的体系，酝酿更多的可能性，把藏品的价值发挥出来，它能开拓出更多让人惊艳的文化产品，能拓展非常多元的服务。我们的馆藏有18万件，很多东西都还没（拿）出来过，很多东西都没给观众看过。还有很多博物馆比我们的馆藏更多，怎么去充分利用？贯穿博物馆业务全流程的数字转化与现代化传播体系就显得非常重要。

我们现在很多年轻人做学问，特别是与传统文化相关的学问，为何很难做好呢？如果只依赖电脑与数字化信息就做不好，因为很多传统的资料没有数字化，比如马王堆早期考古报告、实验报告、著作、论文等资料，都没有数字化。你如果只拿了数字化的东西作为论证的依据，就会走偏，就不是真正地做学问。至少这是处于一个过渡的阶段。新博物馆作为当代的公共文化机构，新馆策划的时候毫无疑问要重视这一大块。

博物馆是什么

湘博开展馆校合作非常早。博物馆的藏品可以成为丰富的教育资源，但是藏品不能轻易出馆，所以十多年前我们做湘博规划时就在软硬件上同时做了设计，设置了直播室、录播室，弱电、网络上提早布局，库房的文物就近可以拿到直播室开讲，可以通过高速网络与学校的多媒体教室直接连通。录制好的资料也可以随时调用。这样藏品不出馆，人不出馆，观众却可以随时申请利用需要的资源。

2019年底新冠疫情暴发，促使我更多地思考在新的语境下，应该有怎样顺应形势的作为。以前更多考虑的是服务师生与专业人员，现在是需要对更广泛的大众尽可能地开放。当代语境下讲博物馆传播，博物馆从藏品中心走向观众服务中心，成为"大家的博物馆"的情况下，又会提出什么空间需求与设施设备需求？尽可能地开放是如何开放？开放的边界在哪里？又有很多新的课题。

张小溪：现在的博物馆似乎在硬件上都挺舍得投入，但具体怎样建设这个体系，有什么关键点？您所知道的国内博物馆，有哪家建设得比较好？

陈建明：数字化和摄影室这一块，故宫博物院和首都博物馆是走在很前面的。2006年首博开新馆，摄影室"咔嚓"一声，一张明代罐子的照片同时就在馆长办公室电脑上和保管室资料库里出现，就可以同时传播。

这就是我为何要把现代化传播体系放在展陈体系前面。现在很多馆意识到这一块重要，纷纷做大型演播厅、4D影院，这都是表面的，其实更重要的是数字采集、数字转化，以及藏品信息与研究成果的数字转化。数字转化不仅仅是服务于传统的陈列展览和学术报告厅、教室。尤其是大型的博物馆，现在有各种云展览、云空间、云传播，所以这变成了很重要的规划与体系。我们现在规划时，往往只注意了终端，没注意前端。前端需要你有很好的拍摄室与扫描室，专门的编辑室，要有传统图书馆与数字图书馆。

大家现在兴高采烈地用各种新手段传播，比如抖音等。这些当然都可以做，但对博物馆而言，这不是方向性的发展，只是多了一个新的传播手段而已。更重要的是，你的藏品数字资源建设和各项业务工作数字资源建设跟上步伐了吗？你不要忘记自己是谁。

藏品信息先要转化为数字信息，否则云展览从哪里来？藏品的数字化是一个大概念，你若要通过技术手段阐述与传播出来，你首先要研究它、认识它。关键点是，数字采集、编辑、传播，要贯穿博物馆业务全流程。所以这就变成设计中间很重要的一部分，所以我要提前来说它。从一个藏品征集进来，到入库，到必要的技术保护与维护，到研究、展示、教育活动，全过程都应该数字化。传统的教育活动，同时也可以生成数字产品，反复利用，变成数字传播。邀请一位专家来做讲座，只是架一个机器拍摄，不是数字资源建设，要有意识地学术介入才有力量，讲座录像采集之后编辑制作成产品，在网站等传播渠道上反复去传播。

比如皿方罍（léi），最初有过一段器盖与器身跨越时空合二为一的悲情故事，随之就应该把已有的资料全部数字化，建立资源库，比如现在成分分析、纹样采集、无损金属探测等技术都很成熟，还可以翻模铸造仿造，在做这些的过程中全部要数字化。不只是物本身的数字化，我们开学术讨论会的成果都需要数字化。比如有专家认为皿方罍断代只能到西周；有专家认为到商代没有问题；我认为商末周初的说法从目前看最准确，一是历史发展有强大的惯性，有区域差异，二是现在判断的依据可能还不完整。将每次讨论的内容都数字化采集下来，编辑好，不仅是珍贵的资料，也更有利于学术积累。

　　　　　　　　　　　　　　　　　　　博物馆是什么

又比如说我们的特展，我就很遗憾，当年"走向盛唐"，全国17个省市40多家博物馆与考古所的文物，真正展出了唐代气象，展现了随着文化交融，人的眼界与心胸是怎样的，带来了什么。可惜我们只有图录，当时没有留下全部的影像资料。特展应该留存完整的空间场景。现在只有记忆，记忆很快就消亡了。现在做展也还没全部记录。我想强调的是，特展要完成延续（性）服务，做成永不落幕的展览。不是简单录像，要编辑，要有思路，可以在网上做一个系列，做成24小时随时可以看的展览空间。比如有世界文化序列、中国古典文化序列，要有体系地编辑出来。

现代化传播体系不仅仅是传统的网站、网上展览，还是从收藏到运营整个（过程的）数字化运营与传播。那么建设新馆的时候，你就应该把这些需求在设计里、在建设规划里、在可行性研究报告里明确提出来。我当时特别强调，观众有人用联通，有人用移动，有人用电信，如果场馆里面信号不够好，如何通过手机去传播信息？所以基础设施建设，一开始就要建立信息高速公路，该架什么桥，一定不能吝啬。百兆过时了，千兆够吗？不久的将来会怎样？总之要超前投钱，一定要想着百年大计，不然弱电系统以后要换是很费事的。

而要做这些，必须培养团队形成梯队深入进去挖掘与拓展。信息部就很重要。不是简单做个网站，也不是简单拍个照片放到网上。信息部必须是一个常态的业务部门。比如从摄影部上升到信息部，准确地说是信息资源部，掌握所有信息资源。硬件可以外包，机房、线路都是共性的，但内容这块是个性的，是你独有的。博物馆尤其是目前正在新建的馆，对数字资源部、数字资源的建设强调得不够。湘博在10年前策划新馆的时候，已经做好了这块的方案与部署。我们的目标是"一个覆盖全馆的大数据中心、一个智慧化信息系统云平台、一套可持续发展的智慧生态体系、一座智能化的现代博物馆",希望可以打破传统博物馆的藩篱,消除博物馆行业内外的边界,改变封闭与保守的习惯,让社会公众可以自由积极地利用博物馆资源、享受博物馆服务、参与博物馆建设,真正打造一个属于公众的"我们的博物馆"。

◎ **博物馆的陈列展览体系——构筑一个完整的展览体系**

张小溪:这"六大体系",观众最感兴趣的恐怕是展陈体系。毕竟我们去博物馆都是为了看展。拿大家熟悉的故宫来说,除了珍宝馆,大家印象最深的是"石渠宝笈"这样的书画大展。我在2019年去看过"传心之美——梵蒂冈博物馆馆藏中国文物展",2020年去故宫看的是"千古风流人物——故宫博物院藏苏轼主题书画特展"及"丹宸永固——紫禁城建成六百年展"。游客主要是看建筑,如果拿"博物馆"去看它,故宫的展陈体系如果是您来设计,会如何思考?

陈建明:故宫博物院是一个有世界影响力的博物馆,本身也很特殊。但从博物馆学上讲,我觉得可以再进一步思考。故宫最大的使命是什么?是保护好世界最大的古建筑群,而不是宣传"皇上"。作为博物馆,故宫第一个展陈,第一个教育项目,可以是讲中国古代建筑与中国古建史。以它为基地,所有中国古代建筑的历史都可以在这里得到展示,比如三大殿古建筑本体说不清楚的,可做一个陈列来解释。山西悬空寺、应县木塔这样精彩的古建筑,都能够在故宫这个大博物馆里面通过古代建筑系列大展得到展示。第二才是皇城皇宫,而且重点应是建筑与宫殿的关系,而非侧重讲皇室。

简单说,因为故宫的特殊性,建筑里本身也不太适合做大规模的展览。故宫适合与需要的都不是大规模的文物展示,故宫里面只需要讲基础的功用、功能，用专业术语说，需要的是辅助陈列。所有皇宫收藏的器物、书画、陶瓷等的横向研究与展示，未来都可以放到故宫博物院北院去，这样就非常合理了。

张小溪：哈哈，我很期待您与故宫的院长能坐在一起展开一场学术辩论。不说故宫这如此特殊的博物馆，我们还是以一个常规的博物馆，比如湖南省博物馆为例，您是如何构想展陈体系的？

陈建明：新馆设计一定先要依托馆藏，建立既体现自身优势又彰显个性的展陈体系。我认为我在领导湖南省博这一轮改扩建的前期工作中，带领大家一起构筑了符合湖南省博物馆宗旨、使命、历史和发展方向的一个完整的展陈体系。如果你问我最后做出来了吗？我只能说很遗憾。当然，从计划到实现，本身就是一个不断衰减的过程。问题在于你是否真看懂了计划。但我们确实设计过非常完整的展陈体系，可以供大家讨论。

经常去博物馆的人，大概能察觉博物馆的展览分为三类：常设展（基本陈列）、专题陈列、临时展览。

用现在时髦的话说，博物馆是城市客厅。客厅就要展示你的品位与价值观。尤其在新博物馆建设的时候，不仅仅是新盖一个楼，而是要重新审视自己，到底是谁。每个博物馆都应该通过独一无二的常设展，宣示其收藏、使命、类型。湘博不能靠辛追夫人，而是应该靠完整的陈列来宣示。

首先，湘博是区域性博物馆，是湖南省博物馆，不是"马王堆汉墓陈列馆"，所以一定要有一个关于湖南区域历史文化的陈列，所以就有了后来的"湖南人"陈列，基本陈列相当于你的主打长线产品。如同你是杨裕兴面馆，你卖的长线产品就是面。你去中国革命博物馆，就是去看中国革命史的。你要让湖南人来到这儿看到自己的家乡与历史、看到来处，外地人来看到湖南的特色。从博物馆的使命来说，"湖南人"比"马王堆"还重要，它是最核心的。以前湘博这一板块是缺失的，这种缺失造成的后果就是，以前的火车进长沙站时介绍长沙的语音播报里，一直将湖南省博物馆播报为"马王堆汉墓陈列馆"。所以在这一轮改扩建初始，我们就想，必须集湖南之力，解决这个缺失。我们是国家级博物馆，使命是立足于区域文化与已有收藏、学术积累，讲清楚中国湘楚文化背景下形成的湖湘文化到底是什么，意味着什么。你不能总是马王堆，如同湖北省博物馆不能只有梁庄王墓、曾侯乙墓、楚文物特展，你要讲楚文化的故事，讲荆楚文化是什么，这才是湖北省博物馆的使命。

其次，要在同类型博物馆里脱颖而出，一定要有特色收藏与展示。湘博的特色是什么？是马王堆。它是中国乃至世界20世纪重要的考古发现，集中反映了一个时段区域历史文化达到的文明高度，要把马王堆放在楚文化与汉初这个背景下去讲透。

基于我们的使命与资源，常设展览就很清晰了，"一线"＋"一点"。一条线，回顾区域历史，就是"湖南人"；一个点，"马王堆"，从一个片段来反映这个区域历史上最辉煌的一个历史场景与亮点。

确定了这两个核心展览，一个馆就定位了。而新馆的建设就得围绕这两个核心思考。两个常设展需要占据的位置、流线，毫无疑问成为设计的核心。建筑设计师认识到它的独特性，在建筑设计中围绕马王堆汉墓展开，设计上最核心的就是辛追夫人的寝宫。在设计过程中，设计师深刻知道湖南省博物馆是什么，与湖南最经典的历史遗存结合非常好，这些认知继而反映在建筑空间、建筑外形上。这也体现了日本建筑设计师对中国文化、湖南区域文化的理解与重视。现在这个馆，仔细看是能让人知道建筑师的良苦用心的，是对中国建筑传统表示了敬意的。非常可惜的是，一方面囿于条件，没有做完整，另一方面为了满足一时之需随意添加了构筑物，意境被完全破坏了。

张小溪：普通观众去博物馆可能并不会过度关注建筑，开馆后它退守为一种容器，人们在意的是进馆看到什么。您刚说每个馆要花大力气想明白"我是谁"，清晰地展示"我是谁"，在新馆设计之初，除了最重要的基本陈列，其他的展览需要如何思考？

陈建明：前面提到的"湖南人"与"马王堆"，即为最核心的基本陈列。专题陈列与基本陈列不同，它是根据已有收藏与文化传统，以类别而分。以上海博物馆为例，它的定位为中国古代艺术博物馆，历史文物以艺术方式呈现与表达，与中国金石、陶瓷、书画收藏与研究的传统相呼应。根据湘博的馆藏与研究，也设立了青铜、书画、陶瓷、古琴等专题陈列展区，符合中国历史与古代艺术展示方式。

设立这个展陈"组合拳"的理由显而易见。首先，基于区域性的历史文化博物馆，基于收藏与定位，所以要做"湖南人"与"马王堆"。其次，中国的金石书画传统和社会需求到今天为止依旧很兴盛，观众喜欢看陶瓷、青铜、书画类型的展览，而我们要为社会服务，所以设置四五个相关专题的展厅。注意，是一个"类型"的专题展厅，而不是一个展的展厅。专题陈列是可以内容轮换的。比如青铜展厅，可以讲一个皿方罍的流转故事，也可以换宁乡青铜器群。书画展厅，可以先策划齐白石的展，再策划一个齐白石与黄宾虹的对话，也可以今年齐白石，明年何绍基。瓷器，可以做纹饰专题展，可以做不同窑口的瓷器展。总之，每个领域都有非常多的玩法，可以定期轮换，但所有专题陈列必须是学术研究的成果。

除此之外，要规划长远的临展体系。既然叫历史艺术博物馆，也需要从艺术史的角度来反映文化的沟通与交流。总体而言，常设展宣示核心与主打产品，临展宣示学术追求与建树。常设展要常设常新，临时展览要丰富多彩。这就是长线产品与短线产品的搭配，基本核心产品与辅助产品的关系。

临展体系中，开幕大展非常重要，是新馆开张的宣言与告白。八家央地共建博物馆，湘博排名第三，那我们的眼界与视野，必须高于湖南，要将目光投向全国、全世界。有一种方式可以呈现，就是通过开幕大展宣示地位，我在策划构建开幕大展主题时，定位很清晰，一个中国一个世界，一个历史一个艺术。

既然是国家级历史博物馆，要表达、反思国家重大的历史事件，集大成的思想源头是百家争鸣与百花齐放。中国传统文化在百家争鸣的时代如何呈现？所以就有了后来的"东方既白——春秋战国文物大联展"。

国家级博物馆也应该有世界眼光，百花齐放，于是我们决定要做以意大利文艺复兴为背景的中西文化交流题材展览来显示这一定位。陈叙良根据我提的这个范畴，想到中央美院人文学院院长李军在研究文艺复兴方面很有见地，一拍即合，请他来当具体的策展人，组织联合团队一起策展。我还专门为这个展览拜访了佛罗伦萨市长，他表示非常愿意帮助我们完成这个"伟大的创举"。我也亲身参加了国内展品借展，于是有了世界级眼光原创展览"在最遥远的地方寻找故乡——13—16世纪中国与意大利的跨文化交流"。

这两个开幕大展，宣示我们是世界性的，是传播世界文明的。讲到底最核心的是人类文化的发展，人是不同文化的产物，从来都是你中有我，我中有你，没有绝对的东与西，中与外。我们是做博物馆工作的，常常因为工作关系看到很多这样的物证。开幕展同时做的图录与讲座，也是邀请的顶尖专家。这样的开幕展，就显示了我们的野心与格局，也告诉大家博物馆正是文化交融的地方，需要有领悟无问西东的胸怀。

张小溪：我能理解开幕大展的"宣示"，就跟杂志的创刊号定下基调是一样的，第一期会非常谨慎地选择合适的选题昭示自己的定位与品位。比如在《读书》杂志1979年创刊号上，那一篇《读书无禁区》也就相当于宣言。另外，2021年深圳很创新地搞了一个全国新书首发中心，选择谁来开场也是很重要的，"需要一个置身于时代又能旁观时代的标志性人物，为读者开启关于新书的航程"，最后他们选择了"出圈"学者刘擎与他的新书《做一个清醒的现代人》，很贴合。

关于开幕大展宣示定位这一点，倒是与韩永馆长的做法也很呼应。他们在2006年首都博物馆新馆开馆时，作为一家地区博物馆，除了展示北京的历史与风貌，开幕临展是"世界文明珍宝——大英博物馆之250年藏品展"和"美洲豹崇拜——墨西哥古文明展"，用国际交流视野的展览宣示自己的定位与野心。他在采访里说，希望人们不只是盯着眼前的一点事，要看向更远的远方，更广袤的世界。

但目力所及，真正具备这样"野心"的博物馆似乎不是很多。

陈建明：对，韩馆长一直是我学习的榜样，不仅是陈列展览体系，凡与建馆有关的方方面面我都从他那里学到很多。他是我引以为傲的同行和朋友。关于远方与广袤的世界，湘博除了开幕展与其他临展，在展陈体系里还曾经有一个策划，在今天湘博三楼咖啡厅的位置，原先规划的是做一个固定的国际展厅，与国外博物馆合作，长期展示西方古代历史艺术收藏，这是我们整个展览体系的组成部分。为何要这样设计？还是与博物馆的定位与使命有关系。湘博的使命就是跟文明产生对话，我们能跟世界文明对话，我们是对话的平台。从观众服务角度来说，尤其是长沙学生课堂上某个阶段学到古埃及、古希腊、古罗马时，他们接触到的书本上的，最多是数字化与影视化的内容，跟馆里实物给他们的直接感受是完全不一样的，我们可以做这样一个窗口。当时已与加拿大皇家安大略博物馆开始谈合作，时任湘博副馆长的李建毛也是推动者之一，不知道为何他当了"一把手"以后反而放弃了这一计划。我去看过皇家安大略博物馆库房，东西精美、琳琅满目，有非常多古希腊、古罗马、古埃及的文物。湘博库房里的陶瓷、青铜等可以在加拿大长期做一个交换展厅。两馆互相租借，能更好地利用藏品。皇家安大略博物馆的副馆长沈辰也是主动提议这个思路的人之一。我们已经具体谈到了实操，三五年为期，运作中各自负责自己的策展、文物选择、展览，所有费用自己承担。我为此事也去国家文物局当面汇报过，得到认可。

张小溪：好可惜。这可能是国内大型博物馆中第一个策划做这种固定的国际展厅的。西方观众能在家门口看到全世界的东西，我们在自己的博物馆却基本只能看到自己出土的文物，是很遗憾的事情，也限制了我们的视野。2019年开放的上海西岸美术馆，便是与法国蓬皮杜艺术中心达成类似的五年展陈合作，开幕展就是"时间的形态——蓬皮杜中心典藏展"，以时间为脉络，用重量级作品构筑了一个现当代艺术发展简史，2021年5月撤展之前我赶去看了一眼，很赞。这样的中外合作还是太少了。西岸的性质与您当初的设想还不算同一个性质。如果每个省都有一个这样固定的合作展厅，长期引入西方艺术作品，可以打开一个个拥有无限可能的窗口。

陈建明：国家博物馆应该已经有这样的展览，我似乎很早就看到过这方面的规划。湘博这个固定的西方艺术展厅设想，后来放弃了确实是很可惜的。2021年10月苏州博物馆西馆开馆，他们在二楼设置了固定的国际陈列展厅，与大英博物馆达成五年合作。这都是很棒的。希望未来其他的博物馆设计时也能预留这样一个窗口，有更多的文化交流。当然更重要的是要有专业的团队支撑，策划与运营合适的展览。

张小溪：回头看，您参与了两轮湘博的改扩建，虽然只隔了十多年，这一轮（2012年动工，2017年新馆建成开放）的"宣示"与体系构建，明显和上一轮（2003年新陈列大楼建成开放）相比有了不同的格局。

陈建明：首先社会环境已经大变样了。说个真实细节，多年前我在省文物局做文物保护工作，去找财政局申请经费，财政局的人无奈地说：兄弟，我活人都管不过来，哪有经费管其他？

上一轮改扩建，新陈列大楼2003年1月18日开放，但陈列受到根本性限制。"一山一水一女尸"，是长沙旅游的硬家伙。当时的主要观众都是团队游客，直奔辛追夫人。毫无疑问，当时的社会、经济要求湘博扮演的角色，是必须把马王堆文物展示好。三楼原本想做近现代史陈列，毕竟这是湖南比较光华的历史，但当时场馆条件有限，10 000平米的陈列楼，马王堆占了大部分面积。鉴于湖南在近现代史上的地位与贡献，应该有一个专门的湖南省近现代博物馆。我们就改变了方案，按原计划在二楼做了商周青铜器、名窑陶瓷、馆藏明清书画、湖南十大考古新发现主题展览，将三楼空出来做了临展厅，也幸亏留了这个临展厅，后来影响很大的多个临展都是在这个临展厅完成的。新陈列大楼开放后，马王堆是特点亮点，青铜、陶瓷、书画是收藏的大宗，也是美术史最常见的物质对象，这是考古综合博物馆的常规做法。（2012年）这一轮专题展厅沿袭了这个体系，但做了升级版，除了历史与文化属性，还有技术性的升级。

比如设置相对固定的展厅，成本可控，节约好用。书画展厅，只需要换展品。小件金银器、钱币，都会有对应的展具展柜。

这一轮改扩建时，我们明显感觉到，只有马王堆已经不能满足大家，再不作为，湖南省博物馆就真的成了马王堆汉墓陈列馆。湘博1956年试运营开始，一直缺一个全面反映区域文化的陈列，反映湖南文化史、考古史、人类学历史的陈列，这与湘博区域历史文化传播的使命不相符。所以在这一轮改扩建，必须弥补这个空白。可以说60余年才完成了一个大型的湖南区域历史文化陈列。

在2003年后，湘博做了非常多有影响的大型展览，而原来的老陈列楼，已经限制了大型的现代艺术与历史展览。所以这一轮改扩建，大型临展厅，我们花了大力气去讨论与实现。

利用这一轮改扩建契机，我提出要尝试博物馆收藏和相应的专业学科体系建设整体转型。除了考古类型博物馆，我们应该尝试走文化人类学，包括民族学、民俗学的路线。"湖南人"就是想通过文化人类学来思考与展示湖南。

可以说，这一轮改扩建，是上一轮的升级版。

张小溪：为何会有这样的战略转型？想转型成什么样的博物馆？能否更详细一点说说。

陈建明：我提议在湘博基本陈列"湖南历史文化陈列"中列入"湖南人"的音视频资料乃至不同世居人群的DNA（DeoxyriboNucleic Acid，脱氧核糖核酸）资料，实际上是想让湘博从一个行政区划概念的、以重大考古发现闻名的博物馆，向真正意义上的"区域性"博物馆迈进，开辟新的收藏、研究和展示领域。最初的念头，是受本馆同事黄磊在英国博物馆学习后提出的增加"照片"影视资料收藏的建议影响，认识到区域博物馆收藏研究展示的专业基础学科是文化人类学，包括而不局限于考古学和传统的金石学。这样，再加上对本土当代艺术的收藏研究展示，我很早就向省委宣传部请示过希望支持20世纪下半叶湖南美术史50年专题收藏研究展示项目，湘博就能朝名副其实的区域性的同时又是国家级的大型博物馆方向发展，是历史的、艺术的，更是科学研究型的博物馆。可惜的是，我没有来得及领导湘博完成这一战略转型，希望这些思考能为后来者提供参考。

张小溪：转型是基于博物馆发展的趋势与潮流，还是基于其他原因？

陈建明：其实有一个背后的原因促使我一直在思考这种转型，就是很多省市博物馆与考古所的关系问题。讲得更直截了当一点，就是20世纪50年代设计的文物收集与利用的体制机制在当代已经失灵失效的问题。一是考古所的文物不移交给博物馆的问题，讲重一点是有法不依，但我一直认为这背后有更深层次的原因，将考古资料人为地拆分，可能本身就违背了客观规律，是一时的权宜之计。早在2002年上海国际博协亚太地区第七次大会上，中国代表分组讨论时，我就明确发言表示，将来要么考古所又会和博物馆合并，要么考古所会建成考古博物馆。我清楚地记得，在上海博物馆学术报告厅走道上，有人开玩笑对我说，"好啊，你竟然公开质疑国家文物局的政策"。后来这两件事都发生了。二是随着国内文物市场的放开，国办文物商店已经丧失了垄断地位的问题，文物商店基本上已是泥菩萨过江——自身难保，不能再履行为博物馆提供藏品的使命。这样，与考古所分设的省、市博物馆就基本上断了传统的文物来源。没想到，就在湖南省博物馆新馆正在建设时，湖南省文化厅又向省政府正式报告，要求建立37 000平米的考古博物馆。当时有好几个省已经开建考古博物馆，湖南也只是跟着潮流走。1986年，湖南省博物馆的考古部从省博独立出去，成立了湖南省（文物）考古研究所，此后大量的考古文物就不再移交到湖南省博物馆了。后来，主管部门虽然同意了考古博物馆的建设申请，但发改委最终未批，认为湖南省博物馆就是考古博物馆、历史博物馆，再建湖南省考古博物馆是重叠与浪费。这个事情对我触动很大，我就进一步思考，如果湖南真的另建考古博物馆，湖南省博物馆怎么办？专业方向如何调整？

不管发生什么"变故"，湖南省博物馆依旧坚持历史艺术的方向，毫无疑问是正确的。十多万件馆藏就是湖南的历史。考古发掘的东西也只是历史物证发现之一，和传统的古迹、典籍，以及存在于地面的历史遗迹，都是历史的构成部分，都是历史博物馆可以利用的资源与对象。我们依旧是历史艺术博物馆，与当代美术馆有区别。

此外，实践当中，湘博也在做艺术展，甚至是当代艺术展、西方艺术展。我明确提出来要组建专业部门，引进专门人才，才能继续往前走，否则展览馆化倾向太明显，不是一个成熟的专业博物馆所为。言下之意，要不不做当代艺术、西方艺术，要做就要成立专门部门。我也开始布局，引进中央美院艺术史系的专业人员，提出来在新馆建成以后，要组建民族学、民俗学、艺术史等专业的部门。

当时提出完整的发展方向是：从过去单纯依靠考古发掘、文物商店征集社会流散的古玩文物，向民族志、民俗学、语言学，甚至生物分子考古学方向转型发展。比如做湖南人的DNA，就是展示除去埋在地下的物，活在这片土地上的族群与人群，他们有什么特征，有什么样的文化遗存，有什么语言……为何去采集方言？为何最终"湖南人"展厅有一部分"人"的呈现？就是因为当时考虑到湖南省博物馆的转型。

张小溪：其实作为观众来说，是不太能理解为何湖南省博物馆与湖南省考古所同属于湖南省文化厅，而且曾经还是一个单位，后来会分开。说起来，失去了考古部的博物馆，是不是都很羡慕考古部依旧和博物馆在一起的南京博物院这类博物馆？您在馆长任上的15年有没有努力去推动合并？

陈建明：我曾经提出具备操作性的合并方案。吸取了国内一些合并的教训，建议组建湖南博物院，下设湖南省博物馆与湖南省考古所，独立的两个机构，在业务上保留自己独立的权限，而在后勤、行政、库房保管、展出等部分合并。但最终没能合并。这里面有太多的历史原因、个人选择，我们暂且不展开说。但我相信，迟早二者还是会合在一起的，因为合在一起是最有利的。一切交给时间吧。

张小溪：基于这种"危机"，您才有了新的架构，包括人员吧？

陈建明：对，基于这些，我觉得必须转型。转型不是器物上的转型，而是博物馆作为学术研究机构，在学术科研上的转型。要注意，收藏与展陈是对应的，与研究是对应的，如果转型，那么湘博的收藏方向要调整，研究队伍、人员组建要调整，展陈体系也要调整。这也就是为什么我提出来的完整的展陈体系是刚刚我们所讲的这种设置，以及为何会着手艺术史、人类学等专业团队的组建。

张小溪：说到专业团队搭建，我很想讨论"内容策划外包"这个事情。这几年博物馆基本陈列内容策划外包的事情引起很大争议，我听到觉得匪夷所思。这种现象普遍吗？

陈建明：内容策划外包现象是全国性的。博物馆空心化与非专业化、展览馆化的趋势很明显，这不利于博物馆健康发展。作为一个老博物馆人，我看到这些现象也很吃惊。现在是博物馆建设的"大跃进"时期，我们要看到博物馆的趋势与不良发展方向，并直面问题。

内容策划外包要分两种情况：一是老馆，一是新建馆。老馆第一个公开这样做的似乎是一个著名的遗址博物馆，2000年左右在《中国文物报》上登了个"豆腐块"，向全国征求内容设计方案。我当时就觉得很吃惊。这还是博物馆吗？有谁能比这个博物馆的专业人员更了解本馆？如果你是需要别的专业加入策展团队，那也不应该是像征集影视文学剧本那样的做法呀，因为你的内容设计不是虚构作品，它依赖于你的馆藏和长期的研究。

南方某博物馆是老牌大馆，收藏、研究能力很强，所以它的内容外包更引起关注。我看了招标书，不是博物馆发的，是上级主管部门发的"某某博物馆改陈方案招投标文件"。除了场馆的提质改造，还包括内部展览策划。整个招标书里我没看到一句博物馆的责任和任务，太惊讶了。这样一个重要的馆，提质改造是好事，但内容策划主管部门完全无视博物馆的单位职责，就这样发包出去，这太荒谬。

新建博物馆，出此下策情有可原。一切都是新的，要组合来不及。你不能说等条件都备具了，团队都组好了，藏品都有了，都研究好了，你才开始建馆。这也不现实。但是必备的条件与门槛还是需要的，先招人，征集藏品，至少要先有征集方向，这是必要前提。但现在很多新建馆，都违背了建馆的客观规律。房子设计完了，开始招标与布展，还没有一件自己的展品，没有自己的展览专业团队，全部外包。在没有一件藏品的情况下，外包做的展陈方案，能落地吗？

所谓内容外包，坦率地说，这是博物馆人放弃了自己的职责，博物馆不坚守专业的表现，使得资本乘虚而入攻城略地。所有都是利益驱动，不是专业驱动。

我并不反对社会化分工。博物馆也是社会化分工的一部分。但我反对整体打包外包。因为即使承包的团队极其专业，做完了怎么办呢？不单是建完，还要运营几年，让馆里团队能接手。但中国暂时还没有这样的承包团队。

我们还没走到博物馆专业化程度，就已经四分五裂。美术设计、展柜、灯光等专业化，是可以的，但核心的内容与研究，怎么能外包？最多可以外协。博物馆展览是一个完整的文化产品，内容与形式不可能完全分开，外包也应该是外协。一部电影由不同专业组成，但电影呈现的水准，一切应由导演拍板。都外包了，你是集成商还是包工头，还是就是一个出租场地的管理者？

面临这样的现状，专业博物馆从业人员不有所作为，是不应该的。以前有保护性破坏文物，如今是建设性消解博物馆。将博物馆的本质内涵消解掉还会是博物馆吗？

◎ **基于自主学习的教学体系——博物馆是一所终身学习的学校**

张小溪：这几年在跟您的接触中，我感觉您极其重视博物馆的教育功能，尤其是青少年的。您为何这么重视博物馆的"自主学习"性？

陈建明：这就又回到博物馆的本质。如果我们认为博物馆本质上是一个教育机构，就必然会对教育功能的细节思考周全。我常跟人讲大都会博物馆的故事：花5600万美金新做一个教育中心；在寸土寸金处专门开辟一个能让大巴车勉强挤进去的学生通道，解决学生团队的需求；馆里最气派的办公室，是教育部的。这深深触动了我。日本江户东京博物馆，在城市中心，架空也要做学生团队的单独入口。如果你是全省最大最好的青少年教育基地，你就需要考虑孩子们抵达、参观、吃饭、放书包等需求。博物馆应该让每个参观者都有尊严与便利，设计之初就可以思考种种细节。

博物馆其实就是一个社会教育机构。民国时期，博物馆就归教育部管理，与学校教育接轨甚多。美国没有文化部，没有文物局，它是全社会教育，虽然主要还是青少年教育。1969年，当时的总统约翰逊要求美国博协告诉他，美国博物馆当下状况，有何需求。美国博物馆专业人员通过《贝尔蒙报告》回答了他，报告里说：美国博物馆从一开始就具有教育与文化传播的双重使命，博物馆能直接观察艺术、历史或者科学原始的证据，这使得博物馆独一无二。且作为非营利机构，对所有年龄段、种族、宗教的公众开放。中小学和大学依靠博物馆让学生学到书本上没有的内容——伟大艺术的原始作品、重要的历史物品、自然原始证据，以及人类世界进化的特殊标本，这些知识由优秀的从业者来诠释。博物馆提供了其他机构不可取代的东西。重要的是，它也为父母提供了机会，可以带领孩子们体验有趣的学习经历和智力开发的兴奋，这是最有意义的家庭学习关系。孩子总是对可视的、可触摸的具体物品更感兴趣。博物馆里，他们通过物品，告诉你地球充满戏剧性的故事，包括地球的历史，地球上的生活，以及人类自身如何进化、工作、梦想和创造。总之，博物馆为我们认识和了解这个世界提供了独特的方式，我们是谁，来自哪里，怎样生活，打算去哪里……也许每一次参观，都能获得对世界新的看法。这是可以充满愉悦感的学习方式，并且开发思维，引发共鸣。

1970年美国通过一个法案，通过这个法案，全美博物馆被认定为教育性质的单位，享受法定的教育机构的所有权益。

张小溪：我刚查了一下中国博物馆协会，才知道中国博协成立那么早，1934年由当时故宫博物院院长马衡、北平图书馆馆长袁同礼等人倡议组织，"以补充学校教育之不足"，1935年成立。

陈建明：这其实应该是一个共识。不管是民国时期，还是国外博物馆。只是在今天的中国，是否达成了这种共识？

博物馆能做的——通常比学校做得好的——是激发兴趣，给学生们一个从书本上得不到的新的维度，然后再激励他们回到学校继续学习。

很多博物馆都有自己的"校友"，他们对自身事业的兴趣始于孩童时代参观博物馆的经历。如今越来越多的人去博物馆参观是由于他们发现博物馆提供的艺术和科学知识既重要又令人振奋。有的人参观博物馆是为了获得愉悦，有的是为了获得启迪。不管是抱着何种目的，参观博物馆都能带来乐趣。而且若是观众能无拘无束地参观，没有急迫感，可以自由自在地依循自己的节奏进行欣赏和学习，那这种乐趣会更大。美国普通大众只要有机会，就想着提高生活质量。而博物馆提供的就是这样的机会。我自己这些年走向世界看了500多座博物馆，我也受益良多。我学历史出身，原本不具备专业的艺术鉴赏力，但是流连世界博物馆看的名作太多，眼界自然就上来了。在费城赶上梵高的大展，看着眼睛都湿润了。在纽约克莱门特工作室，我跟同行的收藏家同时一眼瞅到角落里一幅画，对方说，馆长你眼力很毒啊。

所以它确确实实就是一所学校。复旦大学陆建松教授提出：博物馆收藏、研究、展示、传播，所有的目的都是为了教育。有人不认同。但我是认可这个观点的，博物馆本质上是社会教育机构。博物馆的陈列展览，就是一个教育性产品。

人的素质的全面提升，必须是有社会教育系统支撑的。中国传统文化里教育体系是很完备的，比方说三纲五常，乡规民约，祠堂的规矩也很严格。进入近代国家以后，有一个完整的配套体制，选总统，立宪法，宪政政治以外，还有废除科举办学校等。现在公认1905年张謇创办的南通博物苑是中国第一个博物馆，这一年废除科举，推行新的学政，建立全新的学校体系，这正是博物馆产生的时代背景。

本质上说，博物馆是国民教育一个核心组成部分，是整个现代性构建的一个核心组成部分，是现代国家转型建构的一个核心组成部分。我们有必要捅破这层窗户纸。它一直在发挥着这样的作用，如果你去把它当娱乐场所，那就是走偏了。

现在部分学者不赞成（把博物馆）叫教育机构，而是学习机构。其实我们说的本质上是一样的。我也赞成把博物馆建设成学习场所，是给5岁以上任何年龄段的人提供的学习场所，而且激发的是自主学习与终身学习（兴趣），在娱乐中学习。它与强制性的体制教育不一样，是基于自愿与爱好的学习，这极其重要，甚至比体制教育更重要。所以说资本主义社会有几个很好的发明，其中之一就是建设了一个社会体系，来培养他们需要的公民的素质。既然是学习场所，那不是教育机构是什么？只是对于公众，说教育机构容易引起误解，甚至反感。

其实回到博物馆的起源，也是为了培养全面发展的公民。一个社会要发展，公民素质是决定性的因素。卡耐基的父亲原是织亚麻的高级技工，生活不错。工业革命后手工作坊衰败，一家人从苏格兰迁往美国。13岁的卡耐基失学了。懵懂少年进工厂当了小工，喜爱阅读的他常去图书馆。正是从自身的体会中，卡耐基认识到公共图书馆的巨大作用。他一生共捐造了2909座图书馆。他说："世上的民主摇篮，非免费公共图书馆莫属。"图书馆与博物馆都是为人的全面发展提供学习机会的公共机构。作为博物馆人，应该有意识地通过专业追求与表达，提高国民综合素质，为公民社会建设做贡献。

基于此，博物馆对学校教育、青少年教育都应该非常重视。大英博物馆专门有一个青少年教育指标，哪怕你一年有上千万的观众，其中也必须有15%的青少年比例，不然考核就不及格。

张小溪：我可不可以理解为，您在全世界优秀博物馆看到的好的应用与细节，都想用在自己的博物馆里。当然，是结合了湖南省博物馆的实际情况。

陈建明：不只是从优秀的细节里，也从看到的不足里吸取经验。比如关于学生在博物馆吃饭的事情，我在2007年梅隆基金项目中访问美国的时候，就看到在一些科技馆、艺术馆，学生团团坐在展厅里吃饭，那个博物馆是认同在展厅吃饭的，开放了一块地方。我当时就想，我做新馆就要解决学生团队吃饭问题。某国内博物馆曾有学生坐在走道吃饭，博物馆员工批评老师，问这是哪个学校的。我当时说，应该批评的不是老师，而是馆长要反思自己的失职，是你在设计博物馆的时候没有考虑提供学生吃饭的场所。恰恰是这些东西，让我在新馆策划设计的时候，想要去解决这些需求。

张小溪：我感觉国内博物馆近些年都开始发力，会推出很多教育活动，比如公民与学生体验课程、丰富多彩的讲座，以前并没有这样的氛围。

陈建明：这一块，过去中国的博物馆注意不够。湘博不是这一次（改扩建）才强调教育功能。其实从2003年开始，就在思考与实践怎么为本省区的学生服务，怎样开展各种教育活动。我们走在很前面，是在极其困难的条件下，最先与学校建立互助互建的博物馆，开展丰富的教育活动，甚至影响到中考考题。展览本身就是一种课程，2000年左右，我们就有了"一个展览，一本图录，一个系列讲座"的基本配置。一些热门的讲座，甚至很难抢到票。针对基本陈列与临展，再开发出匹配的教育活动，这在全世界博物馆都是趋势，但在一二十年前的中国还是比较少有的。当时办一场大型特展，会为教育工作者专门连续开两三个晚场，并免费发10万张门票给学生。经常来参观博物馆的孩子，甚至会"教育"送自己来的父亲："参观博物馆不能穿拖鞋，您怎么又穿拖鞋了。"礼仪上的熏陶就这么植入心田了。不是上课才是教育，感到愉悦、学到礼仪，都是教育。

美国博物馆学者乔治·埃里斯·博寇说："（博物馆）最终的目的不在于收藏和展示，甚至也不在于参观者观看展示。这些不过是手段而已，最终的目的在于给人们心里带来变化。"这种心里的变化，不正是教育？

张小溪：旧金山亚洲艺术博物馆许杰馆长谈到博物馆陈列的基本原则时强调，藏品陈列和临时特展的主要目的不在于传授知识，而在于刺激、引发观众自行探索的兴趣。来博物馆更重视体验，不排斥传授知识，但也不强调传授知识。您怎么看？

陈建明：哈哈，这个我可不敢妄评！你知道吗，我参加的那届梅隆项目，许先生是总教官！他是我敬佩的博物馆领域的智者与绅士。但在我看来，或许他只是在强调体验的重要性。逛博物馆应该说是利用已知的知识，来激发寻求新知识的方式。博物馆不同于任何其他机构，博物馆里的物是文化遗存物，蕴含着人类的文化创造。人创造了文化，人又是文化的阐述者。新的文化创造都是从这里出发的，探索使文化创新成为可能。

张小溪：我想你们的思考其实是同一个方向的，都是对人的激发、启迪与影响，只是表达的侧重点不同。我看过一个纪录片，在英国的国家美术馆，盲人触摸着有立体感的图画，感受蒙马特大街的夜晚，理解构图的巧妙；小孩席地而坐，听摩西的故事，看库普作品中浮标与拖船之间微妙的空间感，水成为情绪的隐喻；成人在教室里学习如何画人体模特；老师在报告厅里引导如何看一幅画中观察力与想象力的神奇结合，启迪大家找寻画作与今天生活的链接；年轻的男子安静坐着写生；油画修复专家现场解说伦勃朗画作上黑色、深黑色、暗黑色的区别，拿着画的X光片推测，他曾经画到一半后倒过来继续画；做装置艺术的艺术家常常来馆中溜达，寻找灵感。数学有唯一的答案，艺术却没有。这些场景的堆叠，大概就是对博物馆教育很好的阐述，也是你们博物馆学家最想看到的场景。

陈建明：2006年我们举办"俄罗斯绘画艺术三百年"展览，一位桂东县的老师，租一辆大巴带着山沟里的孩子跨越400公里来看展。清晨，孩子们穿着朴素的衣服，脸蛋被山风吹得红扑扑的，坐了一整夜的车（为了节省住宿费）而不显疲惫，那个场景到今天我都记忆犹新，充满感动。我想起在俄罗斯，看到人们大雪天里排长队参观普希金美术馆的画面。这些画面叠加，让我更加意识到博物馆在传承文化上特殊的重要性。

张小溪：我看到湘博及很多博物馆，都配备了"移动博物馆"，就是为了更多偏远山区的孩子吧。

陈建明：对，要关照那些没有机会真正走进博物馆的孩子。而他们是最需要博物馆知识启蒙教育的孩子。团队会带着文物去到山区小学，让孩子们参观，以及做很多教育活动。但移动博物馆出去一趟花费不菲，承载内容有限，安保等都不容易。还是要努力让孩子们多就近走进博物馆。这是另一个重要话题。

正因为此前教育实践多年，所以这一次改扩建就可以针对性提前做很多设计。一个博物馆重视教育功能，不是成立一个教育中心、开放接待部就完了，需要一个全链条的设计。我们思考了学生从进来开始的每一个步骤。我们为了学生团队，单独设计了专门的校车停车场，专门的学生入口，独立完整的学生流线通达各个展区、单独教室、3000平米的教育中心。比如从学生入口进来，团队需要一个集合的空间休整，需要存包，去洗手间、饮水间，平静下来，集结并完成参观礼仪的宣导。考虑到学生团队有时候不止一个班级，附近还需要有更大的洗手间与饮水处备用。需要一个咨询服务台，可以处理预约与签到，需要一面屏幕进行入馆提醒与发送预告。从这个集合空间可以直接进入二楼的展厅，也可以往下步入3000平米的教育中心。教育中心，包括小学生教室、中学生教室、教师资源中心、演播室等，不仅能开展亲子教育活动、中小学生各学科教学活动、远程教育活动，还能供阅读、文化沙龙、工作坊、研习班、业务培训、座谈、学术报告、小型会议等项目的实施，从而实现节目录制、现场直播、远程教学等。不同年纪学生的教室，因为孩子身高不同，那么洗手台、每个教室的桌椅高低都有不同的详细规定。教室有大有小，更大的教室可以容纳两个班学生，中间可以做自由隔断，可合可分，灵活使用。给大龄孩子用的桌椅，同样可以给成人使用。录播工作室如果（提供）给低龄一点的孩子，可以设置圆形桌椅，大家舒服地围坐。学生需要吃饭，就配备了微波炉。也为老师准备了专门的空间，如资料室与办公室。录播设备等很多，所以需要设计专门的储存空间。

这都不是凭空出现，不是心血来潮，而是水到渠成。在博物馆

博物馆是什么

建设设计阶段，能做到这种程度的在全世界恐怕也不多见吧。如果桂东的孩子再次远道而来，他们会享受到博物馆更好的服务，更多的温暖。我们博物馆内都有人不理解为何要这样设计，但日本建筑设计师就不问为什么，因为他们就是这样做的。

博物馆也一定要考虑远程教育，与之相关的远程教育与直播间，我们10年前就开始准备了。国务院发文，要求博物馆要跟学校教育联系，作为博物馆你准备好了吗？我们准备好了。这就需要提前规划设计教室、演播厅、直播室、录播室，以及相应的网络等支撑。

我的理想是在靠近库房的区域设计直播教室，与公共教育系统能够连接，学生在自己的教室，就可以看到藏品。在加拿大魁北克文明博物馆，我们就看到过利用博物馆藏品，老师生动地讲述早期白人如何拿着工业生产的毛毯与来福枪交换动物皮毛。地广人稀的加拿大，千里之外的孩子可以通过这直播学习生动的历史。为了能做这样的直播，21世纪的博物馆，信息管理部门要保证传播畅通，带宽足够，提前布局。

张小溪：现在的教育中心主任带我去看过教育中心，她说虽然不完美，但基本实现了当初图纸上的想法。"我们不说50年，至少希望20年不落后。"暑假，教育中心非常繁忙，来这儿参加各式各样活动的学生与大人能沉浸其中，她便也深感欣慰。

陈建明：我们一起去看过很多国外博物馆的教育中心。在明尼苏达州沃克艺术中心看到教育中心有咨询台，有教室可以让孩子安静地上课，很想给中国的孩子同样的环境。2008年以前，湖南省博并没有专门的教育区域，2008年免费开放后，将老馆后面的红楼临时划给教育中心。那原本是一个展厅，空间开阔，但窗子过于明亮与宽敞，容易分散注意力。所以这一次，很注重环境氛围的营造，在相对独立安静的空间，让孩子投入学习。以前的空间是临时划拨的，桌椅都是挪用现成的，孩子坐着不舒服，所以才会在需求里注重桌椅细节。

张小溪：我自己走得最多的一条单独通道是去听讲座的那条。不用进馆，走右边上坡直接抵达讲座大厅，听完讲座走另一出口就能去看展，很方便。这在全国可能也不多见。走这条路就会路过专门的学生校车下客区与停放区，相比正门，这个教育中心入口非常清静。

除了硬件、空间上的提前布局，具体的自主学习体系是如何搭建的？

陈建明：将湘博定位成终身教育的场所，那么就需要创设终身教育服务模式。用官方一点的话来说，"将建立一个以专用教育区域为基地、两个基本陈列教育项目为核心、四个专题陈列教育项目为辐射、一个儿童体验中心为特色、两个特展教育项目为亮点的湖南省博物馆新馆陈列展览教育体系，并针对学习环境、延伸服务项目、博物馆之友、资源集合、跨界融合等内容进行拓展，从而真正实现终身化教育"。

整个新馆教育体系的建设，是与陈列展览策展、设计同步完成的，所有的展陈业务活动都贯彻"大教育"理念，以最大程度满足目标观众群体进行自我教育、自我完善、自我发展的需求，从而激发人潜在的学习欲望，促进人的全面发展，彰显博物馆的核心使命。而在具体的教育活动设置时，坚持以人为本，划分目标观众群体，通过最丰富的博物馆教育方式，针对不同类型群体，策划并实施相应的教育项目，实现教育工作成效的最大化。

博物馆是什么

也是基于教育的核心，博物馆设计了围绕展陈体系与收藏体系而建的图书阅读室、电子阅览室、亲子阅览室、游戏间、学术讨论室。比如将马王堆、湖南地方史相关书籍集中放置，需要深入了解的人，可以先翻阅书籍，再去相应的展厅。可以合理利用夹层闲置空间搭建这些学习与休息的场所，帮助大家建立知识结构体系，也能起到人员分流的作用。求知的人，可以经常来博物馆，它有无穷无尽的知识可以被汲取。

张小溪：很期待这些规划中的空间都能真正建起来，蛮让人神往的。勒·柯布西耶年轻时曾面临待在瑞士还是巴黎的选择，最终就是因为巴黎的博物馆而选择了巴黎。尤其是以前获取知识的渠道完全不一样。现在有了互联网，人们开阔眼界的方式更多元，博物馆的学习功能会不会减弱呢？

陈建明：博物馆的终极使命就是让人明白我是谁，我从哪里来，思考我到哪里去。真正体验文化的存在，认知文化的本质，你还是离不开博物馆物。疫情期间的线上博物馆，其实扁平化了，只是一个信息。互联网给了博物馆人前所未有的阐释能力与技术手段，这是要欢呼的。这恰恰又说明，不是有了这些能力与传播手段，博物馆物的重要性就不存在了，而是更重要了。就跟疫情期间大家在家中隔离，可以在互联网上沟通，但是"我想和你面对面交流"就显得更加重要与珍贵一样。你去华盛顿，去美国国家档案馆，有幸看到《独立宣言》，与你在书本上读一万遍都不一样，历史突然就立体了，这与看任何图片、著作与影视剧都是截然不同的感受。博物馆让人从虚拟空间回到实体空间。在人类制造的虚拟空间和虚拟物飞速发展的今天，博物馆中这些自然与人造的真实物证的存在，能让人类保持清醒的认识，无论走多远，也不会忘记回家的路。

现在有一种倾向，以为拔着自己的头发可以飞出地球。人是自然之子，在可以预见到的未来，自然仍旧指的是地球这个自然，而不是太阳系与银河系的自然。人是在地球上生活，必须回到人已有的知识与文明上继续生活，要敬畏自然敬畏文明，要生活在真实的世界，要从过去的物证看到未来。即使你具备了改造人类本身的能力，也得先想好为什么要改，以及怎么改。

张小溪：这也是您自始至终最看重的——博物馆对人的塑造吧？

陈建明：博物馆的终极使命是对人类灵魂的塑造。博物馆最大的社会价值，是教育人，塑造人，培养真正合格的人，塑造一个有完整心灵的人、全面发展的人。不管你是哪个阶层的，有钱没钱，心灵是美好的，人格是完整的。它跟体制教育的区别在于，它是人类对美好追求的寄托而不仅是缺乏温度的知识。人来到这个世界，希望看到美好的东西，希望认知少受局限，认知艺术是什么、历史是什么、自然是什么。世界上还没有其他设计，能满足人的心灵在各个年龄的追求，只有博物馆的制度设计与机构设置能够满足。博物馆不同类型的收藏可以满足不同年龄的人们的需求。布鲁克林植物园说自己是"一个以活的收藏，启迪和教育人的机构"，我当时觉得它在吹牛。但是进去以后，发现幼儿园大班和小学低年级的学生，一进去就被吸引。小女孩进入花海里兴奋得一个个眼睛发光，她们去认识了花；男孩也没闲着，在与这里伴随着植物生存的动物，比如蟋蟀、蚱蜢之类做朋友，也兴奋得不得了。这就是博物馆的功能。植物园也是博物馆的一种，是以活体植物为收藏，进行社会教育与引导的机构。

我在华盛顿自然历史博物馆观察过，越小的孩子对动物标本越敏感。再长大一点，科技与机械、航天航空博物馆，满足了小男生成长过程中的认知与好奇。到了大学，成熟理性的初期，英雄史诗博物馆、历史博物馆、军事博物馆进入人生的轨道。百科类博物馆里，则可能更多的是有知识积累、有钱有闲的中年人与银发族，他们在这儿回味人生，他们欣赏、赞助、收藏。美与艺术，这些原来觉得抽象的、看不明白的东西，其实当你站在它们面前，直接的情绪、感觉就能打动你。站在MOMA印象派展厅，在（法国）尼斯的马蒂斯故居、夏加尔博物馆，当代艺术博物馆每次都有深深打动我的东西。

总之，博物馆功能不是虚构的，而是真实的，关乎每个年龄层次，是国民终身学习的场所，弥补了学校教育的不足。要提高人的综合素质，丰富感受，提高理解世界的能力，找不到比博物馆更好的形式。它激发了人类的探索与好奇，是人类最伟大最成功的一个设计。它的亲兄弟是图书馆。一个读有字之书，一个读无字之书。

这回到"博物馆是为社会的发展服务的"点上。在弗吉尼亚的博物馆，暑假做的展览与教育，是针对当前社会出现的问题的，比如叛逆与青少年犯罪。为何会犯罪？馆里办针对性的培训班与教育内容。非洲裔人社区，哪怕小小的博物馆，都在努力为社区、为青少年的成长做持之以恒的努力，影响孩子的一生。克利夫兰艺术博物馆的教育中心，每两年组织做一次社区文化主题游行，每个社区体现自己的文化，比如华人社区就把华人的文化展示出来。结果越做影响越大，一届一届地做成了城市的节庆，成为整个克利夫兰城市品牌。这个活动里面，充满了大家对不同文化的交流与认同感。博物馆承担的使命，已经远远超越博物馆利用文物去做教育这种职能。

张小溪：关注所处的世界，并做出回应与改变。能做到这种程度的博物馆，从业人员真的是非常有信念，是真正把博物馆当作变革社会与塑造灵魂的地方。中国博物馆现在有关于服务青少年的指标考核吗？

陈建明：现在已经有了，不知道落实得怎样。但湘博很想做这个，这也是我们为何设计3000平米的学生中心。至少从长沙市开始，每一年要满足这个指标，有多少学生团队来学习。新馆建设设计中如何完整地彻底地贯彻博物馆教育，我是花了很大力气的。从基本陈列的展线上就开始布置，提出了明确的要求。根据新的展览方案，就要写教育方案，根据不同的流线，设计不同年龄段的观众参观的重点，写出不同的解说词。这才是一个常做常新的常设展的配套。为何常设展这么重要，因为生命力是永不枯竭的，永远有三年级的学生。我为何讲这句话？是因为我觉得要看得懂马王堆，孩子最好在三年级以上。

张小溪：我在一些博物馆观察到，针对孩子，它们也都在努力做"教室"，或者儿童博物馆、儿童体验中心。

陈建明：美国纽约曼哈顿上东城，一个6岁的孩子穿过第五大道，第一次走进大都会艺术博物馆，浩瀚无垠的艺术世界迎接了他。小男孩认真地说：我决定了，这辈子要待在美术馆里头。他便是后来丹佛艺术馆的馆长刘易斯·夏普。这样的例子数不胜数。一个博物馆对于孩子的影响是巨大的。

儿童博物馆是我很重视的一块，最初设计在一楼，但是目前没有达成，空间闲置，很可惜。其实叫儿童博物馆，并不是馆中馆，而是儿童体验中心。现在幼儿入馆，通常展柜里的东西都够不着，更遑论去理解什么。儿童体验中心作为博物馆终身教育服务体系的起始环节，主要承担着为0—8岁儿童及家庭服务的重要使命。0—8岁的孩子能不能来博物馆，在国外已经没有争议，肯定可以来。我印象很深的一个画面，是在美国最富有的盖蒂中心的博物馆，看到一个老师带着一群幼儿园的儿童，叽叽喳喳，老师嘘一声，全部安静了，排着队往里走。一个亚裔孩子悄悄对老师说，这是一幅中国画。我当时非常惊讶。一个美国小孩儿竟然分得出这是一幅中国画。现在的中国孩子哪怕是成人，有几个能分辨出这是古希腊还是古罗马艺术？这孩子接触世界各地文化，已经能分辨出一些东西。

可是如何把这个年龄段的服务做好？儿童博物馆就是专为0—8岁幼儿所设，甚至可以说是专为低幼的学龄前孩子服务。不是游乐，而是在体验中去开智，让孩子接触真实的物件。比如文物原物放在柜子里，在外边摆一个复制品，柜子里的东西只可以看，外边的可以摸，里面的为何不能摸？从小就讲这些，那么文物保护、文物利用，就都知道了。在明尼苏达历史中心，专门设计了真实超市的小柜台，让孩子去买和卖冰激凌，体验社会生活。设计一个小消防站，所有按照比例缩小，教孩子怎么穿消防服，怎么拿水龙头去喷水。这个不是娱乐，是体验，都是很落地很真实的。大都会、芝加哥艺术博物馆的儿童博物馆都非常有特色，有很多先进的经验。我们设计的儿童博物馆，在分析与研究儿童生理、心理发展水平的基础上，结合馆藏及湖湘文化特征，与正馆的定位保持一致。在这里，孩子可以得到历史文化的体验与感悟。我们设计了"自然探索"和"生活体验"两个主题，是一个融教育性、游戏性、体验性及互动性于一体的教育场所。最初的方案，是在挑高的空间有一个吊脚楼，让孩子认知南方的建筑风格，认知过去的桌椅板凳。这都是有价值的。10年前，这种理念是很超前的。然而在国内，至今没有到位的案例出现，很容易流于游乐性质。

为何要做儿童体验中心？从认知、传播、教育学的角度看，婴幼儿的教育实际是受到各国博物馆的高度重视的。儿童教育，儿童对博物馆的利用，对儿童的成长极其重要。芝加哥艺术博物馆，那么大的博物馆，他们设定的就是从5岁娃娃抓起，设定5岁儿童参观的教育方法与教材。中国也一直说要从娃娃抓起，湖南省博物馆就是要起到这样的示范作用。我做馆长最开心的就是在展厅里，看到蹒跚学步的孩子，被爷爷奶奶提溜着在馆里，很认真看一个东西的眼神。我一直留着一张爷爷奶奶中间夹着孩子在看展品的背影照片。博物馆就应该是熏陶一代又一代人。我们低估了幼儿对外界的感知，他们不知道毕加索无所谓，不知道立体派无所谓，只要对色彩、造型、体块、明暗有反应，作用就产生了。我在华盛顿自然历史博物馆，看到一个一岁左右的小男孩骑在爸爸脖子上，看着动物时眼睛锃亮锃亮的，他看到了，就足够了。从没进过博物馆的，与小时候经常被带进去的，将来综合素质有很大区别。一个幼小的孩子，自此开启一生关于文明、历史、艺术的探索之旅，一些素养根植于生命里，让他受益一生，这多美好。

张小溪：我在马王堆展厅，听见一个五六岁的小女孩嘟囔："这里面怎么这么黑？"她同龄的伙伴轻声说："这是为了保护辛追夫人。"显然，这是受过博物馆熏陶的孩子。

陈建明：博物馆对幼儿教育的影响，有很多博物馆学案例。比如科学家冯·布劳恩6岁时，他父亲就带他去德国慕尼黑德意志工业博物馆，母亲则是天文爱好者，这些让他对科技产生幻想和追求，最终成为20世纪航天事业的先驱之一。湘博的儿童教育，就是要孩子从小就知道什么是湖南，什么是"三湘四水"，这就是真正的爱国教育，乡土教育。

为何要做儿童体验中心？是因为博物馆观众里，相当一大批人有这个需求。比如社会发展，现在全职妈妈多了，她们需要这样的服务空间，也很乐意带孩子来这样的服务空间。

张小溪：东莞图书馆馆长李东来说自己从小就去图书馆，对他影响很大，"你越早发现图书馆，你就越幸运"。我想对于博物馆而言，也是同理。现在湘博教育中心的人也都盼着能重启这个儿童博物馆，也一直在做准备，比如跟湖南师范大学学前教育专业合作，探索低龄儿童到博物馆怎样完成学习。如何规划空间，如何设置空间主题、如何设计相关活动，教育中心早已提出细致需求，只待时机成熟付诸实践。我们因为博物馆发展历史远不及西方，成人里懂得如何带孩子看博物馆的本来也稀缺。如果每个馆都有舒适还能学东西的儿童体验中心，那些夏天带着孙子到博物馆乘凉的爷爷奶奶也多了选择。

陈建明：这是必然的趋势。现在没有做出来，但总有一天会做出来。

张小溪：教育中心的团队配备是不是也很重要？

陈建明：当然。教育中心的人，必须非常热爱这个博物馆，热爱这个事业。"你喜欢这个职业吗？"2006年，当时湖南省博的教育部主任吴镝约维多利亚博物馆教育部主任座谈，对方劈头第一句话如此问。"你如果不喜欢这个职业，我给你两个建议：第一，尽早离开；第二，我也不用跟你谈了，没有意义。"必须喜欢，必须热爱，必须有宗教徒般的虔诚，才能在博物馆日复一日"传道"。没有热爱，是没办法坚持的。光有热爱也不行，还要不断地学习，不断充实自己，符合社会与观众的需求。

面对社会研学组织素质的参差不齐，博物馆要咬牙把免费研学做起来，把资源共享给更多人。

虽然无法每天专业服务一万人，但在尽可能多的专业讲解外，要努力将教育成果做成教科书，家长拿着书来博物馆，可以发挥老师的作用。要将高深的艺术，做成立体的可以动的书，将这样生动的教育图录带回家，就是把博物馆带回了家。让初高中的历史与美术老师把孩子都带到博物馆来不是很现实，教育中心的人把历史与美术教材翻烂了，思考书本与博物馆应该如何完美结合并转化。为了覆盖更多的人群，这些成果应该努力利用新媒体平台，做更广的线上传播。还有我们之前说的连接学校的直播系统等。

教育中心承载的期望很大，人才需要非常复合专业的能力，团队的建设是每个馆都要很重视的。

◎ 观众服务与观众参与体系——人性化设计贯穿始终

张小溪：观众服务与观众参与体系，应该是观众感受一个博物馆服务最直接的地方。一个博物馆是否为观众着想，是亲切友善还是高傲自大，其实都很容易察觉。我2021年特意去看最新开馆的南方一个省博物馆，虽然挑剔地说馆有硬伤，但服务体系很努力去做了，加上服务台亲切热情的姑娘，以及门口很为观众着想的安保小哥，都给这个馆加分了。改扩建之前，湘博在央地共建"8 + 3"博物馆中评分排在第三，有很好的影响力与美誉度，是否与此前你们服务意识的转变息息相关？

陈建明：改扩建之前湖南省博在全国有一定的影响力，恰恰是因为湖南省博很早就看到了博物馆的本质是什么，并通过自己的形式，通过基本的业务表达出来。我们从2003年开始转向，举办各种特展，举办丰富的教育活动，开始植入为观众服务的理念。这不是按照我的个人喜好去要求这样做，而是博物馆的本质需要我们去做，把观众放在第一位思考。也是从2003年开始，我们的年终业务会不再是论文单一指标，而是关注收了多少藏品，修复了多少文物，策划了什么展览，引进了什么展览，讲解了多少场次，做了多少场教育活动。

　　进博物馆工作，必须对博物馆有认知与体验感。你是优秀的考古学者的同时，还应乐于为公众解释。我曾在美国华盛顿自然历史博物馆看到一位中年男子，戴着海盗帽子靠墙坐在展厅外面，前面地上铺着沙子，沙子里藏着贝壳一类的东西，一群孩子围在他身边，在沙子里翻找着。同事上前一问，才知道这是一位在专业科研机构任职的海洋生物学家，利用周末来博物馆做志愿者，通过这样的方式给孩子讲解海洋生物。这位戴着海盗帽的科学家志愿者，是真正的知识分子。博物馆专业人员需要这样的情怀，首先要有服务意识。

　　我们在2003年提出口号：让观众愉悦。怎样让观众产生愉悦？我们采取了一系列措施。我们基于考古学、历史学知识体系，企图建立科学的教材与课程。不仅如此，上至元首，下至普通观众，我们真正把所有人当成需要良好服务的贵宾。工作人员着装得体，化淡妆，作为主人竭尽全力让客人感到舒适；客人遇到困难都得到细致关照。我们对展厅维护也很精心，一尘不染，几年如新，展柜上一有手印立即被擦掉。这些是对文物与观众的尊重。我是真心感谢做服务的员工，他们大多是临聘员工，正是他们的奉献与投入，才有这样好的整体环境。来博物馆的什么人都有，员工为了博物馆声誉，服务细致，受到委屈百般忍耐，为此馆里设置了"委屈奖"。数据显示，当时观众满意度非常高。我们陈列楼马王堆汉墓文物展区5700平米，一年接待100多万观众，展区单位面积接待人数当时是全国最高，门票收入也仅次于故宫、兵马俑等遗址类博物馆。作为管理者，要随时倾听观众的声音，多到展厅去体验，每一条留言都过目，尤其批评是最有价值的，有误解要解释，可以优化的要及时做好调整。

张小溪：后期提供优质服务是一个体系，前期设计阶段需要如何思考？

陈建明：作为一个馆长，最重要的是思考两件事：第一是把藏品保管好；第二就是服务的最大化，让受众更方便地使用博物馆。对观众的照料，就是人性化。

线下的观众服务，其实就是在观众流动的动线上做各种服务，也应该是全流程成体系的设计。观众抵达博物馆门口，有不同的路线入馆。除了地面入馆，为何设计下沉广场入口？因为老馆从广场到大门需要走100多米，烈日与雨天参观体验都不好。这一次我们就提出需求，要让观众免于日晒雨淋，才有了后面建筑师团队设计的两条入馆路线，下沉广场可以缓解排队拥堵的情况，并且有完备的观众服务与商业服务——卫生间、寄存包服务、饮水服务等。为残障人士作专项设计，有完整的单独的无障碍流线。2019年秋，杨晓不慎摔伤，手术后几个月轮椅出行，作为短期的"残障人士"，他第一次亲身体验了长沙的无障碍出行，简直是"寸步难行"，非常的不友好。包括要考虑推着婴儿车的观众，如何顺畅参观。湘博的电梯很多，这是一个有争议的事情。垂直电梯多达10组，自动扶梯也在大厅显著位置。电梯的成本很高，且占用空间很大，影响了艺术大厅的视觉效果，甚至影响了展厅。但我们坚持用电梯，是因为大概测算了展线，长达2000多米，楼层跨越三层，高达30米多，换成楼梯不可想象。如今用电动扶梯，观众扶梯上下，既能轻松观赏艺术大厅的通透，又节约了体力。为了遮挡电梯的交叉，后来重新设计了一块巨大的大漆板，既是代表博物馆品位的装饰，也起遮挡作用。

看展是很辛苦的。除了餐厅、咖啡厅、观众休息室，我的设想里，在展线上需要判断观众走到哪里需要坐下休息，就要设置很艺术的休息区，不能只是简单摆几个椅子。如日本东京国立博物馆的平成馆，是馆内新做的一个展馆，在里面喝水、充电非常舒服，旁边还有艺术品可以欣赏。我们也需要营造一个充满博物馆气氛的休息区，集合喝水、充电、休憩等基本功能，又充分体现博物馆的文化气氛，放一件馆藏，或是参照某件馆藏设计成的艺术品，充满设计与组合，是让人愉悦的休息地。美国"9·11"纪念馆，判断观众会流泪的地方，就备好了纸巾，这样参观体验就会完全不一样。湘博里面多处地方尺度放大，比如走道与辛追夫人参观空间，这是为了容纳更多观众，不至于太拥挤。流线上还需要设计精致的文创小店，让大家很自然地"把博物馆带回家"。

博物馆还要配套设立电子阅览室、图书室等，这样既给观众提供了更多专业学习的空间，也可以起到分流观众的作用。配套的教育大厅，密集地安排讲座，形成固定的节目，都可以提供更丰富的养料，又可分流。因为你是一个人流量很大的博物馆，可能会拥堵，那么就要像在大的商场里设计电影院那样调节，买好票以后可以吃喝逛逛。卢浮宫底下就有邮局、苹果商店、书店、餐厅、咖啡厅、音乐厅等。

对人的关怀，自然也包括对员工。湘博后侧的办公楼，虽然不在地下，但最初的设计是"实心"的，里边的办公室看不见阳光。最终，设计师设计了天井，解决了通风采光的问题，还顺带设计了小庭院、小景养眼。

关于服务学生团队的细节，前面我们详细谈过，就不再赘述。

张小溪：在智能化这一块呢？

陈建明：现在都讲究全新的智慧导览体验。它也应该是贯穿全流程的，参观前、参观中、参观后各个阶段为观众提供展览活动推荐、参观须知、在线订票、智慧导览、场馆服务、意见反馈、会员服务等全流程的贴心服务。在不增加观众负担的前提下，为观众提供最便捷的微信语音导览、最智能化的定位推送讲解和最直观的AR（Augmented Reality）增强现实实景路线导航等多种个性化的自选导览模式，观众可以根据自己的喜好与便捷程度来选择。在一楼其实还设置了一系列先进的技术手段和各类形式新颖、体验上佳的互动类展示及活动项目，通过MR（Mix Reality）混合现实体验课程，让公众体验长沙窑瓷器烧造过程等，这也可以打破观众对博物馆古板陈旧的过往印象，获得新的愉悦点。但我想强调一点，如果以为有了这些智能设备就可以取消面对面的人工服务，将会削减而不是增强博物馆的参观体验。

张小溪：我们就从进馆门票开始讲起。国外很多博物馆因为巨额亏空，重新开始收门票。甚至有的连办临展的费用都筹措不出，如何保证运转良好是一大课题。国内国有博物馆2008年起统一免费开放，您作为经历免费开放的馆长怎么看这个事情？

陈建明：2008年，中国的国有博物馆，除了遗址博物馆继续收费，故宫、兵马俑保留门票、调节人流，其他基本都免费开放了，特展、临展也几乎免费，全靠财政补贴。它的初衷是惠民，确实让一些本来不会进入博物馆的人踏入了这个门，也确实让一些创收能力差的博物馆维持了运营，但一刀切地免费，对行业的不利影响显

　　　　　　　　　　　　　　　　博物馆是什么

而易见。国家财政全额拨款模式下，效益效率谁来评判？博物馆的竞争力与服务质量如何来体现？当然可以设计各种指标，但请相信我的职业阅历，只有门票收入才是硬指标。免费开放后，第一是观展体验变差，第二是服务质量变差。更重要的一点是，不同类型、不同规模、不同地域的博物馆都成了一个个全额拨款的单位，都来承担基本的公共文化供给，那就只能按政府部门的管理模式来进行管理，难免会出现体制僵化、人员工资固化低迷、没有激励机制、发展缺乏动力、影响优秀人才进入，甚至还有优秀人才流失的情况，只留下搞普及的人员，靠着使命感在此工作。人才是研究的基础。任何一家博物馆的可持续发展，都离不开人才梯队的建设。截至2018年，中国有60多所高等院校开设了文博专业，培养的人才会因工资低而选择去相关企业就业而不进博物馆。就是选择博物馆也是冲着其旱涝保收来的，科研和文创缺乏基本的动力。很多博物馆希望在考古专业外，引进西方艺术史博士生，但几万的年薪阻止了其脚步。这是对博物馆发展的伤害，也是对观众的伤害。这里面都隐藏着巨大的危机。如果只是硬件好，研究、运营、服务都跟不上，博物馆发展肯定滑坡。

2007年全国调研时，我曾明确反对一刀切地全部免费。全部免费是激进的，也是没有效率的。召开会议的时候，当着领导的面，我发言说："免费是梦寐以求的事情，但是所有东西都能以免费的方式供给吗？不可能。这弄不好，博物馆的发展将倒退15年到30年。"但当时很多博物馆处境并不太好，不愁钱的只有故宫、兵马俑、陕西历史博物馆、湘博、上博几家。免费开放也使很多博物馆有了新的发展机遇。总之，后来在没有充分论证、完善方案的情况下，就一刀切地匆忙全部免费开放了。

这里要明确三个词语：免费、非营利、公共产品。我们要明白什么是公共品的供给，非营利组织是干什么的。博物馆属于准公共品，准公共品又具备什么特性？免费可以免，但是怎么免，对谁免，都要想清楚。天下没有免费的午餐，所谓免费，只是付费方式的转变与支付方法的不同。所有医院都免费医疗，受得了吗？尤其加上保健，那就更是无底洞。教育也是，曾经有人宣传说古巴读到博士都不要钱，问题是他们有多少人能读到博士？真正能免费的，只能是最基本的。警察、军队是公共品，是完全免费的，平等使用的。其实公共防疫也应是公共品，如果不以公共品的方式运行，就容易失灵。而博物馆与图书馆是准公共品，意味着它们不能完全按照公共品来无偿提供。免费开放肯定是好事情，但方式与方法不能错误。是免供方还是免需方？博物馆是供给方，若通过财政转移支付给博物馆，博物馆再打造公共文化产品给老百姓提供无偿的文化服务，可以吗？完全可以。当记者采访我时，我说完全免费的只能是稀粥，而绝不可能是满汉全席，被戏称为"稀粥理论"。博物馆作为一个整体，应是从粥到满汉全席都能提供的，现在所有人都去做粥了，事业怎么能发展好呢？

张小溪：您有何"良策"？

陈建明：我考虑过一个方案。基本政策是，全国的革命纪念地和纪念馆全部免费，按一年接待观众数（学生人数单列）来考核，它本身的业务流程跟公务员体系差不多，可以参考公务员考核。所有艺术博物馆、历史博物馆、科技博物馆，对学生团队永久免费（博物馆凭教育部门签证找本级财政领取补助）。义务教育开放到什么程度，博物馆就免费到什么程度。实际上一个是学校体制教育，一个是社会教育。其他就是特殊人群的免费，麻烦主管部门想个办法，有资格享受免费的去取个凭证，博物馆凭这个找财政结账。在免费方面，（全面免费前）我们馆在全国博物馆里是走在很前面的，包括下岗工人，有下岗证也可以免费。工作人员跟我投诉，说不好操作，发的证件不一样。我说，只要是证件就行，个别情况下哪怕他只是说自己是下岗工人，让他进去看看又有什么问题？我记得在全面免费前，我们有一年免费观众达37万人次。在全免之前，我们上报过方案。

我当时规划的是每周六下午4—8点免费开放。第一，对特殊的人群免费，比如残障人士，年长者，美术、历史、艺术、建筑专业师生团队，凡是需要特别照顾的，都永久完全免费。第二，对其他公众，平日来需要购买门票，周六免费时段排队入馆即可。我不光免费，还配套很多教育活动，甚至文艺活动。比方说，周六有一个艺术展览，就邀请著名的演艺人员来义务演出。免费的门槛极其重要，跟教育是一回事。义务教育是9年，以后甚至有可能是12年，但是再往上，不可能义务教育，否则对大家不公平。一定会有特权。你以为免费开放就公平了？有的馆门都挤破了还进不来，而有的馆仍然是门可罗雀，补助照拿，这对所有人都不公平。

基本医保、基础教育和基本的公共文化服务，我很拥护不要有门槛，尽量不要钱。但博物馆是一个体系。比如社区博物馆需要大力发展，台湾的社区文化中心就是由小剧场、图书馆、博物馆组成，是免费为社区服务的，通过公共财政转移支付。这是对的。但如果台北故宫博物院也这样办，受得了吗？财政受得了，文物也受不了。北京故宫如果把大门打开，每天进去100万人，门槛都会踩没了。所以其实可以分级管理。过于热门的博物馆可以适当收费来调节，将观众导向人流较少的免费博物馆。而这一点点门票门槛，也可以让真正热爱博物馆的人有更好的观展体验。

张小溪：扶强不扶弱。有竞争才有活力，有激励才有动力，感觉财政全额拨款之后，现在博物馆反而失去活力，大家做好本分就可以了。

陈建明：文化事业单位改革，三分天下，非常正确。行政职能回归政府部门，文化企业走向市场，公务员回去了，企业走了，剩下的就是非营利机构，它要担负政府部门做不好、市场企业又不愿亏本做的准公共品的生产、供给任务。而这一块恰好要用经济手段管。现在是真正的博物馆没做起来，真正的非营利组织也没做起来。

西方把非营利组织放在市场体制下，用市场手段激励它。同样是捐款，同样是免费，谁做得好谁获得的捐助就多。收藏家捐东西会选择好的博物馆，这样才能发挥自己收藏的最大价值。另外，公共图书馆与博物馆都是必须靠广大群众的支持、参与、奉献的，众人拾柴火焰高。其实一张收费合理的门票，并不会影响人们的观看热情。藏品虽然是国家的、是公共的、是大家的，但是建设、运营、维护等的钱，是大家可以付出的合理的支出，而且谁用得多谁就多付钱，天经地义。即使收门票，一年观众800万的美国大都会博物馆，"私为公用"，2018年的亏损也达到7000万美元。

我们现在的导向是，人民群众完全不需要支持，而且要无偿享受，还会提出更多的要求。我当时说，免费开放后一定会有人留言怎么没有免费咖啡喝，果然，有一天开放部的同事给我打电话，说留言本上真有人写为何没有免费咖啡喝。

讲了这么多，博物馆是一个待发展的事业，博物馆学是一个待构建的学科。我没有否定这些东西，包括免费开放，放在30年50年的时间段里去看，就一切都会明白。我们的导向应该是大家一起建设，同时强调专业性，与时俱进，想清楚博物馆到底是什么，应该坚持什么，应该朝哪个方向走等问题。

张小溪：但"被迫"免费开放，人流量更大，你们是如何应对的？

陈建明：我虽然不认可一刀切的免费开放，但免费开放后，我认为当时湘博也是免费开放做得最好的。既然是免费了，就要真诚地去把免费服务做好，延伸到排队的最后一个观众身上。网上当时各种看热闹，说：免费？等着吧，上卫生间5块，存包5块……各种讽刺挖苦。我们偏要把免费服务的服务做到很极致，真的，收费的时候服务都没这么好。先花1500万新修了一个舒服的游客中心，给观众候场。观众可以在那儿坐着喝茶看电视，夏天一人一瓶水，一人一张宣传单，一早发放资料。免费门票上有具体的入场时间，精确到半小时，只能在指定的时段进馆。如果来早了你可以先去公园散步。政府给博物馆的钱没乱花，都是真正花在观众身上。以前是免费给导游矿泉水，不管你带几个人，有导游证，都可以去前台领一包纸一瓶水。

说到这儿，我也不同意现在各博物馆"免票"的做法，可以免费不免票。其实一张实体门票是观众与博物馆很重要的连接，是信任，是凭证与留念，也是关乎节奏与管理的。手机可以分时段预约，票上同样可以精细化管理，比如我们的票面上可以印着时间：我们很高兴地邀请您10：10进入"马王堆"展厅，11：10进入"湖南人"展厅。观众就能分流。

张小溪：我很认可您说的。比如很多人去日本，就会把金阁寺的御守（门票）收藏甚至装裱好挂家里，太有文化味了。博物馆的门票如果能做到这种极致，而不是消失，就太好了。从故宫骄傲地宣布故宫没有售票窗口后，每个馆似乎都在凸显自己的现代化与科技化，甚至得意洋洋于全民网上预约，全民网上支付，难道这是先进与潮流？我们很多博物馆爱好者就一脸问号，这难道不违背博物馆学理念吗？将不方便使用手机的人，没有智能手机的人置于何地？我亲眼在一些博物馆门口看到被拒之门外的老人，尤其疫情期间操作更复杂。我倒希望博物馆笨拙一点，老式一点，一路狂奔的时候回头看看后面的人。

陈建明：这是关怀的缺失。当代博物馆的问题就在这里。在世界上很多地方，博物馆常常被权力绑架，被资本绑架，现在还被高科技绑架，应该引起我们的高度警惕。做到全部网上预约与网上支付都是很简单的事情，国外的优秀博物馆不是不能做，而是不这样做。

怎么样才是一个现代化的博物馆？博物馆服务的人群，必须从低幼覆盖到老年。在各种手机预约、二维码当道的今天，老年人如果没有得到年轻人的帮助，基本进都进不了博物馆。如果你要手机化，你要先开辟特殊通道给其他需要的人群。强调所谓公平，不是简单免费就解决了。在做博物馆策划、设计之初，就要考虑老年人、残疾人怎么畅通无阻，甚至要有特殊通道。湘博当时为老年人与残疾人本来设计了单独的入口，在面对门票服务处左手边；还预留了一个垂直电梯可以进轮椅，可以直接下到地下停车场，也可以直接上到一楼，推着轮椅就可以进去。最后因为所谓难看等原因砍掉了这一块，但至少在设计时如此思考过。

张小溪：新湘博开放后，一直是全国最热门的博物馆之一，长期排长队，人山人海，我曾在烈日下排队体验，心想当初不让观众日晒雨淋的愿望，终究是落空了。这与变电站与中欧楼拆迁未果有关吗？另外流线相对固定，导致马王堆展厅人满为患，暑假讲解员一趟讲解下来鞋跟可以被踩掉10次。您怎么看现在博物馆的大长队与"打卡热"？

陈建明：那还是要问博物馆是什么。它是工业革命诞生后，整个人类社会生活方式、社会体制架构大转型的产物。在那之前相似的东西有吗？有，比如学校，比如教育、传习活动，但都不是公共图书馆、公共博物馆。博物馆、图书馆是现代国家整个社会机制体制构建的一个组成部分，是人类社会文明传承进入现代工业社会以后一种新的架构，它是为了文化文明的传承而设计的。现在的根本问题是，博物馆有没有把自己当成一个教育机构，还是只当成娱乐机构与一般的旅游目的地？如果把博物馆当成一个游乐场、打卡处，就完全偏离了它的本质。

新湘博排队的问题与广场两侧建筑未能拆掉有一点关系，但不全是。如果非要造成天天排队的盛况，"故宫跑"变成"湘博跑"，不是荣耀的事情。关键在于管理者如何定位。如果作为游乐场，人多也许更有氛围；如果作为学习场所，就应该建立自己的秩序，可以靠精细管理解决问题。第一可以限制人数；第二就是精细管理，还是可以让尽量多的人进来，但是可以有序有尊严地看展，有更多收获。作为馆长，要经常自己去展厅体验，并听取真实的反馈，学习优秀的经验，及时反思与调整。

1990年我在华盛顿特区参观白宫，领的票上规定了几点几分进。我按预约时间稍微提前一点去排队，被告知说你的访问被推迟了两个小时，我们建议你去附近看纪念碑。如果不愿离开，这里海军仪仗队会为您表演军乐。那天是因为老布什总统会见南非刚出狱的曼德拉。虽然推迟了两小时，但管理者给了解决方案，一切井井有条。我们在老馆的时候也有很多类似的做法。

现在展厅为何这么拥挤？第一是很多可以分流的区域还没打

开。第二是管理的精细度不够。第三是展厅具体的方案现在看还是有问题的，过于集中布置在二三楼平面，线路又是固定的，形成了叠加和挤压。从功能分区上说，不能说是重大失误，但还是值得认真总结的，更好的解决方案总是存在的。

在现在的情况下，还是可以通过精细划分时段，将其他服务做好，避免过度拥挤。设计的时候考虑到大观众流量是可以分流的，从不同的流线开始分流，学生是学生，临展是临展，讲座有讲座的流线，团队有团队的入口。人群要有节奏地入展厅，只要五分钟、十分钟放一批，就不会这样拥堵。同样进来一万人，服务完全可以不一样。可以引导大家去陶瓷、书画、古琴等其他展厅先看看，或者临展厅，不用全拥挤在马王堆展厅。另外设计多个功能区吸引观众，满足观众的需求，也是为了分流。原先设计中，每一层都有各种功能服务区与休息区。在进入展厅前，可以上楼去听音乐、喝咖啡、听讲座，去阅览室读书，如果你的书香咖啡香吸引人、文创店可以逗留、阅览室可以沉醉，观众在里面感觉舒适，票又有时间段，展厅里会这样拥挤吗？九万平方米的建筑，哪怕只用到四五万平米做开放接待区，能装多少人呀！

张小溪：从低幼到老年，来博物馆的人群非常复杂。针对不同的人，博物馆怎样接纳他们？

陈建明：观众是需要分众的，博物馆得服务不同的观众，更好地利用空间。来博物馆的，有打卡的、有深度观赏的、有旅行团、有学生……在设计阶段，针对不同人群我们必须设计不同的流线。对于打卡的游客，针对不同游览时间，我们讨论过设计一小时、两小时、四小时、一天等不同时长的参观路线。比如只有一小时的游客，你给他特别的一小时动线提示，在文物边设立标志。华盛顿国家艺术画廊有看不完的画，他们就设计不同参观时长要看的点与线。我曾特意跟着旅游团去看卢浮宫，看游客希望得到什么服务。我们的旅行团导游处理方法极其简单粗暴，大巴进馆时就说，卢浮宫几公里的展线，你们只有两小时，看什么呢？看三个女人：一个没有脑袋——胜利女神；一个没有胳膊——维纳斯；一个没有眉毛——蒙娜丽莎。游客直接奔着这些去了。最后卢浮宫烦了，直接一张白纸用中文写着"《蒙娜丽莎》由此去"。

第二类，我们给十五岁以下的孩子设计了展线。"马王堆"与"湖南人"都做了单独的方案，特定的展柜做低，专门标注出展品，在展线上设计学习角，以班级为单位，在展厅隔出空间稍作停留。太大的班级就可以到教育中心的教室里完成学习。放下书包后，布置作业，比如给你一张图，让你带着问题去展厅，看完可以回答问题。所有的一切，都以这是一个教育场所为基本理念设计的。博物馆不是海滩，不是菜市场，你尊重它并认可它是一个终身学习的场所，你就会有各种办法维持学习的秩序。

特殊的受众需要特殊的手法与特殊的时间段。博物馆有大量的旅行团，我们可以培训好导游，单独给一条通道，给一个时间段，规定他必须在某个时间点把队伍带出展厅，然后解散，再分散玩。旅行社其实可以用合理的方法，让团队的客人看得很开心，也许同时还能为员工谋福利，只要政策配套。

张小溪：怎么做？

陈建明：很简单，开特场。一个大馆要启动，起码比开馆时间要提前一个小时。原本九点开馆，可以提前到八点半开特场。此时工作人员全部到岗，机器已启动，监控已到位。提前半小时走专门的团队通道放入几百人一点都不费力。以前的展厅小，五分钟放一拨很适宜，现在也许可以延长到十至十五分钟。只要有这个时间间隔，展厅那么大，（路线）一拉长观众就不拥挤了。

张小溪：2020年秋天去北京故宫看苏东坡大展，很多人都吐槽说观众人数太多，人挤人。我去参观时觉得（问题）其实并不是人数过多。当然观众也是不少，但主要问题还在于：第一，展厅面积过小，文华殿这样的宫殿本就不适宜做这样的大展，展品密密麻麻陈列，观众但凡多看两眼就造成阻塞；第二，苏东坡大展无须单独买票，不需要再次预约，管理方未曾对入文华殿的观众进行管理与疏导，"极其天然"。如果能有个精细的管理，比如利用已被验证过的行之有效的方法——十分钟放入一拨观众，可能大家的观展体验就好很多。

陈建明：这是经营管理的问题。

张小溪：2021年故宫的一些临展开始需要二次预约，大家都在进步吧。这两年我去国内诸多博物馆，观察各馆的日常管理，发现能有精细管理的博物馆极其稀少。预约时间很多不分时段，好一点的分上下午，极少数分到两小时为一个时段。在西北某个并不算火爆的馆，观众早晨排起长队，是因为疫情期间需要各种登记，但他们在大门入口处与排队过程中没有任何指引，导致最后在安检口乱成一团，队伍缓慢迟滞。严格一点说，很多博物馆都可以被吐槽一堆。

陈建明：我也讲个故事。一个下雨天的早上，某博物馆门前排起长队，一位副馆长着急地进去问，怎么不把门打开赶紧让观众进来？员工说，不是我们不放，是某领导说先排着队，可以拍一张照片——雨中观众排长队参观博物馆。这就是完全背道而驰的理念所致。博物馆到底是干什么的？我们应该尽量不让观众日晒雨淋，实在没有办法也要关照他们。建新馆之前湘博也是排很长的队，但我们会让排队的孕妇、老人等优先进馆，给排队的人发资料、发矿泉水，真正做到让优质服务延伸到排队的最后一名观众身上。

张小溪：体验下来，还有一个博物馆通病。我不知道是不是因为现在博物馆的服务都外包，而且条块分割严重，我们在馆里遇到的很多工作人员对馆里的情况很不了解。比如比较夸张的事情，展厅的安保人员都不清楚自己博物馆有没有咖啡厅与餐厅，或者他认为这不是自己的职责范围，什么问题都让你去一楼服务台问。

陈建明：更极端的，我在一个大馆，亲眼看到物业公司保安在展厅里，手里玩着打火机，一只脚在墙上蹬出脚印。他前面展出的是上了中小学教科书的文物。你说多吓人。这一幕我印象很深刻，那一天是大年初四。

从馆长到保洁员，对观众而言都是博物馆员工，只是服务的角度与项目不一样。除了本身的职责，态度也很重要。但现在是有这个问题，可能观众在博物馆参观一趟，一个博物馆的人都没见到，都是外包物业公司的工作人员。2003年湘博老馆开馆，我们是自己招聘与培训，建立自己的队伍。上海博物馆最早是去江西老区招，自己培训，状态很好，但是很难持续，后来改成招老工人。我们上一轮就是学习上博经验，找成编制的工人，比如湘博附近建湘瓷厂与汽车电器厂工人。成建制招人的好处在于，他们本来就有组织结构，有团队精神与集体荣誉感。团队之间憋着一股劲儿比拼：我们是建湘的，别丢建湘的脸呀。比如有一次，有夫妻带着六岁孩子看展，注意力稍微在展品上孩子就不见了，着急之时，穿着西装戴着耳麦的安保人员过来说："先生你放心，孩子在隔壁展厅，我们同事一直看着呢。"观众非常意外，想不到博物馆工作人员可以细致到这种程度。就是为了让观众在知识的、历史的、文化的氛围里得到愉悦，我们努力去做了，到目前为止，当时那支队伍的服务水平在全国（仍）是一流的，是至今都没多少博物馆能做到的，现在的新湘博也做不到。

（当时）我们的保洁员对博物馆认同到了什么程度？有年纪大的观众大小便失禁，保洁员会帮助其到卫生间清理干净，这都是自发的。我们会对教育员进行专门培训，对安保人员进行严格的岗前培训，让一线员工尽可能地回答观众关于展览的各种咨询。过去，我们展厅的安保人员都可以非常详细地讲解展厅文物。我们接到过表扬信，一次，多媒体半景画最后一场在下午4点40分播完后来了一拨人，在灯都没有的情况下，安保人员打着手电，从头到尾给客人讲解了一遍。这是只有真正有认同感的安保人员才可能做出的如此超出职责的举动。

张小溪：听上去很让人感动，可惜现在这种情况几乎不可能遇见了。我在山西某馆，观众去触摸展品，展厅不断发出警报，安保人员都无动于衷不加理会。但2021年在上海博物馆看缂丝的展览，很意外看到展厅安保小哥用上海话跟观众介绍着缂丝的工艺。

陈建明：这一直是上博的特色与传统。博物馆也需要给一线员工信任与尊重。之前欢迎时任国家主席江泽民到访的时候，我决定让这些"临时工"站在欢迎队伍的第一排，正式员工站第二排。他们平时服务第一线，观众面对的都是他们，江泽民主席来了，怎么能把他们赶走不见人？我说我负责，我签字，他们就站最前面。他们也感受到了博物馆对他们的尊重与信任，都攒着一股劲儿。安保人员穿什么也是讨论过的，最终还是觉得西装笔挺戴白手套戴耳麦有一种仪式感，以及对场域的尊重感。你面对的是历史、艺术、自

博物馆是什么

然，也要以自己的行动引导观众尊重自然与历史，追求与向往美。

自己招聘自己培训，自己承担责任，员工的认同感很强。湘博曾经是国家文物局树立的服务标杆。物业外包则难以有这样的认同感。

张小溪：说来也挺有意思，博物馆一边高喊从收藏中心向观众服务中心转化，一边又将观众能接触到的服务几乎都外包出去。为何现在绝大部分博物馆都采取服务外包呢？

陈建明：第一，还是不清楚博物馆开放场所的本质与特性，将它视为一般的楼堂馆所。第二，外包也不是都不好。

曾有位领导过来调研，他说，不是听说你是改革派吗？为何不同意物业外包？

我说物业外包是一个趋势，我在海外博物馆也有看到，很多做得很好，但我们还处于市场经济的起步阶段，许多物业公司还是资本原始积累的心态，追求的是超额利润，而我们也没做好优质优价的政策准备，你不给人好的待遇，人家怎么来接受你的培训？你是低价中标，谁钱少谁中标。钱给得少，活儿就难干好。物业公司是以营利为目的的企业，博物馆是不以营利为目的的公共服务机构。矛盾如何解决？

客观说，过渡到专业物业需要好多年。不是说物业公司不想干好，更不是说物业公司的员工就一定干不好，而是说人们的认识和政策配套措施还没跟上来。现在有的大馆两年甚至一年就重新招标，情况只会更差。到今天为止我还是这个观点。

张小溪：物业已经外包的情况下，可以怎样避免这些问题？
陈建明：外聘与外包都是可以的。只是博物馆其他功能组织的人要参与进去。讲解员、教育员有的是编制内正式员工,他们要在第一线,要在看得见的地方。开放管理部要在第一线,卢浮宫就有很大的开放管理部。展厅的管理人员也应该在展厅里,不能都撒手给外包单位,自己人都躲起来看不见了。应该是编制内与外聘的混合编队,一起工作,班前班后开会总结情况。所以一切还是管理理念的问题。

国内主流已经是服务外包。国外的博物馆,非核心的工种也有外包。但国外有一个这样的特点,它本身有独立自主的用工权限,也没有"有编制""没编制"之说,就按照市场的原则,不同的岗位,不同的层次,不同的待遇,统一一个劳动法律去管。我们就很复杂,一种有编制,一种编外员工,好多专技岗位新进研究生都属于编外,第三种是外包的劳务用工。

张小溪:也有一种情况,很多观众对这些年国内博物馆的硬件与服务赞誉有加,对比之下并不觉得国外大馆服务比我们好多少。

陈建明:国外博物馆会有会员制、志愿者导览,导览要预约,作为匆匆的游客,是否去咨询台咨询清楚都有什么服务?提供的信息提早都了解了吗?几点有什么活动?有的是临时开放,有的要提前预约,它是一个体系,即使没有语言障碍,游客也很难清楚知道细节。不了解博物馆的运作机制,不了解它成体系的服务,未必能很好地利用,也就感受不到特别好的服务。当然中国这些年确实取得了很大进步,这个要充分肯定。我们在2003年开始做大量讲座的时候,全国还没几个博物馆这样做,如今百花齐放,博物馆也真正进入老百姓生活日常了。我今天开车过来,广播里在提供各个博物馆信息,这在当年是不可能的。

张小溪：时代变化真快。如果博物馆里所有的阅览室、书店、咖啡厅等开放，大家悠闲地安排时间分散在博物馆各个位置，那才可以变成真正的生活方式，真正地享受博物馆。在以前的留言册上，新西兰前总理写道："以清晰而利于理解的形式，讲述了这个地区非凡的历史故事，这是令人愉悦的地方。"获得愉悦，是您追求的吗？

陈建明：我经常半开玩笑半当真地说，自己是个理想主义者。我觉得博物馆是一个公共平台，是一个开放的空间，是一个有文化的地方、充满亲和力的地方、大家都愿意来坐的地方。建筑为何会将如此大的公共空间留给观众？就是希望它成为城市最好的客厅，朋友可以在这儿自在地看展、吃饭、喝咖啡，去烈士公园树荫下溜达。借用弗吉尼亚艺术博物馆馆长亚历山大的一句话，哪怕你来遛遛狗，我都欢迎，这就是说博物馆的开放性。所谓教育，就是潜移默化的。博物馆营造了这样的气氛，这是一种时代的机缘与表达。

你说的这条留言是我最喜欢的评价。作为一个馆长，我十多年里一直坚持看观众留言。尽管可能大部分是随便写写，但从里面还是可以捕捉到有用的信息，这是改善工作的一个重要信息渠道。我也喜欢跑到展厅，悄悄听观众不经意的对话，这是田野调查。

大家走进博物馆，很大程度上是可以获得快乐与愉悦，开发思维并引起情感共鸣的。没有考试，没有下课铃声，学校的教学工具是话语，博物馆的教学工具是物品，博物馆里的学习更有趣味性；而一个成年人，在里面看到心念已久的珍宝，或者看明白了一段历史，获得新知或者共鸣，愉悦都是巨大的。这就是博物馆的意义。所有的展陈，都尽可能地与当代文化与时代联系起来；所有历史的保护，都是为了今天的创造，文化的传承，在新的发展中有历史性的参与。这是博物馆根本的东西。在厚重的历史基础上，博物馆爆发出向上的力量，作用于当下与未来。

张小溪：我去每个博物馆也喜欢翻观众留言，偶尔会写留言提意见，但从未收到过博物馆回访，尤其是服务很差的馆，后来想想也是，服务本身那么差，怎么会在乎你的留言呢？也有正面例子，有宁波的博物馆爱好者说她在长沙博物馆参观，在留言本上反馈了意见，她还没出馆就接到了主管电话询问情况。2021年我去浙江富阳博物馆，在观众留言册上看到每页皆已标注"已反馈"，顿生好感。新湘博的留言本上很多人写下"路漫漫其修远兮，吾将上下而求索"，有批评；也有一个外地观众留言说"我去过全国很多博物馆，湘博的展陈陈列与观众服务是做得最好的"。这种留言会让你欣慰吗？

　　陈建明：虽然打了折，但我们为观众考虑的细节他们还是可以感受到的。包括走到马王堆展最底层，会有小牌子温馨提示：看到辛追夫人可能会有所不适。总体来说我们遵从博物馆专业，当初设计很完整，现在的缺陷主要不是设计造成的，而是没有完成设计造成的。我希望现在运营湘博的人，可以理解我们当初设计时候的理念，如果理解了当初为何要这样设计，也许能更好地利用它。我希望读者看完这本书，能明白我们为何做基本陈列，为何做临时展览，为何做专题陈列，为何要做海外交流的展厅，为何要做教育中心与儿童博物馆。这都是成体系的思考与设计。

　　如果要建一个博物馆，把这"六大体系"都思考清楚了，提出具体的功能需求，再进入招投标程序，会怎样？这"六大体系"是清晰的，体现了博物馆的宗旨、使命和发展方向，责任、服务、职能全部都包括进去了。我相信这对博物馆的所有建设参与者——不管是博物馆专业、建筑专业还是设计专业人员——都会很有帮助。

博物馆思想的形成

张小溪×陈建明

张小溪：我们来聊聊您私人的故事。2020年6月24日，一位务工农民在东莞图书馆的留言刷屏，他因疫情影响不得不选择回到湖北，这算是他深情的道别："我来东莞十七年，其中来图书馆看书有十二年，书能明理……想起这些年的生活，最好的地方就是图书馆了。虽万般不舍，然生活所迫。余生永不忘你，东莞图书馆，愿你越办越兴旺，识惠东莞，识惠外来民工。"当时看到这个留言，我也很感动，公共图书馆的要义在这短短的留言里显露出来。有人说，这个事情发生在东莞图书馆一点都不让人惊讶，我才因此去留意这个市级图书馆。馆长李东来从小就在图书馆，图书馆对他影响很大，我感觉他是一个深具图书馆情怀的人。他2002年从辽宁省图书馆去到东莞图书馆，2005年开馆时盛况空前，就是因为三年时间里，他们一直在思考怎样建立人与图书馆的关系，怎样吸引人来到图书馆。设计定位时，就定位休闲、交互、求知。休闲放第一位，就是让人们走进来，不管走进来做什么，哪怕只是吹空调与喝水，哪怕是乞丐将这儿当成容身之所。"人的需求是最重要的"，他们努力满足不同人群的不同需求，比如设计许多专题图书馆，有粤剧图书馆、台湾图书馆等；得知大家对漫画的热爱，就做了中国第一个漫画图书馆；孩子喜欢绘本，就将连锁性绘本图书馆开进街区与社区；喜欢安静的，四楼准备有研究室；一楼孩子很吵，就招募小小馆员，让孩子管孩子；带孩子来的很多是老年人，便顺势开设老年人图书馆；为照顾不同时间段的人，2005年首创24小时图书馆；为照顾可能不方便去图书馆的人，就不断升级换代流动图书馆；为盲人准备听书服务；甚至，听讲座的小搁板，都是独家定制左右双板，是为了考虑左撇子，这个细节很让人惊讶。

这个馆所呈现的面貌，正是深刻明白"什么是公共图书馆"的人才能做出来的。我很想专程去一趟这个图书馆。是不是可以说图书馆、博物馆的气质基本是由馆长来影响的？我很好奇您的博物馆思想是如何形成的？

陈建明：回头想想，我这一生其实都在做博物馆。除了当知青下乡务农，一参加工作就是在博物馆里面。最初在雷锋纪念馆当了三年讲解员，我们那时候的讲解员是"三员一体"，你既是讲解员，又是保洁员，还是保安员，每天上下班时都是干同样的活儿。那时候馆里工作人员很少，又赶上大时代，"文革"结束，时任国家主席华国锋重新题词"向雷锋同志学习"，参观的人巨多，纪念馆需要修改陈列方案，重新布展，我们又成了陈列人员、文物资料征集人员和材料采购员。今天想想，"雷锋叔叔"都"80岁"了。1978年考上武汉大学历史系，我才离开雷锋纪念馆。在武大念书时，武汉大学离湖北省博物馆很近，我持续接受着南方楚文化的浸染。在博物馆看到2000年前的犁，回想刚路过的稻田，同样的犁还在犁田，我也不禁疑惑，中国文化是停滞了吗？

大学毕业选择到湖南省博物馆工作，结果留在了湖南省文化局，那时候没有文物局，叫湖南省文化局文物处。我1984年开始参与纪念馆管理，主要是革命纪念地旧居等的维修保护、复原陈列及辅助陈列工作。

1989年湖南省文物局成立，设立博物馆科，我是首任科长，参与管理全省所有博物馆的工作。应该说成立博物馆科之前，我的工作就是协助处长管理博物馆工作。

很快有个事情对我的博物馆生涯影响很大。1990年3月到7月，因为做湖南出土文物精华展，我与省博物馆的刘小豹负责两个美国博物馆的巡展，在美国一待近5个月。我们常驻俄勒冈州波特兰艺术博物馆与俄亥俄州辛辛那提艺术博物馆，参与开幕式、导览、安全保障，也直接体验到博物馆的理念与工作方法。工作之余一有时间，我们就疯狂地去看各式各样的博物馆。上帝似乎特意打开了一扇窗，真的是打开了新世界。除了博物馆、历史遗址，我们也逛植物园、动物园、水生物馆、海洋馆，其实这些都属于博物馆范畴。那一次，我们足足看了上百座美国博物馆，对博物馆真正的接触与思考也由此开始。可以说，这5个月，对我和刘小豹都产生了巨大影响。2015年，我专门重返波特兰艺术博物馆，波特兰日本花园里的建筑与园林，25年后还是老样子。

真正负责操作博物馆建设项目，是1997年湖南省博新陈列大楼建设，我被省文物局派去参与领导工作，从立项开始跑起，那时候也开始频繁地与当时的馆长熊传薪多次前往上海博物馆取经学习。1996年，上海博物馆新馆成为中国博物馆转型的标志，展陈与运营从此都发生了巨变，影响了无数中国博物馆人。我算是耳濡目染上博马承源馆长对品质的追求、对观众的关怀。当时是艰苦时代，上博修新馆前，改陈都是跟国家文物局磨着借钱，但马馆长下决心买了一台大巴车，员工以为是上下班的班车，结果这车是免费接学校学生来看展的。这就是一个馆长的胸怀。马馆长领导下的上海博物馆对我影响很大。2004年他意外离世，这么多年，博物馆界从未停止对他的怀念。他从事文物研究和博物馆管理工作整整50年，是目前中国博物馆史上唯一获得美国亚洲文化基金会约翰·洛克菲勒三世奖及法兰西共和国荣誉勋章的馆长。

一直参与湘博陈列大楼建设的我，2000年成为新一任馆长，继续完善与实施展陈设计，2003年新陈列大楼开放。后来也曾有机会离开博物馆，但我不想走，就这样留在省博当馆长15年，主持最新一轮改扩建的前期工作。可以说我一直做的就是博物馆的工作。

张小溪：听您说马馆长的故事，想起那句著名的话，"教育就是一朵云推动另一朵云，一棵树摇动另一棵树"。马馆长的理念之所以能与国际博物馆理念接轨，可能也与他早期在美国做了一年访问学者有关，后来他又促成了更多馆长去访问。

陈建明：我当馆长的第二年，国家文物局外事处（外事办公室）王立梅主任促成了美国梅隆基金会中国博物馆馆长培训项目。选拔严格，经过面试，每年只有三至四位馆长能参加学习。项目由何慕文、张子宁、许杰等分年负责，带领中国的精英馆长们深潜。资金如何筹措？博物馆如何运营？好的展览是什么？展陈怎么做？真的学到很多很多。

张小溪：李建毛馆长很感谢您把名额让给了他去学习，他说通过这次学习才真正开始了解什么是博物馆。以前虽然也有文物走出去进行展览交流，也参观了很多博物馆，但并没有真正实质性的交流。可以看到别人在做什么，但没有人跟你讲怎么做，为什么要这样做。馆长决定了一个馆的格局，你们两位搭档都曾去学习，对一个馆是幸事。你们都是火种。

陈建明：谈不上让名额，只是没有和他争罢了。这个学习是很重要的。其实1965年第七届国际博物馆协会全体成员大会形成过一个决议，博物馆的研究人员基本标准是学士学位，不管什么类型的博物馆，任何专业毕业的学士，必须经过一个博物馆学的培训与学习实习，在专业的基础上认同博物馆的使命与方法。英美博物馆的培训相对到位，可惜的是，至今为止中国博物馆界对这一块都不够重视，对什么是真正的博物馆就难以形成行业共识。

我是2007年参加梅隆项目的，我有博物馆学基础与实践，那几个月里继续吸收着各种博物馆思想，观察学习人家的优秀案例，从展陈、教育、运营管理，甚至到展厅温湿度控制，都事无巨细在观察学习着，我想自己的博物馆学认知就是在不断的学习与实践里融合而成，再运用到实践之中去摸索总结的。我们只有深入进去，才能知道中国博物馆发展到了哪个阶段，是什么趋势，如果真正与国际接轨，又如何走出自己的道路。我们不能行进在没有航标的河流上。

张小溪：您也很关注中国博物馆学发展历史，我看到您2001年在行业期刊上发出过"关于开展中国博物馆学史研究的构想"的声音。

陈建明：我应该是最早提出要做中国博物馆学史研究，同时申报了相关的第一个国家课题的人。我觉得需要去回顾它，整理它。这个缘起于1989年，当时我成为湖南省文物局博物馆科首任科长，除了看《中国博物馆》等杂志了解行业，我又是学历史出身，于是开始查找相关的史料、资料，除了国外的著作，也很关注民国时期中国博物馆学著作，1936年费耕雨、费鸿年的《博物馆学概论》，陈端志的《博物馆学通论》，1943年曾昭燏和李济合著的《博物馆》等，从这些前人的思考中汲取养料，结合当下来思考博物馆。在中国博物馆学史课题研究过程中我们做了不少调研，留下了不少对老一辈的博物馆学者的访谈记录。包括上海博物馆的马承源馆长，他是青铜器专家，博物馆学方面实践得多，留下的文字并不多，我们有专门的访谈记录。我们把解放以前的博物馆学著作，包括1950年代的博物馆学著作重新出版，厚厚四大本；也引进了"美国博物馆协会博物馆管理丛书"，一套七本；也主编了国外的"博物馆学史译丛"。

张小溪：这么说，您是从本世纪初开始，就很有意识地成系列地引进或者重新梳理博物馆学相关的书籍了？

陈建明：是的，就是想梳理整个学科的基本文献资料，通过真正的实践经验与理论结合来思考。

张小溪：我们说了这么多专业的问题，最后问一个轻松实用的问题。对于小白如何更好地利用博物馆，您有怎样的建议？

陈建明：第一，我们做的所有设计，包括外表的表达，就在给观众是什么类型的博物馆的信息。反过来，博物馆确实是博，千差万别，你去利用博物馆之前，最好有一个博物馆分类的基本常识，然后才能知道怎么去看去利用。

简单说，博物馆有大百科、历史、艺术、自然等类别；也有综合自然历史类；还有一个纪念类的，属于历史事件与文物，比如毛泽东纪念堂、林肯纪念堂，就是纪念类博物馆。不同的博物馆讲述不同的故事，你要有个概念，挑选自己喜欢的。

第二，博物馆有自己的展览体系，大致分为基本陈列、专题展、特展。要先看展览体系给你带来的东西，这是博物馆主要的服务方式与功能。基本陈列是博物馆相对固定的"长线产品"，每个博物馆的基本陈列都是独一无二的声明，关于它是谁的声明。你去看一个馆，得先了解它。其他的专题展与特展得及时关注展览信息。自然博物馆今天有蝴蝶展、明天有恐龙展，艺术博物馆今天有印象派、明天有中国画。现在信息传播很方便，可以提前关注它，挑选自己感兴趣的。

第三，围绕收藏与展览会开展一系列活动，比如讲座、亲子活动。最核心的两类，一是科普科学论坛，一是各种教育活动。

第四，很多博物馆都有导览。有人工讲解、志愿者讲解、租赁语音导览、手机语音导览，选适合自己的。听志愿者讲解，要提前了解讲解时间与安排。手机听导览，记得戴上耳机。

第五，自己看展，要根据场馆大小，根据自己的时间，科学安排。最好留充足的时间去看博物馆，放空的时候去看博物馆。长沙市博物馆你一上午看完会很累，湖南省博物馆每个陈列展览都认真看，你一天根本看不完。要有心理预估，合理地安排时间。

我个人觉得，真正去博物馆，最享受的，除了细细去看，更有仔细去听（不一定是人工讲解，有时候多媒体的讲解更透）。盯着看，深入了解，才会看懂，那一刻很愉悦。不建议贪多，哪怕看一个都是可以的。如果只是当旅游目的地，只是去打卡，这样得到的太少。先要有知识储备，有兴趣爱好，如果只是去逛一逛当然也是可以的，总会有收获。

好博物馆会提供各种综合性服务。讲解、轮椅、雨伞、餐饮、纪念品购买等都是博物馆的标配，可以充分利用，也建议尽可能利用当代多媒体技术。

因为文物保护需求，馆里夏天会很冷，最好带外套。舒适的鞋子，得体的着装，对老年人的照顾，对未成年人的关照与提醒，都是需要的。

现在很多家长热衷于带孩子去博物馆，家长要先了解博物馆，并教会孩子博物馆礼仪。广东某博物馆曾有位家长留言，"我的孩子在博物馆为什么不能跑？观众不是上帝吗？这么多规矩"，成为热点。家长自己要先成长，才能带孩子了解博物馆。不然强行带孩子去，不得章法，会适得其反。看一个展览，先只专注看几件东西，真正了解它，你会得到最大的满足与愉悦，对孩子形成知识积累有极大的帮助。博物馆的物就是起这个作用，可以让人很形象地学习。博物馆就是实证，实证性很重要，讲半天讲不清楚，一个实物一摆就明白了。例如，长沙定王台，它是1904年建成的最早的省立图书馆暨教育博物馆，为了给洋学堂的学生做实证，专程从日本购买了人体标本模型。

总之，你去博物馆是去看东西的，你要去了解它，然后才能理解它，才能得到愉悦。博物馆就是让人在轻松的氛围里求知的愉悦的地方。祝愿大家与博物馆成为一生的朋友。

张小溪：谢谢馆长。这几年在与您的访谈中学习到了博物馆是什么，再带着对博物馆与展览的理解一次次走进博物馆，有了完全不同的感知。以前是瞎看，现在是真正地逛博物馆。我希望看完这本书的人，也能跟我一样有收获的欢喜。

博物馆是什么

Talk2

地理坐标上的
博物馆

——

城市如何对待公共文化机构

我相信很多博物馆爱好者都很关注博物馆的位置,毕竟它意味着抵达的便捷程度,甚至代表周边美食的多寡。

负责撰写湖南省博物馆最终设计方案可行性研究报告的汪克说:"我认为选址只有两种模式:集中式和遗址式。城市的综合博物馆,是地志性博物馆、标志性的博物馆,符合大集中选址,当之无愧应该选在一个城市毫无疑义的中心。有一个打造城市精神空间结构的公式:一个中心区位+博物馆建筑+权力建筑=一个城市的精神空间结构,这就是城市的发动机。所以,很显然,一个市长应该给自己的城市留一个精神空间结构的位置出来。"在城市不断更新的过程中,为所有人服务的大型公共文化机构应该在城市中间,看上去比较理所当然。

一个博物馆建在哪里,并不是博物馆自己能决定的,而是由一个城市来决定的。有历史的城市,综合博物馆毋庸置疑都矗立在市中心。然而近些年新建或者改扩建的博物馆,往新城迁移成了惯例。或是因为市中心不曾预留大块的公共文化用地而被迫外迁,或是主观为了拉动新区发展。其实一个城市如何对待公共文化机构，决定了一座城市的气质。是给予真正的尊重，最大力气地服务最多的民众，还是将其当作"工具"？在这个选择中，一座城市的价值观暴露无遗。

选址总是意味着取舍、博弈。湘博的选址也有着曲折的经历，不足为外人道也。最终，它站在原地，继续与烈士公园的绿荫湖水做伴，延续着这座城中人们的博物馆记忆。在周边机构纷纷外迁的当下，它站在原地，是我所愿见到的一份坚守。公共文化建筑与城市愈是紧密连接，它就愈是举足轻重。

我更愿意记得的是陈建明馆长说的一句话：博物馆建在交通便利、人员密集的地方或许是最优解，但建在哪儿并不是最重要的，重要的是，建起来的是一座真正符合博物馆精神的博物馆。

博物馆最适合建在哪里？

张小溪×陈建明

　　张小溪：讨论如何建博物馆之前，我们先谈一下"建在哪里"。之所以提出这个问题，第一是基于湘博建在哪里据说是经过了很多讨论与选择的；第二是基于一个略有争议的现象，就是惯用的文化中心集群。集群有的依旧还在市区，比如深圳博物馆是在市民中心，与深圳音乐厅、图书馆等形成集群；浙江的西湖文化中心，集中了浙江省博物馆、浙江自然博物馆、科技馆等诸多文化场馆。更多的集群通常建在遥远的新区，去拉动新区的发展，比如：大同博物馆是市政新区，与大剧院、音乐厅、美术馆一起待在宽阔的广场上；辽宁省博物馆也是建在靠近机场的浑南区，超大的广场边分布着博物馆、科技馆、图书馆；云南省博物馆新馆也是建在城南新区，对面就是云南大剧院；我们长沙的三馆一厅也是这种模式，浏阳河畔，市博物馆、音乐厅、图书馆、规划馆簇拥着。这些集群有的一看就是分别招标，风格各异聚在一块儿；也有像辽宁那样整体设计、风

　　　　　　　　　　　　　　　　　　　　博物馆是什么

格单一的集群。对于这种将打包的"文化中心"放置在"荒芜"的新区，企图去拉动新区发展的现象您怎么看？

陈建明：对，很多省份是如此。首先我认为这些博物馆不是出自观众需求、功能需求来设置的；而是以服从于城市规划，拉动GDP为出发点，是计划经济的思维模式。主观上如此规划，但没考虑观众怎么去，怎么利用，很多新博物馆建好的时候，公共汽车都不通。那建馆的时候是如何思考的？利用博物馆去拉动新区域的建设吗？它的角色是否能承载这个职能？我觉得还是因为他们对什么是图书馆，什么是博物馆并没有真正的了解。农业社会向工业社会转型的时候，传统社会向现代社会转型的时候，会产生怎样新的社会机能与社会职能，以及怎样满足这个新时代的总体目标与需求，他们不了解，有点想当然了。而且几个大型公共设施放在一块儿，也没有体现出优势，其实还是各搞各的。按说可以形成一个中心，产生一些集约效应。

张小溪：似乎没有产生化学反应，没有看到1+1＞2的事情出现。

陈建明：这也是一个很有意思的现象。因为我不懂其他专业，比如大剧院是不是适合这样做，是不是适合放在"荒郊野外"，我不知道。但至少从博物馆来看，除了特殊类型，其他的都应该融入原有的城区、原有的社区、原有的生活方式，而不是去重新开辟一个崭新的东西，让人们去追寻、去适应。这不是博物馆的功能与使命。

换句话说，计划经济下，规划一个新区，什么都规划好了，从幼儿园到图书馆、博物馆、大剧院，你不能说它错了。但是什么类型的图书馆与博物馆（可以这样规划），就是值得讨论的。比方说省一级的博物馆，它的使命就不太适合规划为为一个省会城市的某一个社区提供服务。

这还不是要害。放在哪里还不是最重要的，最重要的是你要建的是真的博物馆。比方说，所有公共图书馆是应该分层级的，分使命的。省一级的承载的是国家图书馆的职能，比如版本要全收，现在出版物太多，你连版本都不全就不行。但市级图书馆你要求所有版本都有，有必要吗？尤其到一个新区，应不应该建图书馆？应该。但应该建的是服务于新区的，而不是服务全省全国的。我们错就错在这里。我们往往是一个省级博物馆、大剧院，绑架到一个新区，为新区贴一个金字标签，实际上忽视了新区以外所有区域的发展需求。博物馆也是分层级的，拿医院做例子就很容易理解，你能要求每个乡镇医院都配备做世界顶尖手术的条件吗？有必要吗？可能吗？小学有可能全部配备高能的实验室吗？也就是说，一个省一级的博物馆，它放在什么地方，不应该受新区老区的约束，它的职能除了辐射城区社区，还要服务所辖的整个大区域，服务行政与传统文化上的大区域。

放在哪里不是最重要的，任意绑架它才是根本的弊端。适合在老区就在老区，适合改扩建就改扩建，不用推倒重来。我们现在动不动就推倒重来。1950年代的你推倒，1990年代的也推倒，有的馆就是这样，新馆是1990年代才开的，全部不要了，搬到新区。这显然是一种错误的发展观导致的现象。总体上是值得警惕的，是应该抵制的。尤其是博物馆类型的社会文化公共机构，往往承载的是历史传承，恰恰需要一些带历史风貌的遗迹遗址，带着时代的感受与体验，这是新地方新建筑做不出来的。所以轻易地毁掉这些东西才是最可怕的，恰恰是跟博物馆的基本使命背道而驰的。博物馆不是为了怀旧而怀旧，只是标示出，你已经发展到了哪里，你已经走到

　　　　　　　　　　　　　　　　　　博物馆是什么

了哪里。你把这些都刨除，还真不知道走到了哪里，又要从头开始走起。

张小溪：这算不算中国独有的情况？用博物馆去拉动新城，其他国家有同样的现象吗？

陈建明：极少。国外的博物馆很少是政府直接投资的。只有社区、团体等形成合力的时候，才会建。我觉得算是中国独有的情况，但我不认为它是正确的。

张小溪：就跟儿童博物馆一样，国外要做儿童博物馆是先做可行性报告，说服投资人；我们可能更多取决于主管领导觉得要不要做？

陈建明：我们是把它当作政绩。说得更直白一点，这些年往文化领域灌水灌得很厉害。我经常被邀请去做一些文化项目的评委，投资额都巨大。我说最具核心竞争力的，只有这里的国家文物保护单位，只有不可复制的这些文化遗址、故居，以及故居与遗址边上自然的山山水水，毁了这些，就没有任何竞争力。千篇一律的东西，可以在这里做，也可以在那里做，那为何别人要到这里来呢？对方听懂了，也知道你说的是对的。但他的使命不一样，他的使命是要花钱做文化项目。所以最终还是会出现无数没有灵魂的项目。

张小溪：回到湖南省博物馆。出于它的使命，新的湖南省博物馆到底放在长沙哪个位置最合适，据说也经过了相当长时间的选择，甚至是博弈。除了原址，还曾经有哪些可能？

陈建明：这个得讲到湘博的历史。湘博最初是没有"选址"这个问题的。我从2003年新陈列大楼开放以后就开始谋划湘博新的改扩建项目，我反对推倒重来，只是想重新规划，这是教育区，那是库藏区，是以温和的、一块一块添加的方式改扩建。第一件事情是改库房。湘博的库房在1970年代很了不起，但到2003年已不能适用了。我请新华社记者参观库房后写内参，上级领导很快有批示。我当时做好库房改造方案，在原址基础上从3500平米扩建到1万平米，从库房可以直接进入新的陈列大楼。

随着不断发展，观众越来越多，从2003年开始，湘博年观众数以60%的速度增长，4年时间，观众从20多万三级跳到100万。百万级观众，放在全球而言，都是大馆。布鲁克林博物馆，纽约资格很老的博物馆，一年观众也只有50多万。我们每做一个大展都是人挤人。虽然名气日盛，硬件设施水平却远远落后于国内同级博物馆。甚至，连一个反映湖南地域文化的展厅都没有。2008年全国博物馆免费开放后，需求就更加明显了。

2006年湘博开始申请改扩建，当时也批了。湖南省建筑设计院杨晓团队应邀出了概念设计图纸。当时我们的想法就是在这60亩的地盘上，因地制宜，慢慢扩建。国外大博物馆，也没有一个是推倒重来的，都是一块块拼起来。我的整体思路，到现在我都认为是正确的清晰的。第一，把前面靠变电站的库房楼改扩建，在这个区域建大型临展馆，出入方便。2003年新开的陈列楼还是做核心常设展，可以放下"马王堆"与"湖南人"。把专题展放在最后面的老红楼，展厅只有1400平米，但做陶瓷展、中国书画展、钱币展等，很舒服，空间小，看文物尺度合适。原来的3500平米新仓库是中央财政拨款建的，牢固，安全，容易改造后继续使用，再扩大一部分即可，这样库房里的文物也不用全部打包搬走。博物馆大门口将门楼改造得更有文化味，沿东风路两侧做成文创商店、咖啡厅、餐厅。原先的甬道与广场，可以做成下沉式广场，负二三层停车，观众进入负

　　　　　　　　　　　　　　博物馆是什么

一层空间，可以通往老展馆，也可以进入新临展厅。直到拆除，新陈列大楼还有一层从未使用，底下一层架空层，可以做教育中心。这样整个空间就很舒服了。这不是我异想天开，我看了很多案例。比如魁北克蒙特利尔现代艺术博物馆，就是跨了街。从老馆一侧主入口进去，看着看着不知不觉跟着流线就到了马路对面，从新馆一侧出门的时候还有点恍惚。

2006年上报的改扩建立项申请，总投资也控制在五六个亿。当时湖南财政并不是很好，少要一点钱容易成事。比如库房改造设计，只要3000多万，很容易解决。

张小溪：是哪一年去的蒙特利尔？是否当时就意识到自己的改扩建可以借鉴？

陈建明：2005年。加拿大政府邀请一批中国博物馆馆长去加拿大交流。当时就意识到湘博也可以用这种方式。展览空间可以扩展许多，教育活动空间也足够了。包括儿童博物馆，我去过的好几个博物馆的儿童博物馆都在负一层。那么我们也可以这样来做教育空间，去老陈列楼的路上可以设置教室，等于给孩子做前导宣传。如此，打造了一个立体地下交通，而院子里的山水树木能如数保留。杨晓也认可我的想法，方案做得非常好。

张小溪：2003年新的陈列大楼才打开，2006年就不够用了，是不是还是之前规划的问题？我看到2009年5月31日湖南省建筑设计院做的改扩建方案，依然是保留了所有老建筑，新建了陈列楼，新增了库房，外表整体古朴，门楼有着透明玻璃。您觉得按照您刚说的这种设想与设计，今天去看，能否满足此时的功能需求？是否能容纳这么大的观众量？硬件上，比如老陈列楼如果保留，会不会满足不了当代的展览？老楼的挑高、消防等是不是都会成为瓶颈？

陈建明：2003年只是建了一个新陈列大楼，作为一个大型博物馆，肯定是不够用的。发达国家博物馆也经历过井喷式的增长，同样的人手不足，场地拥挤，设施落后。吸引来大量观众，却无力为其提供周到服务，甚至接触到展品与艺术品都成了难事。高速发展过程中，同时还伴随着科技的高速变化、政策的改变，能完全预估到所有变数是不太可能的。在著名的《贝尔蒙报告》里，调研者也总结道："我们也没有把握保证，根据最现代的、最被认可的设计，于1968年修建的博物馆能否满足1988年，甚至1978年的需求。即使在今天，艺术家在创作时采用的作品尺寸或运用的全新多媒体技术，传统博物馆都很难满足其收藏与展示的需求。同样地，历史和科学博物馆采用的展览技术会随着时间的流逝而改变，这一点几乎可以确定。随着展览技术的改变，建筑设计和设备可能需要很大程度的改进。这种改变的速度和程度都无法预测。唯一有把握的猜想是，对博物馆设施的要求会随着时间改变而改变，基建改善要求也会增加。"

回到湘博。第一，按照当年的规划，体量不会比现在小很多，是能满足功能需求的，而且没有浪费一点空间，现在的新馆其实是有不少空间的浪费。第二，博物馆永远也无法满足所谓最好的展览条件。马王堆出土的东西很小，空间大了反而效果出不来，之前的尺度很合适。我现在去看马王堆，总觉得尺度不对。就跟我们走进国家博物馆，也会觉得尺度不对一样，人显得极其渺小。第三，关于观众量。博物馆的观众是需要引导的，博物馆不是游乐场，不是高铁站，要享受参与博物馆，是有门槛与节奏的。下次我陪你去展厅做一个田野调查，如果卡表，展厅15分钟放一拨观众，会是什么样的观展效果，你可以感受一下。博物馆都是可以用精细化管理来更好地提供服务的。另外，这样拼接的空间与烈士公园连在一起，就会成为很棒的空间。

张小溪：一块块拼装发展的计划被搁浅与覆盖，最后我们拥有了一个"全新"的湘博，中间发生了什么？

陈建明：2008年是转折之年。这一年，博物馆按要求免费开放。这个时候湘博本身属于发展高点，门票收入达到3000多万。湘博观众井喷达到159万，居全国省级博物馆领先地位。如今，光一个临展厅就有3000平米，原先总共几千平米的展厅，接待这汹涌而来的159万人流，拥挤程度堪比春运。此外，库房狭小，条件简陋，技术保护用房及设备无法满足文物保护需求；观众教育与服务设施紧缺；馆区周边环境差，院内工作、生活区混杂等，严重影响博物馆的运营。

更重要的是，这一年湘博成为央地共建八家重点博物馆之一，评比排名时位列第三。这是一个很好的契机。2008年12月26日，时任省长周强主持召开第21次政府常务会议，决定推进省博物馆改扩建工程。2009年12月11日，时任省长周强主持召开第44次省政府常务会议，专题研究省博物馆改扩建方案，明确指出实施省博物馆改扩建工程，打造湖南省国家级重点博物馆。2010年，这个目标再次提升，希望改建后的湖南省博物馆是世界级的博物馆。这个时候全国也已经掀起改扩建博物馆的浪潮了。首都博物馆2006年新馆建成开馆，山东、辽宁博物馆一上来就是10万平米级大馆，广东、湖北博物馆都开始动作。我之前还坚持不拆一些老建筑，但有人对我说，就你这俩破房子有啥舍不得拆呢？

张小溪：哈哈，在搞历史的人眼里，破房子都是历史呀。以我们民族的喜好，建设必然都是宏大的。以湘博的定位、行业地位和观众接待量，似乎也必须是10万平米级大馆方能匹配。您原先方案里一块一块拼接修补的想法已不合时宜。

陈建明：非常不合时宜，所以我也没有坚持了，当然坚持也没有用。

选址的故事

张小溪×陈建明

张小溪："世界级的博物馆"这样高规格的大型公共建筑，能想象到会成为一个"香饽饽"。毕竟烈士公园边这个博物馆原址只有60亩（4万平米），地盘小了一点。选址有些怎样的故事？

陈建明：可以先讲一讲湖南省博与烈士公园的故事。其实从一开始，湖南省博物馆就被认为是"侵入"了烈士公园。二者的故事可以追溯到1951年。那一年，政府在长沙市的东北边规划了3400亩（约227万平米）地，准备修建烈士公园。最初，这里是没有湖南省博物馆的位置的。我看老同志的回忆文章讲，是时任湖南省人民政府副主席袁任远找来长沙市"一把手"金明（1952年接任省委书记兼湖南省政府副主席）说，你这个规划很好，但缺乏人文的东西，我们可以把湖南省博物馆放在烈士公园。就这样，湖南省博成了这块区域唯一一个文化机构。

于是文化局抽调了五个人，在百琴园成立筹备组正式筹备省博物馆（的建设）。一两年后，国家文化部文物局派专员考察，说你们已经具备基本建馆条件了，可以申请建馆。国家文物局借给我们东欧博物馆建筑图纸做参考，在此建了省博最初的两栋楼。红墙绿瓦，非常古典，2012年拆除时，我们还很舍不得。看博物馆排队不是今日才有，1956年大家就冒雨打伞排队参观省博陈列楼了，老照片上一样排长队。

1956年2月博物馆刚盖好，正好赶上全省农林水利建设大会在长沙召开，要求省博做一个农田水利的展览，就这样开馆了。当时基本展馆还没搞完，直到5月1日，"楚文化展""地质展"才正式开放。当时中国的博物馆都是参考苏联提供的图纸建设的，博物馆类型也是学的苏联综合性地志博物馆。博物馆有矿物标本、动植物标本。后来才从自然、历史类收藏展示并重，逐渐转向历史类收藏和展示为主。据老同志说，1971年，矿物类标本拨给了湖南省地质局；1979年，动植物标本借给了长沙市一中。

其实，博物馆的建设与烈士公园建设是同步进行的，并非烈士公园建好，博物馆再进入。烈士公园1953年6月7日初步开园，省博1956年开馆，隔壁的动物园同年开放，烈士纪念碑1959年才正式落成。但最初的规划图上没有博物馆的位置，这导致了此后几十年的"纠缠"。

张小溪：以前还真不知道有这一遭事。有个小故事，据2003年成为湖南省博物馆首批志愿者的易复刚老师说，他就是1956年第一次去湖南省博物馆参观后爱上文物的。1970年代又亲眼看到了马王堆文物，被深深震撼，后来更是长期出入省博当志愿者直到2020年。湖南省博物馆后来没有想过"另立门户"吗？

陈建明：博物馆自己也有寄人篱下之感，想另找一个地方建。

其实曾经有这样的机会，专门批给博物馆的地，就是现在的湖南省展览馆（所在地）。那是省博物馆申请建设的，同样是参照苏联博物馆的设计图纸。1959年，馆刚建设完成，正准备搬家时，发生了变化。1958年，全国掀起展览馆建设高潮，（到处都是）仿造苏联那种尖顶上一个红星的标准展览馆，其实就是社会主义建设成就展览馆，要庆祝中华人民共和国成立十周年。湖南当时没有建展览馆，而湖南省博物馆新馆刚刚建好，省政府决定省博物馆先不搬了，继续待在原址。刚建的博物馆新馆就变成了湖南省展览馆，交给建委筹备成就展。湖南省博第一次可以脱离烈士公园的机会就这样错失了。

当时博物馆本来已搬过去两个库房，也就赖着不肯搬出来，拖了好多年才搬。就跟烈士公园一直觉得省博物馆占了他们地方一样，省博物馆也一直觉得展览馆抢了自己的地盘。湖南省博就一直寄居在烈士公园西北角，只有两栋房子，没有自己的地，建筑滴水（滴水檐）之外都是烈士公园的。

转机出现在1971年。那年12月湖南省革委会接到电话，说有状况，施工时挖出沼气。那里本来没有山，是大型汉墓覆土为陵，打到白膏泥，就把马王堆打穿了。1972年4月28日，就在老陈列楼那不大的厅里，考古学家开棺，把辛追老太太迎回了人间，轰动世界。马王堆出土了这么好的文物，中央决定继续发掘二三号墓。

马王堆的文物都进入了省博，它让湖南省博获得新生，也巩固了湖南省博物馆作为历史博物馆的地位。因为展品的特殊性，中央财政拨款，湖南省博新建了一个库房兼展厅。展厅可以算得上当时亚洲最好的恒温恒湿的展厅。

也正是因为修"新仓库"，时任湖南省革委会副主任李振军做出指示，要求长沙市给湖南省博物馆画出红线图，博物馆才正式有了属于自己的60亩地。

但诞生时的"临时感"也一直伴随着湖南省博物馆。在长沙市的规划里，湖南省博物馆一直是要搬走的。1982年长沙成为首批历史文化名城，专门成立的历史名城规划办，将博物馆规划到芙蓉广场老火车站地块，就是现在家乐福那片区域。位置很好，但没有人拨款搬迁，最后不了了之。在最新一轮改扩建启动的时候，选址自然又成了争论焦点。所有人都知道，在60亩的建筑红线里要建10万平米级的世界大馆，挑战太大。当时省、市都给了很多新的选择。天心区在南城拿出280亩（约18.7万平米）地给文化厅，领导指示在那里建新馆，同时还要建一个文化设施群；还有领导指示可以搬到河西建一个博物馆群；马王堆物址合一的呼声最高，芙蓉区政府也表示了大力支持。现在看来，其实只要是为了真正的文化事业，对博物馆发展有利，对公众有利，任何方式都是可以探讨可行性的。

张小溪：新的湖南省图书馆2021年的消息又说是建在城南，可见大型公共文化建筑的选址确实是一件复杂的事情。关于物址合一这个事情可以展开谈谈。在广州城，1983年基建时凑巧挖出的南越王墓，也是西汉时期的，参与考古的核心人员黄淼章说，他们比较幸运，挖出时就确定要原址建博物馆。1980年代的文化意识与经济条件与"文革"期间已不可同日而语，倘若马王堆墓如今刚刚挖掘，估计在原址建立马王堆博物馆是最佳选择。海昏侯墓也是原址建设遗址公园与博物馆。马王堆若原址单建了博物馆，湖南省博则又是另一番模样了。但历史已是这样，现在是有了湖南省博物馆的马王堆，而没有了原遗址的马王堆。你们在选址过程中曾经是怎样思考这一块的？

陈建明：我们在2006年左右就提出过进行物址互动。博物馆依旧在原地，在马王堆原址建设马王堆遗址公园，两者直线距离仅仅几公里，可以利用专线直达公共交通，形成紧密物址互动。如果完全不能在省博原址建新的湘博，往东搬去马王堆遗址也是不错的选择。我们认真讨论过将湖南省博物馆整体搬迁到马王堆，设想过大遗址公园：将整个马王堆疗养院拿下，里面120亩（8万平米）的生态原貌保持好，一棵树都不会动，环境很不错；请规划部门将文化公园逐渐向浏阳河边延伸。虽然当时周边环境很杂乱，但博物馆搬过去会改变那一块。但搬迁一样面临着各种复杂的问题，涉及拆迁、搬迁、资金、时间等各种不可控因素。

其实没有完美的方案，我们只能针对各个选项做出分析：湘博是什么？与湖湘文化是什么关系？它建在这里优势是什么？不利的因素是什么？最后让领导决策，去选择合适的。

搬去哪里是一个问题，能不能搬也是一个问题。毕竟涉及一二十万件文物，以及举世无双但很脆弱的辛追夫人。专家论证会开了一轮又一轮。最终的结论是，辛追夫人最好不要大距离移动。最后省委书记拍板，那就原地新建，地方虽然小了一点，但国外很多博物馆都是建在拥挤的市中心。省博原址不动，城市其他区域可以建其他主题的博物馆。2010年10月8日住建厅终于下发选址意见书，选址地点确定在东风路50号湖南省博物馆内。

张小溪：其实谈论博物馆的选址，是不是就意味着也是在谈论博物馆与我们的城市到底是什么关系？

陈建明：如果回到博物馆的本质，选址的地理位置是否合理，在于它能在多大程度上服务于教育、服务于民众。那么在相对人口众多、交通便利的地方或许是最优解。国家博物馆在北京的天安门广场，上海博物馆在人民广场，成都博物馆在天府广场，深圳博物馆在市民中心，都在城市心脏区域。广东省博物馆新馆建设，选址成了问题，最后政府将花城广场边预留给广州市博物馆的地拨给了省博。他们明白，毕竟广东省博物馆也是服务于广州人民及外地游客。上海博物馆的东馆选址，上海市政府也是将浦东极好位置的一块空地给了它，就在科技馆旁边。

一个好的博物馆给一个城市带来的影响，很多人并没有意识到。它本身是文化机构，但也是非常硬核的旅游景点。在湖南省博闭馆的那几年，旅游局的人说，每年损失2个亿。以前每年韩国游客就有10万。新馆开放时，旅游系统希望博物馆能每天预留1万个名额给团队。最初也曾设想过预留旅游团队通道，最终，因为人流量太大，全部统一排队。从博物馆对游客的巨大吸引力而言，也应放在交通与配套都成熟方便之处。

张小溪：从您个人角度，而不是馆长角度出发，您倾向于新馆建立在哪里？

陈建明：我有自己的使命与责任，我要为博物馆着想，去寻求妥协，去争取最多的支持，选择对它未来发展最好的方式，所以每一种选择我们都去认真研究过可行性。现在文化成了"香饽饽"，若把文化当成单纯的旅游产品、经济花边、地块驱动，文化的意义就会被消解。在公共文化建筑的决策上，还是要有基本底线的。

我个人是倾向继续将博物馆放在烈士公园里边的。第一是我对这片土地有很深的感情，我留恋这些大樟树。博物馆在这里存在了近70年，长沙市民也习惯了它的所在，而且地处中心地带，交通也很方便。第二，博物馆周边的自然人文环境很重要。东京国立博物馆与上野公园、美国自然历史博物馆与大都会艺术博物馆和中央公园都是彼此辉映、没有围墙、完全开放的。湘博与烈士公园也同样应该是互融共生的。2010年，湘博正式给长沙园林局发函，希望这一轮博物馆改扩建与公园融为一体，不设围墙，没有边界，全面对公园开放。曾经，博物馆防盗是个难题，如今科技发展，文物的安全早已不成问题。很快，园林局客气地回函表示，这个想法很好，只是目前暂不具备条件。

张小溪：仔细想想，最初烈士公园边上的电视台、动物园都早已搬走，只有湘博还站在原来的地方，也是一件美好的事情。我相信这个围墙迟早是会被拆除的。方昭远他们也是坚信随着时代的发展，总有一天烈士公园的围墙要消失。周边棚户区现在很难看，也许未来能做成公共空间，这个馆肯定会带动周边发展。2020年的岁末，有确切的消息，基于参观博物馆的长队经常排到烈士公园西门，经过高层沟通，终于决定拆除烈士公园与湘博之间的部分围墙，让排队等候的人可以徜徉在烈士公园的绿荫之间。

但在设计新馆之前围墙没打通，必定会限制设计。当初如果您使更大力气去沟通去促成围墙的拆除，或许会有更舒展更精彩的方案出现呢！可能就是另外一个湘博故事了？

陈建明：我同意你说的。也许我当时没有倾尽全力去做这个事情，也有可能倾尽全力在当时也解决不了。其实在外人看不到的压力下，我一度认为湘博唯一的出路是搬去马王堆。留在现址确实也限制了湘博的设计，大建筑顶着东风路显得局促，重要的艺术大厅被迫收缩尺寸、略显逼仄。一些最初设想中理想的东西，因为腾挪不开不得不割爱。

张小溪：10年后等来的拆除与连接，虽然是好事，但既定的事实已不可更改，说不遗憾是假的。关于"地方小"这个问题，我也有一个疑问。我们的博物馆，是否真需要建那么大？大就是好吗？巨大面积是否能充分利用？按照最理想状态提功能需求是否会导致浪费？比如中原某市博物馆就号称是目前国内单体面积最大的博物馆，总建筑面积达到14余万平米，问题是里面的内容是否可以撑起这么大的馆？我去浙江看王澍老师设计的一座博物馆，感觉建筑很有特色与韵味，面积庞大的四层大展厅却内容单薄，形成很大的落差。我们现在追求的大，是浮华浪费，还是给未来留下发展与想象空间？

陈建明：这是一个很重要的话题。即使放在一个世界级博物馆层面来说，6万平米亦足够了。而一些县市级博物馆，也许1万米平足矣，过大反而后患无穷。我们要尽量避免"大而无当"。在建馆之前不贪大，而是思考清楚自己是谁，有什么收藏，将做什么展示，如何运营，之后再去设计馆，就不会造成过多浪费。这又回到了博物馆的本质。建筑是容器，我们要追求的是博物馆本身的底色、特色，追求它长久的蓬勃的生命力。当下与未来县市级博物馆，以及一些行业博物馆在新建设的时候，一定要注意这个问题，规避"大而无当"这样的苦果。回过头看，我当年分步改扩建的思路无疑是正确的。

Talk3

专业坐标上的
博物馆自主建设

愿博物馆界再无"交钥匙工程"

可能湖南省博物馆能成为一个经典建设案例，在于博物馆专业贯穿始终。简单地说，就是博物馆人自主建设，主导建设。我曾有朋友很惊讶地反问：难道博物馆不都是博物馆自己主导建设？哪个建设不需要提出详细的功能需求？还真不是。因为大型公共建筑的特殊性，投资与建设方都非常特殊，很多时候是规划好一座新博物馆，建起一栋建筑，再交给博物馆人使用。新馆虽能提供基本的功能，却不能"体贴入微"。就如你需要一个家，有人直接建好装修好给你，有厨房、卫生间、卧室、阳台，但你很个性的需求与喜好难以满足。何况是博物馆这种极其精细也极其个性的建筑，每个馆的不同定位、不同馆藏、不同陈列，甚至不同的运营理念，都会导致功能需求千差万别。倘若不由博物馆专业人士深入参与，这种代建模式的"交钥匙工程"的弊端显而易见。专业缺位的现象与后果，在本书的开头曾有提及。

当然也不是每个博物馆都有能力自主建设一座博物馆，有时候甚至可以说是"吃力不讨好"。2010年的湘博敢于如此，是知道必须如此，且领导班子具备好的博物馆学思想，同时拥有上一轮改扩建的建设经验。抱持要建设一流博物馆的理想，他们也大胆地提出国际邀标。在2010年的湖南，大型省级公共文化建筑设计进行国际邀标，还是头一遭。到今天依旧是为数不多的案例。国际邀标开始的那一刻，格局已然不同。整个过程看上去"笨拙"又艰辛，一步一步摸索前行。但持守"专业主义"，主管单位也极力地支持着这种专业，所以有了清净纯粹的评标，也有了后面的故事。

但我也在思考，由博物馆自主建设，历史、考古、艺术史专业的人员面对陌生的大型建设显然也是吃力的，在漫长的设计与建设时间里要做诸多决策是很艰难的。那么有没有可能有一种更完美的建设方式，博物馆专业始终在场，始终满足博物馆的功能需求，而建筑本身的很多工作交由更专业的人群？在体制内是否可以寻求到一种更好的协作？我不知道。

国际招标的故事

张小溪×陈建明

　　张小溪：大多数博物馆在追溯自己的发展历史时，寻找的坐标体系往往和博物馆建筑相关，常会以博物馆建筑变化作为不同阶段的重要节点，可见馆舍硬件在博物馆发展中的重要作用。很多博物馆的logo（标识）也是以建筑为设计主元素。硬件的提升通常推动了博物馆的全新思考与全面提升。刚刚我们简单谈过湖南省博的历史发展。如果把湖南省博物馆当作一个生命个体，在它的一生中，有几个关键节点。1951年的筹办，1956年建成最初两栋古典小楼，1973年因为马王堆而拥有了新的展厅与库房，2003年新陈列大楼开放，再就是2010年开始的最新一轮改扩建。您作为馆长是如何来把控博物馆建筑的？

　　陈建明：可以回溯一下近几十年中国的博物馆建设。在1990年代，中国博物馆发展经历了两个重大事件。一是1991年张锦秋大师设计的陕西历史博物馆开馆，成为一个标志性事件，因为以前周恩来总理陪外宾到西安，西安遍地珍贵文物，但没一个好的现代化博物馆。二是1996年正式开馆的上海博物馆，是中国第一个真正现代化的博物馆，不只是馆舍现代化，博物馆理念、运作方式都是很现代化的。这是马承源先生去访问大都会博物馆后产生的愿望与念头。马先生任馆长多年，59岁开始筹划建新馆，干到71岁，不只是对上海博物馆有巨大贡献，在中国博物馆发展史上都有不可磨灭的贡献。他觉得培养有理念的人才最重要，设立梅隆基金会培养中国博物馆人才也是他提议而促成的。上海博物馆的建设，开启了与国际现代化博物馆接轨的过程，马馆长深深影响了很多博物馆人的思想。上博开馆那一年，有一天，湖南省省长陪着国家发改委副主任来参观湖南省博，当时的馆长熊传薪特意带他们去库房看青铜器，领导问这么好的东西怎么不展出呢？熊馆长说我们没有展厅，除了马王堆这个库房兼展厅，我们只有1956年的一栋1400平米的老陈列楼，只能做一点小型书画展。要多少钱？8000万。领导对省长说，这个钱不多，湖南省出一半，国家出一半。湖南省文化厅赶紧推动此事，派我去博物馆跑立项，湖南省博的新陈列大楼很快获得立项。

张小溪：哈哈，很多年后，"网红"故宫看门人单霁翔老师也用过相同的"招数"，他有句名言，领导来了就要带去看最糟糕的地方。

陈建明：中国博物馆很多时候是"代建"，也叫"交钥匙工程"。通常由有关部门建设好一座建筑，最后交给博物馆使用。这有显而易见的弊端。上海博物馆是第一座由博物馆人主持建设的博物馆，根据具体需求与未来运营而设计。1996年湖南省博物馆的建设也学习了这种自主建设模式，因此建筑与内容非常贴合。但一群搞考古与历史的人，在工程建设上的认识与经验都不足，建设过程还是很痛苦的，也导致延迟竣工。但这是很好的尝试。我当时是文物局派遣来参与筹备建设湖南省博物馆新陈列大楼的，我与馆长熊传薪跑了很多趟上海博物馆，马馆长对我的影响也很大。2000年我出任湖南省博物馆馆长，等于建设的收尾与展陈设计施工是在我手里完成的。最新这轮改扩建由我来主持，我也延续了博物馆人自主建设的方式，采取"一体化设计"，虽然这是"自找麻烦"，而且体量、复杂性都远超上一轮，但有了上一次的经验积累，再经过十多载的学习与实践，我们是有把握可以做到比较好的。但是这一轮的复杂性还是远超人们的想象。

张小溪：我看到在2010年10月25日召开的湖南省博物馆改扩建工程领导小组第一次会议的参会名单时，就很是惊叹。出席会议的有省、市、区政府和省级十几个主管部门的负责人，可见一个省级博物馆的改扩建，牵涉面之广，难度之大。

陈建明：其中故事不足为外人道也。比如第一次会议上就讨论的省邮政公司大楼拆除问题、上大垅变电站迁建问题、省博物馆与烈士公园之间建设连接通道与设施问题，后来又一次次出现在会议讨论中。10年后，邮政大楼还在原地，变电站依旧在那儿，只有博物馆与烈士公园正在拆除部分围墙，准备建立连接。

张小溪：我看到当时设立的目标是2013年6月底完成改扩建。回头来看，也许大家此时都真心努力想建立一个一流的博物馆，但对复杂度缺乏认知。关于博物馆的"工期"，我也很想在这本书里做一个呼吁。我记得去日本京都国立博物馆，它的老馆维修，公告的闭馆工期是20年。湘博闭馆期间，河南博物院提质期间，都有无数网友"催开"。大家不能理解为何一关好几年。其实这是非常复杂的工程，要给博物馆的提升、改扩建预留充足的时间，不然很容易赶出来一个粗糙的东西。

陈建明：博物馆的工期，既要考虑博物馆的专业性，有时候也需要考虑社会影响。从馆长的角度，我当然是希望给予足够的时间，去打磨一个精良的博物馆；也希望大家更宽容地对待"闭馆"的博物馆。包括未来很多博物馆老的展厅需要重新改造提升展陈，都是需要时间的。有时候，"慢就是快"。

张小溪：在第一次小组会上，原则上同意了国际招标，一个月后馆方就向世界上的优秀建筑师发出了邀请。您是怎么"斗胆"要求国际邀标的？

陈建明：2010年6月，我们成立基建办。当时只有25岁的方昭远成了第一个借调到基建办的年轻人，那时他从武汉大学考古学硕士毕业不到一年，如今一晃都十多年了，他也成长为优秀的青年陶瓷专家了。临时组建的基建办最初只有四个人，李建毛、陈叙良、刘薇与方昭远。项目立项了，怎么寻找最合适的设计团队？我与他们一起，首先去中国新建的博物馆拜访了一圈，广东、山东、北京几家博物馆都是招投标。公开招投标的弊端是，若设置门槛不高，上百家设计水平参差不齐的公司蜂拥而来，最终能入围的不过寥寥几家，却耗损大量审评时间，设计单位的积极性也被限制。我也跟杨晓等建筑师请教，经过比较与思考，最终我觉得可不可以用国际邀标呢？直接有针对性地邀请世界知名建筑师参与改扩建。既然是要做世界一流的博物馆，一切就是需要以最高的眼光来看待与要求。

张小溪：文化建筑采取这样国际范的国际邀标，在2010年的湖南应该算是头一遭的新鲜事。我检索了一下，在此之前，湖南省唯一进行国际性招标的是黄花机场T2航站楼，最后英国的阿特金斯公司与湖南省建筑设计院联合中标。阿特金斯在机场交通枢纽这种特殊的安全性与人流规划并重的设计领域，是世界上数一数二的，落地合作的也恰好是杨晓他们团队。但机场这种交通枢纽，不是文化建筑，在长沙这样的二线城市，能吸引到国际建筑大师的文化建筑估计也非省级博物馆这样量级的不可。

陈建明：后来就开始多了，有梅溪湖艺术中心的国际招标，大王山冰雪世界等。我们提出来国际邀标，也需要开明的主管部门同意这大胆的想法。当时大家都是头一遭，但都愿意支持与配合去做，而且整个过程中都是非常尊重专业的，专业性上一切交给博物馆及专家评审把控。我常常跟大家说一句话，"法乎其上，得乎其中，格局一定要大，要求一定要高"。

说个有意思的故事。2011年3月11日，是国际竞标开标日。在芙蓉中路的喜来登大酒店，所有团队讲完标后进入投票阶段。评委会主席汉斯·霍莱因毫不留情地将所有非评委人员请了出去，只剩下九名评委与一名记录。当主管单位住建厅与文化厅官员被赶出来时，一时又懵又气：我们是被委派来监督的，怎么把我们赶出来了？但所有的人都尊重了评选委员会的权威性，而且现场有完整的录音录像可供稽核。竞标结束后有评委感慨，在中国，很难得有这样清净纯粹的纯学术评委会。"尊重专业"是我一直希望贯穿整个建设过程的。

张小溪：你们是怎么甄选邀请建筑设计师的？您有自己心仪的建筑设计师吗？

陈建明：广撒网。一方面是陈叙良带着基建办的同事，在互联网上搜索各知名博物馆的建筑设计事务所与设计师。另一方面，建

　　　　　　　　　　　　　　博物馆是什么

筑界朋友也帮忙列出心仪的设计师名单，有着建筑界诺贝尔奖之称的"普利兹克建筑奖"获得者名单，被他们完整捋了一遍。他们与30多位世界知名建筑设计师取得了联系，也注意邀请不同大洲不同国家的建筑设计师。当时93岁的贝聿铭都没能逃脱"撒网"，贝老很客气地回信："我很乐意参与这么重要的博物馆的建设，但你们也知道，我太老了。"有很多因为档期已满不能参加；有的嫌弃奖金太低；有的不愿意竞标，很强势地表示只接受一对一服务；还有假冒扎哈团队来参赛被我们识破的。这里面有很多故事，陈叙良、方昭远、申国辉他们更加清楚细节。

我个人最喜欢的是理查德·迈耶。国际建筑界喊他白色迈耶。我看过全世界500多座博物馆，念念不忘的是洛杉矶的盖蒂中心（Getty Center），那是迈耶61岁时竣工的杰作。迈耶是白色派代表人物，始终相信白色是一种更直接明了的建筑语言，是光与影、空旷与实体展示中最好的鉴赏。"白色拥有最大的纯度。"盖蒂中心给人的感觉是极白、极具几何性的新柯布西耶风格设计。我经常说，要跟我一起设计新湘博的人，一定要看过盖蒂中心。我当时心想的是，博物馆院子里这么多几十年的大樟树，在绿意葱茏的公园里，蓝天白云下，放置着白色迈耶的轻灵的博物馆，应该很搭调吧！我在盖蒂中心仔细地看，拍照，感受着得体的设计，观看它的教育中心、观众服务设施，感受着与纽约完全两个味道的晚宴，在这非常人性化又非常艺术的地方，我是真切感受到迈耶对博物馆是有他深刻的理解与尊重的。

当时湘博也邀请了他，但迈耶的助理回信说没有档期。几年后，我和赵勇去纽约迈耶的工作室拜访他。迈耶说，我不知道这个邀请，谁说我没有时间？谁说我没有时间？迈耶将手里的拐杖连连往地上顿。

所以说一个博物馆与建筑师也自有他的缘分。

张小溪：迈耶如果参加竞标，也很难预料会设计出怎样的湘博。比如纯白的建筑，在我们这样粗糙的城市里，会不会很快变丑陋？如同扎哈设计的梅溪湖艺术中心，那座绽放在梅溪湖畔"白色的芙蓉花"建筑，若不精心维护清洁，很容易像梅雨季节发霉的花朵一般。这样想来，馆长您错失白色迈耶，未尝不是一件好事，可以一直存在想象中。最终还是矶崎新与湘博有缘分。他们二人有个巧合，迈耶1963年在纽约建立自己工作室的时候，矶崎新也正好在东京成立了自己的工作室。

陈建明：矶崎新与湘博的缘分来自中央美院美术馆。因为一体化的设想，我们邀请了负责上一轮设计湘博展陈的中央美院黄建成团队，希望他与日本建筑师组成联合体参与竞标。2003年湖南省博物馆新陈列大楼的展陈设计是黄建成团队完成的，被评为当年的"全国博物馆十大陈列展览精品"（后文简称"全国十大展览精品"），成为展陈的新标杆。在中国做博物馆展陈设计的团队中，黄建成团队是首屈一指的。2010年，黄建成刚完成上海世博会中国馆的设计，这是他第二次设计世博会中国馆，上一次是日本爱知世博会中国馆。他的主领域是空间展示，参与新湘博竞标必须联合一家建筑设计机构。

据黄建成说，日本建筑师最先邀请的是当年最炙手可热的妹岛和世，她是新鲜出炉的最新一届普利兹克建筑奖得主。安藤忠雄也有联系。矶崎新曾不解地问黄建成，为何是你来找我合作？原因很简单，就是刚刚提到的黄建成与湘博的渊源，以及本身擅长的领域需要找到最佳拍档。而黄建成常常出入的中央美术学院美术馆的建筑设计师正是矶崎新，他也熟知矶崎新是国际著名建筑思想家，因为中央美术学院美术馆，黄建成与矶崎新及其合伙人胡倩都有着良好的互动，这些都是黄建成邀请矶崎新联合竞标的契机。矶崎新同意了黄建成团队的邀请。中央美术学院＋矶崎新工作室组成联合体参与竞标，也就有了后面的故事。

张小溪：一个以"未建成"构筑建筑思想史的建筑大师，与一个叫"建成"的人携手，挺有冥冥之中的感觉，哈哈。我后来跟建筑设计团队交流，外国建筑师常常不明白为何我们的"国际竞标"通常会按照国家与地域来寻找建筑师，欧洲、美国的都找好了，就差一个日本的了。这也算是中国特色国际竞标了。对于矶崎新他们这些世界级设计师来说，习惯以明星事务所或明星建筑师身份参与竞标，与国家、国籍无关。

陈建明：后来由矶崎新当评委的长沙梅溪湖艺术中心的国际竞标，就是针对个人明星建筑事务所的。湖南省博物馆的竞标建筑师确实相对来说更像"国家代表"，我们也习惯说法国的方案，意大利的方案。可能就是一个表达习惯问题。

张小溪：第一次小组会上有参会人员提出，希望不要建一个外表酷炫，却不重内容的建筑。作为馆长，您对于建筑有何期待与要求？比如见到邀标的建筑师后，有一起交流强调什么吗？

陈建明：我跟建筑师的第一次交流是在2010年12月的现场踩点阶段。当时邀请了6家设计单位来踩点。我们虽然能给的竞标金额不高，甚至可以说，相对这些国际大牌设计师的身价，竞标金额很低，但提出了严格的要求，要求现场踩点，竞标时明星设计师必须到场，设计也须以本人为主。德国GMP（建筑事务所）的创始合伙人，著名建筑师冯·格康是12月11日来踩点，矶崎新是两天后来到的。他们会入馆参观，到屋顶俯瞰周边的森林、湖水，也会到边界上看看，矶崎新是看得最为仔细的，他还亲自去烈士公园看了烈士纪念碑。

我跟所有建筑师着重强调了几个关键问题。第一，由于这块地的特殊位置与自然环境，我一直将博物馆与烈士公园视为一体，未来也应融为一体。未来的湖南省博物馆一定是长沙的地标。对于设计大师来说，一定会注意博物馆与环境、与城市的关系。第二，老建筑怎么处理？当时是改扩建，我主张保留两个1950年代的历史建筑，以及2003年投入使用的原陈列大楼。第三，建筑师需要了解湖南省博物馆的重点收藏，每个人都仔细看了我们的基本展陈，包括马王堆的布展逻辑与小比例墓坑复原。

为了选出合适的方案，所有的评委评审之前，也对湖南省博物馆进行了现场踏勘。主席汉斯·霍莱因很重视建筑与环境的关系，所在城市的特色，以及一定是面向未来的这个特性，他说博物馆最重要的是吸引观众，如何让好的内容（马王堆汉墓）以更好的方式吸引观众，也是设计师要考虑的。

至于具体的建筑设计，应该交给专业，交给建筑设计师。我们提供的只能是尽可能详细的功能需求。

张小溪：汉斯·霍莱因感觉像个老顽童，笑容非常可爱。他也很客气地说，其实比起当评委，他更想亲自参与设计呢！这次国际邀标最后的结果我们都知道了。抛开您的身份，您个人最喜欢的方案是哪个？

陈建明：其实当时6个模型一摆开，我就知道"鼎盛洞庭"八成会中标。它取的名字，就很"讨巧"，建筑上也是很符合中国人审美的。不管是专业评审、网上大众投票，还是上层决策开会，都是"鼎盛洞庭"排第一。我个人更喜欢法国设计师的"月光宝盒"，我在评审会上就是直言不讳的。当时我说我今天身份很尴尬，首先我作为业主方唯一代表，必须体现业主方集体的意见，投给矶崎新的"鼎盛洞庭"。但作为个人，我会投"月光宝盒"。

张小溪：您是一个浪漫的人，楚文化也是瑰丽浪漫的，"月光宝盒"也是浪漫的。

陈建明：还有一个原因，"月光宝盒"的方案是一块块的，一个个漂亮的宝盒散落在绿色的森林里，视觉很好，而且也跟我最初的改扩建设想——一块块拼接的想法很吻合。如果是这个方案，可能建设施工的难度也会小很多。

"6个"与"1个"，
图纸上的博物馆

张小溪

　　2011年3月11日，最终入围的6个设计模型都摆在大厅中方便评委们比对衡量。大家仔细打量着模型，也忍不住拿手机拍摄细节。

　　所有方案展示完，评委与设计师间开始答辩，因为大咖云集，答辩一时竟演变成设计思想的热烈探讨。两轮投票，最终，矶崎新的方案获得8票，法国的"月光宝盒"6票，设计了中国国家博物馆的GMP得了4票。只有江欢城院士未将票投给矶崎新，作为结构专家，他认为这个设计的结构很难实现。

　　我一直很好奇，除了已建成的"鼎盛洞庭"，另外5个方案长什么模样，它们都是可能的新湖南省博物馆的样子。由于竞标的保密性和复杂性，除了评委会成员，很少有人看过所有的6个竞标方案。

　　因为这次访谈，我得以有机会打开存档文件，仔细看了每一家的汇报文档、三维动画、模型照片。事实上，仅仅60亩的逼仄之地，需要保留中心位置的老馆，功能需求又在8万平方米以上，设计难度不言而喻。在其间如何腾挪排布？6个方案里，可以看到代表当时先进设计理念的不同建筑师，完全迥异又独特的思维方式，每个方案都有优秀的可借鉴之处。

以下对前三名的方案评价，均摘自湖南省博物馆的竞标汇报官方材料。

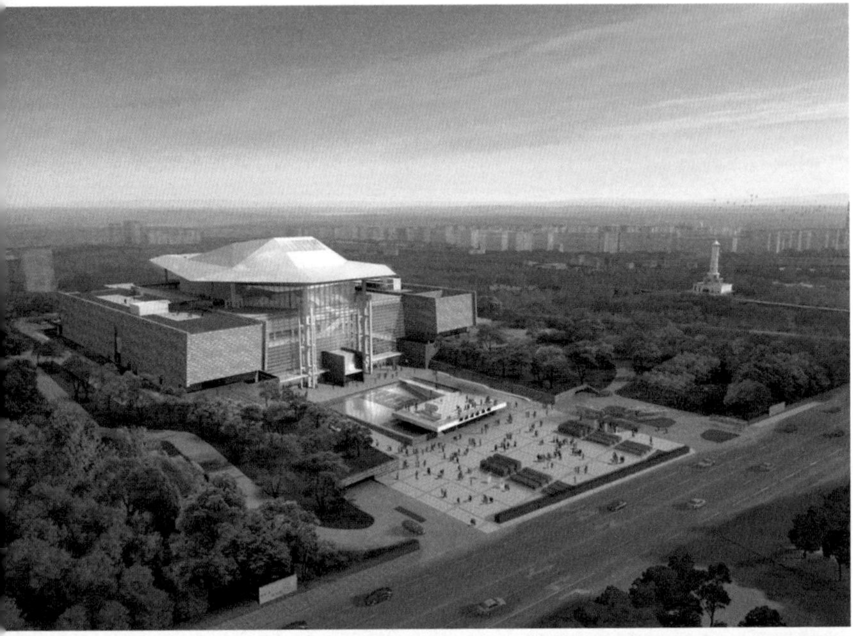

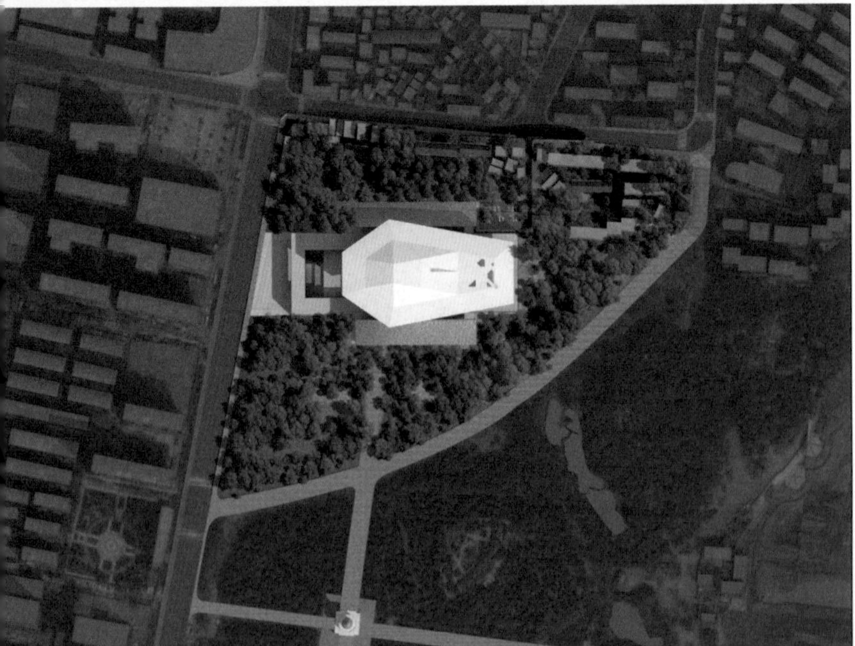

以上为矶崎新工作室 & 中央美术学院联合体方案——"鼎盛洞庭"
首席设计师：矶崎新

本案以"鼎盛洞庭"为创意源泉，保持原陈列大楼建筑结构不变，围合前庭，强化两翼，抬高公共空间以贯通前庭与屋顶，秩序感强，精神气质高贵。总体布局对称、简练、稳重、统一，形成三殿式建筑，将湖南地域特色与中国传统文化及时代性相结合，用融合的方法处理新老建筑的关系，尊重历史，又给人焕然一新的感觉，形成一个新旧融合的整体感极强的设计。充分考虑地势因素，巧妙借景，通过绿化与公园融为一体。主体建筑有气势，离东风路有一定距离，没有压迫感，参观流线清晰、交通组织方便，新的公共空间开放而充足，广场成为博物馆与城市连接的纽带。

以上为法国 AS 建筑事务所方案——"月光宝盒"
首席设计师：马里亚诺·艾翁

该设计以"月光宝盒"为创意来源，"宝盒"概念来源于马王堆出土文物，很好地反映了省博物馆的特点。外墙色彩体系充分采纳馆藏文物色系，极具现代时尚特质，国际化气息浓厚。

在整体上围绕老馆作方形布局，以围廊环绕方式将新、旧馆相结合，围廊既是交通空间，又是交往活动空间，对旧建筑和新建筑的关系处理较好。展厅所承担的功能和作用呈放射形展开，展馆"化整为零"以利消除疲劳，这种设计使观众可以比较充分地参观。建筑与景观、绿化相结合，开放的环境，有机融合城市和周边公园绿地。

德国 GMP 建筑事务所方案
首席设计师：麦哈德·冯·格康

方案充分运用中轴线对称进行布局和新旧建筑的结合，建筑手法"收敛"而非"张扬"，
延续 GMP 事务所一贯简约而又不失现代的风格。布局体现理性精神，实用且有灵活性。

把旧馆完整保留下来且融进建筑群中，体现对旧馆作为文化遗产价值的认同和尊重，
沉稳且有历史厚重感。入口艺术大厅作为观众集散中心，流线顺畅，各种功能组织良好，
简明平实。新馆建筑与周边环境和谐。

AERIAL VIEW FROM THE SOUTH
从南向鸟瞰图

VIEW OF THE ENTRANCE
入口视图

以上为意大利 N！Studio 建筑事务所方案

首席设计师：安东尼·斯德拉

以上为美国惟邦环球建筑设计事务所与 ARUP（英国奥雅纳工程顾问公司）联合
体方案
首席设计师：汪克

以上为湖南省建筑设计院方案
首席设计师：杨瑛

总体来说，法国人是浪漫的。他们的设计色彩大胆，浪漫时尚，用于建筑上的丝织品纹饰与色彩，是有意从马王堆珍贵馆藏中提取的元素。在陈建明馆长眼里，彩色盒子如同一块一块汉锦拼接起来，在烈士公园的湖水绿荫映衬下，秀丽明媚，施工难度小，好建设。十年后我问陈叙良馆长，他也直言喜欢"月光宝盒"，但这个设计，更像艺术类的博物馆，作为一个省级历史艺术博物馆，或许有点不够厚重。同时，它既可以放在长沙的烈士公园边，也可以毫无改动地放在法国的某个小镇上。

德国GMP建筑事务所是在欧洲及世界享有盛誉的建筑事务所，公司创始人麦哈德·冯·格康是世界著名建筑师，主要作品有德国柏林中央火车站、中国国家博物馆改扩建工程等。虽然冯·格康经常会把自己一头白发抓得乱糟糟，但他与他的建筑都有典型的德国气质。他喜欢有含义有意义的建筑，喜欢简洁与秩序。他觉得鸡蛋就是简洁结构的最好代表，通过最自然的形式巧妙地达到了最大的功能；他也迷恋雪花那样充满结构的秩序感，"多样性与统一性之间的平衡与结合，这是人类社会现在变得这么美的原因"。他当然也追求建筑应该具有的独特个性，但整体呈现是非常理性的。即使设计中国国家博物馆颇为波折，但他依旧说，对设计师来说，设计美术馆与博物馆是比较愉快的工作。他设计的湘博方案，最是中规中矩，最实用，也最容易建设。可惜的是，建筑铺排太满，直接顶到东风路路边，过于饱和。

在杨晓看来，意大利的设计其实很不错，重筑了一个"城"，将老馆围于其中，老馆居于"城"中心。但它对中国的规范突破太厉害。小说可以架空现实，但建筑最宝贵的，是要从思想中挤压到现实世界，一定要落实到现实世界。

美国惟邦的方案并未引起重视。湖南省博物馆副馆长李建毛后

　　　　　　　　　　　　　博物馆是什么

来回忆，设计师汪克为了赶方案，连续三个晚上没有睡觉，当天的汇报效果并不好。虽然汪克的方案呈现方式他不一定认可，但汪克的理念他很认同。"我们最初在功能需求书里提到展厅能不能多借烈士公园的景。我们很欣赏盖蒂中心、东京国立博物馆那样与自然的关系，我们窗外多好的景色呀，很想在二楼三楼就跟公园连接，观众休息时可以欣赏一段自然风光。汪克的方案中，博物馆与公园连接性很好，展厅利用率很高，包括自然光的应用，环保节能的理念，都很符合博物馆发展趋势。"

作为老陈列馆的设计者，湖南省建筑设计院也被邀请参与设计。总设计师杨瑛设计了一个平层云状建筑遮在老馆上空。从天空俯瞰，那是一幅湖南地图的形状。

竞标的获胜方案完全是由9人评标委员会选出。参加竞标的建筑师通常很关注有没有高规格的评委。评委的素质影响着项目的格局与眼界。按照国际惯例，国际竞标有两种方式：一种是最开始就公布评委阵容，代表了竞标的规格；另外一种考虑到公平，不公布评委。湖南省博物馆采取了后者。评标委员会严格按照国际惯例，邀请了9位具有国际影响力的设计师、博物馆专家作评审。9位评委的构成也很合理：5名建筑专家，1名规划设计专家，1名结构专家，2名博物馆学专家。而如果是音乐厅、大剧院的评审，则最好要有一名声学设计领域的专家。

为了请高规格评委，工作小组联系了50位著名建筑师、院士与博物馆专家，打了200多通电话，写了上百封电子邮件。我看到名单上囊括了扎哈·哈迪德、伦佐·皮亚诺、伯纳德·屈米、丹尼尔·李布斯金、斯蒂文·霍尔、安藤忠雄等各种大咖。李布斯金事务所说"最近工作量出奇得大"，婉拒了邀请；扎哈说"由于在中东地区一个长期项目中，将无法参与到贵项目"，但这次联系给她后来设计梅溪湖艺术中心埋下了伏笔。

馆方给的要求是：评委会主席必须是普利兹克建筑奖获得者。经过甄选与初步联络，他们锁定了1985年的得主、著名建筑师汉斯·霍莱因。过程颇是一波三折。他起初爽快地答应了，两天后又邮件回复不能来，但态度犹疑，似有可争取空间。原来是汉斯·霍莱因的女儿担心他年迈体弱，不愿意77岁的父亲长途奔波。申国辉拿出了十二分诚意，不断问候与联络。2011年1月27日，小年夜，正在开全馆职工年终大会的申国辉突然接到一个电话，一个苍老且略含糊的声音对他说："我是汉斯·霍莱因，非常乐意担任此次竞赛主席。"幸福来得如此突然。2011年3月10日，白发苍苍的汉斯先生迈着蹒跚步履出现时，湖南省博的人热情地拥抱了这位老人。

除了汉斯·霍莱因，评委还有国际建筑师鲍里斯·米加与奥雷·舍人，奥雷·舍人属于少年天才，31岁时就被雷姆·库哈斯派到北京负责中央电视台大楼的建筑设计工作，但他被大众熟知，是因为他彼时是张曼玉的男朋友。头发微卷，轮廓深邃，一出现就被热烈追逐，给紧张的评选增加了一丝绯色。当年央视大楼国际竞标，矶崎新是评委之一，他力挺了库哈斯。虽然这个建筑此后争议颇大，充斥各种调侃，然而不可否认的是，它现在依旧是北京东三环最有力量与个性的建筑。评委里还有国内建筑界大咖何镜堂、规划专家李道增院士、本土知名建筑设计师魏春雨、结构专家江欢成院士，博物馆界代表则是三轮嘉六与陈建明馆长。三轮嘉六是亚洲著名博物馆专家，日本九州国立博物馆馆长，当时正在筹备2012年马王堆展览的他，带着工作人员一起来到长沙。

我翻看着当年的现场照片，颇有几分感慨。从评委到竞标者，各种白发苍苍的人，都还活跃在建筑界的一线。李道增院士出生于1930年，年纪最长；随之就是1931年出生的矶崎新，1934年出生的

博物馆是什么

汉斯·霍莱因，1935年出生的冯·格康；而何镜堂、三轮嘉六、江欢成，都出生于1938年。这一天，他们将共同决定湖南未来的新地标与新博物馆的样貌。

2011年的3月，竞标评审结束后，汉斯·霍莱因被邀请去湖南大学进行了一场演讲，学子们把场地挤得满坑满谷。同样童颜鹤发如老顽童的李道增院士，则同石青夫人一起去菜场买了两把小菜，施施然提着两把小菜走贵宾通道上了头等舱。

其实背后还有一场老友的最后一次见面。矶崎新进入竞标会场，才发现汉斯·霍莱因也在场，吃了一惊。"我很想问问他怎么会成为这次竞赛的评审主席。"他们是认识很久的老朋友了。"我可能是世界上第一个以自己名字命名建筑工作室的人，汉斯就是第二个了。"汉斯比矶崎新只小3岁，年轻时候，会互相带着夫人孩子去对方家里小住几天。中国国家大剧院的竞标，矶崎新与汉斯同时参加了，他们是对手，是朋友，是可以相互理解的人。虽然矶崎新不知道他的老朋友是评委会主席，但汉斯·霍莱因是知道矶崎新参与竞标的，甚至特意询问过矶崎新本人是否会亲自来。也许与老友见面，是他飞越重洋的动力之一。三年后，80岁的汉斯去世。矶崎新、胡倩告知省博这一不幸的消息，陈建明馆长代表馆方给他的家人致电慰问。而湖南省博物馆，也成为这一对老友最后一次因工作会面的建筑。

PART TWO

倾颓的塔楼，哥特式的穹顶，一个古堡或一座修道院的废墟……都是
艺术最宝贵的遗产。它们受到时间的洗礼，几乎应该与大自然的神工
一样受到同样的尊敬。

——威廉·吉尔品

系统

建筑设计师说

冲绳风光

冲绳拜访

国际建筑大师、原湖南省博物馆新馆主建筑设计师

——

矶崎新

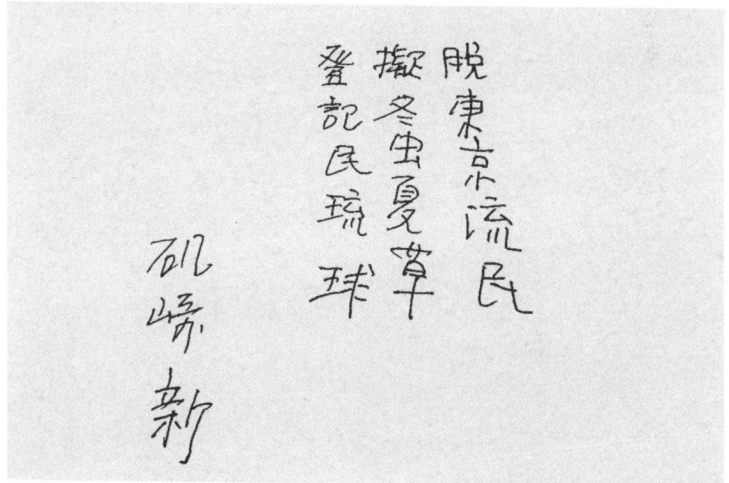

脱東京流民
擬冬虫夏草
登記民琉球

矶崎 新

矶崎新先生在长沙手书自己现为"琉球登记民",那也是他最后的栖居地

矶崎新 + 胡倩工作室联合创始人、主创建筑师

———

胡倩

矶崎新与胡倩

湖南省建筑设计院集团执行总建筑师、杨晓工作室
主持建筑师、建筑与城市研究院院长

——

杨晓

湖南省建筑设计院集团总经理、建筑设计师

——

赵勇

原湖南省博物馆工程管理和设计部副主任、副研究馆员，现任湖南博物院古器物研究展示中心主任

———

方昭远

作者与设计团队在冲绳矶崎新先生寓所

矶崎新在冲绳给湘博设计团队讲述博物馆设计思想

冲绳，矶崎新寓所，湘博设计团队访问矶崎

博物馆的建筑

　　2010年12月，矶崎新与湘博初次见面。他的出场让所有人都印象深刻。黑色长风衣，鸭舌帽，围着淡绿色围巾，长白发扎束在后面，79岁的人，走路有风。陈建明馆长想象中的矶崎新就是这样的味道，睿智淡定，又有着东方气质，仙风道骨又气场十足。

　　2011年矶崎新团队赢得湘博的建筑设计竞标。此后经年，矶崎新与他的中国搭档胡倩一次次来到长沙。从一张手绘概念图，到最后庞大的建筑拔地而起，他们呼应着湘博的需求，在年嘉湖畔创造了一座新的湘博。

　　中央美院委托矶崎新设计美术馆时，矶崎新先生曾谈到以往的经验，关于建筑形式怎么确立，最好的方式是业主与建筑师充分沟通后出一个形态，"能不能把现在关于美术馆、博物馆的概念忘了，通过沟通，像搭积木似的重新确定形式？"

　　毕竟设计是一个需要反复商量、反复修改的过程。但湖南省博物馆这样级别的大型公共建筑，你很难说直接指定一个人去做，这同样也是冒险。国际邀标大概已经是最合适的方式了，既邀请了明星建筑设计师与事务所，又可以在6个方案中做选择。

博物馆建筑是极具特殊性的。它具备高度象征意义，强烈表现城市文化精神，人们希望它成为城市鲜明的地标。出色的博物馆建筑本身就是一件艺术品，一个长久的展品。建筑承载着一种信仰和价值观，博物馆建筑尤甚。托尼·贝奈特认为博物馆建筑在物质上和精神上都体现着"show and tell"的功能，它在展示，在诉说。随着时代发展，博物馆建筑理念与设计手法也在不断更新，更加多元。但在全世界博物馆设计史上，始终充斥着建筑形式与内容的不相容，"身"与"心"的不相容。即使博物馆人一心希望"建筑物必须能符合或适应博物馆的运营需求"，但现实常常是，博物馆要去配合建筑。这对矛盾引发的讨论从未止息。2003年国际博物馆协会专门设立了一个主题——"建筑与设计"。曾有"生气"的博物馆人说：建筑师都是坏人。*New Museum Architecture*（《新博物馆建筑》）的作者劳尔·巴瑞尼奇说："这场博物馆风暴似乎还看不到终点，也尚未席卷出一条清晰可见的道路。"

简单说，一个好的博物馆的建设与设计，需要对博物馆及博物馆建筑同时有着深刻理解。某种程度说，国内有很多博物馆专家与建筑专家，却缺乏博物馆建筑专家——那种能将博物馆理念与发展趋势、功能需求、区域文化、展陈、新技术都结合起来，将藏品、观众、管理各种关系都关照好的设计师。但有个问题，博物馆本身的概念、形态、边界也在不断发生着变化，博物馆人与建筑设计师要面临的任务就更加复杂了。他们必须携手合作。

湘博是幸运的，彼时，它有一位深谙博物馆本质，并且清晰知道湘博是什么，以及明晰未来发展路径的馆长。他与他的团队拿出了厚厚的一本功能需求书，有着完整的新博物馆构思。同时，它遇到了一位世界知名的建筑思想家，这位建筑家在漫长的时间里对博物馆的历史与发展有着近距离的观察，而且在他的心里认定，设计建筑的目的比建筑本身更重要，博物馆的建筑设计是为展陈内容服务的，是为人服务的。他不追求流行、先锋，他追求的是100年后这座博物馆依旧好用。他去过无数的博物馆，也去过中国很多博物馆，在他眼里，建筑与展品一开始就很好结合并整体呈现的中国博物馆非常少有。他要设计的便是建筑与展陈非常贴合的博物馆。而负责落地深化设计的湖南省建筑设计院的杨晓与赵勇，彼时已然了解什么是真正的博物馆，杨晓还是一位"长沙主义者"。他们努力想为自己的城市留下一座优秀的博物馆，塑造一个与历史、与艺术、与城市展开深邃对话的空间。

最终对这座博物馆与博物馆建筑的评审权，交由各位走进馆内的观众。它当然不是完美的，甚至也不那么夺目，大师也不是神，在场地、资金、工期等等的限制下，建筑最终就是一个平衡与妥协的结果。但倾听完设计者的言说，至少知道针对这个课题，他们曾竭尽全力去寻找过独一无二的解，也将设计延续到了很远的未来。

我在想，30年后，当我老了，再走进这座熟悉的博物馆，在更长的时间轴里观看它，它是不是会更明显地显露出区别于同时代博物馆建筑的不一样的生命力与前瞻性？

Talk 1

建筑设计方：
艺术的力量

——

世界的矶崎新，而非"日本建筑师"矶崎新

在湘博一体化设计体系中，如果说以陈建明为代表的馆方设置了行进的方向与基调，提出了详尽的功能需求；那么在具体设计层面，矶崎新先生则是当之无愧的灵魂。区别于一些"大师"，彼时80多岁的矶崎新自始至终参与其中，并主导了整个建筑过程。从2010年到2017年，人们一一目睹了他踏勘时的仔细，灵感乍现时绘制的草图，需求变更、方案调整时拿过图纸就开始思考与修改的场景。他一次次出现在工地，开馆后也再次来到馆内，提出他希望的提升意见。大部分时候他是淡定的儒雅的，也偶有触及他专业底线时忍不住的愠怒。

因为将一座博物馆留在了年嘉湖畔的树林中，人们总是忍不住去探究他是如何思考博物馆，如何思考一座城市与博物馆的关系，如何思考建筑与展陈，以及如何思考与未来走进馆里的人将发生怎样的对话的。此前由于工作紧凑，大家难以坐下来深入聊起。况且建筑设计师并不热衷去阐述自己的设计。建筑在那儿，任人解读，

而被误解是表达者的宿命。直到2018年的春天，湘博的设计团队主要人员一起飞往冲绳，才有了一次珍贵的会面。

每年的冬天，矶崎新先生都会在冲绳县首府那霸过冬，从上海飞过去仅仅800公里。从天空俯瞰，海水翠蓝，怪不得有一种冲绳陶瓷色叫"冲绳蓝"。这座亚热带岛屿，冬天暖阳怡然，可能全日本开得最早的樱花就在此岛，三月初春时节我们去时也一树树还盛开着。冲绳与中国的关系过于紧密，2019年被一场大火付之一炬的世界文化遗产首里城就曾是见证，历史上中国派来的使者都会在此城接受朝拜。如今岛上最高级的美荣琉球宫廷料理，是当年招待天朝使团的食物，琉球被日本占领后，料理方面做了改进，真正中日结合，分量很足，跟日本怀石料理差异极大。

在冲绳，不管是食物，民居的装饰，还是接触到的人，气质都介于日本与中国台湾之间。曾吃过一个工作餐，是80岁老妈妈给我们准备的便当，豆腐、鸡排分量很足，无甚卖相，很有中国盒饭风范。民居前前后后，到处堆着各种形态的小狮子，仿如福建的习俗。我们去到同样也是世界文化遗产的齐场御岳看"神女"，日本万物为神，但神是没有具体形象的，独独这神女是以人为形象的，护佑岛民，颇有几分"妈祖"的感觉，只是神女出身皇族，略有不同。

有意思的是，与冲绳建筑协会的一群建筑师一起交流的两个夜晚，其中一顿晚饭，酒喝到浓时，甚是豪放，颇有东北酒场之势，让我们忍俊不禁，同源之感强烈；另外一夜的晚餐则突然高雅，大家安安静静地探讨建筑、学术。这仿佛就是冲绳的两面。我们抵达冲绳的第一晚，在国际通（"通"即指"街道"）御果子御殿喝红芋梅酒，听舞台上的人弹拨三弦唱各种"岛歌"（特别唱腔的冲绳音乐），才发现我们耳熟能详的很多音乐都来自岛歌，比如周华健的《花心》就改编自岛歌。你看，文化的交流从未停止，不是你影响着我，就是我影响着你，很多时候分不出谁是谁。而博物馆何曾不是这样一个文化交流的地方？它用很多展览一再告诉大家，你中有我，我中有你，无问西东。

矶崎新的寓所在机场附近。我们去寓所拜访他时，他笑眯眯地在三楼朝我们挥手。2019年获得普利兹克建筑奖的他接受《时代周刊》独家专访时，照片就是在此间二楼楼梯间拍摄的。

工作室只有纯粹的黑白色，所有的桌椅都是矶崎新1960年代设计的。他坐在一把有优美曲线的高靠背椅子上。对应角落的椅子，则特别有音乐的韵律。整套桌椅都是做的大漆，60年后看仍气质不凡。英国伦敦设计博物馆曾挑选全世界最具代表性的50把椅子，专门梳理过以椅子为代表的设计史，馆长阐述椅子在设计史上的重要性：椅子所扮演的标志性、典型性的角色已经发展成了某种自我实验式的语言。这是因为，椅子已经成为设计风格改变或技术发展的重要标志，以至于无论是建筑师还是设计师，如果想要青史留名，就必须设计出一款经典的椅子来证明他们的地位。一把椅子，所包含的意义已远远大于其本身。2021年我在清华大学艺术博物馆看一个临展"设计乌托邦"，就是椅子串起的设计史，我看着那一排排世界著名建筑大师设计的椅子，心想，还缺一把矶崎新的椅子呀！

在另一个休息室，摆着一张大床，也是同时期设计的大漆"古董"。上头就一个小木枕，房间里别无一点多余的东西。整个工作室朴素简洁，又无比舒服。

我们有幸，一趟趟地来到这儿，听矶崎新先生讲博物馆，讲设计，讲"间"（日文汉字，后文有详细解释）。我们看到他年轻时在世界各地游历的"嬉皮士"照片，与各种艺术家跨界合作的艺术项目——几十年前，在矶崎新眼中，跨界与合作都是很普遍的事情。听矶崎新讲"过去的故事"，建筑史与艺术史上那些经典的名字，往往以邻居、旧友、合作者、伯乐甚至"冤家"的身份出现。他是一部生动的历史书。他非常注重存档，50年前的草图都一一留存，与我们谈论话题期间，每每拿出古老的证据。比如说起路易斯·康，在康突然去世后，他曾亲自将某伊朗项目中康的方案与丹下健三的方案合二为一。我们看着他展示几十年前的不同方案，心中无比感慨，这是多么精彩而独特的故事呀！柯布西耶在很年轻的时候也开始关注档案，将著作手稿、项目资料、艺术创作、旅行速写、书信等等事无巨细归档保存，然后萌生建立基金会的想法。"它们的价值就在于它们的井然有序"，对想了解半个世纪以来的事情的人，都是足够丰富有趣的资料。这种做法也有几分类似于文化机构或者博物馆。

在冲绳矶崎新的寓所，有一面书架，摆放的全是他的著作或者访谈录，足足300多本。如果研读这300多本书构成的版图，大概是可以看到他的思想轨迹的。不断地思考，不断地转弯，在梳理自己的同时，也搭建起成长的台阶。他有自己的节点，社会有社会的节点，二者交替着不断前行。而几十年后，这几百本书，又何尝不能给未来的年轻人滋养与启发？很可惜，这些书籍被翻译成中文的比例小之又小。语言的障碍，阻止了我翻阅与了解它们。传奇的人总容易被标签化、简单化、印象呆板化，我为不能窥见他更复杂的痕迹而遗憾万分。国内一本中文版《未建成》，引发很多人对他的误读。矶崎新先生哪怕是有一本《柯布西耶书信集》这类的书被翻译成中文，我们也能对他的一生，对他的幽微复杂，多一分了解。

还好，我与同行者至少可以坐在他对面听他轻言细语说一点故事。如此积淀厚重的人生，牵出任何一根小线头，他清清淡淡地讲开来，都足以让我们惊叹或沉思。冲绳之行，他并没有多谈湘博本身，我们却因此多多少少更加理解了湘博。虽然身处冲绳，但我们感知到的却并不是"日本建筑师"矶崎新，他的的确确就是世界的矶崎新，他的目光与思想从不受国界影响。湘博也只是选择了一位世界级建筑师，不论国界。

那个下午，太阳光透过白色窗帘照进来，我看着兴致勃勃谈论着博物馆的矶崎新，当时唯一的念头是：此刻，陈建明馆长也在冲绳就好了，那将是一场多么深邃有趣的对话。他们俩，都熟读《资本论》与《毛泽东选集》，都去过无数博物馆，有丰富的人生阅历，应该会有很多可以畅谈的话题。矶崎新被誉为建筑界的切·格瓦拉。而陈建明的偶像正是切·格瓦拉，他曾在哈瓦那机场花5美金买过一张格瓦拉的照片，一直挂在家中。可惜此前两人从未交流过思想层面的博物馆理念，直到我们去冲绳拜访矶崎新先生，才真正了解，矶崎新对博物馆的历史与发展的认知，可能比很多博物馆界人士来得更深刻。那一刻，我们才依稀察觉，设计湘博时他在想什么，他是如何思考一座城与他的建筑的关系的，他是如何在这座建筑上直接回到他认知上的博物馆的本源的。

离开冲绳的前一天，矶崎新邀请我们去四楼居所看夕阳。充满仪式感的他，在大红色的漆盘上，摆着很酷的蓝色方形酒瓶，撞色美到哀伤。瓶里是当地的古酒，度数不低，拿小小的紫砂杯喝，举杯对着夕阳下的冲绳，一饮而尽。夕阳里一架架飞机起落，人们来来往往，我看着余晖中睿智的传奇老人，他既是亲切的，也依旧还是一个不能被我们所了解的谜团。他被安藤忠雄称为"日本建筑界的皇帝"，又因为过于多变与深邃而不被普罗大众熟知。

从冲绳回来几个月后，在上海同济大学，我踩着单车穿过梧桐绿荫和夹竹桃花树，抵达建筑学院，有幸聆听了矶崎新先生的系列课程。这是一次针对建筑学院国际博士班长达三年的课程计划，涉及对美术、社会、城市、建筑一甲子的实践与思考。老先生白天在

博物馆是什么

同济讲述，晚上回工作室继续开会。那一年他87岁。

以前的矶崎新专注于建筑设计，很少在大学演讲。这个课程，我感觉到他有一种将自己毕生实践与观察传达给年轻建筑师的迫切之心，且不是碎片式的，而是尽量成体系的。在课堂上，他依旧不是为谈建筑而谈建筑，而是谈"媒体""间"，初听者难免有一点懵，如同我们在冲绳聆听时。他是将建筑与建筑的系统放到更广阔的坐标中去，也许是希望年轻建筑师在认知建筑前，先认知社会、认知思潮、认知美学等不同维度。传说他年轻时是一位"暴君"，我们如今所见，只是一位优雅的、温和的、愿意跟年轻人分享更多更多的思想者。

再一次重逢是他获得2019年普利兹克建筑奖后第一次来中国，南京四方美术馆，他与陈建明馆长、杨晓院长等人又坐在一起聊起了湘博，他宽容地期待湘博慢慢生长，如很多新开的不完美的博物馆那样。他也会突然跟我们谈论起一首李白的诗歌，那是我们不熟悉的诗。对中国古诗词、近代史他都非常熟悉，甚至通读过《毛泽东选集》，熟读《矛盾论》。胡倩告诉我们，他甚至会研究我国党的十九大文件。可以说，他比大多数中国人更了解中国。

后来因为疫情暴发，没有机缘再见到他。留在我脑海里最近的一幅画面是，87岁的矶崎新雨中去金华的智者寺，一身黑色皮衣，拄伞而立，意气风发，儒雅中颇有几分西部牛仔的气势。人们总是惊叹他如此高龄还依旧活跃在设计一线，精力充沛。作为建筑家，为了让自己设计出来的建筑变成现实，他非常注意自己的健康。但他不喜欢运动，他的养生秘籍与众不同：多动脑，少运动，能坐车绝不走路，笃信工作与思考使人永远年轻，尤其是做自己热爱的事情。他的确是"年轻的"智者，对建筑的探索从未止步，对世界始终充满好奇，欢迎晚宴上面对十多道菜，也一定会每一道都尝尝。

在与湘博结缘的这十年间，其实我也看见他的衰老，其间他还生过一场大病。但无论何时，他总是身形笔挺，气质傲然，偶尔还有一分洞察的狡黠，斯斯文文坐在那儿都充满力量。我喜欢看他卷起袖口露出的鲜嫩草绿色衬衣，或在黑西装外搭配的浅草色围巾，沉静里莫名透着朝气。柯布西耶说：智慧、冷静、平和的人，如生双翼；需要智慧、冷静、平和的人建造房屋，对城市进行规划。我想，矶崎新就是这样的人了。

2018年矶崎新在金华智者寺

博物馆是什么

"鼎盛洞庭": 矶崎新打造的"森林中的博物馆"

在2010年12月的雨天，踏勘完场地的矶崎新，画下的第一张草图，意象是森林上空飘浮着一座博物馆，如同飘浮着一朵云。他脑海中也许浮现的是站在屋顶看到的葱茏绿色。他要建一座森林中的博物馆。

后来具象设计的时候云慢慢就变成了屋顶。依旧是森林上空飘浮着一个颇具标识性的屋顶，最好其他主体都看不到。这个最初的设想，一直被延续到了最后。矶崎新说，最后这个灵感来自代表未来的隐形战斗机。这个屋顶就像是一架先进的隐形战斗机，静悄悄停在烈士公园的树梢。

人们最爱问，您的创作灵感是什么？但设计师都很不爱去解释创作的缘起。很多时候或许他们也不知道灵感之所起。丹佛美术馆的设计师说自己的灵感来自飞过城市后，鸟瞰到的落基山脉的嶙峋绝壁，那如交响乐般的景色打动了他，就开始在登机牌上画草图。

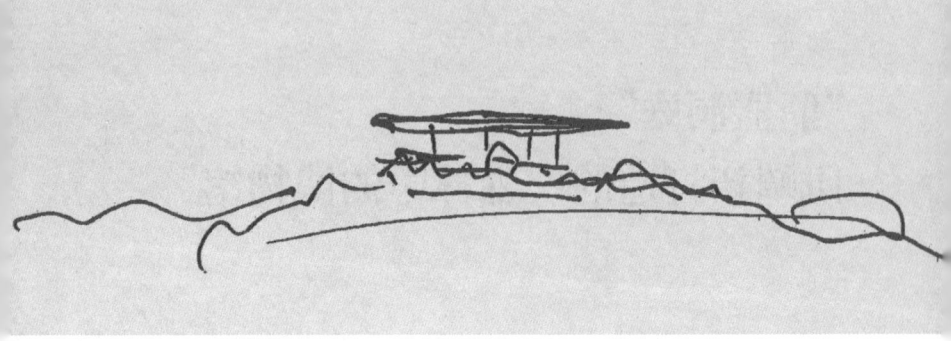

矶崎新"森林中的博物馆"手稿
矶崎新工作室供图

"森林中的博物馆"效果图
矶崎新工作室供图

博物馆是什么

悉尼歌剧院，人们以为灵感来自贝壳，建筑师却说是凝视着小女儿剥橘子时，一瓣一瓣的橘子给了他启示。谁知道呢？如果非要追问，他们也许会找一个看上去合情合理的托词。比如经常被调侃的设计过毕尔巴鄂古根海姆博物馆的建筑设计师弗兰克·盖里，他说"设计的灵感，来自一个揉成团的纸"，以此来解释他那座看上去很"奇怪"的房子。在美国经典动画《辛普森一家》里有一段就是盖里揉碎了一封信，变成了洛杉矶迪士尼音乐厅；周正的钢结构被乱锤几下，就变成了布拉格"跳舞的房子"。

通常都不是这样的，建筑绝不是凭空出现的东西。比如踏勘的时候，这块土地的气息，与建筑师的一生，产生了某个交接点。生在后大屠杀时代，从小颠沛流离的丹尼尔·李布斯金，特别喜欢探索虚空。我印象深刻的一幕，是李布斯金在"9·11"遗址的深坑里，摸着那一堵冰凉的连续墙（又称"地下连续墙"，专业术语），意识到他拒绝崩塌，抗拒混乱与毁灭。面对"9·11"留下的深坑，我们是要一个酷炫的聪明的建筑吗？不是，"我们需要一个戏剧性、出乎意料、有灵性的深刻透视，来看待伤害、悲剧与失去的东西。我们需要能带来希望的作品"。

在李布斯金眼里，场所意识是不可侵犯的。不管是一个人的归属，或是一座建筑所该反映的。

传言中，设计师们经常在咖啡厅或者餐馆的餐巾纸上就兴致勃勃地画起来，在任何手边的东西上面涂鸦。李布斯金最喜欢在乐谱纸上画，因为乐谱纸已经画好线了。创意草图或许可以这么画，但其实完整的概念设计，远不是一个意向，它需要两三个月甚至更长的时间，踏勘，查阅历史资料，不断思考、深化。胡倩说："建筑设计就是去解决一个个问题，建筑学是人文性问题结合具体场地及功能性问题，看到地势差，就思考建筑怎么从土里长出来，可以到多高，一定范围内流线怎么办？建筑也是多专业的合作。不断不断地思考，圆的会有这个问题，方的会有那个问题。有时候往前推进，有时候不得不退回来。几十天里，很痛苦又痛快地磨合、创意、思考。"

在新湘博最初的设计中，为了与环境融合，以及与2000多年前的入土文物契合，它低矮地趴在土中。并且预设博物馆与烈士公园之间的围墙是拆除的，建筑体量相当大，与围墙及附近的东风路都无法保持合理的距离。为了确保设计方案顺利推进，馆方曾对几个竞标单位进行了中期检查。馆方陈叙良带着工作小组在矶崎新上海工作室看到模型的第一眼就知道这不行。陈深知，很难有人能接受花费10多个亿的新馆埋在土里。陈提出了自己的建议，显然，对方接受了这个建议。

最后，他们给方案取名"鼎盛洞庭"。取"鼎盛洞庭"是项目伙伴黄建成的建议，如同从市场角度琢磨出的产品广告语。他意识到竞标阐述中"隐形战斗机"不是最适合的点，一定要从中国文化、湖湘文化入手去阐述。

毕竟黄建成对湖湘土地非常熟悉。而矶崎新是第一次到湖南，对于长沙的记忆，是在"二战"度过的童年阶段里经常听到这个地名，觉得长沙是中国重要的城市，毕竟中国军民在长沙与日军有过三次惨烈的会战。而对湖南，作为"毛粉"，他知道毛泽东出生于湖南。毛泽东是他的偶像，他评价毛，"与其说他是伟大的政治家，倒不如说他是将思想和实践结合的伟大理想家。我非常尊重他。能在毛主席的故乡工作，我感到非常荣幸"。很多人都知道，矶崎新先生与三宅一生是好友，穿的衣服都是三宅一生给他定制的，正式场合总是以中式立领出现，这也契合了矶崎新先生是个"毛主义者"。矶崎新穿着的衬衣是三宅理解的"毛立领"，外套是三宅理解的"中山装"。第一次来湖南的矶崎新，最大的愿望就是去韶山参观。2014年5月31日他去韶山，在毛泽东故居前留影，特意穿着白色立领西装。黄建成说，"三宅一生"在中国是一个房地产广告，意思是一个人一辈子得有三套房，逗得矶崎新先生哈哈大笑，对中国的搭档胡倩说，黄老师是很好玩的人。

黄建成第一次见到矶崎新本人其实是在湘博建筑竞标踩点现场，"黑色大衣，头发扎在后面，非常酷，有杀气"。他俩都是好玩的人。一起看场地，讨论哪些可以保留，哪些可以延伸，谈对湖南、对洞庭湖的理解，谈在博物馆如何做转换。对于湘博，矶崎新只是在1970年代听闻过马王堆的惊天发掘，这一次，终于亲眼见到"辛追夫人"。对这块土地、这个馆，黄建成显然有更深的了解，他对建筑团队提出力所能及的建议，甚至提供功能模块等。包括竞标的时候，他将方案取名"鼎盛洞庭"。

他是这样"转译"的：草图是树梢上悬浮的一朵云，解释为云不是不可以，但云太轻，大屋顶特别像一个结晶体，结晶体如同凝固的洞庭水，比云更有联想的力量，与心理的厚度也更接近。湖南，洞庭以南，那么"洞庭"二字可以代表湖南；"鼎盛"，设计中东方对称式的造型有如鼎立，且"鼎盛"二字是所有人都喜欢听的。鼎盛湖南，鼎盛长沙，哪怕鼎盛上大垅（湘博所在地），都是不会错的。最后他们在标书中如此上升意义："湖南省博物馆作为中国八家国家级重点博物馆之一，在设计中必须体现她的重要地位。鼎是国之重器，洞庭湖流域是孕育湖湘文明的中心，标志性的金属大屋顶寓意着洞庭之水凝固成鼎的形象，昭示着地方和国家的繁荣昌盛。"

国外的建筑竞标，是不需要这种主题提炼的。四字四字的主题概括，在中国最盛行。胡倩说，团队以往的习惯是做完方案后有一篇文章阐述，注重的是内容如何编排，整体如何呈现。她曾经很排斥与不屑这种取名。如果你没取四个字夺人眼球，人们反而不认同里面的内容了，那这就是一种本末倒置。倔强的她，曾经就是不肯取主题名，觉得你应该仔细听项目内容，而不是关注一个词语。但她也渐渐发现，有时候中标后当地领导还是会给项目取一个名，一个好的主题能非常简洁地表达内容、朗朗上口，于是她后来在文化项目里也就不那么排斥取主题名这事了。

我想这种困扰，可能对于钟爱"词语"的建筑大师柯布西耶就不太成问题。他喜欢给物品、机构及设计取名字，连"柯布西耶"这个名字也是他放弃自己的姓氏，从母亲祖上一位先人的名字变形而来的。"多米诺住宅""光辉城市""奇迹工厂""游牧民的壁画挂毯"……他对取名是乐此不疲。

矶崎新多少能阅读一些汉字，也学过一些古文，听到"鼎盛洞庭"，觉得是对他想法的一个很诗意的归纳，"你们觉得贴切那就贴切吧"。他说，在建筑里，比起专业的内容来说，建筑所具有的社会的、历史的意义和与它所在的这片土地的关系更重要，这四字，能表现建筑个性，也能表现建筑内容，就接受了。此后，"鼎盛洞庭"四字就不断出现在汇报及媒体上。2011年矶崎新先生第三次来到湖南，当被请求写下"鼎盛洞庭"四字的时候，他愣了一下，之后欣然拿起毛笔。看着一身纯白衬衣纯白头发的矶崎新，挥笔留下墨宝，眼前不禁叠加了他小时候临摹《千字文》的画面。

就这样，在矶崎新的方案上，深谙中国游戏规则的黄建成团队做了一部分转译。他们劝说矶崎新先生不要说"隐形战斗机"，似乎隐形战斗机总有几分敏感。主题转换成"鼎盛洞庭"后，屋顶就被阐述成洞庭湖的水汽氤氲，凝结成一滴洞庭水。

其实倔强的老头儿，3月11日在讲标时还是说到了隐形战斗机。"幕纱一翻开来，雷达看不到。虽然雷达看不到，但还是设计了那

矶崎新书"鼎盛洞庭"
湖南省博物馆供图

么酷炫的造型，很是惊艳。在我心里，这架隐形战斗机就代表着未来。"在场的人听不懂日语，胡倩翻译时，机灵地将"隐形战斗机"翻译成了"隐形飞机"。

评委会主席汉斯·霍莱因此时提了一个问："这是隐形战斗机呀！那么航空母舰在哪儿？"这是一个只有他们俩心领神会的问题。很多年前，矶崎新第一个把汉斯·霍莱因的作品"Aircraft City"介绍到日本，作品的形象是蒙太奇式的航空母舰。这一句老友间的对答，也许已经代表了对stealth（隐形）的认可。

在评审会上，这个由隐形战斗机幻化的大屋顶，被讨论了很久。尤其是需要悬挑的巨大屋顶，结构上能不能实现被质疑。

大家围绕着模型看了一圈又一圈。在这次竞标的所有建筑师中，矶崎新无疑是最深谙中国文化的，他设计的湘博，中轴对称，有鼎的稳重，极富东方韵味，大屋顶如同酷炫的隐形飞机，将传统符号进行了现代转译。虽然是钢筋、玻璃（材质），但是又类似传统的大殿与大庙，趴伏在土地上，沉稳厚重。但在沉稳厚重里，因为材质，又有了一种奇妙的轻盈通透感。

经过黄建成转译的建筑方案，从名字到内容，都无比契合中国文化。事后陈建明馆长说，这种阐释很符合中国人口味，但他恰恰不太喜欢这种讨巧。然而作为竞标，给好的方案取个响亮的名字去获得项目，去建起一座真正的博物馆显然更重要。矶崎新默认了这样的"讨巧"。

长沙，最终选择了它。

回到博物馆的最初

张小溪×矶崎新×胡倩×杨晓

◎ "木乃伊的诅咒"

张小溪：矶崎新先生、胡倩小姐，下午好。今天是一个奇妙的日子。一起携手设计建设了湘博的几方人马在日本冲绳老先生的寓所相会了。新湘博已经开始运营，我们很想与建筑设计团队回顾一下这些年湘博的设计（过程）。这是一次经典的合作与设计，也许可以为以后的人留下一些思考与参考。

矶崎新：欢迎你们的到来。我们要谈的议题很多，我希望是分两天来跟你们聊。

汇报湘博方案的那一天，正好是日本"3·11"地震的那一天，那一天我无论如何也忘记不了。湘博项目开始的时候，桌上铭牌上写着"日本矶崎新"，其实我是不喜欢这样的称呼的，我常常会抗议：拿掉这个牌子，不要把我当成日本建筑师。不只在中国，在美国竞标时也遇到过这种情况。若问我是什么国籍，我会说，我是世界国籍的。我是自由独立的个体，我是纯粹的 Arata Isozaki。Arata Isozaki 是矶崎新日语汉字的读音，在中国，我就成了"日本矶崎新"。起初我非常不习惯，在一次次重复里，也慢慢理解了中国是怎么看待外国建筑家的。但是在"3·11"地震那天，汇报过程中，只听到胡倩的电话不断地在振动，结束方案汇报走出会场，才听说是日本发生了大地震，20米高的海啸将要袭击日本，一分钟后，全日本列岛的电话都打不通了，突然觉得自己还是"日本矶崎新"。

竞标结果悬而未决，东京暂时回不去，我只能忧心忡忡地回到上海再到福冈，再转到京都。14号京都有一个我经常参加的茶道会，是一个很小众的流派。到达京都，才发现酒店全部客满，大阪也是。北方地震区的外国领事馆的员工与家属，都过来避难了。茶会的仪式正是传统武士要出征了的茶道仪式，那一刻，真是百感交集。不知道竞标的项目会怎样，不知道日本之后会怎样，相比海啸，福岛核电站爆炸后的辐射更让人心惊，我小时候经历过原子弹爆炸。从京都回到东京，我病倒了。也许是因为海啸的景象，也许是因为心理上的压力，血管破裂了。治病过程中，心血管医生曾跟我说，爱因斯坦正是因为一个事件造成心脏血管破裂而去世的。我非常幸运，没有错过抢救期。

当时自己在想，所有的这一切之所以会发生，是不是因为我终于看到了辛追夫人的真身？在日本有这种"木乃伊的诅咒"的说法。仔细想想，实际上我看过世界上很多的木乃伊。30年前，做埃及文明博物馆相关的项目，对于我来说，这是我最早的做主题博物馆的经验，当时就有30具法老的木乃伊要在那里展示，地下还有其他100多具木乃伊被发掘出来，要把他们全部集中起来进行修复。博物馆就是边修复边展示的地方。

博物馆是什么

做专题展示初始方案时，我调查了很多建筑的历史。我想把展示和建筑本身都结合在一起，建筑从洞窟到这个神殿，再进入下面，看到木乃伊。

但是他们速度很慢，30年前做的一个方案放着了，过了20年，和项目有关的建筑家给我打来电话，说这个项目总算又要开始了。

一切只好重新再来一遍。当时重新做好的方案，埃及的文化部部长已经认可。文化部部长虽然过了，可最终的决定者是当时的穆巴拉克总统，总统夫人有全部文化事务的决定权。所以就一直在等待约见会面。结果过了差不多10天，还没有决定能够会面的日程。于是我就把其他的工作人员留在埃及，自己先回了日本。在我回去后，就爆发了打倒穆巴拉克政权的游行，埃及政变了。民众全部聚集起来游行，大家都集中在广场上，外国人都往外避难去了，我的工作人员就坐了最后一班商业航空飞机回来了。留下的其他人最后都是由国家派专机来接走的，中国也是一样。然后穆巴拉克和他的夫人就被打倒了，有项目决定权的人不在了，所以项目就完全冻结了。

看来只要做与木乃伊有关的建筑，就有大事发生。甚至说，只要是做有意思的项目，就会有事件发生，或者是政治事件，或者是自然事件。有时候巧合真是让人心惊。不过如果在这种事件上感到恐惧而退缩，我就没有项目可做了。文化这个事情，本来就是要与命运抗争的。这样说来的话，湖南省博物馆这个项目，我作为项目设计师，竞赛讲标之时日本地震了，中标后我就病倒了，但现在又站了起来。这个项目经历了很多波折，最终还是完成了。这都是命运吧！因为这些（经历），对我来说这是一个印象最深刻的项目。

◎ 博物馆的分支与博物馆建筑类型的开始

张小溪：自1970年代设计群马县立美术馆与北九州市立美术馆开始，几十年生涯里，您的作品散布于世界各地。刚刚您的助手打出一个长长的清单，上面是迄今为止所有您设计的美术馆，以及部分在美术馆中的策展，分量沉沉。您是怎样看待这个类型的建筑设计的？

矶崎新：虽然我们有博物馆、美术馆等不同的称呼，事实上英文都是museum。它是一种机构，与国家、都市，以及周边不同的环境和状态有关。怎么给博物馆这种建筑形式来赋予相关的内容，是博物馆最重要的问题。

"博物馆"这个词，在18世纪成型，不过（博物馆）实际完成体系（建构）大概是在19世纪。法国大革命之前，就有把卢浮宫作为美术馆来使用的声音出现了，在西方社会的启蒙主义时代，就能看出一些端倪。当时王族、贵族、大主教等人，都有很多收藏，他们思考如何才能向公众展示自己的收藏。最终，法国将卢浮宫进行了改造，向公众开放，这就是现代博物馆的开始。

卢浮宫博物馆是伴随着近代法国而出现的，里面收藏了卢浮宫本来的藏品与国王的藏品。对于一个国家来说，以前最重要的是国王的坟墓。国王死后，遗体被放置在纪念堂或者庙宇中，中国是埋入地下，埃及则是放在金字塔中。

其实在卢浮宫之前，在柏林有一个竞标，是为一位深得民心的去世的国王设计坟墓，这是最早的博物馆的雏形。一位年轻的设计师为国王设计了一个纪念堂。（他指着一本书上的资料图）这是一个未被实施的方案，作品很引人注目。设计师将宫殿与神殿合并到一起，纪念堂首层有个基座，国王的收藏品全部安置在此。人们穿过的时候，就能看到其中王宫物品的展示，如同一座博物馆。基座上面是墓，这个墓以对公众开放的神殿的形式呈现出来。我认为这就是近代博物馆建筑building type（建筑形式，建筑学名词）的开始。但它没有建成，卢浮宫就变成第一个了。皇宫、广场、神殿、纪念碑式的东西全都结合在一起，日本的皇宫、北京的故宫都是如此，最终形成现代博物馆的要素。

可以说，把博物馆这种模式呈现出来的，其实是墓坑。当死与生变得有同样意义的时候，墓坑就变成聚集宝藏的地方。墓坑中往往有很多宝藏，而且他们不满足于此，底层是宝藏库，上面还要有神殿，金字塔就是如此。即使后来为了不被盗掘，去掉了神殿，但宝藏库依旧有。这是一种展示，各种文明的发展也在里面有迹可循。墓坑里的宝藏与以前卢浮宫的收藏有相似性，墓坑是藏在地下，而卢浮宫以前也是一般人看不到的。

在柏林这个未实现的方案里，如果只有下面的宫殿，就是一个如同卢浮宫那样的艺术馆，但上部的神殿把所有传统的东西都整合在一起，成为一个综合体。再联想到湖南省正好有马王堆这个墓，罕见地同时呈现了遗骸和文物，这非常契合博物馆最早状态时候的内涵的呈现。所以柏林这个未完成的案例很有代表意义，马王堆也很有代表意义。我不是不知道柏林这个设计，只是用与其相反的方式呈现出来。如今是墓里面的东西全部开放。

基于此，我以马王堆为中心来做设计。为了能够将辛追夫人的遗骸进行展示，放在土地下也能够让人看见，我就在其地表上建起博物馆。一般来说，以前的老博物馆就像承担着一个神殿所拥有的职能，藏品在底下，上面是神殿，再把这些东西全部整合在一起。我这次把传统做法反了过来，藏品在上面，底下是神殿，这是新湘博设计的特征。

刚谈到的这位早逝的设计师的弟子，为博物馆的设计去考察了很多地方。卢浮宫是王宫改造的，在博物馆建筑上没有什么参考价值。他又去了伦敦大英博物馆，他认为大英博物馆建筑的侧翼设计已经过时，但仍学习了它希腊神殿式的列柱。之后他在柏林设计的博物馆，正面是列柱，背面是展厅，成为世界最早公认的新博物馆，也成为全世界比较认同的最早的博物馆形式。

一个近现代国家，都市内部如何组合很重要。博物馆在首都这种城市层面该如何体现，也是我在思考的。

首都，北京、巴黎、东京都一样，拥有皇宫，需要有广场，广场上一定要有时代的无名英雄的神殿，不管是纪念碑、凯旋门还是方尖碑，都是对他们的纪念，旁边还需要有行使国家权力的议事堂、大会堂等。日本因为还有天皇，属于特例，北京的故宫与巴黎的卢浮宫，因为王宫里没有了皇帝，都变成了博物馆。

所以1949年，天安门广场上的设置，是自然而然的决定，近代国家首都的组成元素都在这儿集中了。负责此事的周恩来总理曾到过巴黎，应该对近代国家首都有着深刻的理解。朝鲜的平壤也用了同样的组成方法。广场把所有元素连接了起来，也承担着国家庆典等功能。

根据这些来思考的话，湘博，前面有广场，旁边有烈士纪念碑，馆里有辛追夫人的遗骸，底下赋予一个台座，给它们含义，就成了一个博物馆。

博物馆最开始是展示遗体本身，列宁纪念堂、毛泽东纪念堂都是为了展示遗体。近代国家的城市，也都需要一种祭典仪式。由于国王和皇帝已经没有了，所以变成了纪念堂，列宁纪念堂、毛泽东纪念堂、胡志明纪念堂，是纪念个人的。同时祭奠对象还包括为独立战争做出贡献的无名英雄，于是就有了英雄纪念碑。这种两方都

博物馆是什么

要顾及的祭祀，对近代国家来说是非常重要的仪式。这里又涉及历史与宗教。中国各个王朝习惯彻底切断与之前王朝的关联，有各自的神殿，完全的异姓革命，把前面的全部抹去，再循序渐进建立新的政府与国家。中国地域大，民族多，宗教信仰也多样。日本是一直保持原有的天皇结构，直到近代开始混杂起来，到明治维新后才对以前的一些传统比如宗教有一定的推翻。日本以前没有所谓国家宗教，最后还是以神道（教）为主，神道（教）是以万物为神，修炼内心，容易融合其他宗教。明治维新后佛教废除，天皇的活动都在神社举行，所以神道（教）是现在日本的国家宗教。

所以，现在所谓统治者的纪念堂（庙），也是一个博物馆，只是保留了纪念堂的形式。祭奠无名战士的坟墓——纪念碑，也是一种纪念堂。对于一个国家来说，两者都是很重要的存在。另外就是将藏品公开展示。当藏品被公开展示时，就被人们当成艺术品来鉴赏，也就有了教育参观者各种各样知识的意义。展示的方式是多种多样的，内容也如此，能综合二者的，都能被称为博物馆。

早期的博物馆，是先有了综合性的博物馆，然后分成各种各样的博物馆种类。最初历史、美术都混在一起，比如卢浮宫，里面其实都是美术品，是经历了很长年代历史的美术品，那它到底是历史博物馆还是美术博物馆？ 20世纪后，（博物馆）交融的过程中又分成两条主线，虽然都是museum（博物馆），但分成了fine art（艺术的）和history（历史的）。日本在接受博物馆形式时反过来，最初都是古代文物的历史博物馆，从石器时代开始，展示历史文明的发展；后来才出现古代美术的展示，再到博物馆；最后博物馆和美术馆才做到一起。中国的博物馆有点模糊不清，比如故宫，比如陕西历史博物馆，里面有发掘出的文物展示，又以容易被留下的美术品为主，这到底是历史博物馆还是美术博物馆？

虽然历史博物馆与美术馆都是将藏品展出，但是有两种系统需要考虑。从我自身来说，一直从事国际化的美术馆的相关工作，另一方面就是从事历史博物馆或者所谓各种主题展示的博物馆的相关工作。这是博物馆主要的两个分支走向。

所以，博物馆这种东西，像一种神殿，有展示宫殿之物的，也有展示遗骸的，都是从神殿一样的东西开始的，从20世纪开始，具体分成了博物馆和美术馆这两个方向。然后美术馆和博物馆又各自有了小分支。到现在为止，有了各种各样的博物馆和美术馆。

博物馆在拥有美术馆功能之前，主要还是依靠考古与博物馆学，涉及各种历史、自然的遗物。但很多的藏品与艺术价值并没有关系，属于研究文明发展层面的内容，比如矿石与昆虫的标本。把这些东西全部集中起来的地方，也被叫作wonder room（惊奇屋）。所谓wonder（惊奇），就是令人惊异的、不可思议的东西。很多古董收藏家都会这样做。另外一种具备艺术价值，就是可以作为美术与艺术来评价的，是绘画和雕塑等。所以fine art从古到今，年代也是很久远，只是到了当代又有再分化。这是两种被明确分开的形式。

图书馆与美术馆设计是我多年工作的重心。最早从事和美术馆相关的工作，是在1970年代，当时同时设计了群马县立近代美术馆和北九州市立美术馆（注：日本的县相当于中国的省，市相当于市，但市立美术馆的规模较大）。那时候开始，第一次思考美术馆对社会而言意味着什么。要思考意义，必须先了解美术馆的变迁，所以我开始整理building type。所谓building type，就是在设计城市里的个体建筑之前，确立美术馆这事物在城市之中是一种怎样的形态，有点类似于建筑的计划。一看就是美术馆，一看就是医院、学校，功能与形象吻合的特征，就是building type。到了今天，这种特征有时要更吻合，有时又要模糊掉。现在设计师做城市规划（提案）时，

　　　　　　　　　　　　　　　　　　博物馆是什么

经常把大家都在用的building type的普通形式全部放进去，先布置剧场、图书馆、办公大楼，基础设施放完后，再布置商圈、住宅楼，就形成了城市。这似乎是一个固定套路。

总之，我开始了对美术馆的building type的研究，只有研究清楚了才能应对之后的变化。美术馆到底是什么？艺术又是什么？艺术的展示又是什么？都是实际上要考虑的。

我经历了近代美术馆、现代美术馆，如今是次世代美术馆，也就是要思考第三世代美术馆。一代美术馆最初是非常古典的，比如卢浮宫。二代美术馆是空间很中性的白盒子，更容易凸显作品。三代美术馆就跟里面的concept（主题）有关，与美术史发展及作品展示都有很大关系，有一定的激发性，比如中央美院美术馆。我以前主要设计的是现代美术馆，如今在进行最新一代美术馆的实践探讨，沿着这样的方向一直整理，才能继续思考以后在自己的作品中如何体现（美术馆的主题）。

◎ 博物馆最重要的是展示

张小溪："美术馆到底是什么？艺术又是什么？艺术的展示又是什么？"您与陈馆长思考的"什么是博物馆？什么是湖南省博物馆？什么是博物馆展陈？"维度是非常相似的，都是三个非常有终极意味的问题。那么具体到湖南省博物馆的设计，您把它当什么类型？

矶崎新：博物馆发展到今天，有两个重要的分支走向。一个是艺术博物馆，也就是美术馆；一个是各种各样的主题博物馆。历史博物馆其实没有那么多可设计的，在各个国家都已经很成熟。湖南省博，虽然是有很多内容的历史博物馆，但也可以算是以马王堆为中心的主题博物馆，作为历史博物馆下的一种。

实际在做设计时，会出现各种各样的问题，竞标时候的building type，是从设计任务书中来的。最重要的是设计任务书应该是怎样的，谁来做设计任务书。建筑家会思考，设计内容会不会与任务书相符？这个问题一般无法判断，经常缺少的部分太多，多余的东西也太多。"这样更改一下会怎样？"实际设计中途我经常会出现这样的想法，也经常做出与设计任务书相反的提案，因此有了很多unbuild（未建成）的方案。

胡倩：我补充一点。我们都知道，如果是公共建筑的话，设计任务书一般就是规划局规划，财政拨款，任务书大部分只有功能面积，而没有concept（设计理念）。问题是建筑师最终要把它变成一个对城市发展有益的东西，需要自己增加concept。加了concept之后会发现任务书中的功能面积是不合适的，有的多了，有的少了，有的浪费了。但在竞标中，因为体系的问题，你很难去推翻它。我们通常从思考的层面，会反方向来推敲，或者说以我们认为合理的方向去做方案。不这样去做，对不起自己的职业，也对不起建筑本身。博物馆对城市的影响与贡献巨大，它需要经得住时间（检验）的concept。你赋予了它concept，跟原先的设计任务书便可能有了冲突与区别。所以我们经常选择重新再做一个"计划任务书"来参与竞标。其实我们不只是unbuild很多，直接废标的也不少。有一年我们参与设计中国世博会博物馆竞标，最后就是废标，但方案我认为非常出色。因为我们认为展示是博物馆最重要的，建筑就是把这个展示的空间给它排好，流线排好，建筑是否要有单体标志性是次要的。当然我们也赋予了它格局上一定的标志性，但最关键的还是你的展示，参观者是为了看展示而来。你要展示什么？我们的竞标方案充分考虑的是为展示服务，结果废标。

文化项目，因为与城市之间的联系不同，每一个项目本身的性质也不一样。我们站在城市角度的很多思考与解读，不符合任务书、突破任务书的容易废标，也有被眼光独到的甲方反过来认同的例子，深圳文化中心就是如此，湖南省博也是如此。

矶崎新：这次以马王堆为中心的博物馆设计的竞标，看了最开始的计划任务书，概念已经很清晰，馆内构造、功能划分也很具体，新型博物馆的构思已经在策划人的头脑中形成。而我要做的，便是利用自己的经验，在有限的地方，合理分配空间，解决各种难题，设计出在未来令人赞叹的博物馆。我提出了与计划任务书不完全相符的方案——设计体量增大，与现有的较为轻量的展示区分开来做了提案。根据经验，正式设计时，我们重新梳理、解读湘博的计划任务书，并且展开去设想当下与未来，这个博物馆与周围的建筑、社区、城市各社会层面的联系，基于这样的预见性，虽然与最开始的条件不太一样，提案还是被接受了。

胡倩：竞标时，我们没有违反湘博的任务书，只是将任务书重新解读，思考如何让它相对生硬的面积适应理念，通过不是太大的转换，能适应未来博物馆的生存与发展。我们做了concept的再梳理，最主要的就是对辛追夫人的位置、墓坑、流线综合的展示空间的诠释。诠释不同，面积肯定会有变化，位置也会发生变化。这项目算是重新梳理以后被业主方认可并留存下来的。

矶崎新：50年间我边做设计边思考，museum到底是什么？艺术到底是什么？美术到底是什么？工作过程中也总是坚持思考这些基本问题。在这里最想讨论的东西是museum的功能。收藏藏品、公开展示是museum两个最基本的功能。藏品有了后，如何展示成了最重要的问题。展示方式是影响我们做建筑的重要依据。

传统美术馆，绘画挂起来展示，有墙壁即可，雕塑有底座就行。往后发展，现代美术馆开始讨论放置的方式、观众观看的距离，将二维的平面与三维的物体放置到空间的层面。再往后，在空间中思考各种配置，除了作品，还要思考观众参观的流线及新的参观方式，比如某些场合是否要触摸展品，各种元素集中在一起，与建筑空间构成一个作品，我觉得这是当代美术馆的开端。当代美术馆的构成最初的形成是因为对整体空间的构成。当然，什么样的距离是对的，观众到底是否应该触摸，会有大量的美术馆学研究讨论。

作为建筑师，美术馆的设计，哪怕目前里面并没有内容，也需要考虑将来的展陈内容，考虑具备各种可能性的展示空间，包括观众进来后的各种可能性，都要在空的状态中设想好。

现代美术馆将概念做得最明了的是纽约的MOMA（Museum of Modern Art，现代艺术博物馆），而以这种形式的想法延伸出来就是法国巴黎的蓬皮杜艺术中心。第一个以"白盒子"命名的美术馆是我设计的MOCA（The Museum of Contemporary Art Los Angeles，洛杉矶现代艺术博物馆）。蓬皮杜艺术中心做了各种装饰，像是涂了各种各样的颜色，我则选择内部全部涂白，将自然光和人工光结合起来，包括spot（聚光）也是可以做到的展示方式，使用者觉得很好用，从此简称为"白盒子"。

此后我设计的Nagi Moca（奈义町现代美术馆），是工作室1990年代初期的作品，请来三位艺术家，每人一件作品，这件作品同时形成建筑空间。等于是一位建筑师和三位艺术家一起打造一个永久性的作品兼空间，因为位于Nagi（奈义町），所以叫Nagi（奈义町）美术馆。

现在美术馆可以在城市中间利用各种空间来延伸与扩散，比如各种loft（阁楼风格）、仓库、发电厂的空间，在不同的空间进行美术展览，这些年，中国也做了很多新的尝试。

　　　　　　　　　　　　　　　　　博物馆是什么

某种意义上，提供很重要的背景与空间的美术馆，和德语里叫kunst halle（艺术画廊）的展示空间，有着两种走向。我认为最新一代可以理解成美术馆和kunst halle展示空间混合存在、融合，然后延展入城市之中。

空间中加入了表演、多媒体艺术、影像，所有的艺术形态都综合在一起，怎么才能让这个空间成立，怎么让美术馆成立，这是现在美术馆在城市中间存在及定位的一个重要方向。

关于美术馆，我有很多话想说，但我现在只能把两个世纪的历程简单梳理一下，到了今天它已经变成很复杂的状态。在今天新的融合方式、新的空间展示方式下，在各种更加综合的方式下，美术馆如何去影响城市，都是当下相关的人在思考的问题。

要把所有的东西综合在一起很复杂。怎样从这变得复杂的世界中抽取出主线，分开主次，并具体呈现出来，就是我们建筑设计师的工作了。当我们设计一个错综复杂的馆时，要凭借我们的经验，对它的未来进行判断，因为每个馆所需要的方向可能是不同的。当然这不是由建筑师一个人决定的，还会有策展人，刚才讲过展示是最重要的，大家在一起才能形成一个代表未来的方向。

这只是其中一个解决方案。其实建筑这个东西是不可能有一般解的，经常需要特殊的解决方案，这就是我们建筑设计要做的。所以永远需要原创、独创，为每一个事情找出它不同的解决方案。

比如中央美术学院美术馆，是将20世纪古典的东西与21世纪的新东西结合在一起的。因为学校当时有一些20世纪非常有保留价值的作品，又有21世纪新的作品与运营方式，比如对策展、运营这一块会有新的要求，所以我们重点讨论了这一块。这也是一个特例。若其他地方仿照着做一个，并不能马上解决那些地方的问题。

张小溪："设计"本身意味着什么？

矶崎新：世界上最早的设计博物馆Cooper Hewitt（库珀·休伊特设计博物馆）建成时，我与汉斯·霍莱因一起在巴黎讨论过这个纽约博物馆的开幕展。

世界上不是有各种各样的方案、各式各样的形状吗？比如面包，有那么多的种类，把纽约的各种样式的面包都收集起来排列在桌上，也可以做成一个设计展了。设计是什么呢？我们当时的作品名字叫Hashi，或许就是彼时的答案。hashi在日文中有很多种意思，比如桥、筷子、边缘，这些都是hashi。hashi是连接轴，把两个不一样的东西联系起来，有一个中介作用的意义。用更容易理解的方式来说明的话，像是手铐，将左手与右手连起来。hashi也代表两样东西的一种连续。或许，设计就是这样。

张小溪：您在同济大学的三年课程计划"矶崎新六十年研究回顾系列讲座"，第一阶段以"媒体"为关键，这也是基于"连接"的属性吗？

矶崎新：将不可视的东西可视化，就是媒体。都市是一种媒体，建筑是一种媒体。我这么多年的工作都是以都市、以建筑为媒体，去发问、去回答。我从小学习汉字、练习书法，战败后美国人进入日本，我接触到英语，加上日本本土的文化，可能我的国际化思维早早就开始了。而Arata Isozaki与矶崎新，日语读音与中文读音造成的"两个名字"，也暗合了我成长的双重性。我文化教养中的一半源自中国文化，中国文化对我的思想有很大影响；同时，我又学习西方建筑，像是一位永恒的"中间媒人"。

张小溪：您是如何走上建筑设计之路的？

博物馆是什么

矶崎新：我是那个寻找星星的人。1950年，学生时代的我，在尚未寻找到将建筑设计作为一生目标之前，有过很多的迷茫与摸索。刚入大学，曾思考自己想要做什么。最先想到的其实是文学，同时觉得飞机、轮船这些能动的东西有趣，后来发现技术与艺术才是我的初心，于是请教前辈们，什么学科是既包括技术又能感受艺术的？前辈们说：那你就去学建筑吧。在寻找兴趣的路途中，我读到一本书叫《寻找星星的你》[①]，讲关于伽利略对宇宙的认知，如何发现地球自转，并在当时被当作宗教异类批判的困境中坚持自我。伽利略的故事给了我勇气与信念。建筑要与城市发生关系，势必要与政治发生关系，建筑师是最能感受到政治变化的职业之一。在我的职业生涯中，一直是站在政府的另一边的，有一定的对抗性。就像艺术家一样，应该超越现实的体制，追求新的发展。即使被世界批判，还是要坚持自己相信的。

我就这样去了东京大学建筑系。1920年代出生的老师一点意思都没有，只遇到一个叫丹下健三的经常不来上课的老师，还讲得有点意思。看着丹下健三设计的广岛和平纪念馆，当时并不能理解这片混凝土。毕业后我进入丹下健三的工作室画图纸，然而他并不怎么出现。他只说一句话或者一个想法，底下的学生负责把它实现。虽然跟丹下健三的交流是之后的事情了，但跟工作室的前辈还是有很多交流的，在设计的过程中会密集讨论，在那里我能做自己想做的事情。当时丹下的工作室人才济济，我们的思考与概念在设计中多少都能得到呈现。比如东京规划中，一起工作的黑川纪章的"螺旋都市"也被融合其中。

关于建筑的摆放，我想到的是抓一把建筑模型随意撒下去，以

---

① 编者注：外文书，尚无中文译本，该中文书名由访谈者现场翻译。

暴雨式的方式，很有自然的韵律。这是从我很喜欢的作曲家那里得到的启发——制造一种偶发性。城市规划其实跟作曲很像，要跨界思考，从本来无关的东西里找到新的乐谱，找到崭新的形式、崭新的建筑。

我给你们看一些我年轻时候的照片。1968年参加"米兰三年展"，我不是作为建筑师参与，而是亚洲唯一被邀请的艺术家。

张小溪：我们都知道您与中国的渊源很深，真正来到中国做建筑设计是什么情形？

矶崎新：我的祖父母都可以写汉字、作汉诗，一直在日本从事汉语教学，父亲战前在上海学习，战争爆发后，父亲才回到日本。家中有浓郁的中国文化氛围，我从小练习书法是从《千字文》开始的，因为1000个字没有重复，又包含了很多典故。1978年，日本首次派中日文化交流团赴中国，我就是其中一员，开始更近距离地重新认识中国。1980年代，我曾在清华大学、同济大学进行过演讲。1990年代，开始进入中国做建筑项目，包括1998年中国国家大剧院的竞标，虽然未中标，但在文化层面，我的方案很受认可。我后来了解到一些反对意见，其中一条是说在天安门广场上不应该有一个日本人设计的建筑，这让我很无奈，我是以国际建筑师的身份参与竞标，而不是以日本人身份呀！

虽然世界上有很多其他国家邀请，但我的工作重心渐渐放到了中国。我不是为了来分一块蛋糕，我是纯粹地喜欢中国。除了个人的生活环境等原因，还因为我在研究日本的传统性时，一定会遇到中国，所以我非常渴望了解中国的传统和现代。日本与中国的古代文化交流可以追溯到四、五世纪，我一直边思考着这种文化层面的关联及其历史流变，边思考如何在当下将其重建。

张小溪：不可避免地我们会提起"未建成"。您在中国的实践中也有很多"未建成"。2017年，为了解决尼泊尔在地震中损毁严重的世界文化遗产的修复问题，作为ICR（International Committee for Regional Museums，国际博物馆协会区域博物馆专业委员会）副主席的陈建明馆长，代表中国博协出席，交流了汶川地震后的抗灾赈灾、预防与反思。会议间隙，日本博协与东京国立博物馆做文物保护的专业人员，得知湖南省博物馆新馆设计师是您，非常惊讶："他能建成呀？他是思想家呀！"这短暂的陌生人对话，可能就显示出一个行外人对您相对固化的认知。

矶崎新："未建成"这个概念确实会有人误解。从普通字面意义理解"未建成"，可能就是方案没有中标，没有落地，没有建成。这是每个建筑师都会面临的问题，很多建筑设计只能停留在图纸上。我自然也有很多这样的项目，或者是竞标落选，或者是业主方出现变故，比如国家发生政变的事情，我就不知道经历了多少回。

给大家讲一个故事：这是路易斯·康设计的"Light and Silence"——"光与沉默"的手稿（一边讲一边拿出手稿来），这是一个我与丹下健三合作的"未建成"项目。一位发起了White Revolution（白色革命）的伊朗国王，将伊朗带入现代化的道路。他们邀请了当时著名的建筑家来伊朗，这照片上右边的矮个子白发男人便是路易斯·康（手指着照片上的人），同时在场的还有德国的奥斯瓦德·马蒂亚斯·昂格尔斯（Oswald Mathias Ungers），以及美国建筑师保罗·鲁道夫（Paul Rudolph），戴黑眼镜的是伊朗建筑师纳迪尔·阿达兰（Nader Ardalan）。我猜测，富有人文气质的路易斯·康是王后邀请的，她在法国芭莎学校学建筑，因此由她主管文化及传统遗产方面的事务。而正追求现代主义化的国王，选择了现代主义的建筑家丹下健三。二者呈现的方案也截然不同。丹下就像做东京规划方案一样，系统化地进行都市设计。路易斯·康的城市空间，更接近艺术家的手法，对要怎么进行都市区间的规划都进行了思考。二者的想法完全不一样，如同水和油不相容一样。

丹下先生邀请我来帮忙，负责将他的草图全部成型，进行非常现代性与系统性的规划。路易斯·康看了方案，在1974年的春天，画出了"光与沉默"的草图，写下很多笔记，并做出了全部的概念方案。之后他去了孟加拉、印度的Ahmedabad（艾哈迈达巴德，印度第七大城市），不久就在美国宾夕法尼亚州车站里倒下，一代建筑大师在车站厕所里作为一个身份不明的人就这么死了。"光与沉默"就是他最后的草图。

我们无从得知康原本的设计思想，尽管如此，丹下要求我结合相关资料整理出一个总方案。我对丹下的方案了然于心，揣摩着路易斯·康如何思考，试图将两个方案融合成新方案。图纸中心部分尽可能活用了路易斯·康的空间设想与需求，周边的部分化用了丹下的系统化思想。方案完成三年后，伊朗发生革命，国王流亡了。这个方案就此永久停留在纸上。

回到"未建成"。我如今已在全世界建成了100多座建筑。"未建成"，不是常规意义上的未建成，而应是一种超前的建筑思考。一方面是社会本身的原因，方案过于异端，不为当时的社会制度、生活习惯所接纳，超过了社会所能包容的范围；另一方面是技术的原因，脑子里想要做非常复杂的东西，但技术上没有办法实现。

我认为不应该为了流行和商业目的去建造建筑。文化的形成以经济和社会为基础，建筑概念与文化和社会密切相关，以建筑物的形式来呈现对社会和文化的诠释，对人文、生活方式起到引导与推动作用。因此我更看重呈现建筑物之前的理论，但这种理论并非总

　　　　　　　　　　　　　　博物馆是什么

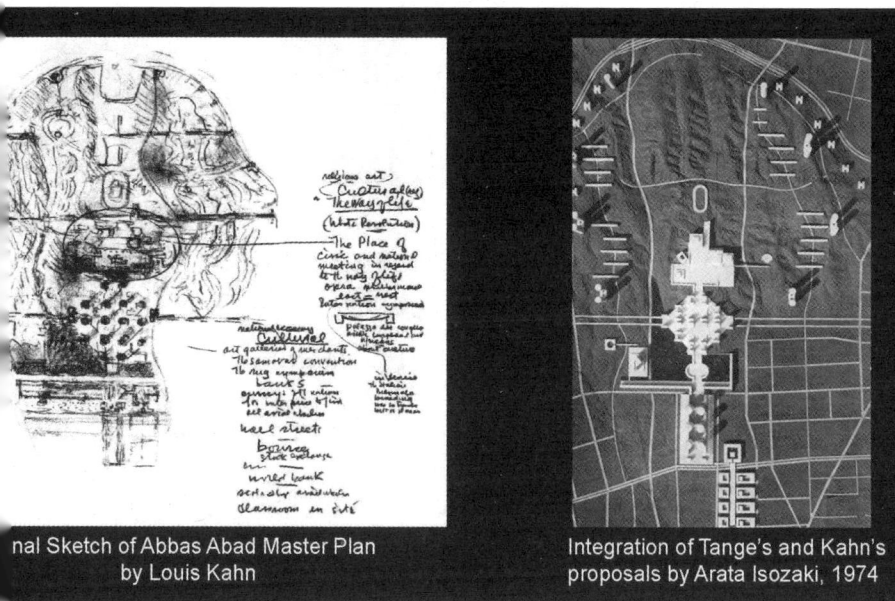

nal Sketch of Abbas Abad Master Plan
by Louis Kahn

Integration of Tange's and Kahn's
proposals by Arata Isozaki, 1974

"光与沉默"设计图纸
矶崎新工作室供图

在冲绳听故事的时候，其实有点云里雾里，不知道是哪位伊朗国王，具体是什么项目也不得而知。后来查阅资料，发现这位伊朗国王应该说的是伊朗的末代国王穆罕默德礼萨·巴列维。他年轻时曾在西方接受英美现代教育，1965 年进行"白色革命"，1979年被赶下台，客死埃及。他流亡时写了一本回忆录《对历史的回答》，追问自己，我错了吗？对于矶崎新先生，这个方案倒不存在对错，能在 43 岁时亲手将路易斯·康的最后手稿与丹下健三的方案合二为一，怎么说都是一次建筑史上难得一见的机缘。

能实现，往往会成为"未建成"的作品。有概念而没建成的例子很多，我称之为"未建成"，但我认为对建筑家来说，"建成"是第一位的。作为一种思想，"未建成"是对这个时代大范畴的研究。我感兴趣的是最终呈现的建筑物与抽象的建筑概念之间是怎样一种关系，这就是思想。

我并不觉得有什么遗憾。因为这些都是我自发设计的，设计时就是考虑给未来的。这有一点像"概念建筑"，因为建筑介入了更加宽广的社会、政治、体制、文化等内容，用这样的概念设计，在架空的场景或者真实的场景里，来引发公众对此议题的关注与讨论，或者留待未来去实现。

50年里，我一直在徘徊与前进，左左右右，时而往前，又时而退后，总的来说还是向前走到现在。在现代主义受到挫折时，我的一个导演朋友，在1980年代说过：虽然前面没有路，还是要继续往前行。虽然他去世了，但我还在这边。

张小溪：50年后，人们都还在谈论您当时的设计，年轻人希望您能把50年前的作品拿出来做展览，时间证明了您。您的"废墟理论"，想来也能跟博物馆发生暗合。

矶崎新：未来城市并不是到废墟就结束。一样东西从它获得生命开始直到变成废墟、生命消失，这种直线型的概念是欧洲的概念；东方的概念会认为事物消失以后还会再生，以前的东西渐渐变成废墟，消失，又在未来重新建成。建设与摧毁事实上也在同一时间共存。未来的城市是一座废墟，其实是东方的概念。它是消失，也是再生。

在湘博的理解与处理上，我们看到了墓坑，看到了穿越2000年的历史废墟，老博物馆最终也会成为废墟，但我们通过设计，让这一切重生。在西汉人的生死观里，死也是重生的开始。

张小溪：陈建明馆长眼中的博物馆，本也是重生之地。

矶崎新：这里我想详细讲讲ma，日语的"間"。近代以前日本只有"間"，读ma，是抽象的概念，比如丈量一个尺度的单位，一个榻榻米是6ma。"时间""空间"这样的词应该是到了近代，日本翻译"space"和"time"时造出来的，然后传到了中国、韩国和越南。"space"在日本翻译成"空间"，"time"翻译成"时间"，全部都包含了"間"。说起来在欧洲传统的概念上，时间和空间是完全对立的两个概念。在日本的场景，只有"間"，包括了时间和空间。我也很想了解中国是如何去理解时间与空间的。

在第一次的"間"展里，艺术家们准备了很多折纸，在体验中感受日本（文化中）"間"是怎么变成空间的。比如神社是由怎样一个尺度围合起来的。比如"能舞台"，它类似中国的传统舞台，但中国的舞台你很难确定到底多大，但"能舞台"是有规定的，5.4平方米，是1.8米乘以3米，那么1.8米是属于它们的基本尺寸。民宅基本上也有固定的模式。在日本的传统中，"間"最初是建筑上的尺度，把握好"間"，也就是把握好距离，我觉得这是非常重要的。"間"就是我们的距离。不懂距离的人，就叫作manuke（日语读音），就是"笨蛋"的意思哟。这个距离，可以是心理的，可以是物理的，无论远近，是要有这个距离的。

把时间、空间连在一起，是近代的宇宙论之类习惯用的。而在日本，"間"在某种意义上是沉寂，是沉默的空隙，同时又有距离的感觉，所以在考虑空间的时候也要考虑时间，在这样的意义之下，两方是关联在一起的。在东方，时间、空间不是对立的，而在西方是对立的。东西方有着这样的区别，使我当时就有了一个想法，要把"间"当作亚洲人第一次进入西方社会做展览的展览主题。

那是1978年的事情。20年后又搬回到东京展过一次。又过去了20年，现在中国的建筑师也阅读和追求更多理论的东西了，到了这样的时期，可以把"间"展在中国做出来了。可以根据场所不同（的特点）办不同的版本，与中国关联在一起，邀请拥有类似理念的日本与中国艺术家一起参与。当年在巴黎做"间"展的时候，参加的人都是日本中青年艺术家，他们后来都成了设计界的巨匠。只是，如今大部分人都不在了，只有三宅一生还活着（编者注：三宅一生于2022年去世）。

张小溪：其实我一直没太能真正理解矶崎新先生所要传达的"间"等概念。读者也可以在这个基础上自己再去探索一下"间"。

胡倩：矶崎新先生的表达方式是很"相隔"的，这一点上很像日本人，始终是模糊的，是会意的，是幽微曲折的，相对模棱两可，有太多未尽之意。这或许是一种很"东方"的含蓄。他一直在"预言—反叛—预言—反叛"，总是反一反、转一转、扭一扭，但转不是反转，而是转到另外的角度，运用的支撑点不一样。AB血型的他，就是这样。《未建成》里的X与S的对话，其实就是两个自我在斗争。一个是合理的规范性的，一个是前瞻性的，二者总是在打架，也是在互相验证。

张小溪：回到湘博的设计，设计的是一个相对经典的建筑。杨晓等建筑师说老先生您是10年一个转身，风格不断在变，对于您这次为何会再次设计一个经典的建筑有些琢磨不透。

矶崎新：我不是一个具有style（固定风格）或者说signature（特别性）的建筑师，就是说不是有一定的样式化、个人风格的建

　　　　　　　　　　　　博物馆是什么

筑师。我认为我的工作是针对每一块地都需要有不同的"解"，解题的"解"。不是说一定要有不同的解，而是要得到对这块地最好的解。所以我不是站在我的个人风格上，而是站在对这块地特殊的"解"上做设计的。这个特殊的"解"包含土地、文脉、周边的历史，加上时代。所以很容易理解我对湘博的设计，我们的下方部分和土地结合，是长出来的；上方部分和时代结合，同时是和周边的湖与森林带过来的整体的气场结合的。因此从这个层面上来说，博物馆的空间、结构、流线的组织，以及参观方式、展陈方式的特殊化，是我从整体上对这个博物馆的特殊解释，可以说整体都是我个人的见解。

如果以服装设计为例，我们用三宅一生的设计风格来进行说明的话，我的建筑的构成和三宅一生服装的构成，在概念的提炼上是非常接近的。我的思想是不变的，就是把土地、环境、建筑历史、今天要建的建筑的时代、对将来的贡献综合在一起以后，我每次得到的不同解。但是每次不同的解都是基于一个基本的构成，即思想层面上的。三宅一生是（从）一块布（的设计开始的），最后大到很多层面其实也是一块布。无非一块平的布，上面弄一个头的洞，弄两个手的洞，头出来、手出来，但每10年他的状态是在变化的。我也是每10年有一个比较大的变化，这是基于时代的技术变化，建筑作品是和时代相关的，所以每10年也会有一个比较大的飞跃，但都是在一个基本的状态上，但又说不出这是一个什么样的style（风格）。三宅一生也是这样，一块布每10年都是有变化的，从一开始这块布比如像连体衣，再到后来渐渐地每10年有些演变。它的这个演变，是因为材料和技术，以及计算机引进之后技术又有了崭新飞跃，是跟着时代在发展。不管怎样都是从一块布开始，把他的创意通过材料和技术呈现出来，才让它每次都是不同的。事实上，三宅一生的作品是非常不同的，同样这是三宅一生在style上的延续，从我的建筑层面上来说是非常相近的。

每一次设计，也都在重新求解。在中国，求解的过程更加复杂一点。回顾在中国20多年的建筑实践，中国各种各样的社会条件、各种不同寻常的业主，以及不同的土地、气候、场所，都为我带来了更多挑战。我每次都是思考着"特殊解"来做设计的，这是我最有感触的地方。比如1998年在做中国国家大剧院方案时，在非常复杂的诸多约束条件中，如何才能选出一个最优解，或者说各方面最为平衡的解呢？并且不要以一般的形式呈现，而是构成一种全新的氛围。我想做的就是这样的事情：将建筑作为具有批判性的、拥有传统精神和时代生命力的东西进行设计。

为了找到最适合的方案解决这些问题，我不能停留在单一的风格上。唯一不变的就是变化本身。矛盾的是，这也变成了属于我的风格。

胡倩：他对建筑的思维用他自己的话来说是"逆向的再逆向"，但这并不是说返回到原点，而是会进入另外一个逻辑。我毕业时是在流行建筑师和非主流建筑师之间做选择，虽然矶崎新先生的思维不是大众化的，但也不是非主流的，应当称之为另类的主流。我非常欣赏他的叛逆和对建筑非常规的逻辑思考，同时也受到他的影响。进入这个工作室之后，做的每一个项目都是用不同的解决方案处理（不同的问题），是"历史+地域+人文+时代"，再加上在中国做建筑的一些特殊点之后的综合答案，但是思维方式和灵感的起源是一样的，都是从建筑的历史推到建筑的将来。

每一个建筑都有时代、地域、文化背景支撑，在这个层面上还要考虑功能诠释、形态需求，以及从建筑理论上去推演它的前瞻性，牵涉到功能的运营与建筑形态的匹配。要去呈现一个建筑，条件非

　　　　　　　　　　　　　　　　博物馆是什么

常之多。要去实现，这之间必须有取舍。每次设计的起点可能都不一样，唯一不会出现的情况是只顾外形的那种设计。每个项目都是抓重要的关键点推演。有的项目形体非常重要，但更关注的还是建筑的公共性所需要承担的责任，从历史推演中找到它的前瞻性。

10年一个转身，其实是技术层面10年有一个提升。10年里若技术没有跳跃性发展，建筑形态便会比较接近。10年后，如果技术有质的变化，可以让造型更加具备可能性，结构更加合理，也许还有社会制度的变化叠加，建筑就会突然呈现飞跃性的变化。所以其实不是10年一个转身，而是每10年一次飞跃性的变化。

张小溪：湘博是一个历史艺术博物馆，放置在长沙市区一个巨大的公园边，你们是如何"求解"的？

矶崎新：接到湘博建筑设计邀请时，我是很兴奋的。我知道这里有着2000多年灿烂的汉文化，有马王堆辛追夫人这一镇馆之宝。我希望在有生之年能把学习到的中国文化与现代主义建筑结合，呈现出中国与西方、与世界之间的一种交流，这样的机会不可错失。我的祖父学习与教授的是中国的古典文化，父亲在上海学习的应该是当时在上海流行的文化层面的现代主义，而我学习的是战后建筑层面的现代主义，一家三代从古典到现代这样跨越时代，因此我非常希望能够在最终的博物馆的创作中把从古到今的这些积累（包括研究）综合呈现出来，这对我来讲是一次非常重要、也是我非常感兴趣的设计。这个馆的不同之处在于，它虽然是湖南省博物馆，但其中非常重要的历史遗产是马王堆与辛追夫人，马王堆不只是马王堆里面的展品，马王堆墓坑本身也在这里展示，墓坑其实就是一个建筑空间，历史就是从这里开始的。可以说，湘博的建筑是在墓坑基础上的一个延续，这个延续是从2000年前这样的一个空间开始

湘博馆内1:1比例复原的马王堆墓坑
湖南省博物馆供图

博物馆是什么

的。因为是改扩建，本身就有此前的建筑存在，因此就像给博物馆披一件新衣服一样。汉代墓葬需要小心对待，它经过时代的积累，逐步把历史的东西展开。1990年代建设的老陈列大楼的廊柱，被保留在了艺术大厅二楼的空间，湘博发展的历史片段，在新空间内成为保留下来的历史遗留。

但这些空间与建筑不是捆绑在一起，而是以这样的形式不断向外延伸，更向空中延伸，最后以崭新的富有未来时代感的大屋顶作为最终的象征。地下代表过去，中间代表现在，上面代表未来。这样一个历史流程，在这个建筑里看一眼就能明白，我就想做一个这样的组合。做博物馆的建筑，把尺度放得更长远一点来考虑怎么样？商业对应今天，而城市与文化对应的是百年千年，对博物馆的思考，必须长远。

张小溪：这个历史流程很多人领悟到了。湖南大学魏春雨老师第一次看到湘博模型的剖面时，感慨"这完全就是历史的纵断面啊"。从底部的出土文物，挖掘现场的再现，老馆的印迹，到最后的升腾，全部都是时间的印迹。杨晓也发现了这个秘密，说这是只有建筑师才可以看到的历史断面。

2011年3月竞标会上，评委奥雷·舍人曾当面询问过您，为何在这样的时代，还会做一个相对传统的形态与格局，而不是更流行与先锋的。毕竟您一直被视为"先锋"建筑师。

矶崎新：传统是什么？先锋是什么？先锋不先锋并不重要。对时代流行要保持一定距离。我反对将所谓时代性的建筑风格作为一个模板。时代总有流行元素，但我想，流行元素总是有很多擅长的人来做，而我还是比较倾向于去思考具有实验性的非常规主题，将场所的各种条件、业主的各种需求、时代的各种变化，都逐渐整合进设计方案中——撇开流行元素，对本质进行探讨。在一般人的理解中，我也许总是被视为风格不稳定的一个，似乎没有自己的"标准式样"；但正是这种不稳定、这种每次都有所变化、每次都试图做从未有过的东西的做法，才是我自身最为热爱的做法，也就是我的风格。

我当时回复奥雷·舍人说，博物馆有它的格局与规格。有着2000年前珍贵文物的湘博，需要有它的规格，是不可以按流行的成分来分析它的。它承载着2000多年的文化，不允许建筑只存在于几十年的流行层面上。虽然时代也要对应，但需要站在规格上去对应时代。相对建筑外形，我始终觉得里面展示文物的空间才是最重要的。从内部的空间、展览的流线、本质上构成的展览空间，到下方与土地有关的形式，这个博物馆所承载的历史使命，不能是一种流行的行为。现在的流行，多年后可能就不流行了。马王堆的重要性带来整个博物馆的重要性，也带来整个博物馆的气场和格调。这格调不能是一种简单的流行，或者说几年后会过时的"流行"。所以建筑下方这个部分从外形上看是中规中矩和地气相接的，但内部的展览空间做了非常多的思考。其他所谓设计主要就是浮在空中的大屋顶，我认为大屋顶的设计是成功的，它代表了时代，非常好地呈现了时代感。同时大屋顶和下方之间有一个gap（间距），这个间距尺度的把握，我看了现场之后认为也是非常成功的。

胡倩：工作室的建筑设计基本与流行无关，也不刻意做外观，因为现在个性的建筑太多了，最应该做的是从内部空间着手，考虑将来的使用状态，去预计拥有附加值的未来。尤其文化建筑，更多考虑的就是内外统一，软硬件统一。将多种可能性的空间融合，提供更新的符合时代发展的内部空间，是每个项目都想要做到的。只是这样的心意，很难在竞标时被理解。

湘博里面的内容非常有历史积淀，那么我们的建筑形态一定不是流行的。但屋顶非常时尚，包括建筑前面的水雾设计、大厅里的大漆板（设计）都是希望融入传统及现代艺术。如果一切都能做到尽善尽美，那么这个建筑与空间，虽不是流行的，但在"金木水火土"中能一脉相承地贯穿艺术性。比如漆板，我们设计得非常简单，但需要打磨出极致的效果，好比漆器的碗，你可以看到一条黑边，黑边里有红点，就是当初打磨的时候留下的痕迹，这都是非常艺术化的呈现，需要一个既掌握传统工艺又有现代审美的工艺师操作，现在中国达不到这个水平，没有这样的理解度。

我们设计的公共空间流线可以连续走到屋顶，最终抵达一个俯瞰城市的大平台，以及高雅的博物馆餐厅（虽然目前尚未实现）。我们在意的是设计出这样的空间，留下这样的视野。

矶崎新：湘博在空间与展示上，内部从古到今的这样一个空间的连续，以及展品的这样一个连续，都是到目前为止这个世界上没有的，我认为它是一个超越现在英文所谓museum的存在，是超越museum的museum。其他地方比如香港有用到过"M+"（超级博物馆），我们这次这个"Museum"是"M·Plus"以上的"M·Plus+"，因此这个博物馆对长沙、对湖南省乃至对中国来说，我认为都是值得骄傲的一个博物馆。

政治环境5到10年有一次更迭，文化100到500年有一次飞跃，而民族问题也许千年都很难变化，这些都不是相同波长的问题。建筑是要存在百年以上的事物，和它波长相同的就是文化，所以我一直着眼于文化层面的考量。

胡倩：矶崎新认为建筑单体的使命，不只是存在于设计，建筑并非设计战胜一切，而是要让它的生命力对应时代的运行方式。对博物馆的考量不能只停留在眼前的对应，必须要有前瞻性。而这个前瞻性需要引领千年的文化，是城市具有前瞻性的根基。湘博展示的是2000年前的文化，而我们希望湘博建筑本身能存在于这里（百年），至少百年后看着不难受。百年以后的审美会变，城市的肌理会变，建筑样式也会变，混凝土也有它的时限。承载着文化的这个建筑，也许哪一天也会扩建、搬迁、补修，但不管怎样，它百年的生命力是有的。我们必须要对应的，是百年后，看着也不落伍。既然要不过时，就不能是今日流行的东西。

张小溪：在具体的设计手法上如何体现？

胡倩：在本项目的解决方式上，考虑尽量采用方圆、菱形这些最基本的几何形态，一样是方形，是矮的方还是长的方，要结合地形决定。隔壁有山，山有古树，树林中有塔，湖侧看过来有地势差，如何利用地势差？建筑从土里长出来，高度应该到哪儿，屋顶升腾到哪儿可以让屋顶恰好停留在树梢？在这种不过时的几何基本形体中，如何配合里面的展示，如何体现时代与湖湘文化？所有这些都是团队当时要考虑的。如果说屋顶代表时代与文化，是升腾时候的凝聚，那么底下规整的几何形体，代表的是格局与规格。（面对）湖南省（范围内）最高级别的文化建筑与文物，不允许我们在形象上呈现很流行的东西。我们最终希望呈现的建筑，是将建筑之外的城市、气场、湖水、人的活动、精神，在这个空间中一体化，同时最终观众是用体感去感受的，综合起来最后达到这样一个目标。

张小溪：建筑设计师很多重视建筑本身，重视外形，你们的设计一再强调为了展陈？

胡倩：我们很希望在湘博身上，形成一种特别开放的状态。湘博的展品非常有吸引力，如果说上海博物馆的古代书画需要有比较

　　　　　　　　　　　　　　　　博物馆是什么

好的鉴赏能力才能理解其内涵，那么暂且不论湘博辛追夫人的重要性，光是其墓葬的图案、丝绸的织法、漆器的质感，就非常具备艺术的当代性，普通观众也能很直白地感受到。基于这种优势，我们希望能从软硬件、从系统上，冲破传统的、文化的束缚，能够往更呈现未来性、前瞻性的方向发展。在更具开放性的状态里，内部与外部结合，在使用层面上融合在一起。建筑的生命力在于配合里面的展陈的可能性，你的展品很好，我要以更好的形式展出来。

我们遗憾的是，在后期，还是难免进入传统的展览方式与运营管理。每个团队都有自己熟悉的一套模式，要去打破，是艰难的事情。但建筑师要思考的是，未来也许看展的方式与今天不一样，也许更亲近观众。今天流行的黑盒子有神秘感，未来也许更敞开，更方便公共性的参与。建筑师必须看到未来的变化。

◎ 几万人的流线：设计中的重中之重

张小溪：在设计这么一个庞杂的建筑时，你们最看重什么？

胡倩：其实很难说。我们从一开始，就是根据馆方所提的需求，加上我们对建筑学的理解，设计的一个整体。整体的综合解是我们很重视的。

张小溪：您自己逛博物馆的时候，会比较关注什么？

胡倩：格外关注流线与展品展示方式。以陕西历史博物馆为例，最初的概念设计，是意象上的艺术表达，真正进入设计阶段，就需要精细与科学的布局了。设计一座博物馆的基点是观众、人流量与流线。

矶崎新：流线是设计的重中之重。整个建筑，是根据内部功能的流线而生成的。我们询问了馆长，未来这个馆一年预估来多少观众，一天的极限人数是多少。得到的答复是，一年约500万，临展一天最高8万。从我们的价值观看来，博物馆不应该一天涌入如此多的人，而应该注重场所的尊严与参观的体验。我也曾感受过上海博物馆"晋唐宋元书画国宝展"时的恐怖人潮，《清明上河图》前面的观众一个多小时不挪窝。我们习惯于日本在很多场所的严格限流，最严苛的地方，可能一小时只进两组，每组15人。日本很多博物馆的特展观者蜂拥，也是严格限流，哪怕《蒙娜丽莎》来，一个月也限流30万人，这已经是最高的人数了。大特展也许也要排长队，但能保证你在最重要的展品前，可以安安静静看3分钟。

张小溪：听管理者说，湘博限流，面临很多外地游客的投诉，他们因为预约人数已满而被拒之门外就投诉。这也是没道理的。

胡倩：这也算是中国特色的博物馆参观。我们也接受了自己的任务是设计一座一天有几万人来参观的博物馆。以每月40万为最上限进行反向推算，这已是入口大堂电动扶梯特大的流量状态了。大量人群涌入后，怎样才能让他们静下心来观看？（又希望他们）用怎样的状态去看镇馆之宝？最先做的事情就是思考动线需要怎么排布与变化。设计之初，主要是以一天1.5万—2万人的流量安排空间。怎样排队，在哪个空间排队与停留，都用计算机虚拟，一个个排过、算过。

矶崎新：根据经验，这栋建筑最重要的就是马王堆的展陈，辛追夫人是所有人都想看的。辛追夫人这种状态的木乃伊在世界上是独一无二的，马王堆考古挖掘也是具有世界影响力的历史事件。在我的心目中，我认为所有的中国人都希望一生有一次机会可以来湘博观摩，同时，我相信世界上也是有相当数量的人希望一辈子有一次可以来到这里的机会。因此，从这个层面来说，全世界可能有25亿人愿意来到这个博物馆参观。场地是有限的，不可能这么多人蜂拥而上，那么如何来组织人流？虽然馆中还有很多可被欣赏的精彩展品，但不管怎样，来的人几乎都会瞻仰辛追夫人，因此人流无论如何一定会来到这里。而且看马王堆还跟在卢浮宫看《蒙娜丽莎》等是有差异的，因为它的状态是墓坑，一圈一圈从上往下延伸，墓坑本身、挖掘现场在非常下面，看墓坑是从上面往下看，同时又关联到墓坑中挖掘出来的一些展品。因此这样子的流线与目前为止世界上各种博物馆、美术馆的状态都是不一样的。虽然每个博物馆都有镇馆之宝，但是观看的氛围，以及所需要的空间、流线组织都各有不同。在这样的设置中，流线从空间与功能上如何去组织，中间其实是非常难的。

这跟做城市设计是一样的，有多少人，交通如何组织，会继而影响道路、片区，等等。马王堆也一样，人不可能同时拥挤在一处，在有效瞻仰的状态下，流线如何控制，解决过程花费了很多时间。我们想了很多方法，最终确定人流进入后先到墓坑的最上方，围绕墓坑一圈一圈往下看其他展品，再进到其他专题展厅里边。这决定了流线的长度和主题馆的位置布局，也决定了其他展馆的布局。其实流线、主题、布局、空间，所有因素都是互相关联与影响的。马王堆展厅到底放几楼？原本准备放二楼，但博物馆决定等大复原墓坑，如果放二楼，墓坑尺寸将被压缩到9米，所有流线又将改变。反复设计了放不同楼层的呈现后，最终拍板放在三楼。

胡倩：大框架解决后，再做具体的设计，比如说入口大厅应该有怎样的设计氛围，等等。经验告诉我们，做博物馆、美术馆这类公共性的建筑，流量及瞬间流量都非常关键。比如当旅行团与学校的大巴到来时，得预估在多少台大巴同时抵达的情况下如何处理。

最初馆方预估以80台计，幸亏地方不够大，如今馆内停车场只能容纳20—40台大巴，就没有造成什么新问题。

如果大临展一天出现8万人的极端流量，那么如何利用大广场，在广场上如何排队，进入馆内的速度是多少，在设计过程中也一一计算过。

可以说，大家目前所看到的博物馆空间，都是按照计算得来的，在硬件上留了空间与余地。其他的可能就需要管理来解决，在具体问题发生时渐渐摸索出经验。比如第一天开馆日的拥挤，是由于两三万人都在同一时间拥挤在广场上。博物馆的空间设计，一定是有一个常规上限的，不是为偶然性的瞬间最大人流量设置的。

张小溪：运营者也疑惑过，流线的漫长与复杂，是不是设计失误？

矶崎新：开馆那天人山人海，新的馆长段晓明跟我"抱怨"过入口大厅怎么只有一个扶梯上去，导致拥堵。我有跟段馆长阐述过流线的设计理念，这是限流的方式。这是结合在中国几个特大展的观展经历，以及中国观众排队有点混乱的习惯，找到的解决方案。是几个人来还是几千人来，我们没有办法预想，所以就要像设置滤网一样，在参观空间上进行过滤，按次序进行梳理，像一段一段前进的感觉。先从大广场开始，引导广场上的大人流进入一次地下的空间，进入地下空间需要放慢速度，在这里进行大部分的人流梳理。然后再引导进入地上，到了地上放慢速度后，接下来只有一个流线可以上到顶层，只能乘坐电梯往上走，才能到达要去的场所。这就把人的速度放慢再放慢，一直走到三楼，再从上面看下来。所以，选择用扶梯进行移动，如果是直梯的话，让人上去又直接下来，还是会把人流卡在那儿。必须是扶梯将人慢慢带到高处，可以先看别的展览，一边转一边看，再慢慢下楼，最后走到辛追夫人陈列处，已经是很长的一段距离。扶梯就是限流的工具。我们特意把前进的动线进行延长化、复杂化，复杂的过程中让大家静下心来，安静排队，安静地跟着流线来走，这条路径很长，就这样一点一点地从空间上，刻意把人流的速度拉慢，人流的宽度拉细拉长，拉到最后只剩一列，他们最后以这样的状态到达辛追夫人安息地。

扶梯当初设计的容量没那么高，在人多时成了限流的工具。未来也许博物馆晚上也开放，人流均匀，扶梯就成了恰到好处的输送带。

张小溪：是不是可以说这种思考的方式与现代主义建筑的理论是相反的？以现代建筑的功能主义出发点而言，需要缩短动线来进行移动，以最快捷的方式到达；湘博这种刻意拉长流线的方式，与现代主义建筑的动机是不一样的。当然，这也不是独有。弗兰克·劳埃德·赖特就曾故意把西塔里埃森的交通流线设计得曲里拐弯，在流水别墅又故伎重施，（让人）如同走入迷宫，"如此错综复杂而清晰明了"。总结一下，湘博的"曲折"，在于熙熙攘攘的人群涌进去，经过复杂漫长的移动，最终变成一根细细的线，有序地出来。最初思考VIP（贵宾）流线时，考虑的是很多人若时间不够，也可直奔镇馆之宝。陈建明馆长强调，虽然是镇馆之宝，但因为是先人遗体，VIP也不能直接去看，要绕一绕。在对辛追夫人的尊崇上，矶崎新先生与陈馆长是不谋而合的。

胡倩：排成一列，安静有序，这是设计团队理想的观众观瞻状态。无法用言语强迫，就用细致的空间设计，利用空间控制、梳理，最终基本达到自然而然的限流效果。这也是为何最初就坚定地将辛追夫人放置在最底下的原因，何况她本来也是在地下发掘的。当然，希望不只是靠建筑来限流，更希望在这个基础上还有馆方的进一步限流。博物馆未来一定会越来越注重观展体验。不然哪怕再好的馆，当它如同菜市场，也便失去了好的感受。

湘博的用地很局促，又有地势高差问题，加上新馆体量巨大，在这里面解决复杂的人流，比其他馆相对来说更重要，为了贯穿上下两个公共空间与展区，我们配备了艺术广场、艺术大厅这样的空间作为重要节点。

总体设计上而言，我们不想做一个建筑的壳，再将内容填充进去，我们更关注的是，里面的软硬件如何完全吻合，所以要考虑整个馆的系统与感觉、整体与展览的关系。湘博设计的精华，是里面的展示空间、尺度很适合展示。我们希望打破"黑盒子"形式，让流线与空间完全结合在一起，以更open（开放）的方式。艺术大厅一层一层上去，展厅与艺术大厅是延续着的，换句话说，这是一个与展示结合在一起的公共空间，观众在底下也可以感受到高处，一路连续看完再一圈圈兜下来。人流的组织从下到上，从艺术大厅到展厅的流线一气呵成，同时围绕着展示的一气呵成，又有眺望景观湖水的博物馆的制高点，贡献给民众一个大型公共场合。完全以流线为重心思考的湘博，硬件与软件的吻合，已是对传统的突破。

◎ **公众空间和展示空间的平衡**

张小溪：除了"反效率"的流线，你们还将所有观众导向最高处。将屋顶当公共空间，是不常规的操作。你们是如何思考"大屋顶"的？

矶崎新：一般博物馆，只在入口处有一个公共广场。但具体考虑到这块地的规划和形状，我们的博物馆建在一个面向公园的隆起的山岗上，山岗周围是郁郁葱葱的树木，以及烈士公园的湖水。观察地形后，我认为在山岗的上面需要有个顶，当观众来到湖南省博物馆的最高处，就能眺望到周围各种各样的美丽风景，我认为这一点很重要。我非常想实现一个想法：人们从入口大厅进入，伴随着展示的顺序与节奏，经由展厅部分来到上面的广场，四面豁然开朗，风景尽收眼底，俯瞰烈士公园的浓荫，这大约将会是公众最心旷神怡的一刻。这是我的基本想法。凭我的经验，很多业主不一定能接受这种处理方式，因为它是非常规的。但是方案得到了业主与专家的认可，大家一起来实现，我很欣慰。

这个方案重视的是公众空间和展示空间的平衡。如何呈现这个公共文化建筑？不管怎样呈现它都应该是一个地标建筑，但这个地标并非高楼，而是被湖水与森林围绕的。这是长沙人民通过湖来感受博物馆时的一种当地才有的特殊氛围。因此，我认为要把这些湖的汽、水的汽最终呈现在这里，互相之间产生关联。所以建筑很多的公共部分时时刻刻是与湖发生关系的。这是我初期刚来到这块用地时候的感受。

张小溪：记得马岩松的洛杉矶卢卡斯叙事艺术博物馆方案也是如此处理，因此备受争议，盖里出来为他站台："挪威的Snohetta建筑事务所在设计马尔默音乐厅时，第一次将屋顶作为公共空间来使用，我觉得这是个非常棒的例子，而且它已经被证明是成功的。"我去过两次湘博的四楼和五楼，真的是心旷神怡。这是一个开阔、充满邀约意味的大平台，它默默地召唤大家，你们一层层逛上来吧，逛累了来楼顶看看外边的森林。这与陈建明馆长所追求的"公共性"是一致的。我很喜欢类似的平台，王澍设计的宁波博物馆也是如此，经过漫长的展线抵达四楼，近距离可以看到旧砖瓦的时间之痕，一簇簇的竹子添了生机，在咖啡馆点上一杯咖啡，抬眼看见宁波城市的高楼，过去与未来，就在这个眺望里连接。但它的周边是城市，没有湘博坐拥湖水、森林的悠远辽阔之意。2021年上海新开的浦东美术馆顶楼感觉也很好，尤其是黄昏时候，似乎将黄浦江与上海天空拥入怀中。

胡倩：开放性与公共性是设计者都会很注重的。除却展览、服务，一个博物馆给予人的感觉，很大程度是从公共空间而来的。湘博留出了2万多平方米公共区域，想打造的是"开放式博物馆"，在公共空间，提供有特色的公共服务。这些公众服务区主要包括观众服务中心、艺术大厅、教育中心、视听中心、综合服务区、观众餐厅、公众电子阅览室等。最初，还有图书馆、4D影院等。艺术大厅可以举办一个个开幕式、"博物馆之夜"等专场活动，灯光按照剧场舞台要求布置。空间的石材、建材也特别注意了防辐射、防滑、吸音。而大屋顶里其实藏着一个演讲厅，我们将其设计成多媒体大厅，并做了声学设计。它除了可以当演讲厅与报告厅，同时还可以用作音乐厅、剧场、影院。它的舞台背景可以打开，整个城市与夜空，能酷炫地变成舞台的背景。这是非常多元与立体的设置，超越传统博物馆，给了使用者更多的公共场景，给了大家一次次来博物馆的可能，也给了大家看展之外更多的解锁（博物馆的）姿势。馆方有着这样开放的理念，我们（当然要）努力在设计上帮助他们实现。

张小溪：虽然设想中一气呵成的流线目前被断开了，现在很多的公共空间也尚未开放，但还是有人注意到了这一切。我曾经看到一位叫"hasu"的网友跟帖："有人说矶崎新的作品不大气，单调，死气沉沉像坟墓。然而这'熊老头'考虑的是在不变的建筑空间上加上时间轴，满足让建筑以时间为轴在场地上有发展的空间。不满足建筑的外在美，寻求建筑的生命力和可发展性。"如果"熊老头"看到这个评价，该是会淡然一笑吧。有人读懂了他的用意，时间也会懂得此间深意。

◎ 大屋顶是唯一的立面

张小溪：在湘博最初的草图中，您呈现的是"森林中的博物馆"，如同绿色森林顶端飘浮着一朵白云。慢慢地，这朵云变成了一架悬浮在树梢上的飞机，最终具象化的时候，成为一个复合的大屋顶。

不知道是不是巧合，飞机一次次出现在您的设计里。1960年代，您在希腊的废墟上空画了两架小飞机，说"这可不是纸飞机，是象征未来的隐形战斗机哦"。在丹下健三工作室参与东京规划的设计时，您也曾在某楼顶画上小小的飞机，是战斗机的形状。这次来冲绳，在座的诸位年龄不等的男士，在美军机场外看着战斗机轰然起落，也是非常兴奋的。您对隐形飞机是否有特殊的情结？

矶崎新：14岁的时候轰炸广岛的飞机给我留下了深刻印象。在小男孩心里，轮船、飞机这些会动的玩意，也天然能引起兴趣。几十年前，远不如今天发达的时代，飞机确实象征着科技，象征着未来。

如果说湖南省博物馆有立面，那屋顶便是它唯一的立面。我认为建筑很重要的一点，是要体现当地的土地精神，把这种土地精神以某种形式表现出来，并把它和全世界的新技术和新动向结合，对于现代建筑最为重要。我喜欢把土地精神与最新技术和动向结合起来。如果把这种结合以建筑的形式表达出来的话，湖南省博物馆的大屋顶，在很多层面上，是土地精神与世界技术、世界趋势相接轨的产物。

另一方面，屋顶的中间部分是一种隆起的形状，这个大屋顶的形式，是对中国自古以来的建筑传统的传承，在建筑方面，日本也向中国学习，继承了这种建筑风格。这种大屋顶风格与其说是世界的，不如说是亚洲的。如何解释这个屋顶呢？黄建成院长解读说，像是从洞庭湖飞过来落在这里的一滴水的结晶体。"源自洞庭湖"的这个想法，更坚定了我对这个设计概念的运用。

除了建筑应体现的土地精神，与此并存的是时代所特有的精神。我并不认为自己属于后现代主义者，这是被贴上的标签。如果说接近后现代主义的话，最多只是持续到筑波艺术中心。在那之后，我想进行更大范畴、超越时代潮流的长期尝试。如今现代主义的流线型很流行，我在这次设计中没有使用流线型，而是用另外的形式设计了屋顶的结构，这是我有意为之。如果采用平坦屋顶，正如普通飞机，是流线型的，那是20世纪的美学；而21世纪的美学，就像隐形飞机那样，是独特的不规则几何形状。这样的屋顶才是符合21世纪的设计。中国在尖端技术方面很有研究。如果问超流线型的形状是什么，我认为就是（湘博屋顶）这样的形状。

夸张点说，这座博物馆主体藏身在森林中的丘陵底下，像宝藏一样被埋起来，如果只是这样，一座建筑所具有的象征性很难被清晰地呈现出来。因此必须考虑屋顶的形状，屋顶设计成隐形飞机那样，在这个建筑中才能看到包含了宇宙的意思。

张小溪：从"飞行舱"拾级而上，往最高处的平台走，两边是凌厉简洁的金属线条，感觉似乎要登上一架飞往外星的飞船；或者说，是刚从遥远的太空归来，从巨大飞行舱走出，去拥抱自己的城市。那一刻，我感受到了那种"未来感"。谢谢矶崎新先生特意留给我们的大望台。

您是如何感受土地精神的？我记得您第一次到湘博踩点的时候特别要求去到隔壁的烈士公园、革命烈士纪念碑。您说的土地精神，是指周边环境还是湖湘文化？

矶崎新：我的确穿过香樟、松树散步到年嘉湖畔，感受了地形的起落，了解了公园、纪念碑与博物馆的关系。那天刚下过雨，屋顶还有积水，站在老的博物馆屋顶俯瞰着苍苍树林，感觉周边都是湖，再向湖的后面眺望，似乎还是水。我强烈地感觉到这是一片被湖水环拥的土地，这是直接感受到的湖水氤氲。再进一步，就是与"湖湘文化"连接在一起。做项目之前，需要对"湖湘文化"做相当多的研究。印象中，湖南很多湖，中间特别著名的是洞庭湖，长沙在洞庭湖之南，湘江穿过长沙北去，山与湖之间的地理关系和它们营造的氛围，总让我的脑海里浮现出水，以及整体的湖、水、水汽带来的气场。这个"气场"最终如何以建筑的形式呈现？我考虑的是一种浮现的状态，或者是融合。博物馆的主体是从地里长出来的，接着地气。而和这块土地连接在一起的这样一个体量的建筑的上方，湖水的汽以怎样的形态飘浮？最后我的脑海里浮现出类似隐形战斗机的意象，它代表一种时间的跨度，同时隐形战斗机的形态给人的冲击在于你是看不见它的，它像气一样，但是它展开以后是一种非常酷的、有时代性的形式。如果说地里长出来的是接地气的，是文脉与根基；那么浮在上方的"气"则是根基之上的时代与未来，所以最后会设计这样一个比较有象征意味的屋顶。

胡倩：我们是这样设计的，从正面进来是低低的广场，后面则是高起来的台地，最终把出土的这块埋在地下。从正面看，建筑如同从土里长出来；从烈士公园侧面看，却只看到一个屋顶浮在树梢。出土的地方，在土里展示；代表时代的，升腾在空中。

张小溪：你们对中国建筑大屋顶的思考，是否很早就开始了？比如中国国家大剧院方案中那个异型大屋顶？

矶崎新：中国传统中的所有南北城市都有这样的大屋顶，那么如何以现代性来表达它？思考后最终呈现的，是将国家大剧院的大屋顶在平面上延展，根据内部功能垂落，放置于大地之上，形成单纯抽象的形体，仅此而已。我是以现代性来诠释大屋顶的，同时在最尖端的技术层面来追求它的形式。

张小溪：杨晓院长正好也在场，作为建筑师，您是如何看待矶崎新先生设计的（湘博）这个大屋顶的？

杨晓：我是很喜欢这个大屋顶的。大屋顶本来是复古的东西，但矶崎新先生换了一种表述方式，他不说是大屋顶，而阐释说是隐形飞机，并赋予其未来性，潜移默化地让人们对这个大屋顶产生亲切感。他做了一个名义上不是大屋顶的大屋顶。这是他的直觉，或者说是他对中国文化强烈的感知，他坚持要做大屋顶，这是很了不起的坚持。别人可能会患得患失，做这么复古的东西会不会被批判，会不会因此不中标。这屋顶如此巨大，也很费钱，没有经济性呀。但对矶崎新先生而言，他认为这里应该有个大屋顶，你不让我中标也不要紧，我还是要做个大屋顶。屋顶是重要的东西，是形态的核心的立面。他就做了一个中国的屋顶，从当时的文本分析看得出来，他还做了与太和殿的等比例对比，所以他确实是有从大屋顶的角度思考，然后他说，我这是隐形飞机呢，飞机要停在树梢。他用了非常多语言去描述它，这是老先生很重要的思考。

湘博的屋顶，让你会抬头看，往天上看。同时，他关注屋顶，让这个城市消失的天际线重新出现了。你从国际金融中心450米高

博物馆是什么

的地方往下看，全部都是棚户区。长沙的屋顶，都没法看。但如果你从上面往下看湘博的屋顶，看它与烈士公园这汪水、这一山的树之间的关系，就会发现他很重视空间的连通。

张小溪：我很喜欢从侧面看这个大屋顶。从烈士公园的塔下，从远远的年嘉湖边，在不同的视线里，它所呈现的质感与姿态皆不一样。尤其是夜晚，赵勇说，这个屋顶，在夜间就像城市里的一个灯塔一样亮起。又像是天外来物，轻灵地抵达我们的城市，用金属大屋顶宣示着科技的酷炫，未来的光泽，人造的庄严感。

屋顶是如此巨大，却仅用几根柱子支撑，您是如何思考的？

矶崎新：屋顶是需要轻盈的。从构造上来说并非想象中那么重，与其说它是屋顶，不如称之为一种在天空中飞翔着的、对未来的某种指引更为确切。我希望做到的是少量立柱也能够保持平衡的构造。通过非常大型的结构体来进行空间的架构，这样建筑就很简约。这个结构体从模型上可以看到，前面两组、中间两组，其实从前到后一共是四组八根立柱，这四组结构体同时又是支撑这样的空间里面的一个最简约的、最经典的数量；而非只要把它（空间）支撑起来，怎样的结构都能做。柱子是建筑里最为常见的形态，只是各有不同。

张小溪：因为喜欢但丁的《神曲》，您曾以北欧神话中的宇宙树为原型，设计过树柱。您存有的手稿里，出现过很多柱子。学生时代初期画的两根柱子，上面有刺与节，底下以小点表示人，相对于人，这是两根巨大的柱子，且还可能继续向上延伸。接受图纸制作训练后您重新画了这两根柱子。您对柱子似乎有一种着迷？

矶崎新：一个平面，一根垂直的柱状物，水平与垂直就能构筑一个世界。画柱子的过程没什么其他想法，主要考虑的是宇宙的中心。可以看到当时画的一些柱子，柱与柱之间又存在着联系，仿佛还创造出什么新的东西。

　　我曾经参观过（山西）佛光寺的文殊殿，发现了它与其他木结构建筑不同的地方，因为减柱造（古代木构建筑中，减少部分内柱的做法），空间很大，非常震撼，柱子好像有魔力一样撑起了上面的结构。日本奈良东大寺的南大门，柱子的垂直力量撑起了上面的结构，这是来自对中国古建筑结构的学习。现在，在中国，仍然有建筑或 huge space（巨大的空间，比如世博会中国馆）使用这样的结构。梁思成先生手绘的中国柱式，就是柱加斗拱（它的名字叫 Chinese Order，"order" 这个词来自古罗马柱式 order，意思为秩序、比例、柱式。order 是西方古典建筑中最核心的东西，即建筑的每个部分都处于一种秩序当中。梁思成先生借鉴了这一概念）。1938 年，大江宏与丹下健三毕业，在毕业作品里，前者设计的现代乐堂——"能乐堂"，柱子充满力量，后者融入柯布西耶风格，柱子跟桂离宫的柱相似。布鲁诺·陶特重新发现桂离宫，与梁思成重新发现佛光寺的过程很相似，都是以现代主义的观点对已经存在的建筑进行再次评价。

　　胡倩： 湘博选择四组柱子，撑起上面巨大的屋顶。这样的钢结构柱子平稳，又有设计的造型，传统感与时代感结合在一起，属于技术与艺术的结合。矶崎新属于文理科皆强、理论与实践结合得很好的奇才。类似的柱子在（他）以往的设计中也有过，就像大屋顶也并不是凭空出现一样。但在每个项目中，都有不同的变化与作用。就像矶崎新在喜玛拉雅美术馆应用的曲面柱，它最初是在我们参与国家大剧院竞标时为曲面屋顶设计梁时引申出来的疑虑，进而和结构师进行了研究，结构师花了 5 年时间做出完美的结构算法，形态本身通过电脑自动生成。这种曲面结构之后在一次意大利竞标中也使用过，最终却是被卡塔尔国家会议中心业主看中（并）变成现实。但在卡塔尔的曲面形态只是作为柱结构功能，而这一形态在喜玛拉雅美术馆中又前进了一步，曲面里面容纳了剧场这样的具体建筑功能，将剧场的空间功能要求和结构要求融合在一起。

为实现湘博的屋顶与大柱子结构，我们邀请了结构大师佐佐木六郎先生。除了结构实现，还要能实现建筑美学的诗意，才叫结构大师。只有在对建筑形态、建筑的诗意与文学性充分理解的基础上，才能形成最终结构的实现。柱子的粗细如何调整，如何连接，如何更具美感，包括桁架系统，佐佐木先生都提出了设想，并做了计算，为湘博结构奠定了基础。

矶崎新：我们希望是以大跨度的、尽可能少的结构体把整个空间给支撑起来，同时，这些结构体又能成为整体空间中设计的一部分。所以，我们可以在正面看到整个结构体的柱子，在中间看到结构柱局部的呈现，而有的柱子则是被包起来的。这样的一个结构体，以及这些空间，在博物馆的空间组成中，应该说是世界上都没有的案例，这也构成了我们今天这个博物馆非常重要的特征。在这个特征基础上，研究这个特征，包括计算、包括对其空间和结构的综合呈现，其实花了非常多的时间。

◎ 金木水火土，雾的升腾

胡倩：说起这个，湘博广场上那个雾的装置现在开吗？

张小溪：现在每天上、下午定时开四次呢！设计方为何会这么重视这个装置？

胡倩：这是日本著名艺术家中谷芙二子（Fujiko Nakaya）的第一个永久性作品，她是这个领域最杰出的艺术家。（通过）米兰的新

米兰 City Life 项目中，中谷芙二子的短期雾装置
矶崎新工作室供图

地标"City Life"（城市生活）项目，矶崎新与扎哈、李布斯金三位建筑大师一起重新定义了米兰的城市面貌。矶崎新设计的致敬"无尽柱"（布朗库西作于1937年的铁铸镀金纪念碑）的大厦底下就有中谷芙二子的雾装置。在一片迷蒙水汽之中，建筑的气质更加优雅，但那是一个短期的装置。湘博的这个艺术装置，由矶崎新出概念方案，中谷配合坂下设计完成，可以说是两位著名当代艺术家联手之作，独一无二。

张小溪：我留意过不同天气开水雾装置后的效果，相比没开雾装置的时候，水雾升腾中的湘博建筑确实变得生动得多，可以说是呈现出不同的表情。据说雾除了美学上的作用，也是设计理念里金木水火土的一环。外国建筑设计师在中国竞标似乎很喜欢用金木水火土的概念。你们是如何思考的？

胡倩：我们在深圳文化中心也运用了金木水火土，是在色彩上用红黄白蓝黑来代表。在湘博的中轴线上，（我们也）布下了金木水火土，分别代表不同的材质。

金木水火土，是中国古代的一种物质观，中国人很朴素地认为世界由这五种要素构成，（它们）是本源性的元素。日本人接受了这个东方哲学体系，并被深刻影响，至今他们形容一个星期的五天，还是用金木水火土。这五个元素，也代表五类材料，很容易体现在建筑中。但矶崎新对五行的理解更深刻，他的思想体系是东方哲学体系叠加西方科学观，他不是虚无地做一个概念，他甚至不是要做一个物质形态的金木水火土，而是想将五行的理念，转译为跟博物馆想传达的意义一致的东西。

湘博的金木水火土最基本的要素分布在博物馆最重要的中轴线上，分布在最重要的空间中，包括室外广场的水与雾，门口的火炬，艺术大厅的大漆板，夯土的墓坑，金属大屋顶。

矶崎新：本来是想在广场上设置一个真正的火，巨大的火炬。波斯的琐罗亚斯德教（拜火教）在伊朗留下的神殿遗迹，叫作沉默之塔，上面会有喷火的装置。拜火教曾经由中国传到日本。光元素与火也有关联，光与空，就衍生为火与水——在日本，由水衍生出来的概念变得比火更重要——而后再衍生为光和空，形成一种循环。日本每隔20年就拆了重新再修一遍的伊势神宫，也是循环。每20年就是一个仪式年，这种循环就是日本（人心目中）代表永远的一种东西吧。东西是不是一样的没关系，只要把"形式一样"的概念留在这里，一直重复下去即可。它不需要真正有一种形式，不需要真正有东西在那里才叫永久性，那种仪式与精神，摧毁和再生，就是日本的永久。只有天皇能进入的伊势神宫那个空间，其实是空的，但要想象神住在里面。我每年都会去看迎神，神从山上下来，比如日本的春日神社，在日本神是看不见的，但这种仪式每年都要重复一次，这是很重要的事情。

我们要注意整体概念，注意事物的结构关系和其运动变化。五行被认为会影响人的命运，随着大自然变化，也使宇宙万物循环不已。万物循环，某种意义上也传达了博物馆的定义。废墟与重生，万物循环。博物馆连接着历史与未来。其实，传统的概念与现代的东西结合在一起，也是水与火呢！

火炬后来因为涉及燃气管道的安全、费用，最终未能实现。火炬太小则失去了意义，最终用水雾艺术装置替代，如同火在水面上，形成水汽。

胡倩：矶崎新先生对雾有过一段阐释：水和火形成的柔软的烟；雾，知晓时间的优雅的雕塑。清晨与音乐结合进行优雅的雕塑演出，白昼伴随微风进行白与黑的演出，夜晚运用照明，进行火从水中蔓

　　　　　　　　　　　　　　　　　　博物馆是什么

延而升的演出。

张小溪：这个阐释很诗意。是不是可以理解为，只有水雾升腾时，你们所设计的湘博建筑才是完整的？难怪如此关心雾开没开，哈哈。

胡倩：确实如此。最初设计的水元素，是类似于无边泳池的形态，水源源不断地流下，像瀑布一样，配上升腾的雾，是心中更理想的场景。

张小溪：杨晓说，感觉矶崎新先生用金木水火土为老太太（辛追夫人）布了一个阵。如果如老先生自己所言，湘博唯一的立面是屋顶，那么从正面俯瞰屋顶，也像是给辛追夫人造了一个棺椁、一个家。

胡倩：金木水火土五行的运用，重点还是在于历史的生息与循环，至于是不是代表了老先生的生死观，或者布阵，这就只有老先生自己才知道了。

张小溪：特别有意思的是，大家在谈论湘博项目之时，从不说辛追夫人，都称呼她"老太太"。大家当然也不可以直呼矶崎新，会以"老先生"指代。在"老太太"与"老先生"的言语循环中，从未觉得违和。谢谢"老先生"给"老太太"造了一个新家。

胡倩：是呀。都说习惯了。

湖南省博物馆雾的装置
湖南省建筑设计院供图

雾，水和火形成的柔软的烟；雾，知晓时间的优雅的雕塑。湖湘升腾，这才是湘博应有的表情。

博物馆是什么

用"大建筑系统"
来设计博物馆

张小溪×胡倩

◎ 矶崎新的中国合伙人

张小溪：刚刚在您（上海）工作室楼下，我发现这栋民国建筑建成于1931年，与矶崎新先生"同龄"，真的好巧呀。在冲绳，矶崎新先生谈的多是更理念的层面，您是湘博项目具体执行的负责人，很多问题还需要向您请教。您也是矶崎新先生的中国合伙人，他信任与倚赖的搭档。我很好奇您是由于什么机缘进入矶崎新工作室工作的？

胡倩：矶崎新1994年第一次接触中国项目时，我还是早稻田大学建筑学专业的学生。直到两年后因为深圳文化中心项目，矶崎新工作室需要招一个懂中文的人，我才有契机加入。从那一年开始，我参与了矶崎新在中国的所有项目。2004年因为喜玛拉雅项目，矶崎新成立了上海工作室，那也是我第一次回中国工作。

张小溪：您是上海本地人，回到了故乡。

胡倩：我们现在所在的天津路工作室，刚你也发现了，是1931年建造的民国建筑，这里离我从小长大的复兴路只有几公里。复兴路以前属于卢湾区，旧时是法租界。我的祖辈算是实业家，都是深受中西方文化碰撞融合影响的人。家庭文化给了我潜移默化的影响，少年宫丰富的学习内容令我增长了很多见识，我发现这些教育帮我树立的人生观与价值观，让我很容易融入世界，包括去日本学习也很快适应。

张小溪：30年前见到的矶崎新先生是什么样子？

胡倩：深圳文化中心是矶崎新工作室在中国中标的第一个项目。2019年我与矶崎新先生曾重返现场，这里对我们二人都很有纪念意义。我是因为这个项目才能进入矶崎新工作室，这是非常难的事。那时候，66岁的矶崎新在日本建筑界是神一样的存在，在工作室里只有资深的设计师才可以见到他的面，他进来时所有人都会起立。他总是身形笔挺，白衬衫，皮带束在外面，充满艺术家气质，但他一站在那儿，气氛就很严肃。工作室前辈说他以前是个"暴君"，非常严格。严格不是发火，而是对你提交上来的东西不屑一顾，起身就走，意味着没有达到讨论的标准，没有达到他要看一眼的标准，要重来。

我那时候就是个无比拼命的小姑娘，白天上课，晚上工作到两三点，拼了命而不觉得是拼命。以前也在大型设计院实习过数月，进入工作室一下就清楚了，自己想要走的是工作室的路。那时候年轻，而且心里都是对建筑的信仰、对智慧的信仰。

我虽然是小辈中的小辈，但因为是工作室唯一懂中文的人，所

博物馆是什么

以在深圳项目中可以站在（矶崎新）后面（共同）与会，算是很特殊的待遇了。中国项目越来越多，出差机会增多，慢慢我便开始走上前台。两年后，我跟矶崎新先生就彼此开始熟悉。接触得越多，我受的熏陶就越多，接受他的思想就越多，做事情更容易站在他的立场与他的思维发展的角度上思考。接触项目越来越多，契合度就越来越好，参与度就越来越高。除了工作能力，你吃饭的品位，你欣赏的音乐、绘画，都标示着你是一个怎样的人。虽然差距巨大，但以前积累的一些素养，还是让我逐渐成为与矶崎新聊得来的人。这种认可，最后体现在了吃饭上。矶崎新烧菜很拿手，工作室就在矶崎新家边上，开始他是让秘书通知我去吃晚饭，后来几乎隔一天，我就去蹭一次饭。或者是矶崎新亲自做，或者是佣人做，除了太太，邀请口味接近的人一起享用美食，才更尽兴吧。那段时间真是飞速地成长，与矶崎新和他的雕塑家太太，都越来越有共同话题。渐渐地，他邀请很多朋友到家里聊天时也希望我参与。天才身边都是天才，他们天才沟通，知识密度很大，全是精神大餐。那时候没有网络，人与人之间的交往通过这样的交流，知识的增长幅度很大，这很重要。

张小溪：这真是让人羡慕的场景。有点像陈丹青在巴黎遇到木心那样。您身上有一种难得的柔美与飒爽结合的气质。现在女建筑师越来越多，您读书那会儿呢？

胡倩：当时在早稻田大学，270位同学里女生不到10位，我说日文的感觉也偏男性。我一开始选择做建筑可能是跟我的成长环境有关，我从小就觉得男人的事情自己都能做，所以也是刻意地选择了进入男人的行业。很多时候，建筑是很serious（严肃）的，不会因为你是女人就受到特别的待遇，相反你可能需要付出更多。在日本做建筑要跟踪全过程，建筑、景观、室内装修和施工，盯现场的时候就会感到（自己身为）女性所带来的弱势与不便，甚至希望把自己头发染白来显得更成熟。

我后来选择工作室的道路，基本决定了我的建筑人生。在矶崎新身边的20多年，我的思维方式深受影响，对建筑的思考、方向的判断都和他非常接近。2014年，矶崎新上海工作室更名为矶崎新＋胡倩工作室，我正式成为合伙人。

张小溪：矶崎新如您的信仰，您如今也接近他中国代言人的角色，算是在中国完成了一场场的"战斗"。很多"大师"早已不亲自动手实操，我们看到在湘博设计中，他一直是参与关键性设计的。

胡倩：他一直都是亲自做事情，团队也都是他思想的延伸。在同济讲学的日子里，他白天在课堂上与学生交流，晚上回到工作室开会讨论方案。近90岁高龄，还在努力策划着自己的大展。湘博的设计与建设，差不多持续了8年，真是一场持久战。我统计了一下，他一共亲自来过8次长沙。踏勘、竞标，深化方案讨论，观看核心库房，与古尸保护中心专家会谈，查看工地，甚至选幕墙石板，与高校交流，他都是倾注了时间与感情的。设计中间会有很多变数，他有他的坚持。比如业主方要求修改，他如果不认可，并不会完全按照业主方的想法修改，而是退一步提出一个新设想，直到重新被认可。看起来没有坚持自己的想法，实际上是在迂回地前进。而面对正常的需求变化导致的更改，他都是二话不说就开始重新思考。

◎ 永不停歇的预言家

张小溪：谢小凡（中国国家画院副院长，曾任中央美院续建工

　　　　　　　　　　　　　　博物馆是什么

程办公室主任）回忆中央美院美术馆设计时讲，2006年矶崎新就一再问他们：你到底要系统，还是要形象？矶崎新先生总在强调系统与文脉。而大多数业主虽然嘴里喊着要系统，但其实并没有挣脱出景观、时尚、明星的轨道。这个"系统"具体指什么？

胡倩：谢老师的回忆，还与2011年中国国家美术馆向全世界公开征集新馆建筑设计方案有关。当时我们提交了一套北京城市发展史的方案，从梁思成的意图到今天的现状，那是一套对城市的系统思考，再将三个建筑单体置于系统之中，并提出21世纪国家形象应该怎么塑造的问题。概念的意向形象是矶崎新过去在教科书里写过的"空中城市"的延伸。业主方急于强调得到概念性方案的具体形象，关注具体的形式创新，认为我们提的是对以往概念的重复。这是再一次关于要系统还是要形象的选择，一点也不意外，我们的方案落选了。

矶崎新一直致力的是architectural——"大建筑"。building（建筑）与architectural（"大建筑"）是有区别的。building承担着文明发展的使命，architecture则承担了更多文化的责任，选择哪个范畴将是完全不同的职业道路。这里要提醒的是，选择architecture之路是有收入风险的，和艺术家一样，也许将来会穷困潦倒。大建筑是影响城市、文化、人的生活方式的建筑。

其实所谓建筑思想家，并非思想高于技术，区别也许在于，在建造的时候建筑思想家要考虑城市的历史、传统和文化，在对各种关系加以衡量和思考的前提下来完成他的建筑设计，并反过来影响城市。在矶崎新的概念里，一座城市就像一个舞台，建筑家所做的工作就是在舞台上搭建一些东西，这就是建筑。就一座城市来说，需要建筑来提升影响。比如建设一个城市地标，作为象征性的建筑物。但是，真正的建筑，并不在于其本身的外形，而在于建筑有没有考虑到使用者的需求，有没有考虑到建筑与自然的融合，有没有考虑到建筑对广义的居住方式的提升。

张小溪：可以想象你们经常要落选。这种思想与当下的中国现实不能匹配。

胡倩：我早就习惯了落选的结果。设计并不能改变生活，而是需要一个完整的系统来影响生活。这样的理念，矶崎新在1994年的珠海市项目中就已提出。那是第一次接触中国建筑市场。但在进行过程中发现这是一个不会实现的项目，也就将这个项目作为对于中国城市的一个思考试验，后来对中国城市系统的思考就此一直延续下来。

矶崎新是一个永不停歇地前进，以超前眼光看待这个世界的城市与设计的人。1970年代在大阪世博会才出现简单的机器人，当时他设计的理想城市是"电脑城市"。1990年代后，信息社会迅猛发展，他在这个过程中进入新的层面，进入对应今日信息社会的大变革中。这真是超级的变革，跟当年乌托邦破灭还不一样，发展速度是从开车提升到新干线都不可比拟的。1960年代主要还停留在理论阶段，2000年开始，中国有很多城市设计项目的时候，就是需要去消化、去判断将来的方向的时候，他为此投入积极努力。群岛式的、副中心式的、信息可以覆盖的云时代的……这样的城市基本体系，从2003年横琴岛的项目开始到现在一直在提案，哪怕是最后一名。他永远参加并一直坚持自己的城市体系，比如：讲交通系统的变化，就是城市结构体系的变化；讲道路不是横平竖直，而是用更新型的行车系统扩展城市体系。矶崎新就这样通过城市形态、交通系统，赋予城市功能，再运用不同时代察觉到的新技术体系，形成城市综合的意义。业主与评委往往认为我们的提案过于超前，矶崎新先生明知道只要迎合他们就能中标，哪怕千篇一律，但他从不会提供一个原原本本按照全球化资本运作模式、土地批租模式、棋盘式格局模式来推进的城市系统。

但明知道可能会是最后一名，我们还是非常积极地去参与竞标。1970年代是从理论层面对未来的前瞻性表达，成为"未建成"；如今是以一次次实体的竞标，来进行前瞻性表达。1997年开始设计深圳文化中心时，是传统密集书库阅览的时代，电脑尚未普及，而矶崎新就已经设计出一个以计算机化、网络为中心的数据库，整整一层设置了电脑和各种检索系统的空间。这种实验性很强的形式，也成了深圳文化中心的设计起点。

张小溪：我特意去深圳文化中心图书馆与音乐厅感受了一下，距离当初设计已经过去20多年，今天看上去依然非常谐和，毫不落伍，过去设计时的前瞻性、预留的空间，都能清晰感受到。另外，你们明知自己可能会是最后一名还一次次去竞标，有点像行为艺术了。

胡倩：很多人都不能理解我们，毕竟矶崎新先生的江湖地位在这儿。其实我们只是想通过竞标，将城市规划、城市系统的理念传达出去，就像撒播种子一样，希望可以在城市决策者心中种下一点理念。竞标就像一种学术型参与，而非商业性参与。矶崎新早已走在时代的前面，懂得建筑与设计的本质意义，能不能被看懂和采纳，已经跟他关系不大了。

张小溪：回想在冲绳与同济，矶崎新并没有在建筑设计本身上多费言语，他有一个广域的思想世界，各种线头牵引，最终都是跨领域的文化思考。近90载人生，他淡定、自信，撕下了所有标签，又怀着一颗急切的心，似乎，还有很多关于城市的思考要继续，还有很多话想说？

胡倩：他深知城市的设施装置虽然是自己设计的，实际使用的却是另外的人。所以当城市中的建筑物建成的时候，他会关心人们如何去解读，如何去看待，他在验证，又折射到后续思考中。他甚至会去关注我国党的十九大文件，因为要去判断城市与建筑未来的发展，也必然得先关注国家的顶层设计。

张小溪：这个"系统"完全是跟随着时代在变化的吗？

胡倩：每次的提案，对"系统"的理解并不一样，方向是一致的，手法因地制宜。几十年前孜孜不倦地思考"系统"，正是对城市与建筑发展的预判。即使在单体建筑的设计上，这样的思考也无时不在。2003年设计上海喜玛拉雅中心时，将商业与艺术融合，就试图将一种全新的方式注入建筑中。文化需要进步，我们的设计需要为这种进步提供支持。

从软件上讲，我们要为甲方考虑文化与商业的互相扶持，而这种扶持不只是商业（中心）里面放一个美术馆就完成了，我们需要的是一个平层，你可以看到喜玛拉雅中心的大平层，210米×60米，这样大的一个空间是相通的，是可以混合使用的，宴会厅旁边就是剧场，还有异形的美术馆和白盒子的美术馆，让各种文化（活动）形式成为可能。一个音乐会可以在一个很好的画廊里举办，或者在做画廊的时候又加入精品商业活动，功能是相互之间可以借用的。这不是一个明确的building type，而实际上喜玛拉雅中心本身也没有完全清晰的building type。

进入美术馆如同进了酒店，进了剧场如同进了美术馆。这样的概念在当年很难被理解和混合使用，这不是酒店里简单挂几幅画那样的装饰行为，而是空间与人的活动相契合的状态。三者不是靠小门连通，而是需要策划活动连通在一起。在效果图中可以看到，剧场不是封闭的，剧场就是在洞窟里，直接可以表演。这样的设计，对运营的人提出了超高的要求。我们习惯了宴会厅、剧场的独立管理，打破传统的管理需要很高的智慧与魄力。

其实在长沙，我们除了湘博，还参与过长沙高铁西站的竞标。

张小溪：这还是第一次知道。我很感兴趣，你们曾为长沙设计了一个怎样的西站？

胡倩：长沙西站是在山里，与在平原不一样，因此处理方式也不同。山里会有自然的山的模式。比如，像美国曼哈顿那样肌理的城市，规划可以不断往外延伸，延伸到看到海就没办法了；很多平原上的新城，也都可以不断往外扩张，扩张到山就算了。长沙西站本来在山里，我们想运用山的模式与条件作为设计中的条件，相对来说比平原的思考要来得更直白。运用条件就是运用自然，保护生态，疏密有致。现在中标的方案基本就是铲除山头，这最简单。可能丘陵地区的人对小山头不珍惜，40米高的山先炸平，再弄个人工景观。我们不认同这种手法。自然形成的山，从感官上的艺术享受层面讲是远超过人工的。用好它，效果会是很不错的，而设计上无非是道路的线拉长，建筑的疏与密平衡。市政建设，一个路线长一个路线短，中间怎么达到平衡？占地率是否高？我们将开发量与自然风景做了一个平衡，保护自然风景更多，该开发的地方就很密集地开发，有高铁的地方开发可以很密集，周边的平铺直叙就尽量减少，这样来结合。如果政府接受，这个设计很容易被想象。我们仅仅平衡了开发的疏密程度，开发者也好，评委也好，连这个想象都难以接受。其实成本方面，我们的方案也都在平衡了。即使平衡，也跳出了常规土地批租模式，等于在决策者的模式、评委模式上，都会有一点偏差，他们先入为主不太愿意接受这样的方案。其实在欧洲坐车，一路观望很舒服，也是因为在丘陵里穿行，自然可以给我们美景与力量，日本的处理也多是如此。

这个平衡是最粗浅的，接下来我们还增加了一个模式。高铁站在这里的功能到底是什么？功能就是需要5G的生活。山清水秀的地方适合养生、疗养，但你不能光养生，需要加上这块土地真正可以良性循环的产业。什么样的产业好？养生、旅游、医疗……到底怎样的层面是最好的？我们为此加的"5G生活"并非只是加了什么功能——一看到环境好就想到民宿、养生的疗养院就完了——而是整个区域的控制，体系是通过大数据来控制的，随时随地都有数据给你生活的支撑。山里小径的配备，养生与产业生活结合在一起，把山里的优势全部集中在一起。道路也好，生活系统也好，以及5G的数据的控制，都可以综合在一起，在产业里反映出来。以电竞为例，你是游戏的电竞，还是其他的，都涉及网络的控制能力，也许可以与人的生活结合在一起，而非完全虚拟的电竞手段。刚才讲的空间疏密有致、政府的收入与支出平衡，不只是在房地产开发、土地批租这种层面上，还更多与这个区域里的社会保障体系有关。这是政治的事情，需要从小的地方一点点开始，一点点去磨合形成。有一定的试点之后，可以推广到全国。如果没有人提案，没有人去做试点，没有场所去实践的话，就永远不成立。我们工作室就一直在挑战这类试点设计，我们有志于此，这个项目软硬件两个层面，都是既生态自然的，又是在新软件的"云空间"层面上的，综合起来后，可以形成有艺术氛围的城市形态。

我们设计初心一直没变过，坚持落实在各个项目中。最后长沙西站的竞标我们是第二名。有业主方成员说很希望我们的方案中标，

博物馆是什么

但评审专家取向在传统的层面，选了即视感强烈的建筑。

张小溪：坦白说，因为没有看到具体的方案与图像，这样简单的口头介绍，我并不足以了解长沙西站曾经可能生长的方向，但已经管中窥豹。我能想象面对一个"长沙西站"的提案，侃侃而谈未来5G数据支撑下的区域社会保障体系，是有多冒险的事情。房子易建，软件建设最是考验智慧与耐心，何况还是一个全新的状态。

长沙目前还拥有不了这样的方案，这样的方案不可能孤立超脱地存在于一个城市，需要一个更完备的城市体系支撑，我想未来，很可能还是会在江浙一带率先实现。

胡倩：矶崎新很勇敢，哪怕永远不会中标，还是愿意去提在自己目前的理解层面上对城市有贡献的方案，这也是工作室的核心价值（观）。这么多年，我一直被他感染。我很愿意接受这样的"洗脑"。近30年工作下来，回头看这条路，很单纯，让我在精神层面上很轻松。虽然每次做提案可能很苦恼很焦虑，但有这种精神层面的支撑，这条路我是完全接受的。我现在也会给年轻员工们不停地去说，现在方向更多，不是不可以走其他路，但我们有自己的核心价值观。建筑与城市，建在那里就是成百上千年，欧洲石头建筑（可延续）千年，现在混凝土建筑（可延续）百年，无论如何，要对得起这千百年。这不是商业问题。我不是视金钱如粪土，但金钱不可以绑架我们的价值观，不能绑架建筑师的责任。

时代变化，矶崎新的思考也会有变化，随着信息社会的系统变化，我们团队也会朝着他的方向去思考问题，在大建筑系统的思考上不断深入。这也是我们为何不遗余力地去参加城市设计竞标的原因。毕竟委托设计的多为个体业主，大型公共建筑通常需要竞标。我们更乐于参与大型公共与文化建筑的建设，这些建筑能在更大层面影响社会，远大于设计层面的贡献。无论在理念上还是空间上，都是为了让建筑有更好的附加值，能更好地运营，这就要求我们在功能上（实现）多样化，让建筑产生足够的附加值，这一点我认为我们的项目都在试图做到。

张小溪：在矶崎新工作室的简介里，你们写道：50余年，通过建成的作品或未建成的作品，矶崎新作为工作室创立者和领导者，向全世界35个国家传达了先进的建筑和规划理念。或许这也是他获得普利兹克的根本理由？

胡倩：获得普利兹克建筑奖时，安藤忠雄评价他是日本的建筑皇帝，也是建筑的"预言家"。可以说，此时谢小凡也对矶崎新的"系统"有了了解与认同。在他心里，矶崎新是他见过的所有建筑师中最具文人气、最具先锋精神，至中至正的唯一一个。他说，"矶崎新是知识分子意义上的建筑师"。在得知矶崎新获得2019年普利兹克奖时，他第一时间给我发送了一条信息，建议矶崎新拒绝接受普利兹克奖，因为普奖是明星与时尚，矶崎新先生是文人先锋。我当时正在洗头，对着天花板在手机上敲字回复了谢小凡："1960年代开始，城市建筑面临变革，他努力了。1980年代已取得很高的成就，不需要该奖来评价他，故当时回绝。现在信息时代社会再次面临巨大变革，他依然在努力，永不停息，而结果也许要留给后辈了。欣然接受这次荣誉，希望给后辈留下开头的意义。""欣然"这都是我自己揣测的，我的意思是说，几十年前拿奖与今天拿奖，意义完全不一样。今天的时代回应了他几十年前的思考，以前矶崎新的建筑思考，在几十年后有建筑说话，他的贡献不需要奖项加持。但是今天对城市的思考与预言，在复杂的大变革时代，其准确性有待未来验证，落地性是有难度的，他自己可能看不到最终验证（结果），

　　　　　　　　　　　　　　博物馆是什么

但要用这个奖项，激励后辈在城市系统与人文层面，从不同的方向思考建筑与城市。他见证了普利兹克奖的诞生，也在见证处于这个重要转折点的时代的建筑。今天重新思考什么是建筑，什么是建筑在未来（扮演）的角色时，充满新的挑战。

张小溪：在未来，建筑师可能扮演什么样的新角色？

胡倩：2019年在凡尔赛宫颁奖仪式上，矶崎新简单明了地强调：接下来的时代将建筑当作艺术是远远不够的，建筑师的工作不仅仅是设计艺术，更要将国家、城市、住房、社会、信息系统、商业策略、国际外交策略等纳入广义的设计范畴。当今的建筑师，可以从作为工程师的建筑师，转变到作为战略家的建筑师。

"战略家的建筑师"，是他对建筑师新的定位与期望。

Talk2

建筑深化设计：
锚固的力量

杨晓&赵勇，风格迥异的默契搭档

1950年代的烈士公园纪念碑，1960年代的湖南宾馆，1970年代的长沙火车站，1980年代的湖南省图书馆，1990年代的湖南广播电视中心，21世纪的贺龙体育场，新的长沙黄花国际机场……长沙的地标建筑，几乎都是湖南省建筑设计院将之锚固的。

上一轮的湘博陈列大楼如此，这一次的湘博改扩建也如此。

开馆之时，负责湘博落地深化设计的杨晓与赵勇这一对搭档惊觉，"沉沦"湘博项目，一恍惚已经整整10年了。如今杨晓已是湖南省建筑设计院集团执行总建筑师、杨晓工作室主持建筑师，同时也是建筑与城市研究院院长；赵勇是集团的总经理。作为中流砥柱，两个人都肩负着越来越重要的担子。他们还有一位强有力的领导者在支持，便是如今已是湖南省建筑设计院集团董事长，当时的"夏院长"夏心红，他说"做设计需要共识，项目才能做好。项目又非常复杂，有时候需要几个人一起去扛这个事情"。他们彼此合作，默契地一起扛过一个又一个难关。杨晓与赵勇，第一次合作是2006年一起做安巴（安提瓜和巴布达）板球场，后来又一起去塞拉利昂建设医院。杨晓与夏心红的合作更早，协力完成了贺龙体育场设计。他们三人如同一个铁三角，年复一年，一起安稳地在同一栋楼中，一起将项目累积得越来越多，一起增长年岁，也一起笑看历经的无数风雨。

对于新湘博的项目，回忆起来，他们不约而同用了"不堪回首"来形容。湘博是一体化设计，最终落地设计都与他们有关。"团队中间，矶崎新团队是旗帜，理念与方向要与馆长保持战略一致。中央美院是加法，让这个建筑局部与内部更好看。而如何去承接，如何体系化，如何跟现在的社会制度体系结合起来，如何跟技术实施体系相符合，如何在各方出现矛盾时坚持往前推，让这个项目锚固在这片土地上，都是湖南省建院承担的事。省建院的价值在于它有很强的跨界能力"，项目往前推进，却又没有达成共识，技术的、行政的、资金的多方压力都积压于此，赵勇说，"如此长时间大跨度的项目，太考验人了"。还好，在种种艰难里，湘博最终呈现了出来。夏心红院长很欣赏整体建筑的轻盈感与飘浮感。他总结说：这是他们第一次把BIM技术运用到大型公共建筑的设计里，在信息化、智能化、人性化及绿色可持续发展方面，都尽力达到高水准。更重要的是，10年前，这个团队就开始了前期策划与调研，参观了20多座顶尖博物馆，与国内外顶尖的博物馆专家、建筑师充分交流与沟通，他们渴望去打造世界级的博物馆。技术之外的文化追求，才更耐人寻味。

我没有见过夏心红院长。去湖南省建筑设计院拜访具体负责湘博的杨晓与赵勇时，他们的办公室毗邻，却风格迥异。杨晓办公室满满当当，满坑满谷是书和画图的工具，在凌乱中他很丰饶与自由。他搜集了诸多建筑师的作品集，前几年最喜欢的是斯蒂文·霍尔，另外柯布西耶与赖特的建筑集也经常出现在他手边。事实上他

　　　　　　　　　　　　　　博物馆是什么

对建筑之外的艺术、历史、哲学都抱有极深的探索欲望，阅读量巨大，他开出的思想史与哲学史书单，能把一般的人吓退。喝着他喜欢的浓酽的岩茶，闲聊时问他最近在读什么，他表示会同时看好多书，就跟同时做很多项目一样，有时候齐头并进，有时候互相验证。他在其中乐趣无穷。

他符合我对一个优秀建筑设计师的设想：博学，正派，独立思考，深具人文情怀，善于表达，对世界充满好奇，着迷于深邃，也会在深夜对日本一人食的视频津津乐道。逻辑缜密，又时常思维非常跳跃。一行人去冲绳，我发现他是最好的同行者，前一秒可以对街边的建筑犀利评价，后一秒会因好吃的海盐冰激凌而欢呼雀跃。我们都亲切地喊他"晓哥"。

相较杨晓的善谈，赵勇是人群中最安静的那一个，或许也相对专注，他有他不动声色的周全与不事张扬的力量，跟他温和的面容搭配在一起，给人安稳的感觉。他的办公室简洁清爽，物件不多。生活也相对简单，并不讲究一些外物，偶尔喝杯挂耳咖啡，最大的乐趣是去踢球。赵勇眼里的杨晓，能力与逻辑性都很强，像一根矛，"看着哪里不顺眼就去戳一下，什么新鲜玩意儿都要玩一下"。这么看来，结构专业毕业的杨晓更艺术范儿，建筑专业毕业的赵勇看上去倒更偏工程师的那种理性，但他又热爱着真实的鲜活的东西。

杨晓早已从结构工程师转身成为建筑设计师，应该说，他同时是结构工程师与建筑设计师。这一现象在今天并不多见。其实多位建筑大师也是学习结构出身，比如圣地亚哥·卡拉特拉瓦、贝聿铭、保罗·安德鲁。杨晓是一位优秀的结构工程师，他视10年结构（学习工作）历程，都是为了给建筑设计做准备，每一步都算数。建筑的成功原本就需要建筑师与结构工程师"持续而有效地对话"，他们这对搭档之间，或是杨晓与杨晓本人，就很符合这样的"对话"。

这几年偶有碰面，会听杨晓陆续讲述湘博之后他所设计的一些项目，譬如长沙五一广场边的国金中心、芙蓉广场边的世茂广场、常德的湘雅医院、梅溪湖边的商业区、湘西酒鬼酒厂新厂房等。在诸多项目中加入对人的细致关怀、对公共空间的建构、对艺术自然融入厂房的实现等，都显示着他是一位越来越成熟且充满人文气质的建筑设计师。他很在意"在地"，称自己是"长沙主义者"。我问他，如果只能设计一座建筑，你会选博物馆吗？他说，设计博物馆更英雄主义，我宁愿设计一座医院。他想利用自己的设计为这个热爱的城市中的人服务。这就是晓哥的柔软与温暖，他知道最需要关照的是什么。

2021年11月某个下午，为了让我更加理解湘博这座建筑，杨晓带我在馆里各个重要空间感受了一番。那天透过玻璃幕墙，或者站在最高平台环视的，是阴雨蒙蒙的长沙。他带我领略的，最特别观照的，便是这座建筑与这座城的关系。我曾经在同样的位置站立过，但从未如他一样思考。站在三楼马王堆展厅前，感受博物馆最重要的馆藏与城市发生怎样的对话；站在四楼，体会一个极其少见的巨大的连续空间，体会博物馆如何观察与记录城市。听完他具体的描述与解读，下一次站在同一个节点去感知这座建筑与城市，定是豁然开朗的。听他讲述着这座博物馆，我想可能没有人比他对这座建筑更"深情"了。

最后，要说明一点，杨晓与赵勇关于湘博的设计工作，我视为一体。与沉静一些的赵勇交谈相对要少很多，这是我的缺失。二人访谈其实是分开进行的，但因为有一些相同的话题，便在此融合。

博物馆是什么

城市、历史、文化
三个维度上的博物馆建筑

张小溪×杨晓×赵勇

张小溪：晓哥你好，算来你与湘博的故事已经延续十多年了，湘博与湖南省建筑设计院有一些"不得不说"的故事，您可否详细讲讲其中渊源。在回溯之前，有个题外话，按照您的职位，应该称呼"杨院"，大家为何都叫您"杨所"？

杨晓：2006年，我担任湖南省建筑设计院"建筑一所"所长，开始主持建筑设计工作。可能是因为在院里当所长实在太久了吧，所以到今天老同事还习惯称我为"杨所"，虽然我早就不是"杨所"了，"建筑一所"后来也升级为"建筑一院"了。湖南省博物馆上一轮新陈列大楼是"建筑一所"设计，那时候我刚刚进入省建院，虽然没有亲身参与，但知道前辈们正在设计湖南省博物馆，毕竟，博物馆永远都是重量级的项目。我当"建筑一所"所长那一年，湘博刚好开始有新一轮改扩建设想。改扩建工程一般是由原设计单位设计的，如果原单位有特殊原因不能参与，也要写文件声明：对老馆所负的法律责任要转移到其他设计单位。所以当时新一轮改扩建的任务，自然依旧落在"建筑一所"身上。之前负责老馆的设计师差不多都退休了，改扩建就接棒到年轻一辈的手中。

我第一次见陈建明馆长，是2007年，收获良多。作为改扩建项目的执行团队，我们完成了可行性研究报告，拿出过完整的概念与初步改扩建方案。随后形势发生变化，以新建为主，规格也升级到邀请世界知名建筑机构竞标，发展成另外一个故事了。湖南省建筑设计院也被邀请参与了竞标，但真正的角色是成为一体化设计中的一环，我们负责落地设计。在一波三折的漫长设计过程中，我最后必须参加论证，将"建筑一所"前辈设计的老陈列楼拆除重建。其实2017年11月新馆落成还不是终点，一个馆开馆不代表它的设计结束，未来还有大量维护、调整、校正，甚至改造工作，需要我们延续设计。湘博如果没有一个近在身边的设计机构（参与设计、建造），是很难想象的。很多重要的文化建筑，都会邀请当地比较重要的设计单位参与设计工作。因为一个馆在其漫长的生命之中，是需要设计单位长期围绕它展开服务的，可以说此后漫长的守护都得由他们负责。建筑的有趣之处也在于，如果它寿命够久，有时候就需要数代建筑师代代相承去它做服务，我们有些项目，前后数代建筑师团队服务了几十年，至今也还在延续。

张小溪：您在这个工作中扮演的角色具体是什么？

杨晓：除了是项目的结构专业负责人，我首先是项目的执行总负责人，中方团队的设计工作由我负责组织，中方与日方的协调由我统筹。更多的则是同本地各方打交道，不论是跟业主还是跟城市管理方、行政主管方，都由我们团队负责，因为这是本地链要完成的工作，所以这就是我的核心工作。

张小溪：我对您从学结构出身到转型做建筑师也很好奇，可以这样"通吃"。

杨晓：高中毕业其实就想学建筑学，但并不太懂什么叫建筑学，什么叫工民建，什么是土木工程。当时想去上海读书，就报考了同济大学的建筑工程，结果学的是城镇建筑专业。后来的硕博在湖南大学读的也是结构工程专业。进入湖南省建院前10年都是做结构设计，后来当"建筑一所"所长时做管理与设计工作，需要负责参与并管理建筑设计过程，但还没有自觉地把专业背景调整到建筑学。当时作为湖南省建院的主任工程师与所长，觉得用结构专业的背景去做项目负责人也够用了。之后自觉意识发生变化，感觉到作为一个有行政与设计双重背景的管理者，以结构专业背景进入建筑设计中去，无论是深度、广度，还是个人的体验感，都越来越不够，所以下决心把专业背景调整到建筑，这个过程还是很艰难啊。之前的工作主要是项目结构专业设计，尤其是空间钢结构设计经验比较多一点，为此，我在工作中抓住机会努力向前辈和同辈的建筑师学习，进行系统的阅读和学科知识的学习，用了10年时间跨入建筑专业的门槛。这种跨界经历还是比较特殊的。搭档里，赵勇是学建筑设计的，夏心红院长也是结构（学）博士，他的专长是超高层钢混组合结构设计。

张小溪：赖特小小的流水别墅的施工与设备问题就引发了数以千计的信件和备忘录，10万平方米级的湘博的设计与施工，作为中间节点的省建院团队，有着怎样的烦琐与周旋，可想而知。博物馆在您接触的建筑类型中有什么特殊性？

杨晓：我个人认为，一般来看博物馆要为权力意志和意识形态服务的，要么是构筑族群的核心认同，要么是构筑文化的核心意识，要么是构筑某种学术的核心。不管怎样都属于"庙堂"一类的东西，所以占用的位置往往就是最重要的建筑群落，比如中国故宫、法国卢浮宫，是历史上最重要的建筑，之后变成了博物馆场所。这不是偶然的，不是因为它大也不是因为好用，只是因为它曾经是最重要的，现在也要让它成为最重要的，可见博物馆就是最重要的建筑形制之一。建立"神庙"，把文化供奉起来，然后变成整个民族的共识。国家博物馆讲中国人的历史，湖南省博物馆讲湖南人的历史，应该都是基于这个国家、这个地域，属于本民族本地域的共同认同，所以非常重要。博物馆在文化中所处的层级是顶尖的，被博物馆收藏的东西也是被大家认为最重要的东西，从这个最粗浅的直觉上看，博物馆一定是重要的场所，那么博物馆的建筑一定是重要的建筑。如果慢慢考证它的建筑源流，尤其在社会史、人类学中的位置与作用，毫无疑问它的重要性就会被凸显。没有人敢把博物馆当作一个小事情，这也就是为何故宫开星巴克会让民众有这么大的反应，为何湘博在顶楼设计的公共餐厅现在还不能开放，这都是基于博物馆是"国之重器"的理念。人们应该还是把它当成祖庙一样（的存在），所以不能去拉低它、扰乱它，对它还是那种"供起来"的心态。

张小溪：在设计中，一楼艺术大厅是可以做新展开幕、博物馆之夜的，应该也给未来留了很多运营空间，比如可以与商业机构合作做发布会等等，国外很多博物馆不是有各种先例吗？

杨晓：可能这个跟我们目前认知的博物馆公共功能有某些冲突吧。这种冲突性在我看来是可以接受与理解的。时代不同，环境不同，博物馆处于不同的状态之中。比如法国蓬皮杜艺术中心会鼓励所有人，可以卖艺，可以做商业活动。每个省的历史博物馆担任着塑造凝聚力、塑造文化共识的重任，一般情形下认为不可以交给商业化机构，或者让一些非核心的功能进来。总而言之，它就是当代文化语境下的"庙"，矶崎新先生总结得很好，博物馆是"文化的庙"，那你在庙里能够干嘛呢?

所以博物馆因其文化价值，是城市极其稀缺的"节点"，它的建筑设计无疑是非常特殊的。它里面集中了很多矛盾与冲突。博物馆这种建筑类型本身就很特殊，技术也很复杂，运营博物馆的人也很特殊，加上它所受到的关注度、公众的期待也不一样。这一切导致博物馆处在非常复杂而重要的节点上，去实现它的那些途径与因素都非同寻常。我们团队设计博物馆的经历都非常特殊。在设计湘博之前，曾有"曲折"的经历，就是长沙博物馆所在的三馆一厅的建设，漫长的过程中，业主单位换了三轮，建筑设计方也曾被更换，两馆一厅最后变成三馆一厅，而省建院设计团队，一直贯穿其中。

湘博确实也是10年经历。从开始做可行性研究报告到开馆，整整10年。有一次做一个分享，讲设计与生活，我在湘博设计中从一个青年人做到中年人，在一个项目之中，在这个方寸之地，10年时光就溜过去了。

张小溪：哈哈，承接了所有的变故，体验了所有的跌宕与悲欢。没事，您这个年纪在建筑师中依旧是"小伙子"。

杨晓：哈哈。建筑师这个职业确实就是老年人的职业吧，"知天命"方才开始走向成熟。

张小溪：最近在看丹尼尔·李布斯金写的《破土：生活与建筑的冒险》，按建成作品来说，他的成熟期也属于来得晚的么? 他文笔真好。做过记者的建筑师库哈斯写小说也是很赞。

杨晓：是的。最近我也拜读了他的这本书，他先为教师再做设计，作品一出来就是名作。我参观过他设计的柏林犹太人博物馆，设计将犹太人所经历的非同寻常的悲伤与恐惧表达得那么真切与极致，我在其中感同身受，真是了不起的杰作。通过阅读他的书而知道，为了设计这座博物馆，他全家搬到柏林，用10年时间完成一个建筑。而库哈斯先生，我感觉他感兴趣的并不只是建筑，还有城市，他关心的是整个城市环境，或者说是城市作为人类文明的一个集合，他关心的和想解决的都是关于城市的问题，但是解决的具体路径是通过建筑。作为建筑师，对城市最大尺度的观照就是去实现其建筑构想吧。

张小溪：知名建筑师里，您有比较偏爱的建筑师吗？

杨晓：当然，我会认真学习揣摩很多大师的设计。柯布西耶、赖特、密斯·凡·德·罗、路易斯·康这些前辈大师都是我要经常努力去学习的，我自己也很喜欢斯蒂文·霍尔。霍尔从现象学理论上去研究建筑，现代主义认为建筑是机器，追求效率，追求进步性，为民众服务。而之后从文丘里开始，认为建筑是复杂与矛盾的，光靠理性主义把握不了建筑的全部，建筑既有文化历史上的脉络，也有场所地理上的脉络。霍尔直接通过现象学的认知方法来处理建筑设计，认为建筑本身也是需要跟周边的环境或者所处的大环境——不论是地理环境还是历史环境——产生一种特殊联系的。他写过一本书叫《锚》，书中认为建筑是要从场地上发生出来的，而不只是从谁的头脑里面冒出来的。由此，我感觉，建筑师可能有两种设计方向。一个方向类似于设计长沙梅溪湖艺术中心的思考方法，建筑就在建筑师的思考中，建筑的设计主要都在思维之中成形，场地是建筑建造的地点，而场地当时的状态、城市环境可能是不理想的，所以建筑似乎与周边环境关联度不大。另一个方向就是类似霍尔先生的方向，他认为"周边的场地环境会对建筑的发生方式起决定性作用"，但是怎么发生呢？可能要把这些场地因素映射到建筑师的心里面，依然是从思维里面出来，但是动因不完全从内部，而是从这个周边的关系来。我自己是很喜欢拜读霍尔的作品的，前辈大师们的作品集也常在手边。

张小溪：在参与博物馆的设计里，"文脉主义"对你有潜移默化的影响么？矶崎新先生也很关注周边环境，这跟"文脉主义"接近吗？

杨晓：我还是倾向于从"文脉"中找到建筑能够发展的方式，而不是从个人的审美和个人的美学基因出发，去实现一个建筑的推进方式吧。当然大家对文脉的理解，或者关注的侧重点是不同的。我借着与矶崎新先生访谈的机会参观了霍尔设计的南京四方美术馆，它在山坡上，感觉就是从场地本身出发的，是这个山坡继续的推演，就如同经常在中国的山顶上能看到塔或者亭子一样，它是举高再举高的这么一个过程。

矶崎新先生或许也是"文脉主义"者吧，但他对场地的这种关注应该不是霍尔那样的。矶崎新先生关注的是大文化的传承，就像对五行、对中国文化的感受。他可能不一定只是对建筑具体所在的这个场地产生感受，这个场地不会引起他对五行、对隐形飞机的感受，他是将对这个时代的感受，或者文化特质的感受，具象到这个建筑当中。草图上，飞机停留在树梢，高起的山丘上出现云或者屋顶，这些当然也有关于场地的思考，但不至于所有的创作动机全部是从这个场地引发的。霍尔认为他的建筑是要锚固在这个场地上的。

通过刚刚说的各类线索，这里面可能有地理、气候、人文、历史等，感觉上他认为建筑应该能够那么坚强地发生在这个场地上。好像这个锚还不是船停在水中用的那种锚——因为船总会走的，更多的是永固的联系，或者是建筑需要把自己固化在这个场地上，它是永久地与场地合一。当然，建筑师的思想是会生长变化的。我自己认真地观看了霍尔南京四方美术馆的建筑展，感觉他更内化了，更关注建筑的本体性了。展出的展品跟周边环境没什么关系，空间模型及手稿只是关乎建筑空间本体。或者，对场地与文脉的关注，对现象学的研究，已经成为他的一种本能，他不需要再增加更多的表达，这是他的认知本能，他认知世界就是用这种方式，回过头来去做建筑的时候，更关注建筑空间的操作性，空间的操作性已经极其复杂与细微。在四方美术馆观看霍尔建筑展时我很有感触，他并没有将建筑的外在形态作为关注焦点，他关注的是纯粹空间。观看霍尔先生的展览与读他的作品集很不一样，觉得发现了一个新的霍尔，我很期待看到他的实践作品如何变化。因为梅溪湖艺术中心，我们与扎哈事务所有合作交流，有时候想，如果扎哈没过世的话，她的改变或许也会很巨大吧，她早期、中期、晚期的设计思考很不同，所以她一定没到达她期许的终点吧。很可惜，我们永远不知道她将改变成什么样子。所以建筑师长寿也很重要。矶崎新先生近90岁了还在做设计。贝聿铭设计伊斯兰艺术博物馆时也80多岁了，他一直坚持使用几何形，传统的几何（形状）在他手上真的是熠熠生辉，你看中银大厦、卢浮宫金字塔、美国国家美术馆东馆都是三角形，那么简单的三角形构成，那么纯粹，设计那么精妙，令人难以企及。

张小溪：说到几何，胡倩在聊起湘博时也说过，为了它100年以后不落伍，使用的也是非常经典的偏几何形的一些设计。

博物馆是什么

杨晓：对，大概几何是人与世界与生俱来的一种联系方式吧。所以建筑师会坚守几何的一些原则。湘博同样是几何形的。

现在很多人都在讨论非线性的几何方式，更加扭曲或者突兀，而湘博使用的是比较温和与传统的线性几何的发展方式。作为一种线条语言，或者是一种空间语言，感觉矶崎新先生主要运用的是这种相对传统的几何方式。你可以看得出来，这里有横向的线条、竖向的线条、倾斜的线条，没有一根曲线。矶崎新先生设计的上海交响音乐厅是曲面的，中央美院美术馆也是曲面的，几十年前设计的奈良会馆也是曲面的，他这两年给广州做的一个馆也是曲面的。感觉湘博这样设计不是因为他对曲线不敏感，他的老师丹下健三先生当年设计的代代木体育馆，也是个非凡的曲面，所以矶崎新先生对曲线肯定是非常敏感，而且是有能力把握的，也特别善于运用曲线来表达。在湘博的设计上他肯定有一些特别的认知，让他选择了线性方式，用几何的方式、对称的方式来实现，好像矶崎新先生做对称的东西是不多的，或许这是某种设计的回归。

张小溪：选择这种传统的线性与对称，可能还是基于他对历史博物馆的认知。与美术馆、音乐厅、图书馆不一样，他觉得历史博物馆有自己的"形制"。

杨晓：是的。设计历史博物馆的机会本身就不多啊！大都会博物馆、大英博物馆更多是一种文化的综合。我们的历史博物馆有个很重要的不同，是由政府投资与主导的，（目的是）塑造族群的认同。例如构筑"湖南人"这样的概念，是要让我们认知到"湖南"与"湖南人"的历史，有强烈的意识形态在里面，感觉这也是矶崎新先生在烈士公园旁采用这样形制的原因。矶崎新先生对中国文化、对东方政治都有非常深入的研究，是有能力进行国家文化叙述的建筑师。他并不是讨巧，他明白他在进行一个综合文化的叙述，而不是纯艺术化的叙述。很多建筑师会把这次竞标理解为一种技术化的叙述，或者艺术化的叙述、风土上的叙述，竞标时几乎所有方案都采用与"三湘四水"或湖南地理相关的概念进行叙述，这些可能都不及意识形态的叙述来得契合。矶崎新先生的方案最终获得一致认定，是因为（方案）本身隐含着这样的基因吧。中国从古至今都很重视代表权力的建筑叙述，重要到规定民间不可以采用官方的建筑样式。在今天，博物馆与大会堂就是这样的典型建筑。矶崎新先生设计时可能有意无意做了这样的思考与表达，才形成了湘博这样一个大屋顶、一个"神庙"。

张小溪：你设计过机场、医院、博物馆等不同类型的公共建筑，设计有难易之分吗？

杨晓：我觉得难与不难，取决于你对这种建筑类型的了解程度，以及你想把它做到什么程度吧。几乎所有的建筑，对我来说可能都是挺难的。因为想要做到很好的完成度，想要尽可能的完善，就总也做不完，除非业主要开业。对于建筑师来说，可能一个建筑最好是永远做不完的。不论（建造）这个建筑花了多长时间，开业时你都会发现有遗憾，实际上你的设计还是有没完成的部分，有太多的地方你还没有进行设计，但它就已经完工了。比如湘博顶层的餐饮区，都是可以完成的设计，却没有最终完成。完成一稿图纸不代表完成了设计。在设计实践中，建筑师需要尽力做出最优的策略选择，为此要进行多轮设计优化与设计迭代。因此，设计是一个多轮循证的过程，在湘博的设计过程中，每一个系统都经历了这个循环往复的过程。

此外，无论是作为艺术作品还是作为一种集合系统工程，建筑都是远超出个体尺度的。一方面这是痛苦之源，另一方面这也是它的魅力之源。

能如此具有个性特征，又能如此深切甚至长久地去影响社会的事物并不多，文学可以，建筑可以。建筑跟时代的结合极其紧密，结合了政治、经济、科技、文化、哲学、美术，各类社会关系集合在建筑上面，这是非常奇妙的，既好玩又艰辛。湘博有那么多国外知名设计师来竞标，最后也只有一位可以获得设计权。获得设计权也只是刚刚开始，后面还要经历很多折磨，也面临失败的风险。建筑的特殊性在于，资金、地、项目所有权都不是建筑设计师的，唯一拥有的只是设计权，建筑师也没有设计版权，而其他艺术作品是可以复制的，比如书可以反复出版，雕塑可以做多个签字复制品，而建筑师永远不能从自己的一次性创作中获得后期收益。

张小溪：博物馆建筑在这中间有什么特殊性？如果请您跟未来要设计博物馆的建筑师总结一点共性的话，您会总结什么？

杨晓：博物馆设计肯定有其特殊性。建筑不是孤立的，在我的认知中，设计师去设计一座博物馆，需要从城市、历史、社会文化三个维度去思考。湘博的博物馆建筑设计就是从这三个维度展开的。脱离这三个维度，设计的博物馆可能是不成立的吧。为何新湘博会设计成这个样子？为何感觉这么古典？为何有人觉得比矶崎新先生30岁设计的建筑还保守？很多人有疑虑。我觉得这就是因为矶崎新先生充分考虑了历史，这也是为何后来竞标时几乎所有决策者都不约而同选择了这个方案。不同专业不同背景的人，其自身涵养中的历史与文化的成分在潜意识地发挥选择作用。这个方案的确立，就是在这三个维度中确立的。矶崎新先生在前面访谈里讲过博物馆如何在历史中展开，完整的博物馆历史是怎样的，那是他的博物馆类建筑的历史观，这一点很重要。

关于建筑与城市的关系——博物馆可以以怎样的方式在城市中展开——抛开湘博的具体设计，湘博与长沙的关系是可以探讨的。这里涉及一个很敏感的话题：博物馆为啥要建立在这里，如果它是长沙的、湖南的历史与记忆，一个博物馆是不可以随随便便被权力决定待在哪里就待在哪里。陈建明馆长也一直在忧虑，认为中国博物馆有个弊端就是权力想指向哪里就指向哪里。这里映射的是权力与文化的关系，指向了为何湘博会在这里建立、更新、迭代。（关于博物馆与城市的关系）在其他城市也是可以找到类似案例的，比如我们团队考察过大都会博物馆与湘博的类似之处，最初都纠结建在哪里，都有部分意见认为应建立在比较偏远的地方，但后来事实证明当时的决策者是很有眼光的。

湘博除了刚才说的三个维度，还有三个非常独特的点。

第一是延续了前一代馆的空间记忆，对历代馆的历史非常尊重。这在后面可以详细展开说。

第二，湘博是罕见的在馆内呈现出考古过程的博物馆。跟考古一样，建筑不仅仅要呈现出最后的形态，还要呈现出建筑的过程和工艺。建筑的魅力本来就在工艺之中吧，考古也是一样的。辛追夫人虽然很吸引人，但如果想让当代的人类社会跟辛追夫人发生关联与对话，还是需要考古学帮忙。通过墓葬的方式，把考古痕迹与路径展示出来，把考古学放到展览之中，花费巨大代价一步步去呈现出考古现场，很难得。比如展厅中巨大的墓坑并不是真的墓坑，其实是考古坑。葬的时候只有棺椁，设计中把棺椁置于最底层，把考古现场呈现出来。临展厅放一楼，想看到辛追夫人一定要先上三楼再一层层转到底下，就是让观众顺着考古的痕迹走，顺着辛追夫人当初的墓葬走，怀着考古的心情、怀着尊重的心情去认知展览、展品，这是非常独特的方式。

第三，湘博最是尊重展品以及与展品相关的文化与历史。马王堆专题展本来就是墓葬，展览做成深埋的墓葬形式，类似的设计很少。馆长与设计团队就"以什么样的形式展出藏品，建筑空间如何与之相对应，观众如何观看"做了深入思考，并做出了完成度很高的设计。可以这么设想：辛追夫人她是一个人，不能被当成一个物件，也不能为她建一座庙，不能将她埋在地下，也不能单一地将她呈现出来；应当给她匹配一种形制，就是墓葬的形制，呈现给当代与未来。如果非要展览她，或许这是最可行最妥当的陈列方式。在这里不是只有历史文化，而是完整展现2000年前的汉代生活画卷，连如何健身、养生都有，连女主人都在，观众能感受到的，是一种极其特殊的体验。

张小溪：湘博的建筑设计，与长沙这座城构成了怎样的关系？

杨晓：我生活在长沙，一直在观察与思考这座建筑与城市的关系。湘博建筑设计构建了一个连续性的通道式的空间，要理解这种连续性，可以通过建筑的剖面图，它是一个连续空间的剖面。从城市空间，到东风路的城市道路，到前广场，到水面形成的灰空间①，再到观景平台，因为屋顶覆盖了一部分水面，也接近一个建筑的灰空间，接着进入艺术大厅，到交通空间，到屋顶上，一直往后直到烈士公园的树林，到年嘉湖，空间都是连续的。这种设计形成的城市与建筑的关系，很有趣。

---

① "灰空间"，也称"泛空间"，最早是由日本建筑师黑川纪章提出。其本意是指建筑与其外部环境之间的过渡空间，以达到室内外融合的目的，比如建筑入口的柱廊、檐下等。也可理解为建筑群周边的广场、绿地等。

屋顶覆盖水面形成建筑的灰空间
湖南省博物馆供图

观众如果站在四楼平台，便能直观感受到这是一个流动的空间。从城市、广场、水面、艺术大厅、展厅，一直延伸到后面的森林、年嘉湖，毫无阻挡，没有任何中断，你也可以将其理解为一种气脉、力量、意识流。站在那儿，可以看到巨大的屋顶下四面都是玻璃幕墙，观众可以360度环视整个城市。屋顶覆盖前后也构成一种对应性，前面对应城市，后面对应公园的露台。可以说，博物馆不只是提供了保护文物、呈现文物的空间，同时在建筑里提供了观察城市的丰富视角，重新建构了一个认识城市的连续视角。所有城市建设的成就、城市的发展，也都会被这间博物馆收录下来。这种记录是靠人完成的，一代一代到这里来的观众，会记得他们看到的城市景象，把城市的影像也收集到这个馆的空间中来。博物馆不仅仅收藏文物，也收藏这个城市的发展印象，这一点也是很有趣味的。在湘博的建筑里，一驻足，一回身，这个馆与城市是没有任何间隙的，跟城市可以产生亲密无间的联系。有些建议是湘博可以迁移到更大更远的场地去。其实这个馆一直很努力地与城市保持一个特别友好、特别亲密的关系。

博物馆与周边环境的关系，也值得关注。站在高处，比如四楼室外平台上，能感受到博物馆的屋顶花园，是飘浮在周围的森林之上的。视角再升高一点，就可以看到烈士公园的绿色与博物馆的绿色是连续的，烈士公园的纪念碑就处在大片绿色之中，博物馆大屋顶也是。纪念碑跟建筑的屋顶是有关系的。屋顶没有超过纪念碑的高度，设计的时候特意注意了这一点。保持着小心翼翼的微妙的纵向关系，是与历史、与城市的延续与融合。每次陪朋友到博物馆来，都想要走到这个空间里，向他们介绍在这里看到的城市景象。从这种纵向关系上，可以体会到设计的用心。刚说的是南北方向的纵向关系，就东西方向而言，屋顶的高度、办公楼的高度、树梢的高度，像一片很自然的梯田。树丛有山的意向，树冠有高差，一丛一丛，从高处的层面看就是一片一片的——一片一片树林，一片一片水面，一片一片屋顶，都是连续的、有机的。在某种程度上，这是基于城市肌理的一种设计方式。所有这些是处于同一个层面之中，依然可以从某个角度呈现设计的构想。建筑师不愿意去破坏肌理，去破坏互相的关系。博物馆看上去挺威严，骨子里却是很亲近的。

在平台之上也可以看到整个屋顶的形状。飘浮的屋顶建立了一个辨认城市的标识。博物馆通常不会很高，怎么辨认它？一片金属的屋面，让你知道这里有一个很重要的场所。金木水火土的"金"也出现在这里。同时这屋顶也有鼎的意象，更结合了中国太和殿的形制，大屋顶的出现就很关键。没有这个形，整个底下的基座、中段都很难成立了吧。

而这个屋顶还是可以带来一些安静与思考的地方。对面城市、居民楼是烟火与热闹，后面的湖水与森林是宁静，既不仿造绿色森林，也不跟从城市的喧嚣，用非常几何化的大尺度屋顶介入这个场地，还是比较恰当的。

从四楼搭电梯往上，会进入一个"机舱"式的演播厅。舞台的背景是活动的墙体，舞台的两边分别是室内看台与室外看台，形成对视的关系。从室外看台拾级而上，就可抵达博物馆最高的一个公共平台。如果说四楼平台提供了一个观看城市西边的最佳视角，五楼平台则提供了观看城市东面最好的视角。那是一个真正的城市阳台，是最佳的城市观察视角，它没有在高楼窗户与阳台边观看城市的局促与疏离，而是完全置身于广阔的空间，是与烈士公园、与城市连成一体的空间，如同站在半空的感觉，具备在意象上、空间上的连续。站在那里，心境会被这广阔与平静感染，对长沙城市空间可能会有非常不一样的印象。在博物馆屋顶之上讲述着另外一个长

　　　　　　　　　　　　博物馆是什么

沙的故事，跟楼下展厅讲述的湖南故事相辅相成、相映成趣。

这个空间如果不向观众开放是很可惜的事情。观众在馆内参观，其实只看到了这座建筑的一半。

总而言之，因为博物馆的存在而有了多种观察城市的视角，对博物馆建筑来说很关键。博物馆不是把自己做成一个封闭的盒子，而是更多地、不停地去考虑馆与城市、与周边环境的关系，考虑跟绿地、森林、湖水的关系。它不是一个纯内向型的设计，精细设计馆内当然是很重要，但需要同样特别关注博物馆跟外边环境的关联。这种关联是互动的，陈建明馆长团队与设计团队都做了深入思考。

张小溪：城市与历史的关系呢？

杨晓：城市与历史的关系，可以站在三楼马王堆汉墓展厅正前方来看。这是一个非常关键的节点，可能很多人没有注意到这个空间。

马王堆汉墓展是湘博的核心展览。夜晚降临，艺术大厅灯光初亮，在城市的某些空间可以透过玻璃幕墙看到马王堆展厅序厅，隐隐约约可以看到、感知到。马王堆序厅被赋予的深沉而神秘的调性、代表博物馆最核心的展览在此是向整个城市开放的，你很少能看到这么具备开放性的展览。如前所述，建筑提供了一个从城市空间、室外灰空间、室内灰空间、再到序厅这么一个空间的完整与连续性，而博物馆也将保存得最好的核心墓葬展览通过这个连续空间呈现给城市，在建筑之外的城市空间就能看到。它的这种开放性表示，马王堆汉墓展品不仅仅属于这个馆，也属于这座城，属于所有人。

站在三楼这个节点，背后是历史图景，是我们的根源，我们的来处，湖南人正是在这样的环境中形成的；正面是城市图景，也是面对未来的城市景观，我们存在于当代，在这个节点上可以提供非常多的思考。当你穿过玻璃幕墙往展厅走，你会知道自己是来自城市与今天，但我今天要回溯一下历史；当从序厅反过来看着玻璃幕墙与城市，过去与未来时空交错，历史的碰撞很奇妙也很强烈。矶崎新先生在做这个项目的时候，设计中可能是有这种用意的，即关注了展览内容与城市、历史与现在、历史与未来的关系。在这儿，左边是历史，是精神源头，是文化内核；右边是城市与未来，是烟火生活。常常走到这里的时候，我会恍惚出神，有一种时空交错的奇妙感觉。

马王堆整个展览用光是比较低沉的，序厅里也没有太多提供阅读的信息，但建筑空间的信息是丰富的、可以有多重感受。看上去就是两根柱子加汉墓的标志，进深不大的一个空间，但这个空间与走道及外面的空间延伸连在一起，就变成一个巨大的空间。整个空间效果与感受非常丰富与独特。它既是完整的，有强烈的对话，也是开放的，有自己的话语空间。常常看到很多人急着往展厅走，很少有人回头看一眼，有点可惜。建议大家在这里能稍微停留一下，回望一下。

张小溪：我以前为了拍幕墙也多次站在这儿，但不会联想到背后是历史前面是未来，以及那种奇妙的连续性。不经提醒是很少有人能这样贯通的。建议博物馆在这里做一个小圆点，让所有来博物馆的人站在这儿一分钟，感受一下这种交汇的微妙。

杨晓：从这里开始，不妨停留一会儿，转身看看，你进入的将是一段掩埋在地下的时光，历史深处的时间。

在这个位置上，你所驻足的建筑空间能使你感受到，当下的你将如何进入历史的深处，你会有一种独特的时间感。乘坐从艺术大厅上来的两段自动扶梯，有点赶路的急促。在这里可以慢下来，稍作停顿，回望一下城市，再缓缓步入历史的深处。而且在整条东风路上，能完整地观察到城市的最宽广的玻璃幕墙的地方应该就是这里了。这个要广角才能拍出来的大片幕墙，就是城市之窗。

这个节点对应的完整的空间关系，与城市的关系，需要很多张图才能说明白。广场、水面、艺术大厅……一个个空间延伸过来，城市空间是可以一直延伸到我们站立的位置的。说起来是经过了非常复杂的多重空间，但心理感受与视觉感受都是直接的。

可以看到，设计者赋予艺术大厅的是不那么强烈的建筑空间，人在艺术大厅里感知得到的就是大片幕墙，柱子是毫不掩饰的。本质上艺术大厅与室外的空间是连在一起的。你看，地砖是从外边延伸到艺术大厅的，两边的墙也是从外面一直延伸到艺术大厅的，都是一个连续的整体，高处的屋顶也是连成一片，绵延的空间元素，给人一种半室内半室外的感觉。从尺度上看，玻璃幕墙是从屋盖一直垂落到地面的。设计者显然希望这面幕墙只是为了气候而设置的隔离，不构成视线的遮挡。真正的建筑其实是从交通空间（电梯交会处）开始，是从我们现在站立之处开始的。老馆是沿着神道一层层往上走到这里开始进入展厅的，其实今天在新馆人们还是这样，城市空间一直延伸到了同一个入口处。

除了站在马王堆展厅前面可以感受到历史与当下交错的感觉，观众在参观流线上也会经过一个个从历史回到当下又回到历史的循环，形成参观的节奏感。展厅相对昏暗，如果没有这样一个透气的节奏，参观会很辛苦疲劳。这样的休息空间的存在，又与天上的大屋顶相呼应。这个博物馆的空间关联性，不同于其他博物馆的，之前博物馆空间设计相对封闭与孤立，一切围绕展示。但在这个馆的设计中，从展厅出来的间隙里，远处能看到树、看到城市街道上的人，近处可看到其他参观的人。如同四楼的连续通道一样，二三楼这个侧面的通道里，同样提供了从城市广场到庭院绿地的贯通视线，这是一个展示之外的完备世界。城市是你生活的世界，花园是你精神性的世界，博物馆可以提供给你一个历史的世界。每一处空间都构成了不同的轴线。你站在交会点，参观的轴线，视线的轴线，可以提供丰富的感受。这个视线通道里时不时会出现一点观展的人呀，小朋友呀，互相之间有近、中、远的关系，这是挺有趣的。人构成的世界关系，是可以琢磨与阅读的。在大部分博物馆里，观察人的方式只能是观察你身边的人，跟着人群参观，人与人是没有距离感的。而站在湘博的这个走廊，与人是有距离感的，是一种有趣的阅读视角。如果你只是跟随人群，就不会有这种观察视角。纵向与横向的世界交错，给人提供了一种相互之间特殊的观察方式。矶崎新先生似乎很着迷于这样的空间。我们一起去参观过的他设计的日本大分县立图书馆，就有这种意味。

展厅间隙可以休憩与观看天空的廊道

湖南省博物馆供图

廊道，博物馆长长展线上的节奏点与休憩地

湖南省博物馆供图

张小溪：深圳图书馆里，矶崎新先生也是这样设计的。不同楼层之间的读者可以互相看到，又互不打扰，又能感觉与很多人在一起阅读。

杨晓：是的。这种设计方式，既亲密，又独立；既自由，又有规矩。加上远处的山水景观、城市街道，上面的天空与大屋顶，这种空间就会很丰富。下雨、下雪、天晴，空间都会变幻，而人们都可以感受到。

你有没有发现，矶崎新先生的设计一直在做内外的转换。廊道的石头墙，其实是室内的，但从室外一直延伸过来；马王堆展厅外的走廊是室内，所以用了木头；用石头的地方希望你感觉是室外，又不是纯粹的室外，毕竟遮上了玻璃。他用这些手法，是希望观众在空间中有丰富的体验吧。

我想，要把博物馆当作一个整体的文化现象，一个综合的文化空间去感受、去认知，不应该只有博物馆学者、博物馆管理者、博物馆建筑设计者眼里的博物馆，它跟人一样，是很复杂的，是不能做很多切片的。博物馆建筑这样的庞然大物，没有一个人能对它有单一完整的把握。通过设计与建成，当我们走在里面，可以感受到设计师对老馆空间的尊重，对市民老馆记忆的尊重；也可以感受到博物馆本身不断与外界发生关联，它不是天外来客，不是闯入者，而是与这个场地、这座城市有着丝丝入扣的关联。它是开放的，也等着每一位观众去与它发生属于自己的关联。

张小溪：听您聊湘博，感觉此前自己从未认识它，也感受到您对这座建筑有着很深的情感。有个说法，如果一个建筑师只能设计一个建筑，基本都会选博物馆，博物馆适合宣示自己的建筑宣言。您会这样选择吗？

杨晓：可能会有所不同吧。一个建筑师，从某种英雄主义立场出发，当然应该选择博物馆。但从另外一个角度，我自己是生活在长沙的，我的家人与朋友，大部分认识的人都生活在这个城市，如果只能选一个设计，相比博物馆，我可能更愿意设计一所医院。我更愿意去关注如何改善家人和朋友的生活环境，而不是达成自传式的建筑师的自我实现。建筑师需要对自己生活的城市负有某种责任，需要密切关注自己身边的环境，当观察到环境中的不便利或不美好时，常常有改善的设计想象。当然常常也有挫败感，因为现实的复杂性，使设计者往往也要做出妥协。

进入医院的人，是最需要被关怀的，需要周边的人与环境对他宽容，甚至主动提供帮助。从这个意义上讲，把一间医院设计好应是更紧迫的需要。

而事实上，大部分建筑师可能并不能自主选择设计项目。就我而言，能参与湖南省博物馆的设计，是特别宝贵的工作机会，也是非常幸运的事，不仅因为它是博物馆，更是因为它在长沙，它是长沙重要的文化建筑，是一个城市的文化核心。它是属于长沙的，属于我生活的环境的，它是在地的，所以我会充满感情。如果它只是一个博物馆，不管它是古根海姆还是卢浮宫，当然也很喜欢，但它们跟我的生活关系是彼端的。

张小溪：为何有这么强烈的"在地"需求？我没有这种感觉，可能我是世界的，哈哈。

杨晓：我觉得我们经历了一个剧变的时代，几乎每隔10年就要重新认识这个世界。我在18岁时认知的世界完全不是8岁时记得的样子，在28岁看到的世界又完全不是18岁时看到的。在时间上慢慢地失去故乡了，在地理上也在失去故乡。成长的环境已经不存在了，出生的小房子，租住过的房子，以前留下记忆的东西通通不在了。除了时间上、地理上没有故乡，我们在文化上也失去了故乡。小时候在极其封闭的文化环境里，到了1980年代中期突然展开一个不一样的文化天空，这种文化环境我们完全不熟悉，是突然塞给我们的，不是我们发展出来的，只是由于成长的需要，必须接受它。由于这样的无根感觉，才使得这种在地性与故土性极其珍贵，过往立场通通不再成立，是很可悲的。人或许可以把异乡当作故乡，就像你可以把大理当作故乡一样，但是它是你真正的故乡么？你做梦梦到的是它么？博物馆在某种程度上，可以存留我们的记忆与来处，成为精神的故乡。从这个意义上来说，与我们记忆相关联的建筑，都得认真去做，带着最强烈的感情。

张小溪：设计长沙市博物馆的时候有这么强烈的情感吗？

杨晓：也有，但是没有这么强烈吧。因为业主跟我们的互动性不如湘博紧密，工作架构也不一样。它没有像湘博的陈馆长（陈建明）、段馆长（段晓明）、李馆长（李建毛）、彭馆长（彭卓群），还有陈叙良、方昭远他们这一群博物馆人跟我和我们设计团队之间的"血脉相连"，因为我们整整有10年的时间是联系在一起的，现在实际上已经不止了，像陈馆长和我们的交往已经远远不止10年了。这种联系，有故乡的感觉。而且湘博也没有搬地方，这个场地由此就变得不一样，承载着很多人的记忆。

当然这种文化现象也是很有趣的，它最终由一个国际化建筑师团队领导设计完成。这是与对建筑技术、对建造的美学修养、对博物馆这种类型建筑的认知等相关的结果。

张小溪：听说您也很热爱逛博物馆，那么在国外看博物馆的时候，会有意识地去看什么？

杨晓：我可能还是会关注建筑本身更多一些吧。首先，我会比较关注博物馆的建筑历史，以及跟当地建筑与城市的关系。如果可以了解到的话，希望可以清楚地知道这个馆原来是什么建筑，这个场地上曾经是什么样的环境或者城市区域，比较关心这种关联性。我还喜欢关注它跟城市生活之间的互动关系是怎么构成的，甚至它跟旅游的关系、跟当地居民日常生活的关系，等等，都令我好奇，想去了解。

其次，我会比较关注观众，我很愿意去看什么样的观众在使用这个空间，或者观众怎样跟这个空间发生互动。比如在游览卢浮宫的时候，我就看见很多人在临摹画作，那是他们使用博物馆的方式，是去完成自己的一次创作。这是他们的传统，是很有意思的，这在中国的博物馆比较少见。我们总以为博物馆是用来参观的，但对他们来说不仅是可以参观，还可以在里面完成一次自身创作，这个过程总是很打动我。我还常常见到，比如日本很注重对小孩子的美学培养，经常看到一群小朋友由一个老师带着，围在一幅画前，轻言细语，老师在跟他们交流讨论。那么小的身躯在那么巨幅的油画面前所产生的张力和对比，会让你觉得这是作为人类的一种幸福，人有博物馆这种载体，真是美好。我们有物质世界的生活，有感情的生活，但是人还有个最重要的，就是思想方面的生活。小朋友在身体还没有成熟、感情还比较幼稚的时候进入博物馆，就俨然进入了一个非常庄严、非常奇妙的思想世界之中。

我还看到过，一位白发苍苍的老人沉浸在一幅画面前。你不知道她经历了什么，就一个人坐在那儿，她和那个画形成的一个气场，别人是进不去的。我想她看到画时，可能看到了自己的一辈子。这时候展品不再只是一件展品了，它是那个老太太的思想或者生命，是她经历的外延。那种情况是很奇妙的，你会觉得她是很幸福的，哪怕她可能是孤独的。我想，这种时刻打动你的是你跟她有一种共鸣，或者是某种共情。你的情绪与她的情绪也可能背道而驰，可能她是悲伤的，而你是喜悦的，但是我觉得彼此之间是存在共时性的，就是你能够明白大家虽然并不相识，你年轻一点，她年迈一点，但我们可以共享一个情境，可以共同经历某一时刻。我觉得这个是博物馆建筑空间的价值吧。

张小溪：刚才说起特别关注博物馆与当地的关系、与文化的关系，您在哪个馆观察到过这些关系？

杨晓：卢浮宫。当然其他馆也有，但是卢浮宫是非常典型的，我刚刚描述的这些场景都可以在卢浮宫看到。它那么大，转个角就可能遇见这些场景。它的建筑很棒，展品很棒，看展的人也很棒。

然后就是我专业上的观察。我会关注它空间的构成方式、材料选择、明暗程度、尺度、一些构造的做法……这都是技术性的，是我学习的对象。这种观察可以让我深入地学习到前辈与同行们的设计方法。比如：多种色彩的配合是这种效果；此金属和彼木头合到一起，用这样的尺度，用这样的光线引入，如何变成这样的一种感受，这种感受能够激发人怎样的感情。观摩一座设计优良的建筑，能获得很多。

张小溪：您个人喜欢陈馆长非常喜欢的盖蒂中心吗？

杨晓：是的。在我自己的设计工作中，就会经常学习盖蒂中心与场地、与地形的关系。例如，如何利用轴线，如何组织各种功能，各种形体的组合方式有哪些，总体模数与轴网对场地及所有设计的控制是怎样的，等等。盖蒂中心就像一个设计方法的宝库，值得反复学习，可以不断地取得收获。

陈馆长是博物馆学的大家，他看盖蒂中心会有博物馆学的视角，也必有其特别的体验方式。

张小溪：看到一个故事，贝聿铭先生设计美国国家美术馆东馆时，甲方定位很高，甲方团队、设计师和相关专家专门进行了为期半年的欧洲之旅，选择他们认为最有参考价值的博物馆，逐个参观、分析，研究得非常透彻，为后来东馆的创新打下了坚实基础。比如通过参观调研，他们认为展厅不宜过大，最佳空间是600—800平方米。最后，东馆三角形的几个墩正好是这样一个尺度范围，形式和内容完全吻合。

另外，通过调研发现老美术馆在观众服务方面有所欠缺，那样老的空间形式与现在新的商业消费场所相比并没有竞争力。鉴于此，贝先生在博物馆内部设计了一个艺术中庭，配置雕塑，引进阳光，设计得非常艺术且丰富多彩。如此，他在博物馆的空间类型上实现了一次突破和创新，成为新的典范。如果只能看一座贝聿铭设计的建筑，据说很多建筑师会毫不犹豫选择东馆。

为了建造高水平的湘博，陈建明馆长与建筑设计团队、展陈团队一起参观了世界上很多优秀博物馆，这对你们有什么认知上的启发吗？

赵勇：回头看，陈馆长带着博物馆的内容团队，我们省建筑设计院的设计主力，以及中央美院的展陈团队，到全世界去看优秀的不同类型的博物馆，让所有人深刻理解什么是博物馆，什么是博物馆展陈，是陈馆长做得非常有前瞻性的一件事。在欧美日一系列博物馆之旅中，创造条件让我们与大师面对面交流，跟博物馆管理方面对面交流，甚至让我们参加在明尼苏达州双子城举办的2012年美国博物馆协会大会，这是馆长的战略性思考，甚至可以说是核心贡献之一。他清晰地知道湘博未来有怎样的使命，他对实现的途径考虑得很清楚，既然都铆足了一股劲儿，想在这儿建立一个世界级的博物馆，那么挑选伙伴就很重要。他在设计尚未开始之时，就已经目光长远地在考虑后端的执行。世界级的博物馆需要世界级的思考，世界级的团队。说实话，负责落地设计的我们，甚至负责展陈的中央美院团队，都还有很长的路要走。馆长他没有表达出来，但他用实在的举动，将理念深深植入每个伙伴的大脑，拉着大家一起往前走。战略层面上所有人保持方向的一致，这在一个巨大公共建筑建设中至关重要。虽然身份有点尴尬，但在这个项目上，我所在的省建院收获很大，从本身的建筑体系层面来看，成长还要做很多事情。对我个人而言，这个项目也是影响深远。我记得在纽约，一次酒后回来的车上，酒量不好醉意深浓的我对陈建明与彭卓群馆长承诺：这个项目不管别人坚持到什么时候，我肯定会坚持到最后。如果不是因为当初的博物馆学"洗脑"，不是被馆长灌输了博物馆的使命与情怀，知道湘博对于湖南意味着什么，后面那么漫长艰难的设计与建设过程，真的是很难坚持的。如果只是作为职业生涯的一个项目、一个丰碑，我不一定能坚持下来。

杨晓：湘博因为有世界级的收藏，而要建立世界一流的博物馆。具有国际视野的陈馆长，本身就希望这个馆的建设是一个国际性的文化事件。他为湘博争取的不只是国内的声誉，而是希望它拥有世界级的声誉。馆长希望集博物馆之大成，把世界上各种博物馆的经验，他对博物馆的认知，都呈现在这个馆中，希望这个馆做出来是有特征的。

其实在做湘博项目之前，我也喜欢与同事去欧洲、日本参观博物馆建筑。当然后来与陈馆长又一起游历了更多的博物馆。

赵勇：我接触博物馆有点晚。最初基本就是在意大利博物馆，通过建筑、绘画去了解文艺复兴，了解到比书本上更具象、更深层次的文艺复兴。与陈建明馆长再去博物馆，侧重点发生了变化，不同的阶段对博物馆的认知在变化。最初是发现能增长见识，慢慢发现博物馆的知识；后来就是在打破偏见，超越自己的眼界。中标之后，去日本、美国看博物馆，对博物馆的认识就更具象与细致了。如果说在意大利艺术类博物馆，像阅读一本本历史书；那么在日本博物馆，则被人性化所触动。日本博物馆以观众为核心，潜移默化，通过细节渗透，让你不知不觉吸收博物馆想告诉你的东西，这与后来湘博的氛围还是有本质区别的。湘博的"以观众为中心"，还是锚固在地点上，锚固在博物馆人对博物馆的情结上，锚固在博物学的发展及在世界史中的地位上，出发点不一样，形成的感受也不一样。

最终打动我的，还是价值观上的东西。比如林璎设计的越战纪念碑，解说是我非常欣赏的：越战背景是什么，为何美国要参战，美国死了多少人，越南死了多少人，平民死了多少人，造成了多少经济损失，对美国参战者造成哪些心理伤害，对越南造成什么负面影响，以后遇到这种事情，应该如何面对。它不是站在美国的角度，而是世界的角度。它所体现出来的超越政治的人道主义精神和敢于直面历史的勇气，打动了很多来此参观凭吊的人。包括在美国国家博物馆里有一个印第安人博物馆，设置在显眼的位置，特意选印第安人设计师设计，这都反映出社会追求的价值。

张小溪：杨晓说自己以前有过"曲折"的博物馆设计经历，赵勇老师呢？

赵勇：我是第一次接触博物馆建筑设计。在此之前设计过殡仪

　　　　　　　　　　　　　博物馆是什么

馆、旺旺医院；援助建设过安提瓜和巴布达联合王国板球场，一个7万人的国家建立2万人的板球场，是很宏大的事情；之后参与过黄花国际机场设计；间隙去援建了非洲医院。湘博之后，做过地铁的控制中心，以及350米高的世茂中心。我与杨晓参与的几乎都是公共建筑，每一个项目考虑的向度都不一样，也不断地去拓宽技术与人生的范围。比如台湾业主会把事情与工程的逻辑清楚告知，对设计与技艺功法理解不一样；援建非洲医院时，似乎跌落到完全不同的世界，眼见尸体一层层堆在板子上，满屋苍蝇，似乎生命的价值一下子掉入谷底；半年后在瑞士，美好的乡村环境让人恍如隔世。有了这些历练，参与博物馆项目时，我会想：地球上有如此多元的世界，而博物馆不就是记录这些与思考这些的吗？

以前我不只对博物馆是困惑的，对建筑也是困惑的。工作两年重新去读研究生时，才真正开始了解建筑。《从结构到解构》这样的书给了我思考路径。没有体系时，我们去建立世界体系，而建立了系统后，对人的自由追求又有了限制，人们又想去打破它。那时候老师将我们丢在武汉汉正街去做田野调查，不断地探究城市，如同看历史小说一样，慢慢去找到背后的秘密，隐藏的人性。以后看建筑也更习惯用更宽的口径去看，在美学领域、城市设计领域切换，慢慢绕几个圈再回来，过一段时间发现又不是这样。绕来绕去才是乐趣所在。我以前以为建筑的发展都是一帮大师想出来的，后来发现大师根本想不出这些事情，其实都有内在的社会发展逻辑在里面。这个逻辑建筑师想不出来，建筑师都是摸着哲学与艺术的尾巴走的。我不相信宏大叙述，不相信杂志上呈现出来的汉斯·霍莱因、扎哈、妹岛、安藤的扁平传说。我喜欢真实的、人作为有机生命体的那种具体而微的乐趣，比纯逻辑的东西更有魅力。

张小溪：您第一次参与博物馆设计，以前对博物馆也不太熟悉，感受到做博物馆建筑与其他项目的区别是什么？

赵勇：随着认知的逐步加深，发现其他项目更多是技法的表达，而博物馆项目会更注重思考精神层面。要做好博物馆设计，就一定要先理解博物馆，之后再思考做什么样的博物馆。区域化的？开放式的？人性化的？馆长在如此思考，矶崎新在如此思考，你想实现它，必须也如此思考。而思考得越多，这个博物馆对城市的影响才会越大越持久，影响的人才会越多。它能量的爆发，是由思考的深度与广度决定的。

张小溪：这可能也成为主力团队的精神共识了。我们回到具体的一些设计。前面说到老陈列楼，原本是在保留老陈列楼的基础上改扩建，最后它消失了。里面到底发生了什么故事？

杨晓：那就稍微从前面一点开始讲吧。博物馆建筑的更新是充满理性的建筑行为，要对现有资源进行优化、整合与重组。旧博物馆可以被再次赋予新生，弥合前后时代的鸿沟和文化差异，成为具有独特魅力的一直"处在生成和变化之中"的建筑，世界上许多历史悠久的著名博物馆都处于这样的不断进化之中。中国的博物馆建设，大概在20世纪90年代经过一轮建设高峰，十几年后面临新一轮改扩建。

博物馆改扩建基本都需要体现对原有建筑和场所的历史感的尊重。保留原博物馆建筑，一般会采用三种方法：新旧并置、立面保留的内部改造、新旧融合。

第一种做法是新旧并置，在保留原有建筑的同时，直接在其旁边建造一个全新的建筑。优点是可以完整地保留老建筑，新馆建筑与老馆建筑形成对比或协同。

　　　　　　　　　　　　　　　博物馆是什么

第二种做法是立面保留的内部改造，即完整保留现有建筑的立面，仅改造内部空间。在保留建筑极具历史特色的辨识度的同时，完成其内部空间的现代化改造。它的缺点是，处于地面的建筑已经基本限定了面积，而通过建造地下空间扩容又容易受到经济和技术成本的制约。

第三种做法是新旧融合，即以新的建筑去包裹原有建筑。其最大优点是既建立了新的建筑形象，同时又保留了现有建筑。这是一种应用广泛的扩展纪念性建筑和大型建筑的方法，虽然在实际操作中很难去百分之百地保留原有建筑，但原建筑主体基本都还存在，亦不影响其内部空间的改造。新旧融合是一种在兼顾已有建筑的基础上又能适度创立新空间的改建方法。

熟悉湖南省博物馆的人都知道，原来的老博物馆所在处不仅大树葱茏、草木葳蕤，而且它还留存了自20世纪50年代到90年代充满各个时代历史感的老建筑，博物馆本身也是参观者参观历史的一部分，甚至也是参与老馆设计建造管理的所有人青春的一部分。尽管老博物馆所用的石材和外立面如今看来已经平常无奇，我们院的老建筑师们还是会经常到馆里走走。博物馆人希望将这份对老博物馆的感情，延续到新馆上，在招标书和最初的所有方案里都明确规定老陈列大楼需要保留，在此基础上进行改扩建。

基于招标要求，矶崎新设计团队选择了融合的改扩建方法。融合可以打造从外表上看是全新的建筑形象，在内里保留原建筑的核心与氛围的效果。

张小溪：老陈列楼在你眼中是一栋值得保留的建筑吗？

杨晓：老馆从形制、建筑材料、空间感受等方面讲，都是一座非常典型的博物馆建筑，当时获得了国家建筑设计银奖。它的尺度恰当，空间格局恰当，从城市空间切换至博物馆内部时需要通过的那条长长的观众甬道也恰当。老馆是以马王堆墓葬为核心来呈现的，复原马王堆墓坑就是它的首创理念。正是因为它的一系列"恰当"和足够的创新，毫无疑问当年老馆的设计理念是成功的，确实称得上是一座成功的重要建筑，也正因如此，老馆才能扎根在烈士公园旁，成为这个城市的标识物之一。在国际招标之前，省建院也做过改扩建方案，当时是留下老馆，让它居于核心位置，而其他功能区试图从地下、两侧、后端去扩展，变成一个建筑群落，没有去设计成一个巨大的单体建筑，总体的扩建思路是采用新旧融合半并置的方式。

张小溪：矶崎新的建筑方案，从概念设计到深化设计之间出现了实现的问题？

杨晓：新旧融合的设计肯定会比一切推倒重来要麻烦，比如用新建筑去包裹住旧建筑，二者的标高如何衔接就是个看似简单、实则复杂的问题。新旧融合的兼顾性也必然会带来许多设计与施工的技术性难题。比如：在评估保留原有陈列大楼主体时发现，对大楼的基坑支护施工非常困难，技术复杂，造价需要多花数千万元，工期则需延长6—9个月，即使完成基坑支护，新展厅功能也会受到严重制约，达不到设想的功能要求。新馆与老馆层高相差两三米，需要上下转折的楼梯去连接展厅、服务台、贵宾厅、文物仓库等，人流物流动线都非常复杂；距离老馆不远就是区域规划红线，边上的变电站与邮政局都不能迁走，棚户区也不能拆除，新建筑要衔接融合老馆，必须在原建筑周边往下开挖基础深坑，基坑一边紧贴红线与外部建筑，一边紧贴老馆的承重结构；老馆周边场地将被全部挖空，但施工中不能产生影响文物的震动。如此一来，施工的成本、

博物馆是什么

工期都大大增加，文物安全性也成问题。还有诸如需增加大面积地下建筑空间；施工时需将地表所有植被迁走，完工后再回迁等问题。设计理念的落地深化设计一时间停滞不前。

　　文物保护始终是博物馆工作的重中之重。选址时国家文物局组织的专家论证会，花了几个月去评估马王堆核心文物——辛追夫人的处置方案。从文物保护角度来说，是不宜搬动辛追夫人的。理论上可以保持辛追夫人原地不动，再用巨大体量的结构进行保护，但这不能完全避免施工措施的振动影响。业主团队对比了各种不同的解决方案，而选出的最优保护方案，则需要定制超大型钢结构防护罩、特殊的隔振床、各种防止振动与受损的附加设施，以及进行施工现场的同频共振限制。这种情况是此前的国内建筑工程和文物保护行业从没有碰到过的，无论是定制还是实施，都无任何前例可以借鉴。多次评估后发现，不仅造价昂贵，而且时间完全不可控，也没有任何施工方能确保这跨越了2000年时空的辛追老太太在整个过程中能万无一失。仅就基坑支护一项，前后开了几轮专家讨论会，大家发现原址施工保护难度非常大，施工过程中面临很大风险。新旧融合，在防震、消防的标准上，都有很难逾越的困难，要想完全不动辛追夫人，确实很难实施。

　　如果不完全重建，原以为只需在博物馆内部腾挪，问题或许会少很多，但最后发现即使不重建，也依然要面对其他的一堆问题：保留老馆并不能节省造价，甚至花费更多，施工场地与施工组织的困难也很大。老馆在10年前按照50年基准期设计，新馆用当下的工艺与规范应按照100年设计；新旧建筑的消防安全与消防设计有很大的矛盾；前后建筑设计体系也不匹配，监管部门与消防部门的审查很难通过。更重要的是，如果老馆不动，核心空间并没变，整个馆的品质没有改善提升，以前打算被有限保留的老馆，在新体系和现实前就成了包袱。

经过非常严格的论证、计算，最终才确定了另外一个方案，即拆除老馆，在塑造全新建筑形象的同时保留老建筑的空间特征。其优点在于，可使土建工程更为简单和安全，同时缩短施工工期、减少造价。全新的现代化设计可以让各功能流线清楚分开，为观众创造一个更为人性化的空间，确保观众参观展厅时享有宽敞且舒适的活动空间。通过流线的优化设计，提高消防等的安全性，从而符合现行的国家规范。而马王堆汉墓辛追夫人的安保、温湿、防震系统都可以毫无限制地用最新的技术进行优化，以确保文物的安全，同时也保障了各展示空间和核心库房的安全性。

张小溪：这个论证过程想来也是充满艰辛的，而且社会舆论压力很大吧？

杨晓：拆还是不拆，争论得相当激烈。事实上，进行全面的对比、斟酌和辩论，直到做出最后的决定，花了团队整整两年的时间，都已经记不清那两年时间开过多少次专家论证会。这也是一个极其复杂的大项目必须经历的过程吧，这个过程孕育了项目的成熟度。一步步去试验、去调整，一条路走不通就换一条，这都是基于对项目极其负责的态度。经过一轮又一轮的对比争论，反复做方案、反复计算、反复论证，最终在现实的困难与对比数据都清晰地摆在面前后，大家确认只有拆老馆，才是安全可控又节约成本的方案。用新的技术材料、新的设计，去呈现过去老馆的空间与印象，就是最优选择。

张小溪：从情感上而言，我估计陈建明馆长是特别不舍得拆除老馆的。但他说，专业团队评估完做出最优的方案，告诉他留下老馆的代价太大时，怀旧而谨慎的他也明白再多的情怀和行政决策也必须服从现实技术要求与经济效益需求，需要他不得不做出人生中最为艰难的决定之一——拆除湘博原馆。

杨晓：陈馆长是很有历史感的。虽然城市发展免不了大拆大建，但湘博改扩建却是最初坚定地要保留老馆，只允许拆除附属建筑的。最终在慎重、科学地考量下，又变成一个拆旧与新建的博物馆，冥冥中似也有各种机缘巧合。最初，胜出的矶崎新方案是尊重了业主要求，保留了老馆的，但又大胆地把原馆的大屋顶削掉只留下相对有辨识度的主体，老馆是被新馆包裹其中几乎看不到的。他是在不违背竞标规则的前提下，最大限度地维护并实现了自己的设计理念。

张小溪：我查了一下当时的新闻。2012年6月，湘博宣布闭馆，原来的陈列大楼即将被拆除，人们蜂拥而至。6月17日，参观人次历史性地达到12 000多，创下了湘博建馆以来的新纪录，当天等候队伍最长时，从湘博门口一直排到了营盘路口，长达一公里。很多人对老馆的感情非常深厚，赶来告别。包括陈建明馆长与老员工们，他们将整栋楼里里外外都做了信息采集，不舍地告别。

在后来新馆的设计中，是如何保留老馆的氛围的？

杨晓：在决定拆除老馆后，矶崎新先生又重新设计了方案。矶崎新依然用融合表达了他对老馆建筑的态度，但又将对历史的尊重放在第一位，很尊重原有的印记与符号。在新馆中，保留了老馆的墓坑设计，基本保持在同样的位置，不仅是按照1∶1比例复原，而且让它依旧成为博物馆真正的核心。新馆二楼，留下了老馆很有代表性的一排廊柱，就在老馆柱廊的原处，根据老图纸老材料复建，那是老馆最具象的一个存在。不了解旧馆的参观者会很好奇为何要放这样一排柱子，而采用的材料也并不突出。矶崎新团队思考过，只要不是非常违和，就保留这些柱子的形态，就像留下家里的老物件，留住记忆，连本地化石材的使用这个细节上，都延续了老馆不黄不红、丁字弯的麻石。可以说，整个空间严格意义上保留了老馆的空间形制和历史记忆。

很多城市的新博物馆直接迁移到城市重点区域，或在热点发展区域新建，博物馆自己的更迭换代之间就没有了关联。湖南省博历代展馆建筑的原址更新可以提供另外一种有价值的参考。

作为历史博物馆，一边接续历史，一边创造新的历史。湘博做到了，在新老馆相关的联系中，水乳交融，长出新的血肉。虽然物质上的老馆不存在了，但精神上是存在的，在新馆中一脉相承。

赵勇：其实新老馆之间有着非常多的延续。你看这一张博物馆新馆的模型照片，四组八根朴素的大柱子撑着的大屋顶下，左右各有侧翼，中间则是象征核心墓坑的透明盒子的正方体，其位置与尺度，甚至两侧的斜墙都呼应着老馆的原制。博物馆核心文物的摆放方式、位置，参观的流线与空间组织，新老馆之间都有极大相似性，那些核心空间记忆通过具象和抽象的方式都被努力保留了下来，满足了新旧馆的传承感。即使将新老馆以正立面方式并排摆着对比，都有着外部形式的暗合与呼应。因为这样的同构关系，观众从怀念老馆到接受新馆，心理上不会特别突兀，但又很难说出哪里似曾相识。

其实之前的石材，显得并不高级，甚至有点陈旧破烂，但那是我们家的东西，破一点也没关系，继续使用。人的感情有时候不在乎完美不完美，我们很尊重这份感情，想把这份感情留在新馆里。

博物馆是什么

艺术大厅二楼保留的老陈列大楼廊柱
湖南省博物馆供图

张小溪：我以前多次去过老馆，所以我能记得这一排柱子，确实似曾相识。它们居然就在以前同样的位置上，让我很惊讶。听你们讲完后我再去新馆，更能感受到这种空间与精神力的传承。如果是其他方案中标，会不会老馆可能还存在？

　　赵勇：每个人都只是站在自己的立场，建筑师是要看到总体的平衡的。我们今天再次复盘这个过程，我的判断是，当初不管谁中标，结局都会是这样，因为这是价值取向的最终结果。2008年实施博物馆免费开放后，观众量暴增，对展览的空间、质量、多样化都提出了更高的要求。随着人们文化需求与眼界的增长，博物馆必然掀起一股"革命浪潮"。改扩建就是要面对这种新目标与新需求，本身就意味着打破与创新，意味着某些拆除。每个结果通常都是博弈的取舍。一部分人觉得老馆本身有它的荣耀，有它的沉淀，需要传承；一部分人认为它已是古董，不符合当下需求，应该打破。不管选择哪个方案，这两种矛盾始终存在，拆与不拆，不过是矛盾的外化。最初的"留"，是基于感情与城市记忆；但最终随着思考的深入，慢慢都会洞察到，在老馆的基础上，要立志做一个国际一流博物馆，可能会连一个国际级标准的展览空间都没有，要引进一个梵高的画展，可能连恒温恒湿，甚至安保都达不到要求。当老馆这个"酒瓶子"已不能适应更高规格展览这一"新酒"的需求，不能满足民众的期待时，那留着不过仅仅是个吉祥物。既然是要解决公众的矛盾与期待，就要从根本上去解决问题，不能只是满足怀旧与意愿。越到后来越认识到，想要满足以后的需求，只能忍痛割爱。

　　在这一场选择中，起到很大作用的，其实是从没在讨论会上发过声的泱泱观众。尽管受到预算、工期、地块等众多因素的制约，但不管决策者是谁，都会选择建造能最大概率适应和满足观众新需求的新馆，而这是最容易实现共赢的方式。观众满意了，博物馆完成了使命，政府与投资部门也实现了公共职能，皆大欢喜。这就是价值取向的必然结果。

张小溪：新馆开馆的时候，观众的满意度还是很高的。

赵勇：满意度都是阶段性的。没开馆时，开馆是第一需求，只要开馆，刚性的满意度都会很高。但不同阶段，观众的需求会变，比如对临展的要求，一切都是有迭代的，有成长性的。而博物馆，只有坚持人性化服务，并不断提高专业服务，才能满足观众越来越苛刻的眼光。

在设计湘博的同时，我们团队还在做黄花机场的设计与修改，二者都是公共服务设施。在新的发展情况下，人性化的公共需求、品质需求都会越来越高。机场首先提出来要做一个人性化机场的诉求，我们去日本考察回来后，在湖南建筑行业推进人性化设计。我们当时也跟博物馆提出，要做人性化的博物馆。一方面是响应当时各种声音；二来也是适应新时代大家对公共建筑的一种新的期待，让公共建筑回到公共建筑服务性的本质上，也跟政策导向达成共识。当时我们提出"打造人性化博物馆"这个建议后，馆方非常积极地采纳了。所以后来你看到，好钢用在刀刃上的话，博物馆的很多"钢"用在人性化服务上面了。博物馆必须回应这个社会，新馆不只是硬件更好了，管理与服务也需要比以前更好。

张小溪：你们提出的人性化博物馆，跟湘博一直奉行的"以观众服务为中心"可能是暗合的？

赵勇：应该算是。湘博老馆时代服务是很好的。正是基于对生命一直以来的尊重，我们去湘博建议推广人性化建筑的时候，他们自然而然觉得，这就是应该要做的事情。你现在去看湘博，人性化服务可能不是世界顶级的，但确实做了很多探索与思考，从你踏进博物馆大门就开始感受到，饮水、卫生间、标志性体系、无障碍体系都很有特点，甚至还扩展了人性化管理体系。做这样多的人性化服务，不只是对个体的一种关注，还是对普世的关注，关注的点覆盖全流程。

博物馆超规范难题之解决

张小溪×杨晓×赵勇

张小溪：相比那些奇奇怪怪的实验建筑，湘博的建筑看上去算挺"正常"的。建筑的实现过程，尤其在结构设计上有怎样的挑战？听说你们也有过通宵达旦的讨论。

赵勇：比如艺术大厅的结构解决。两柱之间跨度几乎长达30米，中间没有柱子支撑。按照常规思路，要么加一个柱子，要么把梁加大。但加柱子，空间将变得不伦不类；加大梁则会显得笨拙，而艺术大厅需要轻盈感。那是否可以直接用大柱子把屋顶先顶上去，再用东西从上面往下吊，这样就不需要从下面支撑了。用什么吊呢？是用绳子，还是让玻璃幕墙的龙骨直接受力？几方争论激烈，最后达成共识，为了保证艺术大厅空间的通透性、开放性与轻盈感，利用幕墙本来的龙骨作为向上吊的着力点。如此，幕墙与结构体系完美地融合在一起，形成最初预设的开放轻盈的格局。最终艺术大厅也是按此方案解决的。

原设计里，艺术大厅幕墙是大玻璃，且是高透明的白玻璃，越是透亮，越能很直接地让公众感受到博物馆是一个很开放的空间，昭示建筑的属性是开放性的知识场所。光线透过加格网的高透明玻璃时，会形成斑斑点点投射进艺术大厅，用构件表达纱的效果，就更有诗意一些。格网有自己的肌理在里面，需要定制，工期拉长，造价也高，最后在匆忙中，用灰色的铁构件，简单的方框构成横竖线条，施工方便，造价偏低，隐约实现了几分效果，但略显呆板，离矶崎新原设计的意境，应该是相差甚远。

张小溪：我一次次在艺术大厅看过光影移动，确实不曾有特别迷幻的瞬间。我想矶崎新先生第一次来到的时候也应是略感失望的，或者也早已习惯了在中国做建筑设计的种种衰减与无奈。

赵勇：对结果失望会有，但矶崎新或许也能在过程中找到乐趣。中国建筑曾经丢掉的东西，他一点点在找回来。就像艺术大厅，按照传统的中国人的做法，肯定会把这个大厅的尺度做得很大，不会像现在，一进去好像很局促。现在大概是二十米，中国人做至少会拓展到三四十米，一进去视野就有一个延展度。他不是这样想的，他说，中国建筑在单体来看从来都是横向拓展的，中国建筑想展现的是一种横向的意象，或者说一种稳定、一种延展。中国建筑要想在进深方面获取优势，不是靠一览无遗的空间，而是靠移步换景，靠空间园林，空间园林靠的是节奏。资金充足，就一溜建筑往后延续，寺庙如此，故宫如此，一进一进来展示强大的内涵。

艺术大厅没有做大空间，除了受场地限制，也是因为中西方文化有很大的差异。哥特式教堂，一进去就是一个很长的通天空间，让你心生敬畏。中国是那种世俗文化，或者说儒释文化，要的不是这个。基于地或者领土的理念，能够让你进去以后，先是横向上平复一下，再在这里感受一下，再看下一个院子，下一个殿。这个可能跟人对社会的认知，以及经济发展有一定呼应。我觉得在这个空间上，体现了中西方文化直观的区别。矶崎新先生对中国文化的魅力和内涵，有独特的理解。他觉得这样做很有意思，很有趣味，找到乐趣了。这也是他愿意花这样多功夫去做这个馆的一个核心原因。

杨晓：项目没开放之前，都属于设计阶段。结构是建构的基础，也是建筑表情的重要符号和空间构成的主要元素。在结构的基础之上建筑的表现才能发生。湘博建筑结构设计是一个巨大的挑战。

构造最复杂的是大屋顶、玻璃幕墙及八根大柱子，当然都是结构挑战。比如墓坑怎么实现，建筑师有他的要求，为了达到这个要求，我们做了两层混凝土结构，中间没有任何梁和柱，完成的效果很好，这是用大量的计算与思考才得以实现的。

由这么几根柱子支撑的屋顶结构，除了能够完美地实现这个建筑的型，还能在屋盖中间容纳一个完整的报告厅，而屋盖下的四组柱子，承接的是上方9000平方米、总重量超过1.2万吨的屋顶结构。柱子非常纤细，接近材料强度的极限。这几根大柱子，可以称之为"矶崎新柱式"，柱式很高，要求断面尺寸很小，在建筑给定的尺度下实现很有难度。为此，矶崎新先生还特意请了著名结构大师佐佐木六郎作为结构顾问，提出了结构概念。我们团队很尊重这个概念，但整个结构的具体设计还是很艰难的任务。

后期建筑方案发生巨大调整，也意味着要做大量的结构调整、大量的结构深化设计，比如屋顶多面体桁架里新加了一个音乐厅，结构就完全不一样了。

另外，建筑是堆台上的建筑，堆土对结构来说有特殊影响，土压在结构上很不利。既要呈现堆土状态，又不希望堆太多土，采取了很多减轻自重的措施。

还有如何实现一个完整的、巨大的、没有一根柱子的临展厅。临展厅跨度特别大，它需要足够的净高，接近12米。那么留给结构的空间就特别小，在上面得安装设备、检修用的马道、灯棚等，未来展览中还得可以吊挂。怎么实现结构就得非常精细，当时花了巨大的力气，想了很多办法，建筑与结构、技术、机电都做了复杂的结合，最后做组合式钢梁才得以实现。在这种结构厚度与复杂的空间环境中，怎么实现消防，是个巨大的难题，建筑师是国际化的大师，消防是本地规范，中间产生了非常复杂的情况。临展厅也设计了可以单独进出的通道，安置在最底层，而主展览需要先上到三楼再慢慢往下，看临展与看基本陈列是不同的心情，相对应的展厅物流、人流、维护展览的装备都是不一样的，这都是关键的技术问题。

还有一点，博物馆建筑很特殊，比如展厅，它也是如车站、机场一样会聚集大量人流的空间，但是像机房、出风、温控等各种各样的设备处理却非常不一样。一般博物馆都会在展厅层的很多地方设计有设备机房，但在湘博，观众所处的楼层是看不到设备机房的，这意味着展览层没有设备机房，设备全部被吊在展厅的上空夹层之中。这样，展览空间显得非常简洁，没有任何突出的地方，观众参观流线不受打扰，同时设备的振动噪声也不会干扰其他空间。

这是一个50多米的高层建筑，结构超限，在消防与结构上都非常复杂。一切的困难都是非常具体的，但技术专业（团队）全部按照建筑师团队想要的空间效果去实现。整个过程中，矶崎新团队没有对结构提出任何质疑，可以说，结构专业（团队）跟随了建筑师的设计构想，建筑师想实现的空间，结构工程师给予了全部的支持。

张小溪：有比结构技术上更难的事情么？消防一向都是令博物馆头疼的事情。2018年巴西国家博物馆毁于大火；2019年巴黎圣母

　　　　　　　　　　　　　　　　　　　　博物馆是什么

院发生火灾；同一年我们一起去过的世界文化遗产日本首里城也被焚毁；2020年美国的华人博物馆也毁于火灾，失去很多珍贵的见证物。一次次惨痛的教训提醒着我们博物馆消防的重要性。你们是如何处理消防的？

杨晓：消防是技术重点。团队进行博物馆考察的时候，也仔细咨询了每一间博物馆的消防技术方案。消防的处理也是个超规范的难题，既要合乎中国的建筑消防规范与验收（标准），又要满足文保要求，同时照顾观展感受。国内针对商业与居住建筑的消防设计有详尽的规范，但还没有博物馆的消防专用规范。面对博物馆建筑，现有的规范不是很够用。

消防与安防是一对天生的矛盾体：要保证人的安全，就需要建很多通道；要保障文物的安全，兼顾文物管理，则地下巨大的库房就不能出现太多通道；只符合目前消防设计的安防可能会有漏洞。电梯直通户外，对流线也会产生很大影响。不同材质的文物，采取的消防措施也完全不同，不然可能严重损毁文物。在四楼高处巨大屋顶里设计的多功能空间，也是不太合乎消防常规的。在方案评审时，省消防总队的同志就明确要求修改设计。最后研究的结果是：超规范的部分需要做有针对性的消防性能化设计，性能化设计关键是分析与模拟，找到适合的方式，专家论证，最终指导后续设计。另外还有消防规范的调整带来的困难：之前已完成的设计面临2015年新版消防规范实施，为适应新规，暖通与给排水就都要重新设计。消防与空间形态上也常常冲突，比如展厅里消防门的处理，辛追夫人处不宜采用喷淋，所以要增设消防水炮，等等。

技术上的困难不仅需要技术方面的工作来解决，还需要与各个管理系统、管理层交流沟通，这也是一个非常重要的工作，一个难点。比如在博物馆工程实施过程中，一条规划中的地铁线将穿过博物馆场地，这也是很不常见的，虽然并没有博物馆的地铁站，但地铁区间经过博物馆西南角。如何保护辛追夫人这种有机体文物与其他的重要文物，免受地铁振动的影响，需要做很多技术上的处理工作，并且要进行大量的与不同（管理）层级沟通的工作。

张小溪：长沙在做很多诸如"儿童友好城市"等各种"友好"的规划，希望面对具体的事物时都更具备敬畏与友好。说到辛追夫人，施工期间是如何保护她的？

杨晓：一直在狭小的空间做诸多腾挪。最初想的是如果施工期间将她留在原地，要如何保护与施工，做了很多设计与施工方案，最终研究决定还是采取最保险的方式——迁移很短的距离，适当的时候再迁回馆里。为此，设计了临时馆，临时馆也做了多稿方案，其中牵涉医学保存、迁移、存放，还有关乎传统伦理上的思考。施工中如何保护辛追夫人，确实也是很重要的技术难点。

张小溪：后面的施工过程中，施工方觉得难度很大。矶崎新先生自己也说，这样的一个大空间结构，在博物馆的空间组成中是世界上没有的。

杨晓：是的。施工单位与各协作单位为此也花费了很多心思与投入。这种结构设计的创新，需要施工团队以创新的工法去实现，他们出色地达成了这个目标。

张小溪：比如大柱子，是结构专家一直很担心的，你们是靠什么去说服专家的？

杨晓：1.2万吨的大屋顶，通过四组柱子举上去，确实很少见。审查专家的担心是可以理解的。我国现行的规范不能完全覆盖这个项目的设计，必须依靠大量的科研试验、计算数据及各类模拟提供坚实的设计依据和翔实的设计成果。比如针对这个建筑制定抗震的性能目标，再通过试验与计算模拟来验证；比如模拟局部失效，看会不会造成整体坍塌；比如模拟一个稀柱（与密柱对应）的结构，尝试巨大的一两百米跨度的，也尝试超细长的。设计团队做了大量的计算去分析，也做了大量的抗震研究，完成了极限情况下结构的分析和试验。结构设计的工作量非常大，有机会的话，应该另做详细的总结。

张小溪：一体化设计范畴下，对你们的设计带来怎样的影响？

杨晓：矶崎新先生对建筑完成度的要求非常高，需要整个设计团队全专业的协同。对大屋顶的金属、中间的玻璃幕墙、下面的石材，老先生都有反复地思考。同样的材料如何实现效果，也要做很多推演，进行细节上地推敲。比如复杂的大屋顶，总跨度最大的地方超过60米，需要有非常凌厉的外观，所有线条都非常挺拔，里面还藏着一个报告厅和许多复杂通道的设计。在结构与机电设计中，我们采用的都是BIM（Building Information Modeling，建筑信息模型）设计方法，在电脑里构建完整的信息化模型。结构的每一个构件，建筑的每扇门每面墙，设备的每一根管线，每一个开洞，在BIM模型里都可以看到。建筑师、结构师，还有机电设备师，一个构件一个构件地调整，这个有赖于整个设计团队的精细配合。比如屋顶的天沟，看上去就是一道槽，按照排水的需求是应该有一个流水坡度，当天沟切过某个面的时候，上表面和下表面切过的这个角度其实是不一样的，导致天沟的底面不平整，为了完成它，在模型上面，结构专业（团队）、建筑与排水专业（团队）会同幕墙顾问工作了差不多有一个月，才最终把天沟的路径与构造确定下来，最后才能把它完成。在一体化设计中，每一个细节都需要全专业同步工作，在这种设计方法下，设计的完成度有了很大的提高，对设计的投入也成倍地增加了。

张小溪：BIM起到的最大作用是什么？

赵勇：10年前，省建院第一次将BIM技术运用到大型公共建筑的设计里。BIM的可视化与信息化有很多妙处。在管理与交流上，所见即所得。建筑涉及多方，矶崎新团队的设计那么复杂，馆方的脚本那么复杂，以及美院的设计，大家讲的是不是一回事？在BIM上直接呈现、一目了然，它相当于一个平台，适合做专业互动，进行设计优化，提高设计质量，及时发现各个工种之间的问题，减少返工，在这个基础上再去做出决策就直接很多。各种东西BIM化后，形成体系化信息，建立数据基础上的可视化模型。拿我们自己打比方，体系化信息会告诉你赵勇的身高、体重、专业、性格，适合什么工作。模型建好后，可以模拟参观路线，虚拟体验真实建筑。同时可以进行施工模拟，做4D设计，制作加入时间信息的施工动画，并打通很多工程量计算，加入价值信息的成本统计，比如某个工程需要使用玻璃，多少块，什么形状，造价多少，很快就知悉了，可以实现全产业链的共同参与。博物馆以后要做数字博物馆、信息化博物馆，这个也可以成为真正的信息平台。

回顾BIM的使用，虽然在设计施工中起到一些作用，减少错漏，方便全程运维管理，但毕竟是第一次，如同一体化设计一样，出发点都很完美，以为能解决很多实际问题，实现过程中还是打了折。我们以后在大工程中还会继续使用，对信息化管理，都做了储备。

博物馆是什么

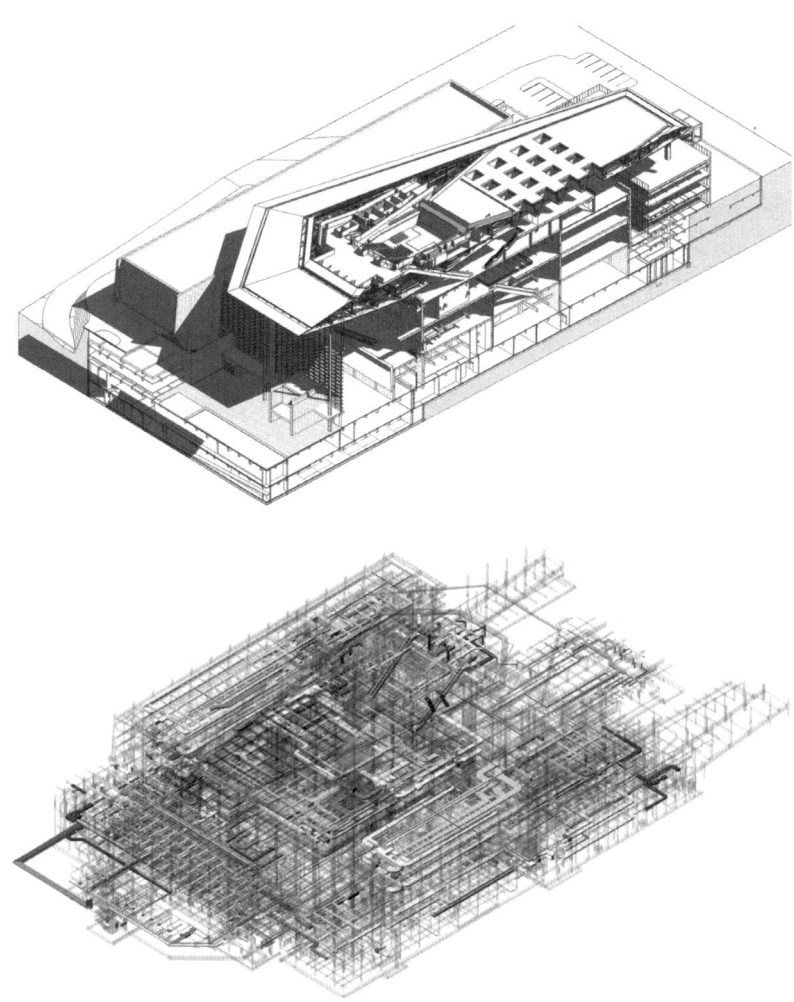

湘博的BIM效果图
湖南省建筑设计院供图

张小溪：我们没法很具体去讲技术细节，虽然在翻阅各种资料时，我也着迷于你们寻找解决方式的种种尝试。

赵勇：回头来看，整个项目设计的技术专项涉及规划、节能、金属大屋顶深化、幕墙、人防、消防等。省建院总结了一些亮点：除了BIM，还有全仿真墓坑复原及全新的参观方式；比较复杂的大屋顶虹吸雨水收集与回收系统，可以做到节约水资源；核心文物古尸保护区低温空调净化系统，该系统采取创新措施，两组蒸发器并排，一组运行一组除霜，增加可靠性，蒸发器内置电加热除霜，蒸发器自动化霜，展厅采用全空气方式空调，过渡季节可用于全新风供冷；展厅空调机房设置在夹层，增大展厅有效利用面积……

再比如大屋顶，为了防腐蚀，锌合金卷材会预钝化处理。为了防水，采用双咬边固定方式（杜绝螺钉穿透固定方式导致的漏水隐患），收边收口纯粹靠人工卷边方式，圆滑美观，檐口与屋脊都是如此，平滑美观不漏水。但这要求工人技能娴熟。抗风方面，这么做也比螺钉穿透式固定的屋面板抗风效果好。不锈钢固定片与檩条固定，再将屋面板卡在固定片凹槽中，然后用不锈钢锁片把屋面板固定于固定片上。

至于怎么做到严密的安防，保护文物万无一失，自然是秘密。

虽然有种种的难，但在现今的技术发展体系里，这些其实都不算高精尖的东西，不是真正的挑战，真正难的，还是各方的协调，资金和大框架的限制。比如大屋顶屋面曾经有三种材料选择组合，设计方要求用阳极氧化铝蜂窝板，由于预算不够，大屋顶就只能选镀锌钢，对第五立面影响巨大；屋顶大玻璃要求尺寸为1.05米×5.1米，最后由于种种原因也切割变小了。

Talk 3

博物馆的一体化设计：
集体的力量

——

你给这次一体化设计打多少分？

矶崎新曾说，建筑的灵魂是"集体"。博物馆建筑设计过于庞大与复杂，需要无数人合力。但建筑行业是非常"功利"的行业，无数人的集合体，最终人们只会记得最有名的建筑设计师。湘博的设计，自然也是深深打上"矶崎新"的烙印。但前头我们一再强调过，建一座博物馆不只是盖一座房子，博物馆设计不只是建筑设计，而是一个完整的体系的设计。那么应该如何更好地实现？

湘博的解决方案是，不只选择了"自讨苦吃"的自主建设，还自始至终坚持一体化设计，始终坚持"需求引导设计"，这在国内大型博物馆建设中非常少见，甚至可以说是第一例，无疑是一次非常值得探讨的实践。

一体化设计其实是一种方法论。博物馆设计分属很多不同专业，由众多设计公司协作完成，一体化设计的理念能尽量避免各种功能冲突、视觉不协调、衔接脱节等弊病。尤其如今博物馆走向更丰富的空间体验，对建筑、环境、展览、空间都提出了更高的要求，就更需要大家进行一体化思考与实践，一起营造一个浑然一体的更美妙的博物馆氛围。湘博恰恰非常重视整体呈现，它在初始阶段就将设计的主要几方人员聚拢在一起思考博物馆建设。首先，最主要的博物馆方与建筑设计方、展陈艺术设计方必须互相懂得彼此，高度统一思想；其次，涉及的各个具体工种专业之间必须紧密协作，各专业小组需要全程参与讨论，各种解决方案或修改必须经过大家的一致认可才能通过。彼此之间充分的沟通与交流显得至关重要。

建筑与功能本身是一对矛盾，但在一体化设计中，负责的几方并非互相制约，而是互相激发，这是非常难得的。实践中，他们发现，博物馆专家可以给建筑师灵感，建筑师也能让博物馆人对博物馆与展览有新的认识。博物馆人以使用者身份体验建筑，建筑师以参观者身份体验展览。矶崎新的建筑设计团队本就持守功能优先的理念，陈建明为主的博物馆方非常尊重建筑师的建筑追求，一体化设计大概是达成建筑与功能和谐的最好方式。

但一体化设计是一种理想状态，设计本身是不断发展变化甚至不断衰减的过程。有需求的变化，有局势的影响，有客观条件发生变化，也有设计师对项目不断深入思考后迸发的新灵感。真正落实的时候，几方的争论和冲突难免会多起来，脱节也是常事，螺旋式上升的设计过程，使得一切都永远处在复杂的变化之中，沟通的高需求可能增加了理解，也可能增加了更多难度与延宕。一体化的选择将建设推入一个看似更完整与理想，但实则更艰难的境地。理想主义无疑是容易碰壁的，尤其在社会环境与建设环境都不足以支撑大型公共文化建筑一体化设计真正实施的情况下。

你给这次湘博的一体化设计打多少分？每个人心中都有不同的尺度，参与者都会给出不同的答案。尤其严格的陈建明馆长，私下甚至会给出不及格分，毫无疑问，现实和他的理想相距遥远。不断地博弈、妥协、求和，参与其中的人，最末只能说，虽然它不是完美的样子，但是大家尽力了。即使只打59分，但"法乎其上，得乎其中，善莫大焉"。至少最初完整的一体化设想，一以贯之地浸润在设计之中，已经赋予了其内在能量。至少因为一体化设计的紧密协作，参与其中不同团队的人获得了远超其他项目的凝聚力和长久的友谊。项目结束多年后，看着他们依旧坐在一起深聊，总结得失，有野心在另外的公共建筑项目上去"百分百"实施一次一体化设计，我乐了，你看，这就是理想主义者。

末了，用一个番外细节做个"一体化"的温暖注脚。在很长的建设时间里，设计师陈成经常陪着建筑师福山去长沙夜宵胜地冬瓜山吃烧烤。福山是日方派驻负责现场的建筑师，从拆除老馆，到最后新馆落成，他一直在。陈成是黄建成团队的多媒体设计师，曾在日本留学的他，也充当了福山的翻译。福山喜欢喝酒，对长沙夜市的美食垂涎不已，将从未吃过的牛蛙、蛇等等一一尝过，每次来长沙都号称要胖一斤。他在长沙工作之外的孤独时光，陈成与他的年轻同事将之填满。最终，他们变成了忘年交。两人头发都是自然卷，福山送了一顶一模一样的羊毛毡帽给陈成，一起戴上，宛如父子。

为何需要一体化设计?

张小溪×陈建明

张小溪：除了建馆之前思考清楚"六大体系"，湘博的建设过程中还采取了"一体化设计"。什么是一体化设计？您为何要强调博物馆建设应该一体化设计？

陈建明：建馆之前我经常跟同事讲一个故事。2007年在美国弗吉尼亚艺术博物馆，馆长给我们介绍改扩建，当时还是图纸，我发现图纸上餐桌、餐椅、餐巾纸都已经设计好。当时我不以为然，以为设计师都这样画画，以后未必就是如此。没想到，三年后，我又到了弗吉尼亚艺术博物馆，馆方在餐厅招待我，那个餐厅与当初图纸上一模一样的。我坐在落地玻璃前，看着餐厅的细节，望着外边的大草坪，才知道一个博物馆真的可以在前期就设计到如此精细，并最终完整呈现。一体化设计，并且设计到最末端的末端，就成了我心里的一个标杆，后来也成了建馆团队的指导方针。

在澳大利亚，据说有法规规定，博物馆建筑设计图纸上需要建筑设计师、工程师、博物馆代表三方签字才合法。建筑设计师负责造型与艺术表达，工程师负责结构与规范，博物馆负责功能。2011年，湘博的建设，是四方同时签字，负责建筑设计的矶崎新、负责工程的湖南省建筑设计院夏心红、负责室内视觉设计的中央美院黄建成，以及负责提出功能需求的馆方代表也就是我。我希望一体化设计概念方案里包含建筑、景观、公共空间、展陈空间、视觉形象、艺术造型、创意文化产品设计等设计内容，整体设计依附灵动、飘逸、浪漫的设计情绪与设计符号展开，各部分设计互相衔接、贯通。以建筑为核心，景观、室内要服从建筑，展陈要与空间、内容主题相互关联，逐步形成统一的空间系统。

张小溪：在谈及中日建筑设计的不同时，胡倩的感受中有两点很深刻。第一是项目的持续程度。在日本，项目都有设计图书，既有"图"又有"书"，只要有"书"在，项目就会一直进行下去；而在中国，项目很容易受到政府方面人员调动的影响。第二，日本人在做文化项目时会软件先行或软硬件并行，特别是博物馆类的文化项目，其展览陈列的规划会先于建筑设计，而中国则往往被要求先建外壳，以后再考虑填内容。

陈建明：中国的这种情况也被称为"交钥匙工程"，一直是中国公共建筑的沉疴。这也是湘博始终提倡"一体化"要竭力避免的深坑。直到今天，这种博物馆建设中"交钥匙"的情况依旧很普遍。出资方是一方，设计方是一方，装修展陈方是一方，最后才交给博物馆运营者，中间是割裂的，那怎么可能建好呢？

一体化设计也不是湘博开始的，前面我们提过，以马承源馆长为首的业主方第一次完全主导了上海博物馆的建设，从设计到建设一直在现场。上博开放后的第二年（1997年），湘博开始改扩建。马馆长嘱咐，博物馆方一定要自己提出细致的功能规划，不然就可能出现你收藏有一个恐龙骨架，结果展厅设计没有考虑它，布展时矮了2米，只能委屈恐龙把脖子弯下来的情况。湘博的一体化设计的雏形概念就此开始。馆方与湖南省建筑设计院配合融洽，上一轮建设新陈列大楼，先组织内容与形式设计的团队，对未来基本陈列及基本陈列对建筑的要求，进行了深入探讨。也因此设计出了辛追夫人的墓坑与大棺椁，虽然不是1∶1复原，也还是让参观者感到震撼。这是很直观的解读方式，墓坑复原也成为马王堆汉墓陈列最经典的创意之一。

但不管是上博，还是上次新陈列大楼建设，都只能算一体化雏形。实际建设过程中，依旧条块分割厉害，比如消防、强电、弱电、水暖、空调都各自为政，一方占了下层，其他人就只好往上走，空调没地方安置，又往下压50厘米，展厅就被迫矮了50厘米，给展陈带来巨大缺陷。支离破碎的体系，让博物馆方无可奈何。要建设一个将来使用得得心应手的博物馆，我深知，一体化设计是最靠谱的手段。当然这有个前提，就是主管单位建设厅、文化厅与文物局只管原则与政策，专业上放手让博物馆干。

2011年3月11日国际招标以后，各个团队就开始组建与磨合，几个团队从一开始就在一起工作，一旦确定后，就一起做基础性的工作。这一切都是为了一体化设计。整个建筑设计、环境设计、园林设计、灯光设计、导引系统、文创设计、运营设计都是一起参与。自己馆内，一开始各部门就全部参与其中，各部门提出自己的诉求。全部人员参与，这是很多馆做不到的。陈叙良负责组织项目建议书与可行性研究报告；李建毛副馆长组织撰写功能需求书；彭卓群副馆长负责配合省建筑设计院提供地貌地形结构，处理与老建筑的关系、报建过程的规范……一体化设计应该是这样的，这个是正确的方向。有没有一体化设计，最终一比较，区别就会显现出来。

以需求导向设计

张小溪×陈建明

张小溪：我感觉一体化设计就是完全由馆方主导的设计？

陈建明：设计团队最主要的是馆方与建筑设计方。作为这次国际邀标的具体操作者，从我的博物馆学角度来看，博物馆建筑要反映出博物馆的性质、宗旨、特色，让人们在很远的地方看到建筑的时候，就知道大概是什么性质的博物馆。我是怀着这样的追求与憧憬期待新馆的，希望博物馆建筑给博物馆带来的，不只是物质的载体，同时是精神的象征。我们尽可能请世界有名的建筑大师，但又担心大师来了，博物馆没了，最终留下的只是著名的建筑，博物馆人苦不堪言。如果做一体化设计，这个担心就可以减少。

博物馆不只是业主方，同时也是功能方、需求方。这是每个博物馆要清晰知道的。作为业主方，需要考虑什么是博物馆，什么是湖南省博物馆，你为谁而建博物馆，从而提出具体的、尽可能详细的功能需求。所有后续的设计与策划，都是紧紧围绕定位与收藏而

博物馆是什么

来的。为了达成"一体化设计"，湘博拿出了厚厚一叠的功能设计任务书。这在2010年的中国博物馆，还是很少见的。那时候，全馆员工一次次讨论新馆的流线、分区、空间、设施、服务项目、运营模式等功能需求，大到新馆功能分区和运营模式，小到一个电源插孔的位置，都进行了探讨，进行不同的子系统研究。湘博各个部门都被要求提出具体需求，包括库房需求、技术保管需求、教育中心需求……一一汇总后，馆方再综合考量。借鉴其他馆的经验，整合资料，结合湘博的具体情况，陈叙良与方昭远当年负责写完了任务书。我们在2010年10月竞标之前就完成了厚厚一沓的功能需求（书）。

竞标结束确定建筑设计团队后，我们一次次去上海矶崎新工作室讨论，矶崎新团队也多次来长沙详细讨论。我们将详细的功能需求不断完善、交流，包括我们的理念、未来的运营等等都一次次详细沟通。所有的过程都有详细资料。我们的作为其实就是告诉建筑设计团队，功能是核心与基础。最终建筑设计团队也是极力满足了功能需求，很好地表达了湘博作为一个区域性博物馆的使命，延续着这块土地的文明。

张小溪：能展开说一下功能设计吗？

陈建明：博物馆的功能设计，其实是从博物馆的文化表达到馆藏的梳理和提炼。功能设计，是借鉴工业设计里工艺设计的概念。博物馆最终其实有点像知识生产和传播的机构，主要产品是展览，用展览服务观众。它关联着很多环节，比如说放文物的库房放在何处；怎样更顺利地把藏品运到库房，又怎样顺畅地将展品运到展厅；布展之后观众如何来参观；如果有不同规模的开幕式，场地如何设计……其实是要考虑到全方位的各种各样的因素：人与物，人流与物流，人流又分员工流和观众流。工艺设计就是流线、区域、面积、空间、设施设备这些东西，甚至包括墙上的装饰材料，都得做整体的工艺设计。这一套方法用到博物馆，首先必须是进行文化和馆藏的研究、流线的研究、分区的研究，其他所有辅助性的功能，包括文物保护、修复、观众接待，甚至安保，事无巨细必须先想清楚。我们提炼了功能设计最核心的部分，放到了建筑的国际招标任务书里。湘博工艺设计最典型的便是墓坑，如果墓坑没有做工艺设计的话，在建成的水泥大楼里面，再去打穿做一个大墓坑就很艰难。这充分说明工艺设计要功能先行，先梳理展览、馆藏、对湖湘文化的认知，然后才能提出工艺设计基本要求。其实建筑设计师是根据我们的工艺设计要求来思考建筑、来实现我们的想法的。

张小溪：我粗略浏览过这一份功能需求书，内容之翔实、思虑之仔细，让我非常惊讶。比如通道，就明确了普通观众入口通道、学生专用通道、团队通道、贵宾通道、文物专用通道、物流通道、员工通道等等，细致地要求学生专用通道必须与教育中心的学生进出口通道相连。连教育中心不同年龄段的教室的洗手台、桌椅分别多高，都规定得非常详细。胡倩团队也说过，湘博是提出过最清晰详细需求的业主，非常明白自己想要什么。在中国建馆能拿出如此详细的功能需求书的，你所知道的还有哪家？包括湖南建馆后应该也有很多同行来取经，你们有提供吗？

陈建明：我们不只是提出功能需求，而且已经提到了工艺设计的深度。什么是工艺设计的深度？就是非常明确地提出我的长宽高要多少。比如说建一个化肥厂，设计一个流水生产线，需要哪些机器，生产线多长？化工厂，设计几个炉子，炉子是做什么的，炉子多大，炉子需要多高的温度？我们就是细化到这种程度。

但是我们也没有形成可以提供给外部人的资料。我希望我们谈论的这些所形成的图书，可以作为未来一些建馆人的参考模板。这是从专业上、学术上可参考的东西。现在有博物馆建筑设计标准，也许未来可以形成相应的博物馆工艺设计规范，去匹配建筑设计标准。

张小溪："博物馆工艺设计"这个名称可能会让人误解。

陈建明：但现在找不到更好的术语来表达。英文是technological design（工艺设计），工艺设计借用工业领域的概念，强调设计工厂时首先要考虑工艺流程和工艺设备对建筑的需求。这个概念用在博物馆领域也是很贴切科学的，还是属于"工艺设计"。医院、学校、博物馆都通用。要想建好一座博物馆，必须先了解这座博物馆的藏品和陈列展览，必须了解每项功能及其对空间的需求，必须了解博物馆如何运转，然后才能产生满足需求的建筑设计。功能需求都需要落实到工艺设计，就比如说，博物馆演播厅要不要，要几个，什么规格，等等，这都是工艺设计资料。总之我们团队在博物馆建设之前，是非常清晰地表达出来了，这也是每个博物馆建馆之前应该做到的。完备的需求一旦被建筑设计师与展陈设计团队赋予美学，就将是一个令人心仪的作品。

张小溪：每个部门提的功能需求都会被满足吗？会不会过于理想而导致面积庞大？

陈建明：当时各部门提出的，都是极其理想的状态。后来在漫长的设计过程中，针对图纸，每个部门审视跟自己有关的部分，一次次提出你削减了我的面积，或者因为我要户外的风景你却安排我在夹层而不满。所有人都希冀新的博物馆，是完备的需求加上建筑师赋予建筑美学，在未来都是一座一流的博物馆。而建筑师要做的，就是去平衡所有的因素。

张小溪：这么庞大的建筑，复杂的团队，一体化设计的落地是否非常艰难？

陈建明：落地，团队确实太重要。还好，我们这个一体化队伍，中央美院黄建成团队，是湘博上一轮展陈设计的主创，湖南省建筑设计院是上一轮建筑设计方，都与湘博渊源深远，且有了解基础。矶崎新团队，对建筑的功能、对中国传统文化、对博物馆文化与理念都很尊重，他们明确以马王堆收藏为核心打造建筑，提出金木水火土的概念，设计的出发点在于流线，尊重功能需求，一次次演示人与物在建筑内的流动，他们是专业的博物馆设计专家。我就是希望从建筑到展陈，从装置设计到文创开发，从VI（Visual Identity，视觉识别系统）到导视导览，从园林路灯到餐巾纸，全部一体化设计。

所谓一体化设计，其实是各方人员的博物馆思想与认知的集中体现。它是一个复杂的集合，是很理想的完整呈现。如果有本质上的不同，协调与解决是很有意思的事情。博物馆专业人员与设计人员一直在碰撞与合作，争吵与妥协，他们如一个团队，不同的阶段，甚至一起在不同的地方办公。内容设计阶段，可能全部集中在省博的办公室；展陈室内设计阶段，他们一起在湖南省建筑设计院奋斗，因为实在有太多东西需要协作与反复沟通调整。博物馆方出功能规划，建筑师做出空间规划。馆方深化陈列方案，开出展品清单，征集文物，探讨特殊的展品还需要哪些特殊的设备与工艺，比如辛追夫人如何处理，《五星占》怎样演示，如何模拟穿衣，中成药那块能不能有药味儿……

具体到空间，比如馆方说，我要展示一件5米高的文物，矶崎新就需要设计一个高层的展厅，黄建成则根据5米高的文物设计展示空间。讨论动线的时候，大家会思考如何满足不同人群的参观需求，如参观全部展览的路径、半天的路径、仅仅参观"镇馆之宝"的1小时路径、闭馆日单独去顶楼眺望的路径……这种思考不只在最初的空间、展陈设计上体现，也一直延续到开馆后的服务。

张小溪：现在湘博确实非常贴心地为参观者推荐了不同参观时长的最佳参观方式。是否可以这么理解，从功能需求到最终实现，要走过很长的路，这个路上的细节都由一个大的组合团队来思考与实现。

陈建明：可以这样理解。需求是一个虚的东西，只是导向。湘博明确自己未来要做的，是一个开放式的博物馆，以服务公众为本，以教育为目的。所以会设计3000平米的艺术大厅，大厅的装修，要考虑举办开幕式、"博物馆之夜"、企业客户答谢专场活动等的需求；会设计教育活动室（家庭教育活动室、学生教育活动室、体验室），活动室在色彩、高度、装饰、安全等方面要符合中小学生的生理和心理特征，针对不同年龄，桌椅、洗手台等都有不同的要求；之前提到的各种设备齐全的修复室、分析测试室、纺织品实验室、观摩室、拍摄室等等，虽然提了详细参数，如何去细化深化与设计施工，也得由无数人配合。

张小溪：最终的呈现，您认为一体化设计实现了多少？

陈建明：我经常跟团队开玩笑地说完成了四成。在设计阶段，一体化设计贯彻得算是到位。其实也要接受设计就是一个不断衰减的过程这一现实。这里面或许有设计的问题，但更多的是现实的残酷，比如经费、认知、执行。大家都知道，几个团队之间的水平与追求其实还是有差别的，虽然大家很想进行真正的一体化实践，但终究还是多个层次的团队的共同协作。对博物馆的理解与思考不同，思想境界不同，也因为时间的紧迫，最终只能接受现实。但湘博还是一座贯穿过一体化设计思想的博物馆，走在里面就能感受得到。

最后我想说，书中只是提到几位最重要的主导人，每个人背后，其实都是无数人的参与。设计阶段，涉及上百人；建设阶段，曾有上千人同时在奋战。我们要感谢所有为此付出辛劳的人。

螺旋式上升的设计过程

张小溪×陈建明×杨晓×黄建成
×陈叙良×胡倩×赵勇×方昭远

张小溪：2019年6月，我在中央美院美术馆看当年的毕业设计展，偶然发现黄建成老师所在的工作室很多学生做的课题是"一体化设计"，想来这个理念已经贯穿于实践很多年。湘博的设计过程也是一次"一体化设计"的实践。今天在座的陈建明馆长、黄建成老师、杨晓、陈一鸣也都是参与"一体化设计"的各方主导人，就边喝酒边随意聊聊各自的博物馆认知和一体化设计吧。痛苦的建设过程结束了，我很想知道今天把酒言欢的各位，一群专业、年龄、性格都迥异的人，当初在一体化设计中是不是有各种相爱相杀？

陈建明：现在回头来看，我依旧觉得湘博是国内新建的大型博物馆中少有的一个案例，我不敢说是唯一的，但一定是很少有的案例。它是根据湘博的核心收藏和展示需求来思考和表达，用建筑和设计语言来表达的。不是简单的有一个墓坑，然后放在那里，不是这个概念。我们的意思就是，围绕辛追核心收藏来表现"放得下，看着好，有特色"，那建筑在功能上的需求，布局上的需求，表达上的需求，要跳出马王堆来说。我们换个角度，假设湘博是个自然历史博物馆，最有名的是恐龙，它的脖子架起来有15米高，那脖子是抬起来还是低着头就要提前考虑。你的建筑造型用建筑语言表达，可你再有特色，我的恐龙是要把脖子昂起来的，那个才是博物馆的特点。既然是新建一个博物馆，那博物馆最核心的设计是要围绕馆里的收藏物来的，我们有个专业术语叫"博物馆物"。博物馆物区别于其他任何物，我们这个一体化设计是围绕博物馆物来构思的，最终矶崎新也是把核心的博物馆物作为核心来设计的博物馆，然后再来组织内部空间与整个流线。很多博物馆设计过程中，建筑设计与陈列内容无法一起前行，功能需求无人提供，博物馆方就只能一边抱怨空间不好用一边无奈接受现实。如果博物馆方、建筑设计方等各方能密切合作，重新定义一座博物馆的机会就来了。

杨晓：我说点我的体会。很凑巧，上一轮建设湘博新陈列楼，是湖南省建筑设计院"建筑一所"负责，当时我是刚进入设计院的小毛头，之后我就调到"建筑一所"做所长。负责设计的老所长对老馆的感情很深，资料我们也都有学习过。矶崎新先生最初的设计是跟老馆有一定关联的，保持着历史的延续，跟我们每一个人的生活都是有关联的。我成为"建筑一所"所长后就开始跟陈馆长来讨论新一轮的改扩建，到今天都是10多年了。

博物馆跟长沙城市也是有关联的，建筑与城市不可分割，很多（长沙人）的童年记忆都是在这里或者周边展开的，虽然没进馆，但是工作、交往、生活中的点点滴滴可能都与之有着关联，并且这个馆跟城市关系非常密切，城市的更新过程中，馆也在更新。

这算是与湘博的缘起吧。然后就是对博物馆物的认知，有一句话让我印象很深刻：辛追夫人本来就是在地下。我们发现她的时候就是在地下，所以整个设计过程我们不是当作一个项目在设计，设计有时候只是某种操作，但对矶崎新先生来说不是，他试图找到他介入这个事件时最好的位置和关系，老太太本来就是在地下的，所以构成这个空间是很有趣的。首先这个空间的构成全都指向辛追夫人，由路面向水面的贯穿，观众的动线、视线最后的聚集，最终都是指向老太太。感觉矶崎新先生没有把老太太当成指向的客体，不是那种我们是观赏者，她是被观赏者的关系，而是辛追老夫人在馆中具有一种支配性的地位。

我体会到设计过程中，辛追夫人处在建筑空间的支配地位，她是主人。当然你也可以说观众是主人。可如果你看剖面图，就会发现老太太是在中心，所有的空间是指向老太太的。我自己常常揣摩：作为一个设计者你怎么让空间来跟辛追夫人发生关联？她不仅是一个物的存在，也是博物馆的象征，甚至是这座城市的象征之一，是千年古城具象的一个符号与存在。观众跟老太太发生关联，建筑跟老太太发生关联，甚至博物馆历代的更新，都围绕这个核心。在其中，矶崎新先生的设计使得辛追夫人成为博物馆空间的核心，老太太影响了整个博物馆。矶崎新通过设计也在影响着博物馆。

整个过程也很有意思。矶崎新先生说在第一次看到辛追夫人后，日本发生了一场地震，中标后他大病一场，几近死亡，觉得这个事件很严重。他去埃及做与木乃伊有关的博物馆时，当时的埃及政权被颠覆了。只要做与木乃伊有关的设计，就会发生大事。很难说祥与不祥，吉与不吉，但这个事情很严重。能感觉到矶崎新先生是把这个博物馆的设计与他本人的生命关联起来的，每次来博物馆现场都特别地认真，有一次还不愿意直接往南飞，先飞到北京，再飞来长沙，矶崎新先生特意告诉陈建明馆长这个事情，说他算了一下，不能直接飞。他理解中国文化的程度也很深入吧。他在设计时，运用了中国五行的观念，好像以五行设计了一个装置，经过了这些，才能到老太太那里去。

　　我算是长沙人，在长沙快30年了，经历了老馆的建设，更老的馆也是与我们单位有关的，有完整的设计资料保存。新馆建设过程中针对如何处置老馆也产生了很多思考，新馆落成，有一种历史延续的奇妙感觉，感觉我们的工作是特别有历史感和参与感的，（长沙的）整个历史上千年，我们只能在某一处断面上工作，并没有资格去评论，进而我们自己也成为历史的断面。矶崎新先生是有历史感的，带着历史感去做设计，承载着很重要的历史，本身也是历史的一部分。其实老馆的核心空间还在，墙虽然重新砌了，但空间还是在这里，建筑的核心就是空间。老馆所有的墙体都是斜的，很像一个鼎。新馆除了玻璃幕墙，所有的石材、外墙也是倾斜的，新馆"鼎盛洞庭"的意象另具意味。在设计中保存了与老馆一模一样的廊柱，虽然这样可能会增加投资。大家为何对新馆感觉很好，可能因为虽然它是一个新馆，但是大家对它并不陌生，老馆的空间还在，老馆的记忆还在，这就是难得的历史感吧。带着历史记忆的博物馆对长沙市的过去、现在和未来，都发挥着不一样的影响。

　　在建筑的形式中，还可以体会到很多其他的东西，比如时间的流逝，在剖面图中，可以看到一个贯通东西的连续空间，历史就从那里穿过。

　　曾经在湖南大学与同学们做过几次设计交流，做过一些讨论。对设计与建筑的解读与感受，可能每个人都会不一样。当入口不能设置真的火焰时，我感觉当时矶崎新先生可能是有些失望的，他调整了设计，其中有一些可能是只属于他本人的独特认知，有点神秘。

　　黄建成：晓哥与矶崎新是一类人，他们都是超越事物的本体去分析背后深层的意义。矶崎新就是建筑家中的哲学家，哲学家中的建筑家，而且他一再强调他不是日本的，而是世界的。所以他对中国历史的了解，我们无须惊讶，他强调了几次他自己的世界性。我认为晓哥在解读过程中提到的巧合不一定是巧合，也许是一种无意识的重合，因为湘博在世纪之交的上一轮改扩建，最早提出这种一体化的是馆长和指挥部，不然就不会有当时按比例压缩墓坑这个创意的出现，（墓坑）与建筑和谐生长在一起。但当时并没有完全一体化，只是提出这个概念，操作并不能实现。还是建筑做完后移交给展陈团队，所以并未有完整意义上的一体化，但在策划和建筑的融合上已经有一体化的概念了，不然不会出现专门为马王堆专题准备的叙事结构。我们那时候也想过流线，想过从上往下这样去参观，只是没有矶崎新这样详细地去解读，那时候把辛追夫人放在底下是因为挖掘时就是在底下，我们的参观方式恰好与辛追夫人生前死后这样一种叙述顺序吻合了。这是后期解读。

显然是从老馆开始的那一次策划就有了一体化萌芽或者是雏形，以及经验与教训，这才有了第二次更明确地提出要用一体化来实施。馆方希望一体化设计，空间一体化、设计一体化、内容策划一体化，所以才会在招投标时提出概念，借用馆长的话来讲：一根牙签都要设计团队来完成。对整体策划、规划、建筑、室内、景观、展陈、视觉产品都做这样的要求，就把成熟的、不成熟的，以及我们这些不同背景的人的理解都融合到里面了。这也是为什么馆方会邀请中央美院，问能不能联合一位国际大师来参与竞标，就是因为我们10年前就深度参与过，当时也入选了"全国十大展览精品"，可能馆方认为我们对湘博的文物，以及通过视觉来转换湖湘文化的内涵还是有一定理解的。我们组成联合团队，合作开始，中日团队配合度很高，在最初就提出"空间展示一体化"的概念。这个概念我们团队研究得比较深入，但以前真正深入做的方案其实不多。那这一次，一定要把设计一体化、空间一体化的理念融入进去，真正实现从展示往空间信息传播设计这个学科主题走。空间信息传播就跃出了传统展陈设计范畴，已经含有传播的成分、新媒体成分、互联网成分。2010年在上海做世博会时，就同时推出了网上中国馆。比起仅仅以文物为主体对课题的传播，这样的一种主动性，跃到了更多实体空间之外。恰好馆方也希望做成一体化，那正好就可以从策划的源头做起。叙事空间的设计也加入进来，以故事线为主，以框架为主，而不是从学科本体去讲空间信息传播设计。

一体化设计不会抹杀各个专业的特征。本体性、高度的符号（性）的统一性，与高度的边缘的融合性，这是一体化重要的特点。你自己专业的体系再完整，如果没有共性，就达不到一体化。但是这种共性达到什么比例，是很讲究的。我们的主体是建筑与展陈，建筑下面有结构、水电、暖通等等，展陈下面有灯光、景观、多媒体设计等等，属于二级设计。两个相近的门类，比如建筑与景观要达到70%共性符号，材质、符号、感觉、肌理都需要呼应，比如都是地砖，你不能以玻璃幕墙为界，要有统一性，当然室内与室外有不同的需求也需要考虑。隔得远的门类，比如建筑与展陈，就只需要调性与风格上达成和谐，比如都是湖湘文化的，都是灵动的，而不是图解式的；但材质与符号就不要求统一，比如建筑设计中的大屋顶就不是非要在展陈里呼应。

一体化这个事情2002年就想过，只是这次有意识地把大家的思想统一在一起。我觉得现在最主要的一体化的呈现就是马王堆与建筑空间的结合。"湖南人"虽然也是一体化设计，但是吻合度没有前者高。这两次修正都是围绕马王堆。上一轮，馆长讲，湘博不是马王堆专题馆，那时就有综合馆的概念，但马王堆绝对是主体；这一次已经出现了湖南通史——"湖南人"展陈，与"马王堆"展陈并

　　　　　　　　　　　博物馆是什么

举，再加上其他的专题馆和临展馆，几大板块组成综合性的湘博。但是中间最核心的，刚刚晓哥谈到，所有的设计都是以辛追夫人为核心内容，我觉得有，但是有没有这么重要，我就不太清楚。她肯定是核心内容，但可能是几大核心内容之一，这是馆长最早的理念，不能变成马王堆专题馆。

陈建明：我插一句。最初半年，胡倩跟他们团队沟通，包括传达矶崎新意见的时候，矶崎新先生确实还是特别看重辛追夫人的位置，反复强调把她放在最核心的位置。现在从空间结构看也肯定是最核心的位置，在最居中的位置。马王堆毫无疑问是湘博最核心的收藏，马王堆里最特殊的博物馆物无疑是辛追夫人。我一再跟胡倩强调，这不是马王堆汉墓陈列馆，不只是辛追，而是大型的综合历史艺术博物馆。比如巨大的临展厅，画家方力钧就看上了，他说他的大版画从来没有舒展过，因为很少有这样的空间，这就是考虑了艺术展览的需求。

黄建成：这次新馆绝对以马王堆为核心，又加了湖南通史、当代艺术、公共教育，是真正意义上的综合博物馆。但从晓哥说的空间来看，老太太占据绝对支配位置。

杨晓：或许这并不矛盾。关于一体化，再往前走一步，会发现，一体化当然是我们追求的目标，但在这个里面的每个学科都有自主性，并不会因为一体化而丧失建筑的自主性，也不会丧失展陈的自主性。馆长要求实现一体化设计与建成，同时建筑师还是保持建筑设计的本体性的思考。正是在一体化的过程中，建筑师才能更加自在地进行设计。

感觉上，矶崎新先生猛然间抛开后现代主义的各种变形，他回来了。但不是简单回到几十年前，而是经过几十年总结，觉得在这个地方要回到这种形态。

得益于业主的充分信任，在这里，建筑的自主性被充分展开了，不会因为一体化设计的目标而去迁就。一体化是让自主性更强的一体化。正是因为一体化的需求，让各个学科的人都做得更有辨识度。

陈建明：更有利于发挥。以前都是建筑是建筑，博物馆是博物馆，展陈是展陈。设计学上面是艺术学，建筑学是另外一条线，以前是一段一段碎片式的。

黄建成：一体化更加关注边缘部分的叠加，整个系统性的关联性会增加，不是抹杀各专业的自主性。起码室内设计、建筑、展陈是如此，秉承了很好的出发点。如果事先没有考虑展览的话，可能我要砸掉很多柱子。展陈与建筑设计方的联合体，以等边三角形的方式合作，默契配合。建筑奠定了基本的风格基础，在此风格上展陈有自己的发挥，有自己的微调。展陈与建筑团队最重要的结合，一个是流线，流线直接决定对内容的认识，辛追夫人放在正中间的地下，再呈现生前死后，参观顺序也是从上到下。流线决定了建筑、展陈、馆方都是高度统一的。另外一个是精神层面，我进行了中国式解读，从东方对称式的建筑，鼎一样的造型，到对传统文化精神性的认识，对湖湘文化灵动的认识，对构成与题目的提炼是一致的。

我们对建筑设计的参与也在前期就开始了，在前期构成时，我们不是一味地等，很早就提出了内部空间模块的需求，在老馆的原空间上提出"马王堆"的流线、层高、空间需求。"湖南人"的线性讲述希望是连贯的空间，临展厅要求没有一根柱子。我们提出积木式的空间需求，除了主体，左右两边各加一个翼形建筑，最后是办公楼，前面是下沉广场，这样建筑的雏形与功能在当时就形成了。后来建筑团队做居中式加两翼，再用大屋顶将底下连接在一起，是大家根据功能模块都不约而同认同的方式。

　　　　　　　　　　　　　　　博物馆是什么

建筑团队也一直参与到最后，对展陈也会提出自己的看法，比如大墓坑，从上面看是墓坑，从下面往上看是梯级的棺椁，矶崎新先生很想将上面处理成蓝天白云，我没有同意，如果是蓝天白云就不太符合地宫的感觉，技术上也很难维护。他很通情达理。室内灯光、辅助灯光等等，福山等建筑师都一直贯彻到最后。

我下面还有两个子团队，以韩家英为代表的设计团队，负责新馆标志、导视系统。新馆标志结合湖湘文化的内涵，保持精神性。做了很多版方案，最后公布的方案，是韩家英老师用毛笔把矶崎新先生的手稿重新画出来，是从建筑草图中提炼出来的符号。这个细节，证明我们一直在贯穿一体化设计。当时也希望将这个标志做成公共艺术，悬挂在大厅，用2万多个小陶粒垂下来，悬吊出树梢上浮现一片云的感觉，那片云一看就是湘博的标志，但又是公共艺术，丰富了这个空间。广场的水面上，第一个方案是做一片巨大、镂空的荷叶，200多平米的荷叶，只有一个杆子。为何要镂空呢？上面是镜面的玻璃。而选荷叶是因为荷花具有代表性，"芙蓉国里尽朝晖"。用水包裹着支撑杆，呈现水托起荷叶的感觉，进馆的观众一抬头就看到荷叶，但这方案一直没落地。后来矶崎新想呈现金木水火土，想做火炬在那儿，因为安全和成本没做，就成了水雾。总之我们为博物馆设计了整套公共艺术系统，尽可能形成符号体系，现在一件公共艺术都没有，希望未来可以慢慢完成。还有一个文创团队，50款文创产品方案全部已经做好，只是没有去开发。我举公共艺术设计、视觉系统设计、文创设计三个例子，说明一体化设计里一起开始但最终未完成的方案。

我们主要负责展陈，进入展陈后，建筑团队弱化，内容策划团队紧密合作。我们对展陈内容其实很熟悉，我中有你，你中有我。比如内容团队出一个框架，我们就跟空间秩序比对一下，如果这个空间不适合做大（尺度）空间（设计），就需要用别的文物节点替换调整。

　　展陈制作是建工集团，他们经验不足，我们负责监制，一直到开馆，设计团队都在现场，要负责艺术效果的呈现。

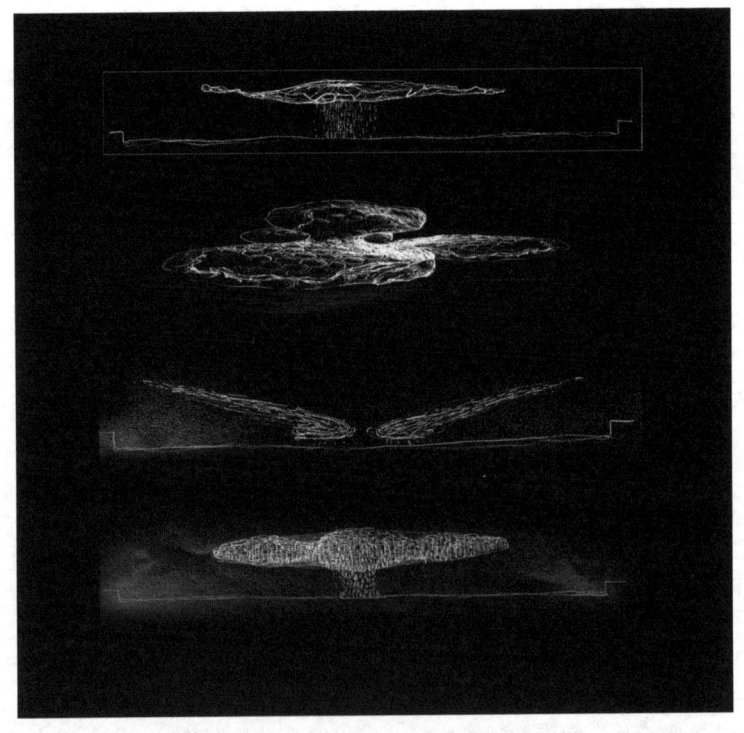

广场镂空荷叶创意
黄建成团队供图

博物馆是什么

艺术大厅创意
黄建成团队供图

杨晓：在湘博建设中，我们团队也首次运用BIM技术进行设计，也是湖南首次将BIM应用于大型公共建筑设计。用3D建模的方式即时呈现设计细节，便于直观讨论，有利于专业协作、协同设计，减少错误与疏漏，提高设计精度和质量。恰恰因为一体化，各方在考虑事情的时候更有深度和广度，深度、广度增加，各方自主性就会增加，更有自主特征。总之就是因为需要一体化，反而让各个学科的自主性得以增强。在建筑设计中，建筑师有时会困于结构专业、机电专业等的要求，BIM能很好地支持建筑师的思考，完成一体化的目标。

陈建明：以前的湘博都是湖南省建筑设计院设计的，我们与几代设计师都打过交道，我们也很信任彼此。他们作为传统的事业单位，又有一定的灵活性，比如规划，合同都没签就开始帮忙做。因为这份渊源，国际邀标时我们也邀请了湖南省建筑设计院。后来中央美院与矶崎新联合团队中标，我们也希望他们能与湖南省建院合作，也是因为他们对博物馆十分熟悉，陈列厅、库房等等的图纸、资料他们都有档案，这样在后期的一体化设计中会更加团结与方便。

张小溪：虽然你们现在说得很和谐，当时吵得厉害吗？

黄建成：其实还是自己搞自己的，说自己如何重要，哈哈。中间肯定会遇到很多问题，专业之间互相不理解是很正常的。

杨晓：吵是吵得很厉害呢。比如消防的冲突，我们就是一边喊着"一体化很重要"，当最高指示念一遍，一边又拿出建筑的消防规范，开始各专业的修改。

黄建成：建筑设计的时候，出现了几个只有2.2米高的门洞，2.2米，这是要姚明戴头盔参观吗？那不好意思我们就要找晓哥。人员的认知水平与素质也是参差不齐的，比如晓哥非常有思想，但设计院是庞杂的国有系统，底下各种分专业的配合度就不一定完美。我们能做到的就是粗糙的一体化设计。能达到50%的一体化设计就很可喜了。日本爱知世博会，都是我的团队来做，也还有各种遗憾。博物馆无论是谁，哪怕是一个人来做，开馆也必将会有各种遗憾。一体化设计在最开始是理想化的状态，到最后不得不勉强与妥协。设计，永远没有完胜的那一天。

陈建明：一体化设计最终能做到当初策划与设计的那个深度是不可能的。我们最初的一体化设计思想，其实就是我们的理想。弄清楚我们追求的理想是什么样，很重要。恰恰是因为这个机会，把大家集合了起来，可以一起吵一起碰撞。上一轮，黄建成团队进场的时候，场馆已经建好了，没有人跟他们吵，但是所有的限制都限制完了，最出彩的丝织品能布展的地方是一个巷子，展陈团队要求我往后腾挪空间，结果丝织品后面的房子是气体灭火的气体间，等于在最珍贵的文物边上埋了巨大的定时炸弹。我要求挪地方，对方说对不起这个气瓶没法更改。你看不做一体化设计，没有人一起吵是多么不好的结果。

杨晓：理想都是馆长他们的，锅都是我们的（笑），毕竟我们是兜底的。比如丝织品不能用水淋，所以专门要配气体消防，这跟很多因素相关。这就是一体化设计的核心原因，不然专业与专业之间互相不了解，会产生更多的问题。这一次我们就避免了这些。

黄建成：设计如果只设计，由其他的单位去实现，其实是违背艺术创作规律的。我们的痛苦在于想法没有办法实现，停留在纸面手稿。博物馆希望设计施工一体化，原则上宜采用设计团队负责施工，但在湘博没有实现。建筑、室内、展陈三块最终都是湖南建工集团施工，它真正实现了一体化。而我们，只能说在设计阶段尽量实现了一体化。

陈叙良：回看10年前的任务书，整体上从流线到分区基本实现了。只是具体到细节，会有比较多的小问题。我经常做展览，有个细节让我耿耿于怀，当年一再强调新馆面对东风路这面，要有一个整体的做展览用的挂大型海报的地方。如今挂海报的地方是有的，但大风曾把海报吹下来过，不是我想的那么一回事。海报位置若要设计到位，需要对风力进行计算，思考边框如何固定才能便捷又安全。设计不到位，后面再来弥补，付出的代价就更大。

湘博的广场上，观众想与湘博大logo合影拍照却找不到这样的地方，这都是曾经讨论过，走着走着就衰减了的例子。现在广场上布满观众通道栅栏，如何去做湘博的"招牌"，又成了难题。还有当初设计的公共艺术体系都还没完善，广场上也许还缺一个公共的当代艺术雕塑，一个与湖湘文化有隐约联系的艺术品。没有想好做什么之前，宁愿空着，也不能勉强去做。

我还是认为时间与经费是很重要的制约因素。螺旋式本质上也是线性的工作方式，一体化设计也可以采取模块化工作的方式。关键是要控制节点，控制关键性的环节。一体化设计首先要有VI手册，整个建筑设计到文创产品，视觉语言基本元素，主色调、字体、材料，设计的各个环节都可以去贯彻。有的博物馆连一瓶矿泉水都是按照它的某个文物去做的，logo与颜色又沿袭VI体系。如果没有一个统一的大家都遵循的东西，每方按照各自理解去做，差异就很大。所以，指导性的工艺设计必须遵循的基础规则要有，整个设计成果确认的流程要很明确。并且设计时要整体考虑经费，若经费不够就实现不了。从繁复的综合因素考虑，一体化理念很容易受到各种因素影响，比如文创、餐厅等都做了一体化设计，成果厚厚几大本，落地却没有按照那个做，涉及成本、工期，还有其他因素。我觉得真正要做成一个完全一体化的作品，需要有一个真正高明的设计师，用自己的资金，由自己设计，真正能够落地打磨。

现在确实还有太多的空间，需要逐步去策划。比如四楼预留给观众的空间，如何利用？长沙天气不是那么温和，温度如何控制？空间是否需要玻璃围起？如果想让观众坐在屋顶悠闲看风景吃饭喝咖啡，在不能有明火、不能用燃气的博物馆，厨房设备如何解决？四楼依据顶级安全规范做的围栏过高，影响视线，是否可以改成镶嵌玻璃？

你看国外的博物馆，即使是美国大都会这样历史悠久的博物馆，也经常施工，都是不停生长，经常改造的。

胡倩：设计体系不同，导致没有办法做到真正的一体化设计。有的团队习惯"叠加"的方式，叠加是操作模式上的固化，而一体化设计应该是融合的。我们尽可能图纸先行一点，把里面的一些事情考虑好给到对方，但是哪怕我们考虑好，合作方因为设计习惯可能也做不了。比如屋顶的报告厅室内，我们一体化设计的装修图画了，合作方的深化设计却没有跟上，因设计系统及赶工的原因，合作方对原一体化设计的室内装修进行深化时，工建施工已经进行了大部分，而装修深化是要结合现场进行的，如果深化不考虑现场，这种情况下一体化设计成为本末倒置，最后装修因为这些原因与方案意图差别较大。

比如艺术大厅顶上的材料颜色与我们的要求不一样，颜色选用过多；石头的加工过于粗糙，矶崎新先生出于对馆长的尊重，一直没有发火，但最后看到这么粗糙的石头加工是真的生气了；临展厅白盒子的设计，空间应该是纯净的、明亮的、进去之后没有边界的，但现在根本不是白盒子了，材料变了，灯光变了，到处是缝隙、是割裂，等等，与图纸完全是两回事。总体来说，有设计方、合作设计方、甲方、施工方，最重要的是四方达成一样的共识，才可能有好的完成度。我们只占25%，无论设计与服务怎么到位，我都够不到50%的。

杨晓：在我们团队的设计项目里，湘博的一体化程度是最高的了。一般的项目不会有这么高的集成度，不会让三家主要设计单位在一份合同中签字，也不会让这三家一开始就在一起工作。这个项目是我们三家从一开始就在一起，组成了一体化团队。一体化思想从一开始就已经是行动指南，而且每个团队都想做出一个很棒的博物馆，最初的目标是一致的，即使提出意见也是基于想把这个馆建设得更好。没有互相制约，而是互相激发。体现在成果上，考虑了展陈、运营等所有条件，所以还是具备了一定程度的一体化。

设计过程并没有剧烈的冲突。这个建筑是由矶崎新团队负所有的美学责任，我们得负所有的技术与法律责任，每个人的修改我们都要跟进。同时，在这个过程中，我们是非常愿意去学习矶崎新团队与黄建成团队设计上的优点的。我们团队年龄相对比较年轻，资历相对比较浅，我们更愿意去学习而不是争论。我们一门心思希望建筑大师能充分地去发挥，然后尽我们所能去实现他们想要实现的建筑目标，再努力实现后期布展的设想。所以后期，当布展设计碰到很大的时间压力或者是技术压力时，我们提供了工作场所，让他们到建院来工作，方便沟通。他们不能负责消防，任何安全问题都不能独立负责，还是要我们来负责，大量的修改和调整，在一起工作沟通更直接。业主坚持的，我们会帮业主去坚持；业主不反对的，我们就努力帮设计团队去实现。这是我们的工作方法。

这个馆，本来的理念是非常（有人文）关怀的，设计的时候也贯彻了这种理念，这个馆可以构成认同与沟通的纽带，当然现实的问题很具体，理想总会打折扣。

赵勇：我倾向于总结为一次一体化的尝试。战略与出发点，肯定是想做一体化设计的。刚开始的时候，招标的时候，包括四方签合同的时候，都是一体化的设想。后来战术上打折了，不是大家主动打折，而是从资源条件来看只有这个能力。从省建院来说，没做过这样大的博物馆，把所有的技术体系整合起来也是有困难的。对矶崎新事务所而言，理念与创意很强，但真正管控湖南地区这样一个项目也是很大的挑战。黄老师团队擅长艺术化表达，发散思维，把最好的东西呈现出来，但逻辑与管理工作不是他们的强项，对他们也是一个挑战。博物馆的人都是搞历史与考古的，来做工程管理也是挑战……在这样多的挑战面前，我们还是想实现一体化，目标很美好，现实却很"骨感"。

参建团队这么多，而且从中标开始这一刻，做的都是上升迭代工作，对博物馆的认知也在这个过程中不断上升。湘博跟其他业主相比提出的需求算是非常详细的，但是与要建世界一流博物馆的理想来说，还是有差距的，不可能一开始就想清楚了的。世界级博物馆就是不断思考与锻造出来的，不是一下子就成型的。甲方不断提出新的需求，不断迭代与推翻，建筑设计团队与展陈团队去调整就天经地义。只是某一个个体螺旋式上升还好，现在是每方都是螺旋式上升迭代，交织在一起，这里面构成了一个大的生态体系，这种多层的弹簧体系里面并没有规律可循，实行起来很复杂。这种状态是导致大家很痛苦的一个核心，设计工作里都是联动的。比如矶崎新先生很兴奋地在图纸上勾了一点，这一点就会传达给业主，传达到美院，也会传达到建筑深化设计，建筑设计又会传达到结构设计，施工方如果在施工了，就要修改施工措施了，这就会继续传达给采购，说不定此前的采购已经完成了，这又涉及造价……一个多重不确定体系在这里，难就难在这里。在这个不确定体系里，我们省建院的体会来得更真切一些，因为我们是一个交错点。后端问怎么又变了？我们能了解前端为什么变，也能理解这种变对后端有什么影响，但我们一家很难理顺这么大的生态圈。不停倒腾的过程中，业主也很痛苦。业主本来也应该有把控力，但这个一体化设计相对多维多元，或者说处于一种混乱的状态，导致他们没有足够的能力去处理问题，他们的知识体系本来也不是建筑工程管理这个体系的，他们就很痛苦。馆方的脚本也一直在改。如果脚本能早点出来，可以引领黄建成院长他们的设计，可以让矶崎新团队根据脚本与理念去做更高层面的吻合，如果能够形成这样良性的互动，那就可以更好地一体化。然而这是理想的状态，实现是非常困难的。另外还有一个现实问题，放在湖南的整体环境中，在一个发展中的环境里，你想在60分的环境里去做一个90分的作品，要做出来的努力，要扛的困难，要实现的难度都更加大。

方昭远：设计确实是螺旋式上升，永远都充满不确定性，身在其中，感受特别深。一体化设计是馆长很早就提出的，这基于他对博物馆发展规律的认知，以及国外成功的案例，这是很好的理念。建一个博物馆，能有一个完整的团队从头到尾，从顶层设计到落实，一步步完成统一性的作品，将会非同凡响。但在中国有不可逾越的障碍。中国没有哪个团队可以包揽从建筑到展陈、到景观、到园林、到家具的所有设计。做小型的可以，这么大型的公共建筑不太可能，又有工期的限制，没办法精工细作。最后是折中地捏合几家单位在一起，将展陈与建筑、标识、景观园林等等都囊括了，周边再找配合单位，比如幕墙有幕墙公司，屋顶有制作屋顶的公司，单位越多，一体化设计难度越大。只能说日方总体把控了建筑、幕墙、玻璃、材料要经过他们认可，样品要给他们看，同意了才能寻找生产厂家，业主方赋予了他们这个权力。但这里面也充满矛盾，后期也无法完全执行。比如，日方坚持自己建筑的品质，而馆方遇到现实困难——造价高，没法承受，定制构件的时间与赶工期也冲突。最后只能折中，比如：重要的部位，屋顶的钛锌板，都用了日方要求的标准；西面幕墙的大片玻璃，透光系数、反热系数都坚持采用了他们的高标准；不锈钢的幕墙网格，中国没有一个企业可以达到其工艺要求，且造价过高，我们放弃了。本来幕墙可以更美，最后只能妥协。在中国做事最后很多都是折中，矶崎新的团队也早已习惯，虽然这（折中）让人很遗憾。

博物馆是什么

建筑是否符合
对博物馆本质的理解

张小溪×何为×方昭远×杨晓×陈建明×赵勇

张小溪：一个事物已经完成，就很难不被评价。新馆开馆时，国家文物局领导给予很高评价，说国内5年内没有可以超过湘博的馆。对于建筑本身，有人喜欢，也有人觉得过于经典、不先锋、形式不独特。作为参与者，你们怎么看待这个博物馆的建筑？

何为：我一直觉得所谓先锋、前卫是相对的，先锋、前卫的东西，不一定能先锋多久。我个人很喜欢这个建筑，既有传统的美的特质，也有现代设计语言，还有独特的东方气质，独特的东方气质其实是很庄严的气质。内部空间是很丰富的，整体建筑简洁又不简单。八根大柱子，架住一个屋顶，把它新设计的两翼与后面的办公楼，以及原馆，盖在一个统一的屋檐下，形成了整体的空间。前广场在空间不够的情况下，做了一个下沉式广场，进入一个"灰色"领域空间，整个建筑层次感非常丰富，不像国家博物馆那样尺度巨大，空间乏味。日本人的建筑空间做得很细致，当然中间有各种各样的问题，制作没有达到他们的精度，后期赶工，原本的材料也变化了。比如博物馆两边的墙，矶崎新先生希望是石头垒起来的，有点像湘西那种石头垒起来的壁，大阪城那样的感觉，后来换成了装饰面板，效果就完全不一样了；因为客观条件限制，绿化植物也太少；施工质量与整体呈现很多人都不满意。现在四楼是我们最大的痛，完全失控了，之前设想放在四楼的咖啡馆被放在三楼，从展线中途的展厅直接开门的做法我也很有意见，很多人从咖啡馆另外一边就走掉了，会错过后部展厅精彩的彩棺与辛追夫人。

总体来说，它不像（日本）美秀美术馆那么独特惊艳，但经典耐看，至少符合我了解的博物馆的气质。你看国内很多更晚建设的博物馆，有的像办公楼，没有文化感，有的装饰语言陈旧，是我20年前都不想看的。

方昭远：整体空间感好，空间分割、流线都很到位。当然赶工期导致的细节有很多缺憾等问题，也是存在的。不管怎么说，这个馆在成千上万人的努力下呈现成这样，非常不容易了。开馆后接待了很多观众、专家和领导，总体评价还是很高的。看了很多馆，回头再看湘博，觉得建筑大气。普通观众对展陈的评价更高，四个展览，算是很好的亮相。对建筑的评价要听建筑行业的人来说。我接待过原先跟随矶崎新先生后来又离开的日本设计师，他们还是觉得一些设计很震撼，不可思议。主要是整体的空间感受让人舒适，走到顶层的报告厅，像个驾驶舱，有进入飞机腹中的感觉。我们提出要在这里做声学设计，至少要做到专业音乐厅60%的程度，日方团队真的派了声学顾问来，后期开始安装很多音响，选择适合的材料，改图纸保证声学效果。其实湘博四层以上有很多精妙的设计，都还没展现出来。建筑设计的时候考虑了很多，有的很用心地落实了，只是现在还没利用。

　　　　　　　　　　　　　　　　　　　博物馆是什么

杨晓： 去过国内十几个主要的大型博物馆之后，我认为其实没有一个博物馆有西方博物馆所具有的气质与精神，包括社会影响。博物馆作为城市的核心部分，应该具备的对城市的影响力，中国没有一个馆达到。目前为止，湘博具备了这种基础，我认为未来的影响会更大。从城市角度来说，现在还看不出来，也还没有得到相应的讨论。矶崎新认为，建筑的重要度比不上建筑对城市的重要度。

陈建明： 我理解建筑跟人的生活息息相关，但很多人都不理解它的本质。博物馆对于人们，就像熟悉的名字、陌生的内容，中国人至今并未真正了解什么是博物馆。到目前为止，国内的大博物馆没有一个做到了对博物馆本质的理解，尤其体现在建筑上。比如我们前面一再提到的，大都会博物馆在寸土寸金的中央公园，新开辟一个学生团队的入口，这是非常困难的事情，但它为什么要这样做？学生吃饭休息应该在哪里？建筑要充分考虑方方面面。

建筑设计也好，展览设计也好，设计表达的意念也好，我觉得看不见的设计，才是最好的设计，大音希声。每一个细节都经过了你的匠心设计，你都做了处理，但这些设计看上去了无痕迹，这是最高的境界，如同武林高手。

现在这个建筑看上去不"奇特"，地标建筑一定要怪异奇特吗？一个建筑的时代性、地方性、民族性是如何呈现的？我希望这个建筑有机会回答。

我不懂建筑，但我觉得它做到了意境上的一种追求，无形之间表达了各种各样的功能，表达了各种各样的建筑能够承载与表达的情感、功能、语言。总体上，它是大气的，舒服的，真正了解建筑的人可以看到其中的功力，一点都不张扬，但该有的都有了。它不落窠臼，没被时代的大潮流绑架着走。一眼看上去，是这个时代博物馆专业文化性质的建筑，那它就是对的。有一些缺憾，也是因为种种原因做了削减，或者打了折，比如金木水火土的呈现不明显，四楼大平台俯瞰烈士公园的设想因为安全考虑也打了折。

杨晓：湘博的整体形态是可以的，但没有一个建筑图像上的核心表达，内部空间缺乏一些典型意义或者核心空间，这是非常可惜的。湘博从设计上可以说道的东西，还是形态，以及其与场地的关系。这个馆是如何决定性地影响这个区域的发展，如何去影响这个城市，需要一段时间去观察。

湘博有它的独特性。别的馆可能开馆很有冲击力，建筑在崭新的状态下很吸引人，但随着城市环境改变，建筑可能会慢慢地陈旧、老去，在历史中很难长久引领一种方向，甚至有可能失去自己的位置。但湘博这个馆应该会历久弥新吧。

陈馆长本人很有国际视野，矶崎新是东方的设计师，又有国际视野，最终我们得到了一个有东方韵味的新建筑，感觉这是一个很好的结果。它既是世界的，又是东方的。有些人觉得不够激进，太像一个正常的博物馆，也有人觉得不如老馆有历史感，但我自己还是很喜欢新馆的。矶崎新先生并不把自己定位为一个单纯的建筑师，更多的是（定位为）一位社会活动家，他在召集、在传播、在努力拓展，他把他对未来博物馆的思考放在了里面。虽然确实有些缺陷和遗憾，尤其是建筑完成度、工艺的精美度远远不及世界一流博物馆，这跟时代的大环境也有关，恰恰是在急速发展过程中，产生了不完美。我们在造梦（的时代），很想实现一个巨大的梦，各种超高层、各种几乎丧失理性的建筑层出不穷，非常梦幻。矶崎新设计湘博时的这种稳重取向，恰恰是一种批判的社会视角，也跟陈馆长对社会与文化总体的批判性是吻合的。他们对博物馆有非常深的感情与认知，对中国文化和世界文明有非常深的了解，所以对当前的文化现象，总体是持批判态度的。这种批判是温和的，是希望改变的责任感。我想这是矶崎新与陈馆长的一个共性。

赵勇：我觉得（湘博的建筑）是一个很用心的建筑。艺术上与工程质量上都不是世界顶级的，但是是一个对得起湖南的建筑。其他层面的评价就多元了。这是矶崎新先生80岁以后的重要建筑，当时也当"最后一个"重大项目设计，他用了心，理解了博物馆，也理解了馆长与博物馆这一群人。馆长在某种程度上与他是同路人，所以他很用心。在设计层面不是革命性的，而是融合性的，主要是把自己对文化的理解融入进去。它不会很有视觉冲击，不会成为新闻头条，但就像他本人一样，时间越长越有魅力。他这个年纪可能不再追求外形多奇特，就像我们穿衣服，不同的阶段有不同的讲究，是一个逐渐取舍的过程。最后可能追求的只是舒适，整体的外貌体现我的内心很重要，作为一个独立生物——人，变得很重要。

这个建筑里面是一个很多元的构成，你说不上里面是什么风格，但是很协调。你站在每个角度去看，都会呈现不同的景象，也就是说，如同中国园林步移景易，这个建筑做到了这一点。无论走到哪里看，都没有同质化的画面，都会给你一种不一样的空间感受与体验，这跟人内在的心理需求还是有一定关系的。这是建筑师的内在功夫。馆里线路很长，如果走下来，给你的都是相同的视角，很单一的话，会索然无味。正是因为当时重点考虑了这些，最终它的呈现类似于电影画卷。

张小溪：回到建筑本体，刚说到的东方韵味。在一场讲座中，第一位获得普利兹克建筑奖的中国建筑师王澍表示，让他失落和痛心的是，作为美丽城市样本的杭州，如今建筑密度已向香港看齐；更大的问题是我国国土上近80%的传统建筑已经消失。他不知道那些白云石径的群山哪里去了，中国哪里去了。湘博的这种东方韵味是否也是弥足珍贵的？

赵勇：之前提到过，你如果拿一张太和殿的照片对比着看湘博的建筑，从形式、从整体形态远看，有同构关系在里面，只是局部的体量与表达不一样。既有同构关系，也有建构的不一样，最终表达的机制是一样的。中国文化里面表达一个比较高端的东西，基本都会用这种形式。

杨晓：我认为他有意识地接续了中国建筑传统。在万象丛生的时代里，湘博代表了一种非常难得的努力。怎么接续中国文化脉络基础，怎样去发展中国建筑，是梁思成、林徽因开创的中国现代主义建筑教育一直想解决的问题。这个过程与日本建筑师也有关系。我最近阅读《梁思成与他的时代》，（该书）从一种批判的角度，承认了梁先生的地位，也指出了其局限性，所以更加知道梁先生的了不起。梁思成那一代建筑师，绝大多数都是从美国哈佛、宾大、耶鲁等校毕业的，是完全西化的认知。他们回来面临两种方式，一种试图仿古，一种试图非常西化。西化的路径在1949年后终止，开始苏联化。中国建筑就消失了，没有中国建筑了。看上去我们有很漫长的历史，但所有东西都根基不深。改革开放后，这种消失就加剧了，中国建筑师就消失了。但现在这十多年来，中国年轻的建筑师，又在思考怎么接续。矶崎新先生设计的湘博就是很有意识地在接续。虽然他不是中国建筑师，但是很努力地在接续。比如那墙，很像城墙，有点天心阁的感觉；比如中国（风）的大屋顶，在指引着人往天空看，又创造了微环境，符合中国人对建筑的认知，没有很酷炫，但在这样的丘陵地貌里，都很恰当；主立面朝西，光环境的处理难度要大一点，玻璃幕墙透过来的光，还是很舒服的；大屋顶与隔层的处理符合湖南气候；建筑做了很厚重的墙，在酷热与寒冷的季节，形成比较好的阻隔，也很节能。

　　　　　　　　　　　　　　　　博物馆是什么

在我眼里这个建筑也是冷静的，很喜欢这种冷静。热烈并非不好，也有很多人希望这个建筑更热烈。但是在这个时代，就应该有这样的建筑：它呈现出建筑本身比较朴实的特性，几何化的特性；艺术大厅不杂乱，也不陈旧，也没有让人"哇"地一声惊讶的拍照空间，我觉得恰恰是博物馆的特性——不是让你在艺术大厅惊奇兴奋，而是要慢慢沉静下来，把心情收拾好再开始看展；大厅墙上的红色大漆板子，不呈现具象的东西，却具备真正的文化性。开馆后我陪朋友们常去，感觉空间尺度还是比较适宜的，流线也是顺畅的，中间的空间节奏是很恰当的——人在历史与现代的交错中前行，偶尔抽离。总体而言，这个馆有自己的完备性，也让这个城市具备了独特的文化属性。

就工艺而言，它有点毛躁，这好像是当下建筑的通病吧。总之建筑设计完成度与建造的完成度都有缺陷。日本人是非常讲究工整的，日本建筑都是精工细作的，不管美不美，一以贯之从未丢失的就是工整。工整（的态度）从日本的文字就可以看得出，用的是行草与草书的符号，但行草的符号，是可以复制的，连一个动态中的瞬间，都定位得工整。浮世绘木版画也是，反感不工整的美学呈现。看日本人的餐盘也是，美学基因中都有着对工整的执念。但这个建筑并没有完全呈现出这种工整，这应该不是他们团队的问题，而应是与我们、建造流程及整个环境都有关系。

一个馆是有很多面相的。可以是批判的，传承的，开创的，共生的，融合的。建设的历程也是困难的，是基于什么文化背景与建设背景，是如何思考与建成的，这个其实很重要，值得记录下来，尤其当后人想要理解历史时，可以回到今日之情境。可以说，湘博并不完美，但是很具备典型意义。我们在急进之中，失去了很多东西，原先生活的街区、邻里都失落了，在成长中起到重要作用的文化风俗一点痕迹都没有了，当你试图去找这些记载，都没有了。没有根的人敢于去做没有约束的事情，却没有想我们有没有去承担我们的责任，这还是需要反思的。而这个馆正是这个时代的产物，但又体现了节制的态度，就像矶崎新先生一样，很有力量又很有分寸。

批评可能是很容易的。但批评前也需要对批评对象做深入了解和深入思考。公共建筑出现在中国的城市，应该是很晚的事，尤其是博物馆这种类型的建筑成为城市生活的核心，更是近些年才开始发生的。陈馆长是博物馆学的大家，对这个历史过程有深刻的认知与见解，从而提出了系统性的设计要求，我感觉在这些设计要求中，公共性是一个关键的概念。博物馆就是公共建筑的典型代表，不仅要与同时代的人相处，还要与历史和平共处，这多难啊。我们要在一个平等对话的机制下，去观照一个建筑，去与建筑对话。建筑本身有一个自我空间，如同人与人的交流本来有个合适的距离，因为各种原因，现在很多博物馆的广场上摆满了东西，里面贴满了各种符号，建筑的场域与气质发生了变化。由此轻率地去批评这样场景下被"异化"的建筑，还是缺少对建筑的一种内在观照的。

张小溪：湘博现在呈现出了这种公共性吗？如果湘博呈现出一种你理想中的公共性，会是什么样子？

赵勇：这个新馆，不是天外来客，像我们的老朋友，似乎跟老馆有血缘关系，让人很自然地接受它。在城市环境方面，设计的时候有本身的开放性：博物馆视线空间通达上做得足够自由，以前是围墙与盒子，现在面向城市有更多开放性；还有没有实现的烈士公园一体化——从林荫路就可以溜达到博物馆去，建筑都提前做好了储备，只要行政口一开，建筑就有接口可以去实现它。

建筑形象上没有标新立异，但你晚上去看，下面的灯熄灭，金属飞机屋顶下面的灯打亮，像飘浮着一个来自未来的东西。像不像一个灯塔？我感觉对长沙这个城市来说，这就是一个灯塔，一个文化上的灯塔，在承接过去与未来。灯不用很亮，有点像一点微光，或者是博物馆文化潜在的一种生命之光，把它微微地托起来。在遇到困难，很烦恼的时候，或者历史脉络不清晰的时候，我们能在这里看到一个文化灯塔，可以找到一些答案。历史在某个拐点上面，它是怎样发展的，我们在博物馆里面能找到答案；或者说放在另外一个视角，目前再多的困难和压力，从历史的角度来看，都是浮云，是一个正常的情况。

我去拍了几次照片。晚上的灯塔，这个形象是非常值得我们去凝视的。也许现在这个灯塔太亮了，或者下面还有一些杂乱，也没关系，这个是我们的社会现状。长久来看，认知达成共识后，它就是我们城市的灯塔与文化的灯塔。从这个角度来说，不管是它的文化价值，还是艺术价值，它就是世界级的。

至于灯塔，到底是什么方向，这就需要博物馆去做。对湖南人来讲，到底意味着什么，描述的是什么方向，需要博物馆来解答。矶崎新先生设计的时候说，这个建筑只有一个立面，就是这个俯瞰的"飞机"。其实这是他对科技的认知，是形态学上的了。在他心里，飞碟，或者最新一代的隐形飞机，就是人类最强悍的文明，就是代表未来。他在博物馆里，给大家画了一个未来，这样看，也是一座灯塔。

如果去看建筑剖面图，把这个楼从中间剖开，像一个飞碟或者航空器。如果像刚才说的，它预示了某一种方向与未来的话，肯定会有一个驾驶舱。驾驶舱在哪里呢？在报告厅。从功能设置来看，报告厅本来就是一个知识文化对外交流的场所，交流碰撞的火花本来会对领航产生一定的作用，这个报告厅恰好放在大屋顶里面。从功能到文化灯塔的逻辑还是有隐隐的关系的。这只是我的感触，我不知道这样说会不会牵强。这样应用型的艺术，不确定性也正是其魅力所在。

杨晓：湘博可以承载更多的城市生活，可以与街区、公园有更友好的状态。这个广场应该像是一个公园，允许民众做一些也许与博物馆无关的活动，有更好的相容性。城市本来可以对博物馆更加友好，配备更好的停车区，延续更多的文化关系，让民众沉浸在更好的文化氛围里，人们可以依托博物馆自发做很多事情，与博物馆相互呼应。比如我们今天聊天可以去博物馆，可以不看展，在水边坐着聊，也可以去楼顶俯瞰着公园喝着咖啡聊；我们可以不进馆，进行聚会；我们也可以进馆看展，但进去也不至于有被驱使感，催促你快点走快点走。作为建筑的设计者，很希望建筑能与城市有更多的互动，更好的相融。

赵勇：我拍到过一张比较有意思的照片。有一天我去博物馆，两个老人趴在水池栏杆上凝视。这个动作与画面很有故事感。是在回忆？在感慨？在聊博物馆新旧对比？或者往北边看，回忆自己的家？也有很多观众会坐在水边，那里正好有个高低差，人们坐在那儿，各有表情。这正体现了空间的开放性与开放度。如果不是建筑有意的设计，大家是不可能随意轻松地坐在这里的。但凡人在一个环境里可以很放松，可以很自由地去做一些动作，说明这个环境很开放。假如这是政府大楼、上海博物馆、国家博物馆、首都博物馆，外边不会有人这样坐。这个一方面是建筑设计本身带来的开放性，一方面也是市民文化，是长沙人的生活方式——如果能开放，这里肯定是一个跳广场舞的热门地点，到时候下面一个队，高处一个队，绝对是这样子的。大屋顶正面，本来是要做一个纯反光的镜面，艺术表达是这样的：建筑外地面上的人，都会投影到高处镜面，站在

　　　　　　　　　　　　　　　　　博物馆是什么

城市街道上的人抬头看屋顶，就能看到建筑下面的人的活动，屋顶变成了城市的秀场。晚上，下面打着微弱的灯光，屋顶亮起来，好像可以浮起来，屋顶下的画面呈现在屋顶上。但因为造价的关系，后来做成隔栅了，没有实现。

张小溪：说到广场舞，我在潮州博物馆门前就看到了热闹的广场舞。你们两位刚刚的表达又回到了时代性上。

赵勇：湘博给人的感觉很适合我们这个时代。我有时候看设计图，或者站在东风路看向博物馆，感觉广场上原先售票处那一块灰色的墙，宛如中国书法的一横。我们这个社会相对浮躁，而能够让人静下来的东西不多，博物馆就是其中之一。嘈杂的城市中，抬眼望向博物馆，目光看到这"一横"，就像望向海平面，它是宽广的，延伸的，最终引领（人）进入安静的状态。后来广场上摆上了水马、撑起了各种伞，破坏了建筑的整体视觉，某种程度上还是我们设计的缺位。总体来说这个馆没有什么开天辟地的创新，精准的精神层面的表达也缺失，但我觉得它很适合长沙的市民文化，有点像长沙的小龙虾。

杨晓：这个建筑呈现出来的，就是这个时代的面貌，而且是在这个时代里这群人付出最大努力才呈现的面貌。不管是馆长，还是建筑设计师，在很苛刻复杂的条件下，去坚守了一些东西，才有了最后的精神内核与气质。《山丘上的修道院》一书，明着说柯布西耶，暗线说的是修道院院长，其实修道院的精神气质，是修道院的人决定的，而不是建筑师。现在这个馆厚重的基座，高远的视野，呈现的独立、坚硬，也或许是与博物馆人或者说陈馆长的个性相呼应的。馆长说他喜欢法国的"月光宝盒"，那个方案那么多彩明丽，但不是它（湘博）的气质。

其实博物馆就是告诉我们为何会处在这个时空之中。现在湘博也尝试讲述我们从哪里来，但更多的是讲生物学上是怎么来的，而社会学上、历史上、文化意识上，很难说清楚我们从哪里来，尤其近现代的剧变、煎熬、反差，会让人茫然于我们到底应该怎么对待这个世界。越靠近我们的，对我们的影响就越深刻，可是我们不能说，或者说不清楚，这就是我们的遗憾。

赵勇：这个时代性还体现在一个事实，就是当下的社会资源体系还不足以支撑起一个伟大的博物馆的诞生。长沙市博物馆与湖南省博物馆的建设语境很接近，目标都定得非常高，有高远的追求，但实际上我们整体的城市支撑资源是很有限的。那么大的目标，按照常规体系我们够不着，所以才会出现资金断裂、管理混乱、技术支撑不到位、施工质量上不去等问题。真正要建设成一个非常好的建筑，要满足相关的硬件的刚性需求。我们总是停留在，树立一个"顶级"目标，大家不惜一切地去做。但是谁来评估这个事情到底能做还是不能做？做了以后它的好处到底是什么？现在经济发展相对来说比较好了，但是这些评价环境依然是缺乏的，我们没有一种客观评价体系。总是先立一个目标，然后去论证它的可行性，即使它在某些条件上不合适，最终的报告出来，也是通过某些措施与手段来达成。结果往往是，建成了，但可能代价太沉重，有的是资金方面的，有的是环境方面的，还有些代价可能看不到，谁也看不见，建设好了就"死"在那里没人用。这是很尴尬的浪费，里面折射出的共同点可能就是：我们现在整体的社会支撑体系相对来讲还是比较有限的。博物馆可能还好一点，美术馆建筑（的问题）更加凸显，通常是"我要建一个美术馆"，至于此馆以后什么定位不知道，谁运营不知道，有没有固定展览不知道，什么都不知道，但就是要建一个美术馆。这个阶段很初级的需求，是先解决有没有的问题，至于好不好，那是以后的事情。正因如此，我们的发展确实付出了惨痛的代价，但是目前很多人觉得这是理所当然的。

就我们这个行业来说，一些大城市，比如上海，已经开始关注产品化，他们会把博物馆当成自己的一个产品体系去做。在他们的一套体系里，前端做什么、中端做什么、后端做什么，造价控制的关键节点在哪里，中间到底需要哪些团队配合，最终这个博物馆打造出来到底哪里是好的，哪些地方还需要加强，等等，都会用做产品的理念去处理。

而我们做一个博物馆，不管什么条件，不管有没有人，先拍了胸脯说要做一个世界一流的博物馆，这个项目我肯定能做，最后靠巨大的代价去做出来。当然行业都有进步的过程，如果有人愿意，比如我们做完总结，一步一个台阶，相对会好一些。

湘博，50年内可能不会盖第二个，如果我们犯错，没有改正的机会。这可能也是馆长他们压力的一方面。

张小溪：说个题外话，从建筑师的角度，当时竞标的6个方案你倾向于哪个方案？ 10年后回头来看，选择会有变化吗？

杨晓：当时印象比较深的是法国的方案，因为跟我们最初的想法比较接近。它是组合式的，不是很强调建筑个体的突出，而是把这个建筑变成一组更丰富的城市空间。倾向于将建筑变成城市空间的一部分，不再那么明显地分出城市和建筑，它们应该是融合的。法国的方案有这样的特质。

虽然馆长自己也说喜欢法国人的"月光宝盒"，但矶崎新的方案才是最优选择吧。它很容易打动人，是最恰当的集合。不管是建筑师的身份、资历、东方文化背景，还是其本身对中国文化的热爱，都是与设计"月光宝盒"的建筑师完全不同的。另外，对湘博而言，需要非常严谨的态度才能代表文化的在场，需要一种历史性、原生性、历久性，需要自身的完备性。浪漫的盒子无法呈现这样的态度，"鼎盛洞庭"则恰如其分。

张小溪：国际竞标发展到现在，已经是很普遍的建筑行为。对于这个行业，是一种好的方式吗？

赵勇：竞争与竞标，其实底层逻辑，是基于人都希望追求自由平等，希望按照相同的规则去做。

建筑是双向选择。从业主内在需求来说，有选择的必要性，业主肯定想选择跟别人不一样的，匹配个性化的需求与潜在的需求，这些需求需要一种开放式的选择。从单个设计师角度指定去一对一设计的话，满足个体需求的概率较小。大家慢慢习惯竞标方式，选择面要大。比如我们面前有3个苹果，我们肯定要去选择一下，甚至还要去选苹果之外的东西，这就是人潜意识里的本性。一段时间实践后，发现有选择与没有选择的还是有一定差异的，选过的也许10个里面有8个业主满意，而一对一，除非你对这个设计师非常信任，不然出现吐槽的概率会大很多。

在初始阶段，国际竞标可以很好地有序竞争，但是后期可能出现过度竞争、资源浪费。比如同一个项目，将矶崎新先生请来了，扎哈请来了，蓝天组（奥地利维也纳设计机构）请来了，需要投入全球这么多精英资源做这个事情吗？不好说。

张小溪：重量级公共建筑的竞标几乎都是被国际上各种大师拿下，对国内的建筑师会不会产生冲击？

赵勇：建筑是一个很长的产业链。国外建筑大师拿下的设计，都是处于产业链初端，相对高端。如果说产业链有100米长，那么前10米他们的参与度会高很多，但后面90米大部分是国内产业链的人。

这100米的各个阶段都是需要设计的。前端那块富有经验的外国设计师会更强一些，参与概率更高，也是市场化的行为，也是社会资源的合理分配，让能者去做最擅长的事情。可悲的或者说不乐观的是，我们有那么多机会，那么多舞台，结果在这些最耀眼的事情上面，我们没有能力去竞争。这是我们这个行业相对低端，或者说我们的教育体系没有培养出更高端的人才导致的。但这需要一个过程，我相信是渐变的过程。我们在与国际大师的合作过程中自己也会有进步，但这里面还是有社会很底层的东西在影响，就跟中国很难出诺贝尔奖一样，不可能物理学出不来，建筑学出来了。而要出，就能出一批。中国足球说要从娃娃抓起，那我们建筑学也要从娃娃抓起。

张小溪：可不可以说你们这一代建筑师还是赶上了很好的时候，赶上了兴建大型建筑的高峰期。比如说50年后的中国，也许大型建筑都盖完了，以后的建筑师们就只能做一些微更新了。

赵勇：其实评估的标准与角度很重要。如果从矶崎新未建成的角度看，也许这未必是一个好的时代。现在这种大项目，被政治驱动、资本驱动，甚至被互联网驱动，建筑在里面的话语权是很弱的。在这种自身话语权很弱的时代出来的建筑，会是真正好的建筑吗？对它来说是好的时代吗？不好说。从建筑学发展角度来思考，从思想原创性来看，现在或许也不是最好的时代。最有冲击力的，还是柯布西耶七八十年前的东西。

但从技法的角度来说，从工艺发展的角度来说，出现那么多新材料新工艺，确实是一个好时代。

PART THREE

什么会留下？

留下的东西中什么最终会留下？

——雅克·德里达

视界

策展人与设计师说

中央美术学院城市设计学院副院长、博士生导师，
艺术家，原湖南省博物馆老馆及新馆空间展示总设
计师

———

黄建成

中央美术学院城市设计学院研究中心教师，广东
集美设计工程有限公司北京分公司设计总监
——

何为

博物馆展示设计师，湘博"湖南人"展陈主设计

——

陈一鸣

湖南师范大学"潇湘学者"特聘教授、博士生导师，
原湖南省博物馆党委书记、研究馆员

——

李建毛

原湖南省博物馆纪委书记、副馆长，现湖南博物院党委副书记、副院长、研究馆员

———

陈叙良

访谈者手记

博物馆的展览

　　作为参观者最直接面对的"产品"——展览，可以说是一座博物馆的灵魂。

　　前面陈建明馆长已经详细介绍过，一个馆的展览内容由基本陈列、专题展览、临时特展组成。博物馆应该如何构筑自己的展陈体系？其重中之重是基本陈列，就如一个人给其他人的第一印象，一座博物馆的风格、品位、内涵，参观者在基本陈列中能第一时间直接感受。

　　"每一个博物馆，都应该有一个独一无二的常设展览，来宣示自己是谁。"这句话因为听了太多次，深刻入脑，以致这几年走进每一座博物馆，我扫视着其楼层分布图，观察着基本陈列，都试图第一时间去感受这座博物馆在诉说"我是谁"。可如同人们总是很难清晰认知自己是谁一样，博物馆也如此——一部分还茫然于探索"我是谁"，一部分已经知道"我是谁"，但能否清晰甚至鲜活地表达"我是谁"又是另一个难题。

湘博这一次，是清晰知道了"我是谁"。去过湘博的人能很明白地看到2.5万平方米展陈区的构成：两大基本陈列、三大专题馆、两个特别展厅（临展厅），既是湖湘文化最重要与最直观的保存与展示，也预留了看向外面世界的窗口。人们很容易被马王堆吸引，其实全新推出的核心基本陈列"湖南人"才是真正的宣示，"通过对湖湘深厚根脉和区域文化密码的深入解析，向观众铺展了一幅波澜壮阔的湖湘历史画卷"。从哪里来？往哪里去？什么是湖湘精神？在这里都可以寻找到答案。另一个基本陈列"长沙马王堆汉墓"，可以说是全国最丰富、最完整、最集中的汉初文明展陈，很轻易让人沉浸入2000多年前汉代贵族的家国故事。"湖南人"与"马王堆"，就这样带领你走入两个完全不同的宏大世界，开启一场寻根之旅。

墓葬在中国有很多，几乎每个省博也都在尝试讲述区域文明历史，"同题作文"下，如何叙事，各个博物馆必须各自比拼方法与视角。湘博采取的方式是，用文物组合来讲故事，用更艺术的方式介入陈列。"马王堆"的陈列更像艺术展，创造了独特的氛围，汉代的生活画卷在这种氛围中呈现得淋漓尽致，1:1复原的马王堆汉墓墓坑，重现阶梯式夯土墓壁，建筑空间的营造与文物的展示融为一体，加上震撼的多媒体演示，成为非常有冲击力的记忆点。而"湖南人"区域历史，尝试用人类学手法来讲述。说实话，作为参观者，我已极其厌倦看不动脑筋的纯"时间线"区域历史，看到各种新旧石器与古代"假人"，便会加快脚步路过。"湖南人"在尝试另一种路径，虽然最终看上去也并不那么成功，但每一种尝试新路的探索，都是值得被记录与鼓励的。

湘博三楼还设置有小巧的专题展厅，展厅相对灵活，可分可合，展览也不定期更换内容。开馆伊始，我们看到的齐白石书画展、瓷之画、古琴等专题展览，各有各的小角度，颇有新意。譬如瓷器，几乎每个博物馆都有瓷器的专题展厅，"瓷之画"就从众多风格与逻辑雷同的陶瓷展厅中跳脱出来。湘博总是用很小的"切口"来进入，避免了平铺直叙、波澜不惊。

未来的参观者随着视野扩大，必将越来越苛刻。省级博物馆旧的基本陈列终将慢慢更新换代，很多新建县市博物馆同样面临着如何讲述本土故事的难题，它们不可能完全模仿省级博物馆的做法，在没有足够重量级文物支撑的客观条件下，它们是否可以更接地气、更灵活有趣？是否会尝试更多不落窠臼的叙事方式？是否会与当下的人与生活发生更直接亲密的联系？我总是期待未来会出现大批小而美的博物馆，它们知道自己是谁，并响亮清晰地喊出声来。

只是让人遗憾的是，现今，我们极其舍得在建筑上投入巨额资金，甚至也舍得在硬件上花钱，诸如高档的展柜、巨大的穹幕，不管有没有必要。然而在最重要的内容策划、叙事打磨、形式设计这类关于创意与智慧的"软性"工作上，却极其吝啬。如果这种认知与机制不改变，我所期待的那些小而美的国有博物馆，只能靠运气了。

Talk 1

展陈内容策划：
博物馆宣言

——

多样的文化选择与多元的文化享受

陈建明馆长与李建毛副馆长是一对长期的搭档。出于对展览的重视，陈建明馆长甚至曾想与李建毛副馆长分别负责一个基本陈列的具体策展，最终未果，毕竟一个馆长最重要的工作不是去具体落实一个展览。

如果说陈建明馆长是总揽全局的总策展人，那么时任湖南省博物馆副馆长并分管展览的李建毛，便是带领团队负责具体实施的主操盘人，是基本陈列与专题展览的具体策展人。

在有限的接触里，我感觉两位馆长虽然都是学历史出身，但性格与处事风格完全不一样。陈馆相对更锐利果决，李馆相对圆融细致，也是一种奇妙的互补。在2020年去湖南师范大学任教之前，李馆的职业生涯都在东风路的湘博度过。世人只知他是湘博的党委书记与常务副馆长、古陶瓷研究专家，殊不知，1988年历史学硕士毕业的他，一头扎进的是最热门的马王堆研究，当时发表的论文颇有分量与影响。1996年，他被调去做办公室主任，新组建的青铜陶瓷部也由他负责。"几位同事都是做青铜研究的，意味着领导要我去研究陶瓷。1998年在扬州上过陶瓷培训班，各种实地考察后，才开始真正进入陶瓷研究。"他就这样慢慢成长为古陶瓷专家。后来，李建毛被擢升为党委书记、副馆长，行政工作占据了大量时间，他热爱的学术研究，便大多只能在业余时间进行。

如今他回顾自己的大半生，深觉自己最有分量的研究，都在最初的那些年。2011年，哈佛大学洛克菲勒亚洲艺术史终身教授汪悦进见到他，直接问他为何不继续马王堆研究，当时汪先生便想邀请李建毛去哈佛做讲座。2018年汪先生在岳麓书院讲座也特意提到李建毛两篇马王堆论文。

我戏称李馆长是一个被行政耽误了的学者，他笑说这是历史的误会。最有意思的是，不久后，我与现任分管展览的副馆长陈叙良聊天，发现他与李建毛馆长的人生轨迹过于相似，都是历史专业，都做过办公室主任，只是研究的领域不同，这是历史的巧合。白天处理着繁杂事务，加班做各种展览策展，还要坚持学术研究并笔耕不辍，看来要做一个不被行政耽误的学者，必须付出加倍的努力。

作为一位马王堆研究与陶瓷研究的专家，并于2004年参加过梅隆基金会中国博物馆馆长培训的人，李建毛游走于专业与行政之间，善于平衡与统筹，这么说来，当年他来做湘博基本陈列策展人，算是合适的人选。而陈叙良副馆长全程参与了湘博的改扩建，深谙博物馆的本质与运营，同时攻读了艺术史博士，由他负责开幕临展以及主理此后湘博的系列展览，也是顺其自然。

在展览的大理念上，我视陈建明、李建毛、陈叙良几位馆长为一脉相承。在他们心中，展览始终是博物馆的核心，博物馆的社会影响力与作用，都是通过展览来实现的，展览是博物馆与社会的桥梁。"博物馆的教育是大教育概念。我们有个使命，通过展览给观众带来愉悦与感悟，无形中也提高大众的文化素质与艺术素养，这是

　　　　　　　　　　　　　　　　　博物馆是什么

很重要的。"李馆长谈起在国外博物馆看到展览的多元性，展览连接社区的能力，谈起那些博物馆人传教士般的使命感，他小兴奋地将自己坐的椅子连转了几圈。观察这些年湘博的展览，看得出来，他们竭力想为有着不同文化背景与兴趣爱好的观众，带去多样的文化选择与多元的文化享受，通过这些获得愉悦，激发思考。这是他们共同的愿望。

当然，即使是理念接近的搭档，对具体展览的策划也可能千差万别，宏观设想与执行层面的脱节与不相融也很正常，在后面的访谈里可以看到他们彼此之间不同的认知与坚持，这种差异其实是有趣的。

如今陈馆长与李馆长都已离开湘博，基本陈列总有一天也会更新、修改，甚至重来，但这都不重要，毕竟故事的讲述方式有千百种，不分对错。唯一重要的是，要知道博物馆展览是什么，博物馆基本陈列有什么使命，体系如何建立……只要框架搭得牢靠，正确的种子一旦埋好，便会自然而然顺着生长，这是未来每个新的博物馆馆长必须种下的种子。

基本陈列：
如何不做千篇一律的"地方史"

张小溪×陈建明×李建毛

◎ 世界坐标中勾勒地方轮廓

张小溪：作为一个省级大型博物馆，湘博承担着讲述这个省的故事的使命，也是观众最快了解一个区域的途径。除了少数比如四川博物院基本都是专题陈列，没有一个整体介绍四川的基本陈列，其他如辽宁、江西、山东等省份的大多数博物馆都会有一个"历史文化陈列"。只是怎么来讲述这个故事，想必都是难事。要讲述湖南，最初如何构想？

陈建明：我理想中的"湖南人"，应该是放在世界的坐标里、放在中国的坐标里，即在一个大于湖南行政区划和湖湘文化的板块中，勾勒出整个湖南历史文化发展轨迹。"湖南人"之所以是"湖南人"，自有其独特的面貌，但离开了"中国人"，就难以讲清楚"湖南人"的来处与贡献。前面我们说过，我希望领导湘博完成从单纯依托于考古学学科的博物馆，向依托于文化人类学学科的博物馆的转变，学术语境里包括了考古学、人类学、语言学和民族志及民俗学。做"湖南人"基本陈列，还要借助地理学、地质学等专业学科的力量，即将"湖南人"放在两个大的背景中去讲，一是自然环境，二是人文生态。

第一，要请地理学家、地质专家、动植物学家、生态学家，指导我们勾画出今天湖南行政区划及其周边相连的自然生态空间从形成、变迁到当下的发展过程，比如张家界几亿年前是一片海洋。这是"湖南人"的自然生态家园。

第二，要让今天生活在这片土地上的人讲述自己的故事，倒叙"湖南人"所处的人文生态形成与发展过程。比如湖南几大世居民族，如土家族、苗族怎么讲述自己的历史；中原文化在这片土地上有怎样的呈现过程。除了地下出土的文物，生生不息栖居在"三湘四水"的人群本身不更是湖湘文化的见证者？我们和湖南方言的采集、研究团队合作，从语言学的角度来叙述"湖南人"的故事；我们和上海复旦大学合作，采集不同族群，比如土家族的几个分支族群的DNA进行比对，通过分子考古学来研究这片土地上人群的迁徙。这样，将多学科合作产生的研究资料和实物及音像资料立体地形象地呈现出来，让活生生的文化创造者与见证者讲述先祖和自己的故事，让外来的客人听听"湖南人"的各种方言，等等。这样的"湖南人"历史文化陈列，就不只是器物的堆砌，而是叙述性、故事性的生动呈现。就能避免"见物不见人"，"人"就立起来了。

张小溪：在构建之初，您理想的湖南历史文化陈列是什么气质的？

陈建明："湖南人"应该是大手笔、粗线条的，应统合不同类型的文献和实物资料，运用多学科研究成果作为学术支撑，有张力地勾画出不同时期湖南地区的历史文化风貌。通过区域文化发生、发展历程中一个个亮点的呈现，穿成一串珍珠，其中任何一个点都在讲述一个独特的故事，而不是囿于考古学一个学科的叙述手法，一堆堆器物孤立地呈现，让非专业观众不知所云。在多次讨论"湖南人"陈列大纲时，我多次表达类似的意见。"湖南人"一定要放在"中国人"的背景下讲述，否则"湖南人"是不能成立的。因此，还是要从石器时代到文明起源，从夏商周一直到新中国成立，按这个历史线索来讲述本土历史故事。同时，我一直担心，展览结构中将物质史和精神史分开来讲不是一种好的叙述方法。这很可能是过去的通史陈列模式在策展人头脑中潜在的影响造成的，即习惯于将"经济基础"与"上层建筑"分开作为陈列的不同部组；另一方面，所谓"湖南人"的精气神，你还是要对照一组组展品特别是实物资料的组合来讲述，博物馆陈列展览不是写文章，不是著书，博物馆的叙事特征决定了只能从物质存在去阐述精神。

张小溪：每个博物馆都用这样的历史线，观众看着会不会很乏味呢？

陈建明：如果都是区域历史文化陈列，它们就一定会有共性，这也是你在不同地方不同博物馆看到相同原始人展览场景的原因。"只几个石头磨过，小儿时节"，大家都是这样走过来的。问题在于，不同的策展人可以用不同的表现方法来讲述同一个历史时期的故事。首先，它的文化素材，即实物遗存是不同的。比如旧石器时代，有的地区只发现了石器，有的地区同时发现了石器和"人"，如元谋人、蓝田人等等，而且发现地点的山川地貌也各不相同。你在讲述"湖南人"这个时期的故事时，就要将考古发现放在湖南

"七山二水一分田"这个自然地貌上来讲，而不是请展览公司搭几个想象的场景，做几个象征性的猿人模型，在展柜里摆几块石头了事。比如讲湖南道县玉蟾岩遗址，就要按比例科学复制遗址原貌，这样就不可能出现雷同，而且能营造出身临其境的参观体验。又比如城头山遗址，你要跳出考古学的叙事方式，不是复制一个遗址剖面，摆上一些陶罐，配上一些列表和照片就行了，而是要运用博物馆学语言，讲述公元前三四千年，有这么一群人生活在澧阳平原上，他们已经构筑城池，有护城河，他们用木桨划船，他们已经栽培水稻，还有原始灌溉系统；他们已经有较为成熟的制陶技术，有规模宏大的制陶区；大量斟酒器和贮酒器的发现，表明远在五千年前，这个地区饮酒已相当普遍……你如果按这个思路来组合出土文物资料和考古发掘资料，形成一个新石器时代"湖南人"的生产、生活场景，又怎么可能会和别人雷同呢？再比如你讲到历史时期的开端，结合口头传说、历史文献、古建筑遗存，再加上考古发掘资料，就能讲述"湖南人"眼中的三皇五帝时期的历史故事，炎帝陵、舜陵，你北方讲北方的故事，我"湖南人"结合文化遗存讲我南方的故事，从"斑竹一枝千滴泪"的传说到舜帝庙遗址的科学发掘，湖南不仅有洞庭君山二妃墓遗存讲述着远古的动人故事，还有考古发掘证明早在唐代，宁远就有目前已知最早的舜帝庙遗址。用这样的展览叙事方式讲一个区域的历史文化，是不可能和别人重合的。

构建"湖南人"陈列，我想强调一个时序与空间相互融合的关系。是按时序展示一个个的展品组合空间，而不是简单套用历史分期，如"商周时期的湖南""秦汉时期的湖南"等等。讲湖南的商周青铜器，重点是讲"青铜器之谜"，如果是中原铸造，何时何种途径来到湘楚大地的？如果是本土铸造，何处何人铸造？原材料和工匠来自哪里？各个说法有哪些实证，有哪些推论？这些不放在中原商周青铜文明的大背景里去讲是没法讲清楚的。讲到楚文化，不是按器物的时期和类型陈设楚文物，这是楚式青铜器、楚式陶器、楚式漆器等等；而是结合屈原的故事和历史遗迹，如屈子祠，在《九歌》《天问》的情境中讲述这个历史时期湘楚大地上人们的生活状态和精神气质，如屈原投汨罗江的时候，这块土地上呈现了一幅什么样的历史文化图景……

我曾构想，在设计近代"湖南人"展区时，同样运用场景和文物结合的方式，如表现戊戌变法时期的湖南，重点突出谭嗣同这个著名人物，馆藏有谭嗣同书信手札，有他亲手制作的琴，浏阳有谭嗣同墓和谭嗣同祠，布置一个立体场景，讲述他的追求与牺牲，"我自横刀向天笑"，使观众如见其人，如闻其声。再配上康有为后来到谭嗣同祠祭奠时所题"复生不复生矣，有为安有为哉"，足以打动观众，产生巅峰体验。同样，辛亥革命时期的湖南群英璀璨，将馆藏黄兴大幅书法置于其故居剪影之中，讲解词中加入章太炎对黄兴历史功绩的评价"无公则无民国，有史必有斯人"，"湖南人"的历史贡献不就一目了然了吗？

我当时一直强调，湖南历史文化陈列是作为区域博物馆类型的湖南省博物馆最核心的基本陈列之一，而这个陈列的支撑学科主要是文化人类学，上面不断提及的展品组合，就是各个时期不同类型的文献和实物资料在文化人类学各分支学科理论的支撑下的阐释和呈现。"湖南人"的前期筹划阶段，我之所以安排DNA采集、方言和口述史影像采集，就是基于这些学科原理。各世居民族的口述历史用方言呈现，加上DNA比对的科研成果，再结合丰富的考古学研究成果和地区的文物遗存，将这些材料有机结合起来讲述"湖南人"的故事，就立体了，活灵活现了。我们从怀化征集了一栋古宅，不仅是搬迁建筑，同时还做了人类学的田野调查，有多学科的资料采集，有音像素材，有 DNA 数据……很遗憾，现在展厅里只剩下一架躯壳而失去了灵魂。更遗憾的是，我连"湖南人"这个基本陈列也没有做完，何谈我想通过"湖南人"的策展逐步组建文化人类学各分支学科的专业部门，使湘博真正走上区域博物馆发展道路的设想。

张小溪：许杰老师说起常设陈列的原则与手段，认为"藏品不可能是完整的历史教材，具备碎片性。陈列不强调历史陈述的完整性，而强调突出每一件文物、艺术品的内涵和意义，以点及面"，也是这个意思吧。我听陈一鸣讲过，本来想通过房子的主人的视角，回溯家族的迁徙、生活，背后是有一幅生动的图景的。

陈建明：当时组织多学科专业人员深入一两个月，做了大量田野调查，摄影师拍摄了大量素材，后来都束之高阁。前述 DNA 采集和研究成果也只做了一些点缀，听说现有这些部分马上都要撤掉了。

对于我而言，作为当年湖南省博物馆新馆陈列展览的总策划，列出了陈列展览的总体框架，也列出了湖南历史文化陈列和马王堆汉墓文物陈列的策展理念和框架，还列出了开幕大型临展的原则和理念，也参与了一些策展的具体操作，但总体却是未完成，就像矶崎新先生的"未完成"一样。

◎ **人类学手法构筑区域物质文化史**

张小溪：区域性博物馆，如何展示区域文化，如何策划，一直是一个难题。"马王堆"展陈相对底子厚，"湖南人"展陈几乎是从零开始，听说你们脚本写了11稿，过程相当曲折与纠结。

李建毛：我们的脚本远不止11稿。相比"马王堆"，"湖南人"展陈压力大很多，花费的时间也多很多。作为湖南省最大的综合性历史艺术博物馆，我们有责任让湖南人了解自己的历史，也有必要向世人展示湖湘文化风貌。因此打造一个反映独特湖湘区域文明的通史性基本陈列十分必要。

区域文化到底怎样做？我梳理了中国区域博物馆展示几十年的发展。

最早是1961年，中国历史博物馆"中国通史陈列"正式亮相，这是中国第一次把国家的历史通过文物的方式展现出来。但当时的理论基础是马克思历史唯物主义，以翦伯赞、范文澜这些先生的《中国通史》《中国史纲要》为基础，按照时间性，通过物来证明重要题材与事件，这就是那时候展览的思路。这个方式的问题在于，一些重要的历史事件、科技进步，并没有物的支撑，只能通过模型、雕塑、绘画来取代。单个人物好表现，比如屈原，就塑一个屈原；秦末农民起义，这个时候就不能通过一个雕塑，太复杂了，只能通过绘画；表现张衡的地动仪这种科技进步成果的时候，就通过模型，把原理表现出来。

当时中国历史博物馆、军事博物馆，为了满足展览的需求，每个馆都有一批雕塑、绘画的艺术家，他们本身就是名家，他们这些早期的绘画，对市场来说都是价值很高的艺术品。但从博物馆本质来讲，真实性有问题。塑一个屈原，他是这个样子吗？基于"真实"原则，这一轮改扩建，我们连辛追夫人的复原人像都取消了。

中国历史博物馆推出"中国通史"后，后面各个省皆模仿其做法。博物馆界曾经在山东开过一次会，确立了"全国为纲，突出地方"的方针。把这一套延伸，政治、经济、文化、民族融合，再把区域的东西加进去。但这种展览，观众有限。湖南一直没有做过这样的展览，因为文物不足以支撑，甚至地方历史的文献史都说不清楚。

　　　　　　　　　　　　　　　博物馆是什么

1996年上海博物馆开馆，是一个转折，展陈方式让人眼前一亮。上海博物馆的定位是中国古代艺术博物馆，全部从艺术角度来展示。学术支撑与表现手法是按照西方艺术史那样来。按照时代，以物说话，每一件展品，都是精心挑选的艺术品，内涵丰富，观赏性强。散点式的一件一件展示，更多使用独立柜，更便于观赏。而以往通史式的展览以时间为线索叙事，都用通柜显示连接性。

　　上海博物馆的展陈方式出来后立刻成为标杆，大家纷纷效仿。但上海博物馆是艺术博物馆（上海的地志馆才是上海历史博物馆），各省馆还是要体现地域文化。南京博物院在这之后推出"长江文明展"，换了新的思路与形式，自此成为一个标杆。地方历史区域文明的展示，就这样脱离了国家博物馆那种模式。陈列方式，以上海博物馆模式为参考，取每个时段最精的文物，单独陈列，通过解读来展现其制作的精湛、造型的艺术感、丰富的内涵，以此反映那个时代物质与精神文明发展的高度，名称变为"文明展"。"文明展"回到以物为主，用文物说话的方式，取消了以前的雕塑绘画。但这种展示还是散点式的，物与物之间关联性不够强。此时也有少量的多媒体应用，对文物进行解读，比如河北博物院收藏的出土自满城汉墓的长信宫灯是很重要的文物，多媒体把长信宫灯的构造、工作原理解读给观众来听。

　　但"文明展"的出现，并没有取代之前那种模式。随着社会进步，经费增加，以前的绘画就变成场景。比如原始人如何生活，有岩洞，男的打猎归来，女的在生火。生活生动展现，观众更有看头。后来场景里再加声光电、半景画、全景画，观众身临其境，这种形式慢慢成了展览亮点。现在很多馆，尤其小的一些馆，当物不能取胜的时候，就常用这种方式，就形成了两种展陈手法并列。

　　这两种展陈手段，从1990年代到湖南省博最新一轮改扩建，又过去了一二十年。现在，还有没有更好的方式？我们一直在思考。

另外，长沙市博物馆建设比我们早，开放也比我们早。我们面临一个尴尬，长沙市博物馆的收藏与我们有很大的同质性。他们经费充足，都是在全省征集文物，甚至有几个时段的藏品比我们更好。比如长沙窑的文物他们比我们多很多，也更精；汉代的王陵、渔阳王后墓都是他们挖掘的，东西都在他们那儿；商周青铜器中也有很多精品，唐代墓葬品也很丰富。

我作为策展人，如果按照传统模式，将会面临怎样的观众舆论与同行评价？

所以我们换了一个思路，争取在叙事手法上做改变。我不一定要重量级的物，但通过物的组合，还原一个个当时社会生产生活的场面，然后场景连成一幅长的画卷，以人类学的手法构建区域的物质文化史。不是文献有的我就要去证实，而是通过对物本身的解读，变成物质文化史，让物质文化史与文献史并列存在，互相印证与补充。

关于物质文化研究，这些年学术界也取得很多成果，最典型的就是孙机先生的《汉代物质文化资料图说》（孙先生 1951 年跟随沈从文学习中国古代服饰史，后来又写了《中国古代物质文化》），梳理了整个汉代的物质生活画卷。我们能不能通过这样的手法构建一个？这就是"湖南人"的出发点与立足点。

中间有很多争议，各种分歧，推倒重来，再推倒重来，一次一次。其中也有舍弃，比如展厅面积有限，舍弃了宗教方面，舍弃了非物质的内容。其实物质与非物质是不可分的，我很反对现在这种人为分割。所谓国家级、省级、市级非遗，是人为把这些东西从当时的社会环境里生拽出来，变成很干涩的东西了。应该将其放回原来的环境当中，那样才是生动的，才有旺盛的生命力。

　　　　　　　　　　　　博物馆是什么

张小溪：我们在"湖南人"展厅里，感觉到了你们最后也还是纠结的。想摒弃编年体与物类分法，走新的人类学路线，但走得不彻底。观众对不断出现的同类器物也感觉到迷惑。

李建毛：中国历史有两种比较大的叙事体系。一种是纪传体，比如《史记》《汉书》，以人物为中心来记录历史，比如汉文帝经历过什么。把这个人的事情全部讲完，再讲下一个人的事。

还有一种是纪事本末体，《资治通鉴》就是这样①。你要讲一个事情，就把这个事情全部讲清楚，再去讲下一个事情。我们采用了纪事本末体。一个事情一个事情讲完。

其实无论你用哪种方式，都会有交叉。

张小溪：怎样讲好湖南，确实是非常难的。以前我们策划湖南文化地理丛书，也是只能切片，最终挑了几个特质，一个特质一个特质讲清楚。比如稻作湖南、兵战湖南、美食湖南、异质湖南、家园湖南、迁谪湖南等。

李建毛：总之都会很纠结。问题是观众能否理解接受。展览应该具有包容性，不应该都局限在一两个体例，我们需要有新的探索，能不能多一些做法，更丰富一些？让观众接触到更多的形式，以后再回过头来探讨得失。

总体而言，我们从文化人类学的视角，以一种清晰而易于理解的方式讲述湖湘地区的历史和文化，策展过程中教育人员与形式设计人员全程参与，形成了多学科协同策展的模式。

---

① 编者注：《资治通鉴》为编年体史书，此处应是指《通鉴纪事本末》。

张小溪：最初这个基本陈列不是"湖南人"，最终为何用了这个名字？

李建毛：主题叫"湖南人"，是因为历史的主体还是人，历史是人创造出来的。湖南的物质文化，都是人创造的。我们希望见人，见物，见精神。

湖南人从哪里来？在这片土地上，最早是谁住在这里？陆陆续续迁了一些什么人来？这些原来的人变成了什么人？我们做了一个系列的梳理，可以看出现在的湖南人的构成状况。

在这个过程中，我们有个很大的创新，就是跟复旦大学合作，做了湖南人DNA的检测，结果恰恰印证了历史。湖南大概80%的汉族人跟中原人有相同的DNA，多是中原迁徙过来的。其中只有20%南方血统，少数民族绝大部分是南方血统。但这个展示在展厅里不是很明显，很多观众没看明白。我也在琢磨着怎么改一下表现方式：展厅一边是少数民族语言、风俗习惯，另一边我想展示汉族的湘方言、客家话、江西话、西南官话等，用触摸屏展示DNA，这样更具象化。

2019年本来想改一下，但当时新增预算外的项目太多，比如"5·18"国际博物馆日，经费缺少，未能实现。

张小溪："湖南人"展厅最后尾厅，墙上只有一句"路漫漫其修远兮，吾将上下而求索"，很有余味，我翻阅了一个展厅外的观众留言本，很多观众都写上了这句话。

李建毛：我们在展厅一路走来，看到湖南出了这么多名人，有着不屈不挠、敢为人先的精神，这些人改变了中国乃至世界的发展进程，每个湖南本土人看完都会热血沸腾，我作为湖南人也会感到自豪，但是看完以后要冷却下来。这都是先辈们的贡献，跟我们没有关系。我们要做的是重新创造辉煌。湖南本身现在的经济文化在全国都不算很好，作为现在的湖南人，更应该有使命感。尾厅只有这一句话，就是想以此提醒湖南人。对中国人而言，也应该有这样的启示。我们今天说中国的复兴，前面的路还很长，是曲折的。

　　张小溪："湖南人"展厅放了4000件（套）文物，会有一些人觉得太满。包括设计师也觉得文物过多。是不是做研究的人想把学术的东西表达得更严谨完整，而设计追求美感，本身就是矛盾的？如果说一个展览是一个产品，那么"湖南人"这个产品就显得相对粗糙，似乎是生产者没有思考得很清晰，才导致没有做好取舍。

　　李建毛：我们也知道文物太多，重点文物被淹没。之所以这样放，有两个因素。

　　第一，有来自管理部门的压力。当时都在讲博物馆展品的利用率，你一共馆藏多少件，只展示了多少件，是多少分之一。这是不了解博物馆情况造成的。中国博物馆馆藏基本都是考古来的，破碎的残片都会拉回来，有很多是不能展出的。而且出土的器物同质化的很多，比如同一个杯子有100件、1000件，不可能把这1000件都展出来。西方博物馆不一样，它们的文物大多是征集而来，征集时注重品相，也许收藏只有5万件，但是5万件都可以展出。我们当时的环境就是一而再再而三地讲馆藏利用率，所以必须多拿出来一点。当然现在这个舆论被压制了。

　　第二，有来自观众的期待，不一定是同行，而是懂一点专业的爱好者，非常希望能多看一点。比如长沙窑爱好者，看100件与1000件完全不一样，原来还有这种花纹，还有这种造型？喜欢青铜器的也希望看到更多，这样更丰富完整。

　　所以，这都是不同需求导致的结果。

做展览而言，可以展品很多，也可以很少。"湖南人"展品多，特展就少一点。比如2019年国际博物馆日特展"根魂"，都是各馆重量级文物，我想我能借到15件都足够了，最终是30件。我们做了很多解读，但那么大展厅，30件，解读的内容都放不下，删掉了很多。配套的图书版面也装不下那么多内容，很多还是没有讲到位。

张小溪：我记得最初设计的时候，三楼咖啡厅位置本来也是一个单独的小展厅？

李建毛：三楼咖啡厅那块本来不是咖啡厅。我与陈馆长最初设想是做一个世界古代四大文明的展览。从国外博物馆长期借一点文物，古希腊、古埃及、古罗马、两河流域的，都借一点。我们不能坐井观天。虽然我们的历史看似很辉煌，但还是需要往外面看一看，看看平行世界里的不同文明，我们应该有世界的眼光，从世界的角度回头看中国的文明。如此，既不要夜郎自大，也不要妄自菲薄，不能虚无主义。

我们也跟一家博物馆谈过，只是要价比较高。其实很多博物馆库房里的东西是愿意拿出来交流的，我们也可以把中国的东西，我们有而对方没有的文物，拿出来长期交流。归属还是原有的博物馆所有，可以五年一签。

这里做咖啡真是太浪费了。它又有室外平台，又有连接烈士公园的绿荫，也很适合做点小而精且生动的展览。

张小溪：矶崎新先生有一个很重要的"间"展，会引进中国。我们询问过对方意愿，有没有可能放在湖南省博做一场。对方认为没有合适的地方，特展厅尺度不对，咖啡厅这个空间倒是很适合。

现在回头看博物馆的基本陈列，内容与设计上，您还满意吗？

李建毛：建筑本身是有遗憾的，展陈也是如此。但首先我拼尽全力了。这几个展览，虽然有很多遗憾，我努力过了，尽力了，也就问心无愧了。未来的时间，可以回过来再看，哪些可以再改，我们再慢慢完善。

（人们）对"马王堆"与"湖南人"这两个基本陈列，据我了解，有不同的看法，但总体评价不错。

2019年"5·18"国际博物馆日，我们的基本陈列被国家文物局评选为"全国十大展览精品"。中国一年新做2.6万个展览，进入十大精品很难，我们在十大精品里排第一，这是官方最高奖项。我想这是对内容与设计两方面的认可。

博物馆"特色产品"打造：
以"马王堆"为例

张小溪×陈建明×李建毛

◎ 三个版本的"马王堆"

张小溪："马王堆"是每一个观众到馆后最想直奔而去的地方。它与"湖南人"完全不一样，它的"材料"相对完整，可以讲一个相对完整的故事。如何呈现它相信也是您当初重点思考的吧？

陈建明：马王堆出土的文物，它的时代特点，在以前已经产生过轰动效应。现在再做"马王堆基本陈列"，就应该用很科学的追求与理念来做。马王堆发掘马上就50年了，当时做的展陈设计，也是40多年了。现在研究到了什么程度，好好地写到策划方案里，再利用现在的科技手段做出来就好。看完现在的展览以后，年轻人跟我说，与以前比，就是多了一些多媒体视频。那么视频做得怎么样？用所谓高科技带来的新形式展示马王堆，对于阐述马王堆起到了什么正面作用？是不是用在了恰当的地方？这都是值得讨论的。

博物馆是什么

张小溪：您第一次听说马王堆是什么时候？什么印象？

陈建明：当时我是高中生。1972年马王堆发掘，我是1973年下放去农村的。同学在学校很神秘地八卦："听说了没有，挖出来一个汉代的老太太，还能坐起来，还能讲话但是听不懂，还把郭沫若都请来了。"我当时嗤之以鼻，这太违背常识了。我没去看，我们同学去看过，据说是从烈士公园爬围墙去看，当时的博物馆人山人海。我的个性是比较沉静的，比较相信常识，相信书本。这是我对马王堆的第一个了解，第一个印象。真正第一次看到实物是大学毕业之前的大四寒假，要好的大学同学来长沙玩想去看。看后我们两个人极其震撼，这同学后来是清华人文学院的副院长。

张小溪：为什么会觉得很震撼？很多人无缘见到最初的样子，最初的马王堆展陈，请您跟我们描述一下。

陈建明：馆里环境漂亮，有很多大树，穿过一片绿荫与草坪，入眼的博物馆建筑很气派洋气，虽然并不高大，但很有气势，感觉很现代化。一进去，就被展品吸引了。先看展品，最后看到辛追。我记得很清楚，参观完一圈，工作人员说"请下楼参观女尸"。如果没记错，是回型流线，一个大圈一个小圈。灯光打得漂亮，很集中很安静，一组组的器物可以近距离观看，极其震撼。印象深刻的是漆器、纺织品，尤其是丝织品，套棺彩绘，极其震撼。出来进入另一个房间，走楼梯上去，就可以俯瞰栏杆下两个大椁，也是极其震撼。看完真是觉得马王堆名不虚传。当时对老太太印象并不是很深，反而对随葬品和器物印象更深。毕竟我是学历史的，有认知和理解这些文物的基础知识。

张小溪：您刚才用了很多个"极其震撼"，可见当时马王堆文物对您的冲击。但回头看，当时的震撼，以及对第一版展陈印象这么好，有没有可能是因为当时见得还少。现在您是去过全世界500多家博物馆的人了。

陈建明：我觉得还是因为它本身的东西够好。现在回头看很清楚，一个墓葬群，三个墓，一个家族墓能出土这么精美完整的东西，全世界也是很罕见的。那么完整地保存了2000多年前很难保存的实物，比我们想象的都要好得多，这个太震撼了。不管怎样想象，都很难想象2000多年前就是这样发达。严格意义上，哪怕是今天，有一个暴发户，家里有非常多的钱，生活品质也不见得当时那么好。相比较而言，辛追用的东西全是顶尖的。一个漆器当时多贵呀，相当于用的都是爱马仕。一个700户的小侯，在列侯里完全不算什么，居然都有那么好的东西。那么可以推想，当时的经济、文化、艺术，发达到了什么程度。3号墓的墓主人，30多岁就去世了，是个武将，但你看他身边的帛书里，哲学、天文、地理，那是什么高度？相当于我们现在30多岁的人家里的图书室，全是文史哲、高科技（类的书）。

张小溪：当时您第一次去看的时候，帛书内容都已陈列出来了吗？

陈建明：没有。但是帛书的书名与大致内容都摆出来了。3号墓的东西，《五星占》《彗星图》，都已经告诉观众。

张小溪：这一次参观，跟你后来大学毕业选择到湖南省博物馆工作，是不是有关系？

陈建明：有极大关系。我当时看完马王堆，极其震撼，楚汉文化之瑰丽神秘都深深吸引我。我们同学毕业时聊天开玩笑：有同学说，30年后我是大老板，从国外回来刚一下飞机，漂亮的女秘书上来说，老板，这个星期我们又赚了100万；还有同学说，我是副总理（后来他当了副总经理）；我说如果非要说这个，我应该是在家乡当一个博物馆的馆长，这个馆还小有名气。很多年后班长来长沙看吴简，提起这个往事，问我还记得不记得。我说实话也不是记得很清楚，但隐约记得有这回事。

张小溪：第二个版本的"马王堆"是什么样子的？

陈建明：第二版我是参与者了。1986年我是湖南省文化局文物处负责联系博物馆这块工作的主任科员。当时文物处就七八个干部，负责考古发掘、古建保护、博物馆、纪念馆，那时候人员非常精简。我受处长委派，参加了马王堆汉墓陈列改陈讨论会。当时讨论会是馆长崔志刚主持的，改陈经费报告是我递上去的，后来批了6万元对马王堆进行局部改陈。毕竟距第一版已过去12年，而且"文革"结束了，之前的展陈有时代的烙印与局限，需要做必要的调整修改，艺术上也增加了很多东西。当时湖南省博物馆美工部的李正光主任，以及他的儿子与学生，相当于半义务的画漆画，画得很有特色，为展览增色不少。这就是说形式设计要担负起辅助展品制作的使命，博物馆要有自己的美工部。

1986年改陈后，"马王堆"一直没有大改，只有微调，一直展到2003年。2003年1月18日新陈列大楼开放之前，"马王堆汉墓陈列"一直是1970年代的版本，就是1986年做了微调，其实还是崔志刚、侯良时代的作品。2003年在我手上完成新一轮的"马王堆"展陈。

张小溪：2000年您正式成为湖南省博物馆馆长，当时的室内展陈，是上一任熊传薪馆长已经策划好了，还是您从头开始策划的？

陈建明：策展文本、设计都是熊馆长领导的，包括形式设计、招标都是在他手上完成的，我负责了实施。

张小溪：世间之事一直在轮回呀！您当年的角色，与后来段晓明馆长的角色一模一样。扮演的角色、进入的节点也一模一样。

陈建明：历史就是这样好玩。我运气最好的是我参与了湘博两轮改扩建。我运气最不好的是，我没有完整地做一轮。

张小溪：2003版相较1974版，应该是变化非常大的。您当时是怎么思考马王堆的？

陈建明：那是完全重新做的，2003年马王堆第一次搬新家。之前关于马王堆的宣传是不够的。离开了刚出土时期的轰动效应后，就慢慢沉寂了，大家都不太知道马王堆是怎么一回事。我提出，通过这一轮改扩建与马王堆新的陈列，重新掀起参观马王堆文物的热潮。这需要采取一些措施，比如辛追老太太的形象复原，这事不能乱来，李建毛副馆长从一则新闻知道了一位赵成文教授是人像复原大家，我们就请了中国刑警学院的这位著名教授来复原。我不否认这是出于宣传与票房的目的，但遵循了博物馆应有的科学原则。

张小溪：这张图确实起到了很大的作用。我记得当时在媒体上大量出现，我印象很深。

陈建明：开馆的时候，辛追夫人的复原头像一发布，全国100多家媒体同时转播报道，起到很好的宣传作用。但现在回过头看，整个展览的设计并没有推翻1970年代的版本，还是1970年代版本的延续。不管是内容结构，还是形式设计表达，基本只是延续与放大。即使这样，负责第一版的李正光老师还是跑到我办公室来，很生气，说这一版做得很不好。我当时很紧张，把负责这一版设计的黄建成的拍档刘如凯叫来，他是湖南省博物馆美工出身，他拍胸脯说，我能理解李老师的心情，我打破了以前的一些东西，但我对现在的展览设计有信心。后来我觉得他说得对。首先它被评为"全国十大展览精品"；另外我常常陪两大类型的观众观看展，一类是考古学与博物馆专业观众，一类是国家各级领导、各界名人，他们的评价都挺好。我做馆长时会定期查看观众留言，也要求群工部整理留言，也会时不时跑到展厅去听观众反馈，总体评价很高。我认为2003版还是成功的，观众数量急剧增加，门票收入急剧增加。

张小溪：这种增长跟当时的社会大环境，跟博物馆发展的爆发有没有关系？

陈建明：那时候还不是大爆发，虽然已经有了"黄金周"。博物馆发展真正大爆发是实行免费开放以后了。我们在2003—2007年这个时段的快速发展，与经济持续快速增长同步，确实是赶上了一个好时代。但同时期很多博物馆整体起色不大，不少博物馆发工资都困难。

张小溪：光论馆藏，湖南是压根儿没法跟河南、陕西比硬货的。

陈建明：虽说一个博物馆的收藏是第一位的，关于收藏的研究与传播是基础，但也不完全是。很多人还是没了解博物馆作为非营利组织应该怎样去运营。

张小溪：但您是很少有的既是历史、文博专家，又深谙运营之道的人。中国国有的博物馆靠财政补贴太久，考古专家多，大部分是缺乏这样的运营推广能力的。

陈建明：这个问题到今天也没有解决。免费开放好不好？好。但所有博物馆全部免费开放，尤其是政府全额支付运营经费这种方式好不好？我觉得不好，应该分类。在湖南，毛泽东纪念馆、刘少奇纪念馆、彭德怀纪念馆，可以永久免费开放；但湖南省博物馆、长沙市博物馆、湖南科技馆，就完全应该换一种思路。即使要免费，你可以免观众，不能免单位，免博物馆就是免供方，但你要免的不是供方，而是需方。谁需要免费参观博物馆到我这里领票，湖南省博物馆可以凭票跟财政来结算。那效果将完全不一样。

张小溪：这样也能让各个馆形成竞争，做得越好补贴越多的意思。现在免的是供方，让大众以为"文化"就应该免费。我曾经在博物馆收费的特展厅门口听到观众理直气壮地质问：文化不应该是免费的吗？博物馆不应该都是免费的吗？你们凭什么收费？他们不知道，文化应该是最贵的。

陈建明：没错，这个免费政策恰恰误导了公众。这样免费的话，教育、医疗、住房都是基本的生存需求，是不是更应该免费？能免吗？怎么免？正确的思路应该是基本的、必不可少的要免。公共文化服务的供给与此是同一个道理。

张小溪：2000年的博物馆环境和社会环境与今天有很大不同，当时面临怎样的挑战？

陈建明：那是事业单位改革的关键时期，当时政府拨给省博物馆一年108万元，我们是全额拨款的事业单位，加离退休人员，一共156个人。工资要开，医疗费要报销，还要保护那么多文物，开

　　　　　　　　　　　　博物馆是什么

展那么多业务活动，我们是靠108万元政府拨款与门票收入来维持整个博物馆运营的。历史给了我们一个机遇，我们要两条腿走路。拨款有限，不如靠门票。政府的事情我们要做好，经济上的事情我们要靠服务观众做好，要靠市场做好。

张小溪：那么是不是意味着当时在做马王堆展陈的时候，就思考着怎么利用展陈来做后期营销，而这种运营思维也反过来影响着展陈设计？

陈建明：对，就是这样来的。展览是服务观众最直接的产品。

张小溪：当时的展陈资金够吗？

陈建明：当时没有布展经费。我做了馆长几年后，这个钱才最后解决。

张小溪：哈哈，最新一轮的展陈又是没有布展经费，为什么历史还在重演？

陈建明：实际上这是"历史的误会"，是旧日的计划经济体制这样规定的。博物馆的建设经费分为两块：一个是"硬"的基础建设，比如房屋基建；一个是"软"的，比如布展与运营费用。这两块，历史上分属不同的政府部门拨款。发改委（以前叫计委）只负责基本建设，不负责布展与运营，布展与运营是财政负责的。十多年后，依然未变。发改委说他们只负责基建，发改委给我们批的可行性研究报告清清楚楚，什么项目，给了多少钱，是做什么的。但是布展费用迟迟没有着落，就会严重影响建设进程。

张小溪：希望其他博物馆建设的时候不会再遇到这样的困难。

2003版陈列被评为"全国十大展览精品",并且在业界树立起标杆,后来也得到观众的认可。今天回头看,你觉得最好的尝试与遗憾的地方在哪里?

陈建明:其实2003年那一轮给我们的启示是:好的博物馆展览,展品的组合很重要,本身带来的信息与价值很重要,阐述也极其重要。我们很用心地希望观众能理解我们讲什么,摆出的文物展品想讲什么。比如《五星占》,请中国天文台做了一个电动模型,花了不到10万块,很直观地演示。那是个很小的开间,一边摆着《五星占》文物,中间摆着仪器,仪器可以真正运转,展示五星是怎么汇合的。我陪很多国家领导人观看过,很容易看懂。现在这一轮应该做得更好。要研究你展出的文物在那个历史时代意味着什么,而且要用观众喜闻乐见的方式来阐释它,这就是你要做的事情。大的博物馆还是要有自己的美工部。自己的馆藏要展示好,用黄建成老师的术语来说是"视觉传达",你得有人时刻琢磨这个,你总是打包招投标,人家把东西认全了就不错了,哪能理解其深刻内涵并有创意地设计展出手段和方式?实际工作中,如果是自己的艺术设计人员,他们和器物研究人员是熟人、是同事,方便交流沟通,甚至是请教;而展览公司的设计师进来了,他们接触到的大多是管理人员——招投标管理人员和施工管理人员,统称"包工头",等知道谁是谁了,工期也到了。

张小溪:听下来我的理解是,大馆有自己长期的美工部的话,既了解馆里的藏品,对文物有一定认知,又能在美学上与第三方沟通与把关。如果完全交给市场,每次重新招标,一个陌生团队是不可能做好的。就比如浏阳做个博物馆,如果临时找大公司或大学的团队,一群那么陌生遥远的人如果还对此地一无所知,我不太相信可以做好浏阳博物馆。

陈建明: 完全交给市场是错误的,发展模式与路线是错误的。尤其是大馆,不仅仅是为本馆,还要辐射省内县市区各级馆,给予他们引导。社会合作是必不可少的,但合作的内容应该是自己美工部做不了的东西。比如那种高科技的团队,博物馆不可能有,这种时候需要合作与招标,由馆里内容团队与美工部提出清晰需求,再去找合适的团队制作,馆里把关。到现在为止,湖南省博物馆设计部没有撤,我一直坚持这一点,这是博物馆的专业。

张小溪: 我有印象,2020年"闲来弄风雅——宋朝人慢生活镜像"就是吴茜主导设计,很清雅贴合。回到马王堆,听说2003年辛追老太太搬入新居的时候,"百鸟来贺",当时的媒体报道也很隆重地记载了一笔。

陈建明: 2003年新陈列大楼开幕,新旧交替,博物馆一天都没有关闭,连夜将辛追夫人搬入新陈列大楼,第二天早上,很多孔雀落在老馆楼顶上,有的还大大方方在楼顶开屏。有人特意数了,16只。据说是从烈士公园鸟语林跑来的,但此前没出现过,此后再也没有来过。你说是巧合,肯定是巧合,但就是这么巧。

张小溪: 这种"异象"与省博的人非常尊敬老太太的态度也极其呼应。你们会将此当成"祥瑞",把老太太当"祖先"而不是"文物"。据说,省博的人甚至认为老太太一直庇护着省博,省博与国外博物馆对待"木乃伊"的态度似乎截然不同。他们当木乃伊是"物",我们将辛追夫人当"先人"。在所有参与国际招标的建筑设计师中,最后中标的矶崎新先生似乎是对辛追夫人最为重视最为尊敬的一位。最后设计的场馆也如同在为辛追夫人建造"新居"。从最终设计来看，他深度认可省博上一版的马王堆设计。您与他及团队在整个设计过程中有过怎样的碰撞？

陈建明：矶崎新先生跟我们是不谋而合，我们上一轮就是这样做的。先参观文物，最后去看老太太，而且老太太位于地下，不能搬到地上来。2000年那次改陈，其实我与馆里领导和专家有过讨论。有人主张先看棺椁，再回溯，一层层去讲有什么文物；我认为要先看小的再看大的，从分散到集中，最后才看棺椁与辛追夫人。观众"噢！"的一声，就是明白了。最后再坐电梯下去看老太太。事实证明这个思路是对的。矶崎新先生最后认可的流线，也是如此，最后怀着安静的心情去看老太太。

张小溪：矶崎新先生来踩点参观的时候，就很认可之前的流线，所以最后还是沿袭。

陈建明：不管建筑设计师怎么设计，我们都会坚持要这样的设计。只有这种方式才是合理的。

张小溪：算来您经历了三个版本的马王堆陈列。尤其是后两次，都是参与主导。最新一版中可以看到2003版一些核心思想与设计的延续，比如墓坑的复原，只是比例不一样。但毕竟时间过去了10年，您对展陈的理解与马王堆的理解可能发生了新的变化。尤其在全世界看到那么多展陈手法后，在最新的马王堆基本陈列中，在内容主旨与形式上您有怎样的设想与设计呢？

陈建明：我在策展初期，设置了几个研究专题，让专业人员分头去研究。以《导引图》（湘博藏品之一，描述的是汉代人的养生动作）为例，做最新版，应该要站在时代的高度来表达。最早的一版是以线描图来显示；上一版是比线描图更立体的半浮雕；这一版，怎么用科技手段表达？我请马王堆研究展示中心主任喻燕娇去找上海体院的一位叫王震的专家，他专门研究过《导引图》，可以去找他一起研究，最好有体育专业人士推演，然后录制下来。再比如说中成药，要讲是什么药，药性如何，原来长什么模样，是叶是根还是茎，最好能闻闻香。我在国外看过，一排柜子，打开一个闻一种香味，可以做成香包在柜子里存放，定期更换。

总体而言，就是用丰富的表达手段，加强阐述性的表达，让观众五官都可以参与。比如歌舞俑一组，能不能给一点音乐？现在展陈是往这方面去做了，只是没有走完。比如印染、纺织，到底用什么材料，怎么做的？纽约大都会博物馆纺织品部修复室，最震撼的是其中一块地毯修了几十年，需要调研当年的材料、染料、工艺是什么，用的什么纺织工具，如果没有研究透所有的东西，就不能动手修复。马王堆如此丰富的纺织品与丝织品，是否可以从养蚕讲到提花机等等？能做示意图让观众看得更加明白吗？

新版跟过去的不同，就是要增加参与性、体验性、互动性。这些都是我对马王堆展陈的期待。很遗憾，虽然现在已经不错了，但提升空间还很大。

张小溪：其实可以拎一两个重点展开阐述。像许杰老师讲述旧金山亚洲艺术博物馆的展陈设计时，通过一两个例子就讲得很透彻。一个重点文物，是如何从六七个方面展开的，浓缩在电子显示屏中，可以给不同的人群提供不同的理解途径与想象空间，还并不多占展厅的地方。

陈建明：空间是有些浪费，展线也有点乱。现在看来，上一轮展厅尺度略小，而这一版却有太大之嫌。当然，大的展厅应该更有利于布展，尤其是用多种方式与技术加强阐述性的展示。关键在于策展团队的把控。现在老太太那里做得也有些问题，各种灯光和倒影，有点乱，不够肃穆。我做过馆长，知道突击布展是怎么回事，只是开馆有几年了，博物馆有没有在讨论提质方案？但愿自己是杞人忧天。

◎ 主线与暗线交织讲述马王堆故事

张小溪：马王堆一直是湖南省博物馆最重要的部分，也是研究最深入的，老馆的基本陈列也是以马王堆为主，有很成熟的基础。这一轮基本陈列有什么突破吗？

李建毛：马王堆本来是专题展览，但因为收藏太珍贵，属于世界级文化遗产，鉴于重要性与独特性，做成了基本陈列。2003年完成开放的"马王堆汉墓精品陈列"也是最受观众欢迎的陈列。它通过介绍中国西汉初期长沙国丞相利苍家族的奢华生活，来展示当时卓越的农业、手工业成就，辉煌的文化艺术和科学技术水平。陈列较好地控制了参观的节奏，生活器具、精美服饰、帛书帛画、彩棺巨椁、完整女尸，层层递进、精彩纷呈，最后以复原的大墓坑结尾，让观众豁然开朗，印象深刻。

我们通过"马王堆"成功树立了一个品牌，它成为我们"一个独一无二的声明"。10年之后我们对"马王堆汉墓陈列"进行更富创意的修改：扩展展示空间，调整展示内容，完善参观动线，更新展陈手段。同一个故事，观众将得到全新的体验。

从内容策划上，叙事体例与方法都做了新的尝试。真正在讲故事，而且分主线与暗线。故事从惊世挖掘开始。当时"文革"如火如荼，其实马王堆发掘本身与"文革"格格不入，属于"四旧"，但恰恰是它的挖掘改变了湖南考古界乃至中国的考古界。马王堆发掘之前，考古业务人员都下放了，此时全部召集回来，其他省的专业人员也跟着回归岗位。马王堆挖掘在当时就是很大的事。

第一个展厅告诉观众考古是怎样一回事，如何艰难挖掘，考古学科是怎样一个架构。还包括周总理对马王堆的关注，以及国际关注。

一步步继续往前，墓主人是谁？怎样证明墓主人身份？他们当时怎样生活，由此引到汉代人怎样生活。吃啥，穿啥，用啥，玩啥？我们说是"乐生"，就是对生活热爱，对生命珍惜。当然这是上层社会的生活，不体现大部分人的状况。这部分过着讲究优雅生活的人，在乐生基础上，拼命想延长生命，黄老之术盛行，他们通过药物、健身操养生，祈求长生不老。这是秦始皇、汉武帝都追求的社会时尚。若长生不老做不到，人终有一死，那就期望死后到另外一个世界过得更好，死后灵魂永生。

"乐生，养生，永生"，这就是汉代人对生命的追求，通过马王堆表达得淋漓尽致。包括最终对尸体的处理，都可以看到汉代物质文明、精神文明、科学技术成就都达到了一个高度。马王堆就是汉初社会发展成就的一个标杆。主线在讲故事，这些折射出来的东西就是暗线。

另外，展示方式是场景式的，这是很大的进步与创意。讲述吃、穿，一件一件单独摆着不行。一双筷子，一个碗，单独摆着，你告诉大家这是汉代人吃饭的筷子与碗，告诉的信息只是筷子与碗本身的信息。若用搭建一个汉代场景的方式表达出来，就有了穿越感，可以身临其境，包含的信息量大了许多。汉代的风俗习惯，饮食礼仪，比如跪坐、分餐制全部自然出来了，远远超出文物本身的信息量。虽然我们有些空间做得不到位，毕竟受到经费、展柜、时间等约束，但比原来还是前进了一大步。

总之马王堆的内容比以前更顺畅，故事性、逻辑性、科学性方面，都得到一次大的提升。灯光在保护文物的基础上，运用得更生动，更有创意。

在多媒体运用上，我们会在一些博物馆看到，因为展品的缺失，于是用一个大的场景加上多媒体，变成一个大的展品。我们更多是利用多媒体，对重点展陈做补充与解读。比如《导引图》动起来，是解读；T形帛画，是解读；车马仪仗图，本是一个平面，我们通过复原，让它动起来，让观众看得更清晰。

对展品的解读，尽量用适合展品的方式。最基础的是文字说明；再重要一点的，加辅助图，比如素纱禅衣怎么裁剪；更重要的文物，动态展示；有些资料性强的进行储藏，比如将帛书全部储藏，学者可以来使用。

多媒体不能哗众取宠。也许随着科技进步，未来更多的设想可以实现。

张小溪：马王堆展陈里最受关注与争议的，应该还是1∶1复原墓坑的多媒体处理。在最初的策划里，这里是如何处理的？

李建毛：椁到底怎样展示，是有争议的。上一轮的复原不到位，这次就准备1∶1复原到位。但是只看椁还是单调，如何丰富内容？旁边那个墙上是空的，我们曾经有个设想，最终制作单位没有实现。

如果大家看过湖北的曾侯乙墓墓坑，就知道它的东西摆放是呈平面的，编钟、器物都是按照当时的礼仪摆放，墓坑平面延伸性很广。到了汉代，马王堆的陪葬品全部堆椁里，空间收拢了，器物只能层层叠叠堆起来。曾侯乙墓是墓坑将就物的陈设，马王堆是物将就这个椁，这体现了从战国到汉代墓葬形式的演变。

所以我们最初的想法就是，一边展示出土时的真实情况，起掉棺椁盖板，每一边、每一层放什么，用半浮雕或者平面图的形式把出土时的情况真实呈现出来。另外一边是立体的，采用将北边箱的器物放回到汉代起居室的房间陈列方式。对比之下，观众可以看到虽然墓坑里是这样层层叠叠摆放的，但汉代真实的起居室里应该是怎样摆的，但制作单位说不好展示。

墓坑里面的多媒体展示，很有争议。有人曾建议把考古挖掘过程还原，我没同意。最前面的展厅已经讲过挖掘，影像也有，重复了。我们想能不能倒过来？看汉代当时是怎样进行下葬的，而不是怎样挖掘的。汉代人对永生到底是怎么想的？前面通过帛画、棺椁、辛追夫人来体现，但展厅是分散的，观众很难把这些器物联系在一起，到这里后，我们能不能串起来，告诉观众汉代人如何看待永生？

按照最新的研究，马王堆为何要四层棺？学者巫鸿的研究显示，人在死后灵魂到达彼岸之前会穿过四个空间：第一个空间是很漆黑的，那就是所谓黑漆棺；然后就到了另外一个空间，稍微有一点光亮，那里面有很多鬼怪，有保护你的，也有带给你危险的；接着到了昆仑山，全是吉祥动物，接近仙界；最后是升天。我们的多媒体能不能够按照这种思路来做，但不完全是一个意象，而是进行立体转化？原有素材已经是很生动的平面，鬼怪也都很可爱。跳着舞欢迎老太太灵魂的鬼怪，都是鲜活的。能不能把平面的东西转化为立体的？制作单位是按照这个思路来做的，但用的还是原先的图像，没有转化为立体图像。

Talk 2

展陈设计:
艺术介入

———

人与藏品之间的沟通与交互

"陈列对象必须经过有秩序的累积，才能实现历史的意义。"

馆方给出了厚厚的展览大纲，厚达几百页的文物介绍，接下来空间设计师登场了。当然二者一直是交错前行的。

文物的陈列并不能只是简单地如超市一样把物品一一摆放于货架，即便是超市的货架，也有各种陈列花样，有专门的导购路线区域，甚至有各种刻意设计的广告区、休息区。而博物馆作为承载文化历史艺术，甚至担任启迪功能的综合体，如何鲜活地进行展品陈列，在世界范围内都有着各种思考和尝试。

从博物馆自身特点来说：古根海姆博物馆，利用双螺旋的楼梯和遍布在楼梯步道与圆形展厅里的各个方形绘画给参观者留下了深刻的印象；而仓廪殷实的大英博物馆或埃及博物馆则采用密集的分类群组式展示来炫耀其藏品之丰富。从观展者的角度来说：有人热爱宫殿式恢宏环境里的古典美，有人着迷于MOMA纯白中性空间的纯粹，有人喜欢德国那种很酷的冷静布展，有人热爱日本精细化的观展体验。但好的体验总是共通的。总体来说，博物馆展陈手法潜移默化地发生着巨大变化，简单粗暴一点可以说是从"以物为中心"到"以人为中心"。展览设计越来越在意人与藏品之间的沟通和交互，展陈都大量追求想象力与吸引力，为观众提供启迪与愉悦，让逛博物馆变成一种别具一格的美好体验。设计师不再平铺直叙，而是努力营造一个整体的空间氛围去烘托展品，去讲述故事。展陈变成综合的空间信息传播、交互融合。好的空间，你会看到人们沉浸其中，融为空间的一部分，面对这样的场景，会生怕自己的脚步声惊扰到他们。

广义上的博物馆的展览空间设计种类繁多，难以说清楚，譬如美术馆艺术展的设计明显更多元与活泼，我们缩小范围，主要涉及省市级大型历史艺术类博物馆的展陈设计，尤其是基本陈列。另外，展陈设计很容易"过时"，总有新手段与花样涌现，我们要辩证地在时间轴里去评论。但在我的视野中，访谈中涉及的"马王堆陈列"虽然已是几年前的案例，在今天它似乎并不显得"过时"，也许是因为它抓到了一些本质的东西。新湘博空间总设计师黄建成老师总结：艺术性地介入很重要。"湖南人"的空间虽然很有争议，但也依旧有它的亮点，引入很鲜明大胆的色块，呈现出一种当代性。至少，在很多馆还在编年体或者仅仅是装饰上做文章时，湘博在设计中已经充满人文关怀地来看待展品，从社会学、人类学角度进行场景化空间设计，这些是很久很久都不会过时的。

在艺术与设计间游走的
整合高手

张小溪×黄建成

　　负责把握湘博空间设计整体调性的黄建成，是中央美术学院城市设计学院副院长、教授、博士生导师，长沙人。他有非常多耀眼的"标签"：2005年日本爱知世博会中国馆艺术总监、总设计师；2010上海世博会中国国家馆展示设计总监；2015—2018年中国文化部（2018年组建为文化和旅游部）"欢乐春节·艺术中国汇"纽约系列活动总设计……虽然热爱画画，大学一年级就出版了黑白美术画集，但他最为人称道的还是设计师这一身份，他在设计中如鱼得水，又坚持着艺术家的一些纯粹。他说，他并不在意自己是不是顶级设计师，他更在意的是，自己是不是一个能将自己观念呈现得更好的艺术家。作为一个平生爱折腾的人，他看上去比实际年龄要年轻很多。他有很多反差萌，比如非常忙碌却也在间隙里抽空看肥皂剧，还看得津津有味，微信聊天喜欢发很萌的表情。年轻时，他喜欢边缘性带来的冷静，如今在光环喧嚣下其实也保持冷静。他极其聪明、幽默、善谈，在一群人中轻易就能控场，金句频频。他履历丰富，多线程行进，呈现出复杂而迷人的面貌，总之很难用一个词语或者身份去界定他。

他是跨界高手，虽然他不认可"跨界"这种说法。也许聪明而勤奋的人，做什么都相对容易。在西安美院念书时，他同时有六件作品入选第六届全国美展，涉及壁画、连环画、油画、水彩等六个类别。他不是单项冠军，但在学生时代就展现了"十项全能"，一直到今天，在设计与艺术的融合中，他都呈现着这种特质。他重视知识结构，重视格局与眼界，热爱着跨界与交融的事情，拥有极强的处理复杂事务的能力。他坚持艺术介入城市、介入生活，着力于公共艺术，认为以当下的视野关注当下的问题，就是对传统最大的创新。他坚信艺术是可以构筑未来的。他知道文化与艺术需要全世界交流交融，他先稳稳立住，再尽最大可能去嫁接周边资源与结构，去形成多元的对话，也形成自己的系统。很多事情看上去宏大，看上去不靠谱，也将他卷入一种不可把控，但怎么办呢？那些就是他喜欢的事情。努力过折腾过是一回事，成与不成是另外一回事。总之，他努力拓展过不同的边界，而创造力与艺术是没有边界的。如果用一种动物形容他，应该是一尾游来游去的鱼。水中没有界线，但场域宽广。

他追求的不只是不断拓展边界，在同一个领域里，他也不断叠加纵深。五年一次的全国美展，他从第六届开始，保证每一年至少有一件作品入选，他要保持一个连贯的痕迹。2019年第十三届美展，他选送的是湘博的项目，环境艺术设计类别。同样五年一届的世博会，他从2000年开始，一直绵延到了2020年迪拜世博会，以不同的身份参与其中，从未中断。他与世博会的20年，正好见证了视觉艺术的变化，城市文化生活的变迁。在纽约做艺术中国汇，准备持续

12年，12年也是一个轮回。他像一个能跑马拉松的运动员，不断地用这种"长跑"呈现着实力与野心。

虽然刚接触，他过分优秀的口才容易遮蔽部分真实，过分的圆融掩盖了底部的尖锐，但拨开这一层游刃有余，就可以看到支撑他走到今天的一股极其拼命与霸蛮的劲道。他喜欢把不可能变成可能。他说，很多事情，你但凡比别人多了0.01的执着，你就成了。任何传奇时刻的到来，背后都有着极强的专业、勤奋与极其执着的追求。

他与团队进入大型博物馆的空间设计领域，算来已有20余年，这是他的领域之一。从空间设计走到综合的空间信息传播，做更主动的叙述性空间设计。从展陈到"展呈"，主客体交互融合，做鲜活的博物馆。艺术家基因给他的博物馆空间呈现带来不同的维度，他自谦他们的创新出自"不专业"，出自跨界的不受束缚，也出自院校长久的熏陶。如今，他致力于博物馆整个空间体系的打造，尤其重视公共艺术体系的营造，想让更多博物馆形成一种整体的氛围，有一股神的凝结。他认为他们有责任成为引领者。

如果说他穿梭在艺术与设计之中，使二者互相汲取与影响，那么在他与博物馆、美术馆长久而深刻的关系中，二者又在互相吸收与给予什么？可能连他自己也说不清楚。但拥有这种长久而深刻的关系，已经是莫大的幸福了。

◎ **空间信息传播：做更主动的叙事空间设计**

张小溪：黄院长您好，您与您的团队在中国博物馆的展陈设计领域有过非常多成功的案例。您个人与博物馆开始接触是什么时候？

黄建成：我去过的第一家博物馆，是雷锋纪念馆，这不是开玩笑。这是学校有意识组织的、我们去过最早的带有博物馆基本型的地方。从长沙火车站走路去望城，再走路回，足足40里地，一路上还喊着口号，到了雷锋纪念馆还要排很久很久的队，都是一个学校一个学校的学生去参观。当时说不定在雷锋纪念馆听过陈建明馆长讲解，只是那时我们不认识。那是1974年，我去过的革命纪念地还有清水塘、第一师范。那个年代看的博物馆都是这一类，但它们称不上博物馆，当时也没有博物馆这一说。1974年，连湖南省博物馆也没什么可看的，要领票才可以被接待。这就是我们印象当中带有博物馆概念的文化场所，属于那个时代的印记。

后来考入西安美术学院，就开始跟博物馆有接触了。以前博物馆对我们来说就是有距离的高大上场所。第一次进真正意义上的博物馆应该是1982年，去北京写生。那一年，我团队里的陈一鸣刚刚出生。当时历史博物馆去得少，基本上是去中国美术馆和军事博物馆，因为名画都在那里面，像陈逸飞的《占领总统府》，何孔德的画。包括北京的第一条地铁线都是我们必去的，因为每个地铁站都有一张壁画。所以真正对博物馆有概念是在北京，博物馆确实是有教育的功能。

后来去过全世界很多博物馆，尤其在纽约、旧金山，会去看很多博物馆与美术馆，去MOMA、斯坦福大学美术馆新馆，感受到博物馆的流线与空间特别过瘾。我对博物馆的认知不是理论上的，不像陈建明馆长与矶崎新先生研究那么深；而是一种直觉，把它作为一个文化的容器，一种远距离的熏陶。我的儿子后来也学艺术，这不是上美术班影响的，而是带他们去各种美术馆熏陶，去艺术家的工作室熏陶，这种熏陶才能引发他们真正的兴趣。

张小溪：跟历史博物馆比，您更偏爱去美术馆与艺术博物

　　　　　　　　　　　　　　博物馆是什么

馆么？

黄建成：我对鲜活的、跨界的博物馆更有兴趣，所以很喜欢纽约这样兼具时尚与文化气质的城市，这里有众多偏艺术类的博物馆，像著名的大都会博物馆其实是偏艺术的综合博物馆。艺术可以介入城市的发展，塑造城市的气质。若没有艺术，纽约便只是一个普通的大城市。身在纽约这样的艺术都市，会有一种被滋养的幸福感。

其实新一代国家领导人对艺术也非常重视，在雄安新区规划时就提出"创造历史，追求艺术"。这是既对历史有传承，又注重创新，创造一种新的文化遗产类城市，追求公共艺术介入城市。

张小溪：感觉您跟湘博很有缘分。您是长沙人，在做湘博展陈之前对它有什么印象吗？

黄建成：马建成老师出版了一本《口述湖南美术史》，其中有18页写当时我在热水瓶厂当美术设计师的经历。当年在热水瓶厂工作其实很幸运，美术组美工每年有外出写生一次的待遇，那时候去趟杭州、黄山，比现在出一趟国还难得。那会儿画迎客松，画荷花，画重庆朝天门的老房子，画长沙下河街的老房子。因为我画老房子画得特别好，参加全国美展也是这个题材，别人甚至喊我"黄老房子"。

湘博虽然1956年就建立了两栋红房子，但存在感很弱，直到马王堆挖掘成为热门事件，以及素纱禅衣被盗，才被世人熟知。1974年，湘博开始做马王堆常设展览。我是1978年去热水瓶厂工作的，热水瓶厂在长沙黑石渡，我每天从五一广场上车，坐3路车去上班，每天都得路过湖南省博物馆。当时博物馆局部性对司局级单位开放，我们厂是科级，我对湖南博物馆只能是遥望。在烈士公园里可以看到博物馆红砖墙的背面，当时我经常在那里写生。当年烈士公园要门票，没有钱，就抄小路从跃进湖那边穿过去，走山脚下那条路，差不多一个人抱一个树兜子画了几年。可以说，在做湘博的展陈设计之前，我跟湘博也没有特别的故事。

张小溪：您从西安美院毕业，到广州美院版画系教书，专业是书籍装帧，最后又是怎样跨进博物馆展陈设计行业的？我记得您给自己的定位是空间设计师？

黄建成：简单说下我的设计经历。我算是从1997年开始做空间展示设计的，一开始是代表广东参加"全国两个文明建设成果展"，属于全国打擂台，不小心就拿了全国一等奖，当时广东省还给我记了一等奖，火线入党。因为这个比赛，我认识了我后来的搭档，他是一个省级博物馆的展陈部主任，发现我们比传统的博物馆展陈创作味浓，就此组成了队伍。后来，陆续设计了虎门海战博物馆、鸦片战争博物馆，1998年做改革开放二十年成就展，1999年做建国五十周年成就展，总之在广东省没有对手。1999年，湖南省博改展陈，我的搭档曾经在湖南省博工作，也就顺势回湖南。先是设计了刘少奇纪念馆，然后开始做湖南省博陈列设计，一直到2002年底才搞完，当时就被评为"全国十大展览精品"，并且写了一本书，这是全国首本为一个展陈写的书，国家文物局局长还为我们写了序。接着就接了福建省博陈列设计等。当时，其实虎门海战博物馆在行业内影响更大，四个展厅中有三个厅都做了半景画（多媒体技术结合传统的半实物仿真技术，衍生出的一种新型媒体手段），只有一个厅是常规陈列馆，文物只有26件，极其"不常规"。做博物馆做得成熟了，就开始不满足，就想去做世博会，觉得世博会挑战特别大。2000年国内很多人还不知道世博会的时候，我就去看了德国汉诺威世博会，当时想，如果能做一次世博会设计就太爽了。2005年就非常戏剧性地获得了机会，开始设计爱知世博会中国馆，2010年设计上海世博会中国馆，设计的线就一直延续与升级。其实我相当于艺术总监，把握大的调性，更细致专业的事情是项目总监与设计总监在完成，包括这一次湘博，很多事情是何为他们在做。

我们一直从事的就是空间设计，空间是最重要的一个原点。你如果叫信息传播专业，报纸、电台、数字媒体都是传播信息，你与他们唯一的区别就是用空间语言来传播信息，这才是辨识度。我招学生，就明确提出不能叫展示设计专业，一定要加"空间"二字，展示专业可以置身平面、视觉传导专业下。清华美院的展示专业，是在工业设计学科下面的产品设计工作室来研究展示，认为展示是可以产品化的。事实上，展示的手段与技术很多已经产品化了，比如展柜、灯光，尤其是会展，非常产品化，只是用界面、文字符号来传递不一样的信息。其实背后，就跟装修一样，剥开表皮的装饰材料，里面的水、电、空调其实都是有规范的，是一个意思。

张小溪：聚焦到空间设计中一个小门类，本书关注的是博物馆展陈设计。我想请您谈谈展陈与装修的区别。另外还想请您谈谈博物馆展陈与其他会展的区别。比如博物馆内部专业人士会接一些小馆内容策划，寻找装修公司合作来做展陈空间，这是对博物馆展陈专业缺乏敬畏的表现么？还是说博物馆展陈装修公司也可以做好？

黄建成：两者都不是，还是国内行业现状造成的。上海世博会以前，中国可以说没有专业的展览公司，至少没有那么清晰的展览与装修行业分界的趋势。以前，展览就是装修公司内部某个部门来完成的，装修公司认为自己的专业至少覆盖了展览的三分之二。展览的主体是装修，只不过是把装修的表象由原来的生活使用功能调整为信息传播功能。所以找装修公司也没错，每个行业都有自己专业本体的特点，有自己的专业体系与尊严。

展示专业是这几年才出现、成熟、分离又迅速解构的一个专业，过两年是不是还叫展示专业也不一定。展示行业内真正做得好的几个公司都不叫展示公司，装饰专业就是装饰专业，展示行业可以叫创意媒体、艺术与科技。比如上海的风语筑，长沙的华凯，都不叫展览公司。从社会各界、专业本体、媒体的认知上看，展示都是在不断扩容、不断融合新专业进来。所以你刚提到的某些博物馆主管领导有这样的认识，也不算奇怪。很多装饰公司本体也在转为展览公司，但名字没改。就像广东集美设计工程公司，其实它的主体是展示。但确实不等于所有的装饰公司都能做好展示，毕竟有一个很大的区别。

比如我们现在所处的酒店大堂，百分百属于装饰与环境艺术范围，它主要的功能是生活艺术的使用功能，没有太多信息传播功能。可能有摄影、绘画，强调一部分艺术性，但还是为环境艺术服务。展示专业最重要的就是，用空间讲故事。讲得专业一点，是空间信息传播设计，叙事空间设计。虽然都是空间，不讲故事，或不以讲故事为主体的就是装饰；空间里面，以信息为第一任务，就属于展示。这就是本质的区别。只是专业在扩展、分化、重组。现在很多展示专业的学生流动到了婚庆公司、仪式开幕、剧本杀等领域。剧本杀空间因为里面的故事性特别强，虽然部分专业属于装饰装修，但主体更靠近展示专业，需要展示公司完成。

总之，二者的共性就是空间，用空间语言来营造最终的终端功能。终端功能如果是使用功能，就是属于装饰与环境艺术；如果是传播信息，就是展示功能。婚庆、奥运会开幕、冬奥会、金鹰节开幕，都是可以由展示专业来主导的，当然不一定叫展示，但里面具备了大量的展示语言，装饰语言大大弱化。这就是它们的区别。

　　　　　　　　　　　　　　　　　　博物馆是什么

张小溪：那同样是展示，展览会的展览与博物馆的展览有什么区别呢？

黄建成：那就看它的诉求。博物馆的展览首先是文化类的，当然博览会里的文博会算不算文化类呢？文化为主题的博览会，到底属于什么？专业内，博览会叫会展专业，是由大量的单元体构成一个主体的信息传播。单元体其实就是标准摊位，无数个这样的标准摊位细胞体，每个都讲述、呈现自己的东西，就构成宏大的会展专业。博览会里面也有文化类的东西，但博览会主体核心还是产品呈现；文博会也是有文化产品的，譬如端砚、根雕、画廊售卖的油画。但博物馆是文化主体，以一个核心主题为主要的诉求，当然综合博物馆也有多个主题，也有临展，但还是围绕一个整体的方向。比如湘博有"马王堆"与"湖南人"，但它依旧是单一主题——"湖南的历史文化传播"。博览会以产品为主，可以是多方向多向度的，比如广交会包罗万象，春季消费品博览会消费品种类繁多。所以博览会是以产品，以多元的、多个细胞体构成的整体大空间、大氛围的一个综合体，通常在专业里放在会展专业。国际上最大的展览公司英国励展就是做会展的，它主要做会展组织与策展，它是不会来做具体的博物馆展陈的，不是它的专业，但是它可以做博物馆博览会。

张小溪：比如我是一家企业，我去参加博览会，在我的单元体里，我也是要讲好自己的故事的。用的展示手段也是展板、多媒体、装置，跟博物馆里做一个专题展，手法可以很接近。二者有没有本质区别？

黄建成：整体上其实是接近的。只是功能用途有差异而已。比如这是酒店，旁边世贸中心是办公楼，都是环境艺术与装修，只是使用功能与用途不一样。博物馆展览与博览会展览，只是信息原点、出发点，以及后来的目标受众、传播者，有一点点差异而已。二者都是信息传播专业，都是空间讲故事的门类。所以这种小门类的区别从社会大功能来说可以忽略不计。严格地说，会展中心就做不了博物馆吗？不一定。新加坡笔克公司，大家都知道它是做会展的，但这些年也不断去做博物馆，它可以成立博物馆展览事业部。现实证明，其实差异是微小的，只是根据主题，诉求、要求不一样而已。

张小溪：如果差异微小，是不是说各种人都可以进入博物馆陈列这个行业，只是分了层级？这些年博物馆陈列整体有什么变化？

黄建成：从市场行情说，博物馆陈列有特别复杂的准入条件与机制。建筑也是，哪怕你是大师，通常也必须得经过烦琐的招投标过程。那么一般的标容易被深谙游戏规则的人占领，他们可能确实不专业，但接地气。我的团队只能缩到一部分小众门类里，比如高端博物馆、国家重大工程，这些项目基本会采用邀请招标，邀请的是与我们差不多的团队，轮不到邀请不专业的团队。但底下的县市级博物馆，高精尖团队基本挨不到边了。清高的知识分子，是不太会去维护市场商业渠道的，所以具备文化、教育背景的团队都在转向文化与技术含量更高的项目。比如风语筑公司在往文化科技公司转向，我们则在往更加具备独立性、个人化、公共艺术的方向发展。

也不能说分层级，说层级就分了高低端。其实没有低端，如果在哪个行业做到了顶尖，就到了艺术的层面。应该说分化成很多类型。大型会展、文化专题、科技馆、媒体秀……

在博物馆展陈设计变化方面，所谓变与不变，不变就是经典的以博物馆物为主体的这一类展示。层级高的、高精尖的、本体性系统性非常到位的，省级博物馆及以上的变化不大，反而能保留更多

　　　　　　　　　　　　　　　　　　博物馆是什么

经典的展示方式。往下，单元性的、私营性的变化很大，更多元更个体更时尚的东西，你不能用博物馆的样子去衡量它。它可能有展示功能、销售功能，甚至是参与功能、体验功能，它的展览展示、体验、交融、交互都更带表演性。博物馆是以博物馆的物为主，哪怕是呈现文物背后的故事，比重也不能太多。这一类相对稳定。唯一的变化，技术条件改变了，当代受众提高了欣赏习惯与要求，所以不能像以前一样做完全静态的展示。参与设计的也基本是以前比较经典的稳定的团队。新派则完全演化成了各种面貌。你说"长沙文和友"（注重消费场景的餐饮品牌）不就是很注重场景吗？你说臭豆腐博物馆到底是商店还是博物馆？体验型的展示、剧场式的演出、实景演出，到底是叫动态的体验式展示还是演出？这很难说清楚。末端变化很大，边界越来越模糊，甚至已经分化、解构成新的很多专业。

其实在全国高等院校统计中，全国有1170多所院校有环境艺术专业，讲白了就是装修专业，开设这个专业的院校最多，排第一。也就是说这个专业的社会认同度高，创业门槛低，谁都可以做个装修公司，开个工作室。但是真正叫展示设计专业的，只有45所院校，但不等于它出路狭小。很多国内院校开设了展览专业课程，但大多叫"艺术与科技"，南京艺术学院在艺术与科技后加个括号"会展专业"，这是将艺术与科技的手段用于会展。

总之展示行业真的比装修行业的变化来得更快、更复杂，越来越交融。好处是包容性更大，缺点是讲不清楚它到底是什么，好像大家都能进来。

张小溪：这个跟陈建明馆长说的"博物馆学"是一样的，变化太快，概念太多，名字滥用，已经说不清楚"博物馆"是个什么东西了。对于大型博物馆的展陈设计，出身专业美术院校的团队相对来说是很独特的存在，你们能给博物馆带来什么不一样的东西？

黄建成：做博物馆的老牌公司就那几家，有人比我们更专业，还有一些公司只专业研究展柜、展板、文物保护、灯光，算是完全从文物需求出发。我们团队也有非常专业的，比如陈一鸣，专精博物馆展陈设计，但他在我们团队里不是主流方向。我们团队的不可取代性是因为我们"不专业"。1990年代末期，我们敢于用装饰语言做展览，这让我们很快出挑。那时候大家的展览都是临时搭建展板、展台，灯光做好，东西摆好，不太敢去营造氛围，我们却用装饰语言营造整个展览环境。其实现在去看卢浮宫、大都会博物馆，装修是装修，展览是展览，不要求融合。卢浮宫古埃及馆还营造了一点环境，古希腊馆、兵器馆等等，柱子是柱子，柱子边上放一展柜，没有让柱子营造出与文物有关的背景。我们在1997年做"两个文明建设成就展"广东馆，很快就有了点影响，就是因为敢于用装修的方法，把环境与氛围营造做得比常规展览比例要重。比如展览一个茶壶，会把茶壶周围的环境、其他铺垫的东西强调得比一般展览多。而且是用长期展的方法做临时展览，敢于在只有15天的成就展中搭建一个宏大的虎门大桥，搭建了这个桥，真实感更强，而舞美里面用景片式的就一定假。当然，这种方法对不对再说，但当时敢这么做，就跳出了一般的展览。在当时的展览公司看来，这就是"不专业"，一看就是搞装修的做的展览。但是积极地看，就是跨界、跨领域，敢于引进新方式，颠覆传统展览。这是我们的第一个优势。

第二个优势，我们的团队一开始形成于广州美院，背景是艺术教育机构，所以融合多科学的可能性就大，经验就比其他团队足。一个公司吸纳的人才是有限的，院校里则是不断在创造，尤其是中央美术学院，不断寻找未来设计的新概念。我2006年调到中央美院，将广美的思维慢慢融入央美思维。央美有一个很大的追求是"引领"，我们准备成立一个关于超前思维的未来设计学院，"培养找不到工作的学生"成为我们的目标和口号。它不以就业率来衡量，但它是引领的，不是真的找不到工作。三五年后会发现，它引领的行业已经开始显现。但怎么能做到这一点呢？当其他人还在谈环境艺术、产品设计、视觉的时候，我们今年（2021年）新增加了几个专业：社会设计、生态危机设计等。社会设计更综合，生态危机设计更能应对突发问题、培养敏感的新意识。院校的这些思考与探索，哪怕不能一时间全部用上，但总有一些熏陶浸染。腊肉都是熏出来的，学生其实也是，慢慢熏出来的，与一天就做出来的肯定不同。国家重要场馆，比如"21馆""22馆"，都是邀请院校公司，比如清华美院的清尚、广州美院的集美……跟一般装修公司做出来的味道总是不一样的，不会太企业化与商业化，多少有点文气。从政府来讲，比起其他民间设计公司，院校机构还多一重保障、多一层保护——我们跑不了，这就是为何我们能够担任国家形象的设计师，政府对我们特有的信任感让我们有获得世博会、国家重大项目的机会。

第三个当然就是个人化的东西。我个人一直不想做固化的事情。我没说我要成为顶级的设计师，至少我做过。我更在意，我是不是一个能把自己的观念呈现得更好的艺术家。我更想做这种事情。这几年，我们团队做的四件事情，在别人听来都是天方夜谭，至少是可能性很小的。第一件是你知道的"艺术中国汇"，几十个艺术家，连续四年在纽约举办，影响力很大，最近也正在写一本书记录这个事件。当然我们不是完全为了做一个公共艺术，而是这既是一个中国文化组织去举办的活动，又是一个非常好的有商业业态的事。这能体现为何我们团队可以一直跟别人不一样。第二件，与日本横滨有关。当时有个契机，横滨市政府将搬去新的大楼，想将老政府大楼售卖给文化与教育机构，但一时难以找到合适的文化机构来接手。而2015年一群国际艺术、设计、创意产业的专家、艺术家跨界发起，成立了一个国际组织叫ICAA（International Creative Arts Alliance）国际艺术创意联盟，我是执委会主席，韩家英、沈伟也是我们的理事。ICAA里有艺术家与横滨知事关系很好，他说能不能推荐我们联盟去跟横滨市一起办一所艺术大学，叫横滨国际艺术大学。我当时就带着团队飞了横滨两趟，差一点谈成。当时想的是联合国际艺术联盟、湖南卫视广电基金，以艺术教育的名义一起买下横滨政府大楼，主体是学校，同时可以配套去做商业创意街、艺术家酒店等等。全世界开往横滨的邮轮上也可以开展短期艺术教学，这是横滨艺术大学的一种教学模式。当时这是我们团队大力推动的项目。一个装修展览公司做这种事情？就是因为我们有这种机会，有兴趣，如果运气好其实也就成了。可惜最后因为福岛核辐射，影响国际招生，学生们不太敢到日本留学。第三件，是持续参与世博会。我们最近在做迪拜世博会，只是我们缩小了规模，2021年最后三个月做线上，明年1—3月做线下，线下还是在迪拜做，组织了8—10个活动轮番在迪拜、北京、广州等地上演。高潮是在2022年1—3月，不过还要看疫情情况。世博会我们持续在做，下一届要做大阪世博会。只是我由原先的设计施工者，转变为策划组织者，迪拜世博会不是去做设计，而是组织与策划内容走出国门。第四个是正在进行的，湖南卫视与中央美院合作制作的设计类真人秀节目，打造十大签约设计师，为城市更新改造、美丽乡村等做出贡献。这事准备工作已经做了一年，很快要推出了。

这四件事，说明我们这个团队，尤其是我个人，一直想做的是自己感兴趣、别人不方便做，或者说我周边资源可以嫁接起来的事。当然还有隐性的出发点，是希望站着可以把钱赚了，是有一定尊严的、好玩的，又有商业模式的。这也是为何我从2003年开始做爱知世博会，一直到今天还在继续做世博会。世博会没有固定展览模式，只有一个主题，比如"自然的智慧"，不给限制，怎么去呈现这个主题都行。可以说展览里面有一种样式就是"世博会"，形式就是内容。其他展览总是提形式与内容不能两张皮，形式不能大于内容，世博会就是形式大于内容，形式就是内容。世博会不是卖产品，而是卖理念。形式与理念只要融成一体，形式就是内容。比如英国馆的种子圣殿，每一颗种子代表的是什么？没有脚本，就是概念创意。所以世博会设计很适合我们团队。越是这种创造力、综合性强的项目，越适合我们。

基于以上几点，我们团队从1990年代中后期一直到现在都没有变——机构具备文化与教育背景、个人及其主创一直在做"业余的事""不靠谱的事"，这构成了团队特色。

现在的长沙市博物馆是典型的经典型、传统型博物馆样式，大家都认为那才是真正的博物馆，甚至是业内专家，都认为长沙市博陈列比湖南省博做得好。其实两个博物馆陈列都是我们设计的，但我们自己不觉得是这样。长沙市博只是符合了人们对一个传统博物馆的想象，但我们并不愿意做这种设计，这不是我的团队想要做的。

而我们在湘博的展陈设计中，首先是带来了创新——区别于传统叙事方式的新演绎，也就是我前头说的"不专业"。第二是把一种充满艺术氛围的演绎方式带进了博物馆，艺术上突破最多。比如说装饰化的升华，现代空间尺度的一种主题营造，都是装饰化的升级；比如阵列式的模块，我们很早就在博物馆做剑的阵列，现在很多馆都采用了这种设计；像我们2010年上海世博会在中国馆做"动态清明上河图"，现在到处都有，但可以说我们是引领者。首先我们不排斥新的形式进入，第二我们在院校，我们有大量生涩的稚嫩的没有经验的学生，他们的东西其实不成熟，也不能直接用于项目，但在课题之中会提供思考给你，可以由有经验的老师或者团队主创，把那些新想法融入项目之中。其实"清明上河图折页"，就源于上课时学生做的折纸，她让观众走到折纸森林里感受城市乡村化。当时审美做得并不到位，但概念提得不错。所以我们身边始终有一批动态化的学生，构成我们的阵地。主创主要都是教学第一线的老师与博士，他们自己也不具备特别多实战设计经验，也是再一次成为学生。如何能把两者糅在一起，变成创新？这要形成机制。为何走在前面的还是有院校背景的机构，或者有意和院校发生紧密关系的公司？因为他们有更强的创造力。

总之带来的就是一种新的叙事方式，一种新的展示空间的营造方式。更多加入了氛围营造、背景营造、场景化营造。纽约最好的博物馆我个人觉得应该是"9·11"纪念馆，它非常好地利用了"9·11"的遗址、废墟，成为它叙事的主要结构。走进那个馆你就进入"9·11"事件当中。它用时间概念，每一秒每一刻发生的事情同步在一个厅中。人文感也很到位，2996位死者，你感觉他们都是活生生的人。这种叙事结构，当然不是一般的博物馆能用的，比如湘博的陶瓷馆就不可能用这种方式，但马王堆的展陈可以稍微借用一部分。所以有辛追夫人的生前死后。

应该说我们给这个行业带来观念上的创新——叙事方式的一种新的结构，氛围的营造。现在也不能说都是我们带来的，但我们每次试图去做更好的。刚说的空间艺术体系、公共艺术体系，其实也是一种新的方式，变成了意识流式的叙事方式。我们要丰富专题、综合类博物馆的空间体系。以前就是进入博物馆，展览是展览，展厅是展厅，展厅装饰和展览毫无关系，但"9·11"纪念馆就不是这样，柏林犹太人博物馆也不是这样，一直在氛围之中，那才是真正好的博物馆，好的空间信息传播。

张小溪：这两个您推崇的博物馆，都是李布斯金的作品。他也是院校背景——哈佛建筑学教授。

黄建成：他的建筑就是这样的叙事，然后展示加重了、强化了这种叙事。院校其实是一种说法，只是基于这个背景，我们原来想做的一些事能做成。其实只要这个机构一直具备观念里面的前瞻追求，始终有自己的研究、迭代，比如库哈斯工作室就有研究团队，就具备这样的能力。现在也有很多新锐的年轻团队很不错，具备同样的意识。不一定要置身某高校，只要有意识地去注意、去研究就可以。

张小溪：在展陈方面，可能是您的团队在国内第一次做的，具备引领性质的案例，除了上面提到的，还能再讲一些吗？

黄建成："马王堆"算一个。不管是老馆还是新馆，遗址还原、场景还原、营造烘托主题，观众代入感都很强。当然这一次墓坑的多媒体影像，最初想做激光成像、全息影像，不想做界面的投影，但因为技术的限制还是做了投影。这个故事与空间提供了创新的可能性，我们把它推了一把。

爱知世博会就是双曲螺线，以动太极的空间理念，呼应自然的智慧。为何叫动太极呢？因为韩国做了一个太极图在韩国馆的外界面，我们不能重复了。所以每一个馆我们都是做了一些创意创新，但创新有多新，还不能算很新，毕竟受制于委托方业主、资金、欣赏习惯等等的限制，跟个人的纯艺术创作还是不太一样。我们在长沙市博物馆，或者去年完成的中国历史研究院考古博物馆，都做了部分尝试。长沙市博物馆其实只有一个设计我们自觉不错，就是现当代史展厅入口，一个钢筋冲过来爆炸式的序厅，在小小的序厅产生了很大的张力。那其实是我做"长沙之心"公共艺术的概念。不按照传统方法做，而是把当代艺术观念性的东西引入，就会有新的呈现。现当代史的序厅很容易做成宣传画那种，所以这个处理蛮有意思的。

我们做中国历史研究院考古博物馆，里面有几个展项非常有意思。一个是序厅，进行了仓储式展示。全部是文物堆积上去，高达16米。这首先是业主提出来的，中国考古博物馆那么多馆藏，不能只展出一点点文物。我们将其艺术化了，在序厅做成有现场感的仓储式陈列。墙上有像云冈石窟那样凿出来的洞窟，下面还有从殷墟借过来的文物——古代马车，光这个厅就能镇住参观者，有被文物铺天盖地包围的感觉。其实也不是如此简单处理。正面我还做了敲铜的壁画，代表中国几千年文明史。但总体这不是一个常规的序厅，它没有标题，只有一束光打上去，氛围很有意思。所有去过的人都说这个考古博物馆只这一序厅就把人震住了。另外还有一个是疆域图。从古代中国还没有"中国"概念的时候开始，一直到当代，展示中国疆域的变化。我们做了一个挑空的玻璃廊桥，你可以站在地图上面，注视着疆域图不断在变化。疆域图是多台投影投下去，周边有文物烘托，特别生动地表达了内容。任何人站在这儿，一定会很有感觉。内部预展时，这两处（观众的）反应都非常好，是展览流线上的高潮。这都不是传统展示方式，从传统角度看来，这是对文物的不尊重，怎么可以这样展览？序厅用了当代艺术规模化阵列化的方式，属于一个单元体的复制，一个杯子摆一万个就有了规模化的视觉冲击力，常规的展览公司可能不会这样做。疆域图加入了沉浸式体验、包围融合的感觉。这都是亮点。还有一个与妇好有关的区域，我们借用了妇好墓有关的文物，将妇好的生活关联做了集中式处理，中间的核心与周边蔓延的都是她的生活状态，在传统展示里形成了有一种剧场感的处理。这就是做了类似"马王堆"的处理，只是规模没有那么大。其他展览都比较常规，毕竟是考古博物馆，肯定是展示文物的。上海博物馆新馆的管理班子来参观了几次，他们也很喜欢这种既传统又能抓住现代人尤其是年轻人的设计。

我们团队之所以这么去做，也跟我们关注当代艺术、关注当代手法、关注现代人心理有关，我们根据这些做了一种叙事结构的调整。为何国博我去得不多，就是它太过于以"博物馆物为主体"，只有很多展柜，而且彼此之间没有串联，没有逻辑，难以激发人们观看的欲望，反而是国博一些临展的展陈不错。

张小溪：在聊空间设计时您不断提起"艺术"二字，这与您是艺术家分不开。设计与艺术到底是怎样的关系？您2019年开始在威尼斯、北京等地做的"机械手稿"展览貌似也是在探讨这个问题。

黄建成：艺术是为实现自己灵魂深处的思考，是自我的。而设计，是帮助别人解决问题，帮助他人实现理想。我经常提醒团队，不要用艺术家的心态做设计。

我个人正式接触美术其实就是在热水瓶厂美术组，将画先画在纸上，再经过制版，在热水瓶上极大还原最初画的设计图。这既有工艺美术绘画的影子，又有现代设计的萌芽。长达20多年的设计与艺术生涯里，我其实找到了设计与艺术的共通途径，在我这儿，艺术与设计是一体的，不可分割的。

设计是个大范畴。每个设计师骨子里都藏着艺术家的梦。设计就是艺术，但是不等于艺术。设计与艺术如果是一个系统，层级不一样的话，那么设计的前几个动作、前几板斧，是纯艺术的。创意的源头、规律，与艺术是一样的；灵感爆发也是一样的。只是设计越往后，越受到功能限制。没有功能限制的就是艺术，加上功能就是设计。在中性的设计里比较明显，比如公共艺术的设计，比如我设计的"长沙之星"，我很少提这个作品。第一它是命题作文，第二有空间范围与秩序的限定，第三有造价的限制，最后艺术大打折扣。但这是公共艺术，比纯设计还是好一点。总之有闲心、闲钱、闲时间，这是做艺术家的前提。

我一直在想设计的可控与不可控。设计的主观与客观，可控与不可控，都不是新鲜的话题，只不过我用机械性、手稿的温度与质感来呈现，用新的样式呈现老问题——其实就是艺术想象力、原创力，与设计的执行和表达之间的关系。"机械手稿"在威尼斯展览时，观者认为形式特别新、有品位，这就够了。在威尼斯让人觉得"新"是不容易的，大家在威尼斯双年展见过各种场面。肯定有人思考过同样的问题，但没有以这样的方式来呈现的作品样式，也没有这种转换与传播，而且做得很具备学术性，呈现得格调高。

同样是"机械手稿"展览，第二站在北京国际金融中心，内容与威尼斯大部分不一样，我最大的特点是要根据现场条件，重新增加很重要的场景感的装置。国金中心觉得我是对公共空间理解力比较强的艺术家，又有深厚的设计背景。那里不是固定美术馆，是两栋大楼之间的玻璃大厅。势必要与这高高的通透空间特别吻合，产生很强的冲击力才行。我从湘西、贵州收来很多纺织机，拼接、解构，如同方阵。世界发生的各种过往，通过巨大的织机阵，变成艺术手稿。不需要去解释，一看就是带有逻辑的联动，而不是写实。当时国金中心希望我们生成的艺术手稿黑白少一点，色彩多一点。我的助手说，我们是做艺术展，不是来提案的，是根据国金的场地呈现黄老师的艺术，选择合适的色彩板块。你看，这就是艺术与设计的区别。并且艺术可以高冷，但如果将艺术转换作衍生品，就要贴近生活。

我希望我以后就是艺术工作室＋设计师工作室。有自己的设计体系，才能成为不缺经费的艺术家，让艺术不受局限、不受经济控制，甚至可以"前店后厂"，尝试一下对艺术行业的"误解"。艺术为何不能和市场与商业更好结合？当代艺术为何不能是审美的？我想尝试做有观念的、反叛的，也具备审美基本的调性与规律的艺术。但不会丢开设计。不丢开设计不只是因为经济的原因，设计师的理性，对成为有风格的艺术家也是有帮助的，这不是缺点。曾经有人问我是不是想"洗白"。如果说"洗白"意味着我此前所为是不对的，那我不是"洗白"，而是将设计中有用的、好的东西融入艺术创作中来。也许有这样的背景，我的艺术反而具备不可替代性。比如我在德国宝马中心的展览"数字时代的仿像"、威尼斯"机械手稿"展览，恰好是因为做过设计，并且还在做设计，对空间有不同的理解，所以与别人不一样，我没道理去"洗白"。上次在普罗旺斯集装箱里做的装置，法国国家电视台、《普罗旺斯日报》为何对我的报道最多呢？他们觉得形式上好看。有些艺术家也许观念很牛，但是因为观众没看懂，或者本身不好传播，所以媒体对作品的认同感不够。我的装置他们觉得好看，好看就是对形式美天然的直觉，这是设计师更具备的能力。我曾经做过一个"场域"的展览，场域、场所、空间，空间更具体，场域更大，而且引入了社会学的东西，是更融合。跨界、嫁接、融合，能利用既有的东西快速建构新的体系与结构，这就是创造。

总之，做设计的但凡有条件与机会，都希望往艺术走。你从矶崎新可以看出，他是建筑的艺术家。源源不断的创意，原创的概念的生成，必须比别人要强。我也在往艺术家走。艺术家更自我，更纯粹。但是几年后我就是个纯艺术家？我想是不会的。我做艺术家，也与我的设计生涯是融为一体的。

张小溪：回到现实的设计问题。与世博会形式即内容不一样，博物馆展陈可以说内容是核心，就不可避免涉及内容与形式设计的关系。比如荆州博物馆改陈是你们团队中标，招标是内容与形式整体打包。您认为作为设计公司，你们是完全可以将内容与形式设计都拿下的吗？

黄建成：我们当然可以做。我们可以成为内容策划的组织者。比如说，邀请内容专家进入团队，这样更容易融合到一起。如果馆方做内容策划，我们做设计，也是可以的，二者是可以统一的。湘博就是馆方做内容大纲，而我们团队对展陈内容其实非常熟悉。内容策划还只有概念时，我们就能给出大概模块。大纲出一个框架，我们就在空间秩序里去落实一下，比如这里无法做大空间，就用其他文物节点替换，稍微调整。形式设计与内容是你中有我，我中有你，紧密合作的。

理想的方式，就是将内容与设计一起交给一个创作组合，内容策划组可以有独立性，它不一定是一个公司，如果是一个公司就会站位利益。荆州博物馆改陈，馆方没有拿出展陈大纲，但是配备了专家指导，大纲的形成还是需要我们团队来做。荆州博物馆有个特殊情况，它采用了世界银行的资金，世界银行资金招标有个标准就是价低者得。所以馆方也很着急，低价中标很难获得良好的质量。这个馆我们只完成了设计，没有参加后续。价低者得这种事情，我们团队肯定不能接受。做设计痛苦的一点是，很多想法没有办法去实现。设计在纸面上，由其他施工单位去实现，其实是违背艺术创

　　　　　　　　　　　　　　博物馆是什么

作规律的。毕竟展陈，艺术成分占了50%以上，不能做到设计施工一体化，就会在很大程度上打折。从省事角度而言，我们其实不擅长商务、垫资等事务，我们也想只专注做前端设计，但现在很多馆不只把内容策划与设计绑在一起招标，设计与施工基本也是绑在一起的。所以最好的方法还是跟其他团队合作，各自做各自擅长的事。

张小溪：前几天去看过苏州博物馆西馆，建筑是德国GMP公司设计，由10个方形"盒子"构成，工艺馆展厅感觉都很不错，一个盒子空间可以解决一个主题，但苏州历史基本陈列跨越四个盒子，盒子与盒子之间一次次中断展览，非常出戏，展览的氛围没有很好延续，甚至导致流线也不那么清晰。从空间与展陈团队角度，你们是如何期待建筑设计的？

黄建成：我之前设计过不少博物馆，建筑师都特别喜欢切成一个个小空间、小盒子，我个人不太喜欢这种。我们希望在满足建筑设计美学前提下，尽可能给我们连通的大空间，后期展陈可以发挥得更好。这个我相信陈建明馆长谈了很多。我还是认为一体化设计最好。如果遇到非常强势的建筑师，认为建筑本身就是艺术品，不考虑展陈，后面就比较麻烦。矶崎新参与湘博一体化设计，充分考虑了展陈，但设计中央美术学院美术馆时考虑了吗？其实也并没有。它是一座异形的建筑，全是曲线，一个垂直的立面都没有，怎么挂油画呢？我们必须在建筑的结构之外，单独做一个展墙。建筑师当然也没错，他可以说这是美术馆，没有说是传统美术馆，可以展前卫的作品，为何一定要有展墙呢？所以要看融合到了什么程度。总之建筑与展陈能相互融合是最好的。

湘博案例上，矶崎新团队在做前期构成时，展陈内部空间模块的需求我们就做出来了。"湖南人"是线性讲述，从古到今，我们希望是连贯的空间。"马王堆"是1:1复原墓坑的空间、层高，主题馆放在新增加的侧翼……我们做了很多积木模型。展陈团队一开始不是等，是第一时间参与进去。空间不只是建筑的延伸，我们希望自己就是空间的营造者。其实潍柴动力科技馆，从建筑开始就是我们设计的，小体量的建筑，我们是可以做建筑视觉设计的，后来有专业的结构与土木团队支撑即可。湘博我们也做过建筑方案，提出模块需求，把内容、功能甚至运营考虑进去生成空间造型，做成模型，提供给了矶崎新的建筑团队。

要注意一体化设计绝对不等于平行。在湘博的设计中，我们与矶崎新团队是一个三角形，开头肯定是建筑这个容器来统筹内容信息，也奠定了基本风格。到了后方是我们来收口，建筑团队参与越来越少。毕竟室内与建筑是紧密联系在一起的，但展陈独立性非常强。

但以往所谓合作团队是平行切的，那谁来总控呢？要么是馆方，要么是总包单位，总之还没有形成这个行业的创作机制。当然，还要因人而异。比如这个建筑设计团队不是矶崎新，而是湖南省建筑设计院，那他们可能就无法控制我们，可能会各做各的。我们对矶崎新抱持着敬畏，矶崎新对我们也有着包容。所以这是因人而异，看谁的话语权更强。

◎ 湘博：通过历史与艺术介入鲜活的博物馆

张小溪：杨晓设计博物馆建筑会总结出博物馆与城市、历史、文化的三个维度关系，博物馆展陈设计上，会有维度吗？观众走进博物馆大多是为了来看展览，甚至不太会注意建筑，这样说来其实你们对观众的影响是最直接的。

　　　　　　　　　　　　博物馆是什么

黄建成：严格来说是这样的，博物馆的内核是通过展示来呈现的，其实与杨晓总结得差不多。他说得更宏大，作为博物馆这个元素进入城市进入社区，更多是从城市概念、场域概念来讲。我们更多是和人群发生关系，观众在陈列中感受到文化历史艺术的穿透力，与之对话，对三观都会产生很大影响。博物馆特别影响审美，可以说展陈对观众直接的审美品位、生活方式都会有影响。其实我觉得湘博不是历史类博物馆，是艺术类博物馆。走进博物馆研究历史的人其实是少数，我做了两次湘博展陈设计，对它背后的历史还是不太清楚，它呈现的艺术价值，更表象的符号、色彩，对我的感染更大。在当下加强美育的背景下，艺术类博物馆就更有意义了。总体来说我们做展示设计，会更注重视觉、审美、生活、艺术、信仰。建筑可以提供更宏大的维度，但展陈更细微，更有生活肌理，对人的生活影响可能会更直接。

张小溪：我们具体谈谈湘博空间与展陈设计。您与湘博渊源甚深，两次湘博陈列都被评为"全国十大展览精品"，展陈上二者有什么延续与不同？

黄建成：上一轮做湘博展陈，我还在广州美院，这一次我已经在中央美院。上一轮介入时博物馆建筑已经盖好，当时是世纪之交，只能说实现了从粗放型陈列、被动陈列，到展示的一种进步，做到了品质化，展示方式、艺术品、浮雕等做得比一般博物馆更好。这一轮跨度更大。这次是一体化设计，我们与建筑师组合团队竞标，从一开始就介入，设计一体化、空间一体化，空间设计终于走到空间信息传播，是更主动的叙事性空间设计。空间信息传播跃出了传统展陈设计范畴，已经具备传播的、新媒体的、互联网的成分。2010年在上海做世博会，就同时推出了网上中国馆，比起仅仅以文物为主体的传播，网络传播主动跃出了更多实体空间。恰好馆方也希望做成一体化，那正好从策划的源头就可以这样处理。叙事空间的设计也加入进来。以故事线为主，以框架为主，而不是从学科本体去讲空间信息传播设计。

其实老湘博的基调是一个强调历史性的传统博物馆。湘博看上去是一个历史博物馆，但它其实也是一个艺术博物馆。如何突出这种艺术性，将艺术介入全新的湘博中，这是我特别注重思考的地方。展陈上，引入了艺术的当代性，尤其核心展陈"马王堆"，更接近一场艺术展。其实我不喜欢"展陈"这个词语，宁愿用"展呈"，体现的是综合的空间信息传播，将主客体交互融合，做成一个鲜活的博物馆，做成一个可以通过历史与艺术介入长沙的桥梁。

对湘博两个核心重点展呈，处理是有很大差异的。最初定下的大基调是，"马王堆"是立体的、情节化的、场景化的。用一个人、一个家族、一个事件，来展示文物背后的故事，辛追的生前死后，场景化呈现，但"象征性"必须强。配色以黑、红为主，加了点棕黄，有点肃杀，但文物是墓葬为主，漆器色调也是红与黑，再者楚文化又是深厚与神秘的存在，与内容还是吻合的。馆方反对过这种暗黑色调，我虚心接受，但坚决不改。东京国立博物馆的宝物馆就特别暗，进入展厅，光线比我们还暗，器物小小的，放在细细的棍子一样的展位上，只有一束聚光灯打在文物上，35个点就照射着35个器物，效果很好。其实暗与不暗不会成为展览的问题，关键是展品有没有被很好地呈现，观众安全有没有问题。不能用博览会的照明来看博物馆。

"湖南人"则是线性连贯的叙事结构，讲究合适的节奏韵律。虽然是通史，也不能做成流水账，要用当代艺术的方法。我们最初想的是"洞庭以南有这样一群人，生生不息几十万年才有了这样一

　　　　　　　　　　　　博物馆是什么

群湖南人"，一定要有跌宕起伏的空间叙述关系，像一幅宏大的画卷，必须要有重要的空间节点，大的叙事逻辑与空间的对接形成气势与节奏。以前大家总认为通史就是信息点不能错，符号要特别有历史感。我不这样觉得，我提出一定要用鲜明的色块区分板块，形成一定的当代性。虽然依旧是传统博物馆的氛围，但是以当代艺术的手法，抛弃亚麻布与绛红色这些传统的约定俗成的色彩与材质，而是用饱和的鲜明的色块区分板块，与文物产生强对比，比如钴蓝（湖蓝俗气）、棕黄（比大黄、柠檬黄好）、赭红（与钴蓝、棕黄相呼应）。比如一个杯子，背后用饱和度很高的蓝色展板，不用传统的亚麻布，感觉立刻不一样。欧洲博物馆很多刷蓝色、红色，我们在国内算是很早用钴蓝、棕黄色彩来跟文物相间的。当然色彩不是最重要的，关键是要连贯，有合适的节奏韵律，线性结构不要有明显断裂。泛光比"马王堆"的明亮，加了很多新媒体，整体更活一些、明亮一些。

这次制作上还有个小突破，所有展板都是全铝板预制，国内首例。我当时要求达到日本博物馆的精细制作要求，小标签都要制作到位，最终总体版面呈现得比较精到。

张小溪："湖南人"展陈展品很多，你们从设计角度如何理解？其实100多年前博物馆界就有这种争议与讨论，今天依旧存在争议：是只摆设精品，还是要让观众看到更多的文物。

黄建成：做"湖南人"展陈时，李建毛馆长恨不得将全部馆藏都搬出来（笑）。其实二者可以并置。比如设置一个国宝区，18万件馆藏里挑选出七八件陈列，甚至可以一个厅只摆一件皿方罍。观众泛泛看几十件青铜器，不如仔细看两三件。每个人展陈思路不一样。总体来说"湖南人"陈列的遗憾是比较大的。现在的展厅情绪比较平，没有达到韵律变化，文物与文物之间的关系也没那么强。"湖南人"的序厅，我跟音乐家谭盾沟通过，想做一个特别湖南化的序厅。希望观众可以一批一批进入，只见一个多媒体空中悬浮，哗啦伸展到各种展品与版面上，开启湖南人的展厅旅行，背后音响里充斥湖南各种地域方言的声音，甚至包含一些俚语，从声音与视觉展现模式上都是崭新的开局。可惜只停留在概念上，最终还是一个老派的前言。这也是小遗憾。

从我的角度来说，我不希望一些重大的馆做得中规中矩，没有差异没有特点，我宁愿它引起争议。现在的体制下很容易出现平庸的方案。另外作为内容设计的主控方，可能会提出很多让人难做的设想，展陈团队该坚持的一定要坚持，用一些变通的方法，而不能变成只要方案能通过，你说怎么做就怎么做，那终将成为"四不像"。展陈设计团队在专业上有时候需要"虚心接受，坚决不改"。现在有的新馆展陈每平米造价可以高达2.2万元，如果方案平庸，就会糟蹋了这本可以做得精彩的机会。

张小溪：也只有非常专业、有底气，才能不那么容易妥协呀！湘博主展览"湖南人"与"马王堆"，是宣示区域文明的场所，空间设计时会考虑地域性与国际性吗？

黄建成：所谓国际性与地域性，是既矛盾，又要各自强调的。这次改扩建，国际团队在做，本身就是国际性的。对地域文化，有理解也有强调，但是我们没有刻意通过表面的地域化、符号化来实现，表皮的界面的理解，很容易是标签式的。我们希望能从精神层面去体现地域性。比如我们做人民大会堂的广东厅，什么是广东的特点呢？是龙舟还是红棉树？最后我们总结，包容才是广东最大的特点。时任总理朱镕基后来说，广东厅改造后透明敞亮公开，希望广东的改革氛围也是如此。我们做世博会中国馆，叫"东方的寻觅"，用东方古国寻觅发展之路，去模糊掉表象化的符号。我们做艺术也是一样，地域的东西是融入你血液与性格气质的，不用再去刻意强调，而是要用世界的眼光去进行你的创作。

回到湖湘文化，博物馆不需要去强调是湖南的，因为里面出现的器物、信息，都是在地的本土的，地地道道的，你再去做画蛇添足的符号，就会出问题。最重要的是放在大格局里看它，放到世界文化的框架里，去强调精神性，去寻找表象背后意蕴的存在。总的来说大家对湖湘文化的艺术转换与呈现手法都是一致的。

张小溪：有观众评价，看得出湘博的展陈想做出突破，但又突破得不够彻底。

黄建成：我们通常认为好的设计，70%应该是传承性的，30%是原创的革新的。如果70%是创新，在美术馆可以，博物馆里行不通。这次在复原墓坑里播放的影像，很多人认为在博物馆语言里比例是过大的，是过于突破的，国内评审时都隐隐觉得过了，包括陈建明馆长也不是很认可。

张小溪：关于墓坑的影像，也是我很想问您的。有不少声音说您将世博会那一套拿到了博物馆里并不合适。

黄建成：我们依照叙事的逻辑，是将世博会的语言导入了这里。如果这里是文物的呈现，那我们的设计将完全不一样，也不会设计得喧嚣。而恰恰这里真正属于文物的只有最外面的那层棺椁，可以说文物的历史性与客观性这里基本没有，更多是带有场景暗示与象征感的空间。这个空间必须强化背后的东西。

我原先设想过更极端的手段。我们做过几次世博会，去寻找过空间无介质成像。现在成像都是荧幕、穿幕、透明幕、纱幕，如果能用无介质成像就更震撼了。当人们俯瞰这个大墓坑，无端空中出现辛追生活的立体场景，有情节有章节，这是比裸眼3D更立体的效果。全息也是无介质的，但是这个成像技术还没成熟，当时在全世界找过，可以做到空中旋转，但只能做到一个立方大小，无法实现我要的超大尺度。如果技术成熟了、实现了，会比现在这个更有意思。目前这个影像是跟上海水晶石公司合作的，他们也是上海世博会合作"动态清明上河图"的团队。影像的力量是巨大的。

张小溪：在浦东国际机场，现在还有水晶石公司"动态清明上河图"的大屏展示，我每次路过都会多看几眼。博物馆利用新媒体这块，或者说你们采取展呈手段时，会有前瞻性，避免很快落伍吗？在利用新技术与不哗众取宠中如何把握这个尺度？

黄建成：过去那种传统的简单平铺陈列，不强调代入感与交互，已经不符合当下潮流。如今是个信息爆炸的时代，大量唾手可得的信息让普通观众的注意力难以集中，更需要强刺激性的东西吸引注意。所以如今博物馆主题空间展示，更大比例会采用整体设计营造氛围。大量的大屏幕投影，自动化的声光控制，甚至还得紧跟潮流加上VR（Virtual Reality，虚拟现实）和AR（Augmented Reality，增强现实），或许才能让各个层次的观众聚精会神，接收到博物馆要传递的信息。新的科技手段在博物馆的展呈中已使用得非常普遍，以更多元的多媒体方式展示与讲述故事，给博物馆增添了不少活力与趣味。展呈的形式语言与多媒体语言，肯定会是一个不断更新和迭代的过程，今日最先进的未来也终将会被淘汰。考虑到博物馆建设周期长，对新技术的应用也当适度超前。哪怕暂时无法实施，也可以为将来扩展留下空间。同时，展呈设计者不应沉迷于技术堆砌

　　　　　　　　　　　　　　　　博物馆是什么

和炫技，要克制使用，如果滥用大量模拟场景与多媒体技术，就会喧宾夺主，把历史博物馆搞得恍如科技馆，就容易淹没文物展品本身的光彩。我们要挑选最合适的方式，去思考不同展品背后需要表达的内容和适于运用的方式，重点要传递的故事与文化，可能通过场景化的表述更易被获取，产生共鸣。

这种场景化，可以说是"文化主题演绎"，算是当下一种较为先进的展呈理念，其背后有专业的学术底蕴支撑，结合现代人审美取向，把握住流行的热点与兴奋点，来讲述展品背后的故事，也让展馆内外的文物与社会生活方式有一种遥相呼应，而不是割裂于时代。

其实中国人是最爱听故事的。不管是民间戏曲，还是电视剧，都有足够容量来深度阐述故事，甚是受欢迎。比起单件的展品、艺术品，通过相关的一组展品来讲背后的一个故事，显然更有吸引力。尤其在逛博物馆没有成为日常，人们的文化素养普遍有待提高的当下。新的湘博展览，"马王堆"的故事则已说得很成熟，"湖南人"也尝试讲故事。

总之，湘博在多媒体运用上，是相对克制合宜的。

张小溪：除了展陈，您如何评价湘博室内空间的最终呈现？

黄建成：整个空间里的遗憾，主要是室内空间品质感有问题，视觉品质不够理想。空间里艺术的浓度、品质的精度都有缺失。包括导视公共艺术符号的东西缺失。开馆之后我都很想继续完成公共艺术品体系的设计。2019年过年时，我与段晓明馆长小聚，我主动跟他表达了这个愿意，我愿意免费设计方案。2021年，湘博的公共艺术体系打造终于重新启动。

◎ 展陈提质新趋势：公共艺术体系的打造

张小溪：说到这儿，现在很多省级博物馆都开始了新一轮展陈提质改造，这是业界一个新的课题。您的团队有学院背景，又是践行者，您对展陈的提质改造有什么具体建议？

黄建成：上海博物馆也曾经想和中央美院做一个"历史类陈列提质改造升级计划"课题。"提质改造"这个话题其实很大，得从很多地方着手。国内省级博物馆无趣的太多，原先的展陈没有什么感染力。湘博至少是比较鲜活的，能在感染力上实现博物馆对人的影响。

所以博物馆提质改造，第一点，也是最基础的，就是传统展馆的主题叙述要加强，对原来展览陈列进行新的叙述方式的改造，展览一定要有节奏与高潮，不能平，平就没有意思了。"湖南人"的陈列虽然有一定突破，用了现代构成符号，秩序感、视觉系统（呈现的效果）品质感不错，但我有非常大的遗憾。叙事其实是有意思的，但没有达到讲述的效果，没有亮点，没有感染力特别强的那种节奏感。"很久很久以前"的故事，没有变成空间与视觉的感染力，反而变成了"旁白"。特别是序厅，空间的秩序也不是特别有趣，当然这与甲方也有很大关系，如果主控的人喜欢经典的样范，就难以突破。我们在上海世博会做过一个馆，自认为比国家馆做得更好，馆中平行讨论城市与人的关系，那种特别讨论式营造的空间真的很棒。"湖南人"展陈设计如果也那样做，感觉就完全不同了。其实现在很多商业展设计做得很不错，年轻设计师的才气没有问题，如果业主审美在线，给予很大空间，商业展品质就差不了，这在上海体现得非常明显。上海整个城市品质很好，商业展览品质也属上乘。但同样是上海，重大的博物馆展陈设计，就可能没有这么大的自由度，反而容易陷入平庸。

提质改造的第二点，就是要增加新的技术手段的运用。很多博物馆因为设计或者造价影响，当时在多媒体、新的体验方式、新材料上不一定跟得上，未来可以慢慢更新。这个前面谈过，新的技术手段，需要合理与克制地使用。

提质改造的第三点，也是最重要的，就是应该重新打造整个空间体系。特别是将主体内容进行艺术延续，不能让观众出戏。观看一部电影如果出戏两分钟，就回不到原先的故事中。博物馆展览应该"不让人出来"，叙事必须具备连续性、衔接性。同时，要大力加强主题博物馆的公共艺术体系的营造与打造。这一块非常重要。符号、调性的连接很重要。哪怕不是一个故事，很多东西依旧可以串联起来，不能让观众感觉到情绪是散的。散，是博物馆一定要避免的。

张小溪：您说的未来博物馆最重要的是整个空间体系的打造及公共空间的艺术营造，这应该是一个新的趋势。能否请您展开说说？

黄建成：这肯定是一个趋势。叙事不是一定要进到馆内才开始，而是从场外就开始延伸。很多博物馆，展厅可能做到了百分之百，到了公共空间就几乎为零，或者百分之十，这其实是不对的。国外好的博物馆至少会有些内容独立地出现在公共空间，但这种是艺术品定制，是命题创作，不是去谁家收藏一幅画放在这里，而是你为我这个空间主题创作适合这个空间尺度与气质的艺术品。我的团队一部分在慢慢往这个方向上走。甘肃省博物馆、湘博、上海市博物馆都在谈做公共艺术体系，以公共艺术计划的形式出现，先策划再实施。策划是我们团队，但不一定完全是由我个人或者团队来实施，我会在国内选适合这个空间的人一起合作。这种个人定制的成分更高，含金量更高，每件都是艺术品。公共艺术就是附加值。博物馆做公共艺术体系，属于花小钱办大事，投入几百上千万就能提升一个馆的外在气质、氛围，还有博物馆的溢出。

张小溪：听说湘博关于这一块的提质改造已经开始启动，准备如何做？

黄建成：从广场开始改造，包括艺术大厅。特别是一些馆与馆（展厅与展厅）之间转换的空间。这些空间，以前景观与园林专业虽然设计过，但不是很精准，基本是从园林的角度考虑。比如这块太空荡，那就设计摆个艺术品。我们现在希望达到的效果是，艺术品是与湘博展览的主题关联的，空间尺度又是匹配的。讲通俗一点，这个内容是一种压缩过后的新的艺术呈现，一定和展陈里面的内容是有关联的、呼应的，不是临时征集一些艺术品摆满就行，而是有它的叙事体系。将馆内展陈当作电影的主线，这些则相当于电影主线之外的另一条副线，这样，穿行在整个博物馆，将获得一些对整个主题的感知，将会把那些博物馆、策展人希望传播的信息感知得更加丰富立体。我们把整个展览当作空间蒙太奇的手法，蒙太奇有多条主线，可以淡入淡出，切入切出，空间蒙太奇怎么来使用，整体空间设计怎么去考虑，是展览者要去思索的。所以我们现在在展览设计上，要上升为整个空间节奏的把握者。这又回到了我们原来的空间一体化。

比如以前韩家英团队设计新馆标志，做了很多方案，最后还是选了矶崎新建筑草图提炼出来的符号，这也体现了一体化设计。我们当时希望将这个符号变成公共艺术，悬挂在大厅。最初准备将2万多个小陶粒垂下来，悬吊成树梢上浮现着一片云的感觉。这片云一看就是湘博的标志，但又是公共艺术，丰富了建筑空间，也能尽可能形成符号体系。

当时湘博公共艺术设计、视觉系统设计、文创设计都是一体化设计，博物馆在提质改造的过程中也要注重这种"空间一体化"。

张小溪：谢谢您的详细讲述。希望您能给未来很多博物馆的提质改造提供一个方向。虽然我们努力提出专业建议，但在种种机制等很多不可言说的现状下，专业是非常容易缺位的，或者说被迫缺位。您如何看待这一现象？

黄建成：专业是很容易缺位的。所以在众多项目中遇到一个掌控度最高的事情时，就要抓住机会去做好它。我们做设计的难免要做一些"批发式设计"，我们自嘲，有些标是为了生活的"菜标"。我之前不厌其烦地描述了我坚持在做的那四件事情，是因为那四件事情都是我非常愿意做的。只要能做成，是既有意思、有尊严、又有经济收益的。但这些事都是庞大的体系，有些跃出了我和我团队的专业经验的控制。比如设计真人秀，真人秀不难做，但真人秀后面的商业模式、艺术衍生、设计师经纪等等，都会受到瞬息万变的政策影响。事情都蛮有意思，但能做到几成不得而知，可我们总是需要去做自己愿意做的事情。

用艺术展的方式
讲述西汉故事

张小溪×何为

　　我曾经在湘博随机做过现场采访，问观众观展印象最深的是哪处，十之八九都会说"永生之梦"——深达16米的辛追墓坑中那段长达4分钟的大型电子投影演出。巧妙布置在倒梯形嵌套坑道内的14台高科技投影仪，将4层汉代棺椁与壁画上各种神仙鸟兽、云气雷纹展现得淋漓尽致，在恢宏磅礴的配乐之下满壁游走，极尽视听震撼。这是陈建明馆长始终不太认可的方式，他认为如果观众只记得你喧嚣的展演，那么灿烂辉煌的汉代艺术反而不见了，这个形式设计就是失败的。负责马王堆展陈形式设计的何为却有不同的看法。下面的访谈中也将呈现设计师角度的观点，对照听也是有趣的。

　　何为是1982年出生的长沙的本地伢子，在八路军办事处那个小巷中度过童年。小学课本上的马王堆T形帛画，开启了他热爱绘画的大门。高中时在广州天河第一眼看到Omega（欧米茄）手表的橱窗陈列，打开了他对陈列认知的新大门，他至今记得那是个宇航员登上月球的画面。2001年，何为以专业第一名的成绩考入广州美术学院展陈专业，在考试时特意借鉴了这个登月场景，只是将太空船换成了潜艇。

2003年湖南省博物馆新陈列楼开放，对他影响很大。他觉得做博物馆展陈是件很酷的事情。当他做毕业展时，主动邀请了新陈列楼展陈总设计师——当时还在广州美院版画系的黄建成来参加。后面的故事大家都猜到了，看完毕业展，黄建成当即邀请何为加入工作室，何为很快成长为工作室砥柱。当年，黄建成带领团队完成了日本爱知世博会中国馆，奠定了江湖地位，又马不停蹄地开始筹备两年后的上海世博会竞标。在之后无比煎熬的一轮轮竞标里，年轻的何为全程参与，协助团队完成了诸多中国馆的工作。在这样的顶级项目里，他飞快成长。27岁，成为主设计。上海世博会的浩大工程刚刚结束，他接手了中联重科的场馆设计。有了世博会的经验，做中联重科就很容易了。此时湘博正好启动招标，又开启了一场马拉松式的漫长设计。对他而言，这更像是游子的回归，他终于可以在自己的故乡留下重重的印记。

2017年4月，湘博工地上，黄建成老师看着86岁的矶崎新，转头对何为说，你要做到矶崎新这样，至少还要看50年工地。

他已看过近20年工地，还将继续走他的设计路途。我相信很多年后回首设计旅程，湘博这个工地，对他来说终会是一个特殊的工地。他在这里倾注心血，也在这里煎熬、争吵、蜕变。以前的重大项目，淬炼了他，让他愈来愈专业、成熟，终于可以在湘博独当一面，做出自己满意的代表作。成熟不是学会妥协，而是有自己的专业判断与坚持，他嘻嘻哈哈的外表下其实有着一颗执拗而骄傲的心。而私底下，他着迷于甲虫的世界，和儿子们一起疯狂，也还是一个大孩童。设计，可能就是会玩儿、爱折腾的人的饭。

张小溪：小时候被马王堆T形帛画惊艳，后来终于有机会成为马王堆基本陈列的主设计师，怎样才能更好讲述新湘博，怎样才能讲述好拥有两千年历史的马王堆？

何为：我去过全世界很多博物馆，包括做湘博设计前团队也去考察了欧洲、美国、日本各种类型的博物馆。不同的文化早已有非常丰富而不同的展示，东西文明差异性也很明显。欧美很多大型博物馆，从展示空间角度去看，大多采用客观呈现的方式。他们呈现物件的分类法在我看来都比较传统，比如编年体类型、材质材料型，文物很多的百科全书式博物馆会分若干国家来做馆，更注重文物本身的展示与研究，其实对参观者来说并不意味着友好。讲究科学理性的他们对遗体（木乃伊）的展示，就像面包店一样，摆在橱窗里一字排开，并没有中国人所重视的伦理与敬畏。我们想在中间寻找一些马王堆展览可以参考的设计、元素、展览方式，但始终没找到一个很好的切入点，我们的文化并不能完全接受那样的展览方式。

而在东方，比如日本的博物馆感觉就不一样。我印象深刻的日本江户东京博物馆，带领人们来到江户时期，看到江户时期的生活方式，用遗留下来的物件佐证生活的一些民俗、文化特点。情景结合，整个展厅就是一个娓娓道来的故事。这是我特别喜欢的感觉，也是对我影响比较大的一种方式。香港历史博物馆里有个香港故事展，也是影响我们这代设计师的作品，没有太多重磅的文物，只是还原当时的香港文化与生活方式。

是客观陈列，还是讲述故事？你的文化特质不一样，表达方式就不一样。我们会含蓄一点，会更注重博物馆的物件，是遗产是遗物，但重要的并不是物件本身，而是背后的文化与生活方式，或许这才是遗产在今天最重要的贡献。陈建明馆长也跟我们说，文物的价值不在于是金、银、玉，而在于它在悠久的历史长河中反映了、证实了这一段的文化生活方式与历史背景，填补了我们基因碎片里的一块拼图，这样的价值与意义才是巨大的。所以在这个过程中，我理解了文物最重要的是反映背后的故事。对文物的人文关怀也好，从社会学角度来看一个展览的角度也好，都让我受益匪浅，完全影响了我们的展陈设计，也是我们一直秉持坚持下来的。我们不会用价值去判断一个遗物，我们会用证据链条去呈现一段可以被遗物反映的事实，以及背后的文化。

但这样的"故事潮"兴起，也容易被滥用。江户博物馆更多是还原当时的浮世绘画卷内容，有依据地转换为生活的部分；香港故事也是有据可循地复原一些场景。但很多学习这种方式的博物馆，只会塞入一堆经不起考证的场景，比如原始人取火、吃饭、缝衣服，也许能帮助观众理解当时的情形，但这种没有文字、画面记录，全凭想象制作的场景，也有可能误导观众。所以在湘博的设计里，我非常警惕这一点。西汉时期没有留下一个建筑，也没有留下轪侯府的任何线索，房屋、宫殿、长沙城是什么样子全都不清晰，整个空间没有依据可寻。所以在整个马王堆展厅、整个湘博，没有一处仿古的还原场景，连老馆使用的那个辛追夫人复原模型，这次也彻底取消了。这个空间的设计语言，更多是寻找西汉精神层面的气质。我想要做一个既有东方文化讲述故事的哲学底蕴与文化上的简洁，又摒弃弄虚作假的形象表达，再结合国际化的语言形成的陈列。这才是我们给湘博定义的一种新的形式语言。不太了解展陈的观众可能会觉得不太一样，但哪里不一样也说不太出来。总体而言这个展陈花了很多心血，也是目前为止我最满意的一件作品。

张小溪：能给我们展开说说吗？

何为：我们尽量去揣摩物品背后的故事，根据研究员告诉我们的故事与方法，用空间语言去转译与制造、阐述与呈现出来。抛开弄虚作假的形式，也不再是客观陈列物体，而是试图去寻找自己的语言表达——用文物组合。整个三层都在还原轪侯府他们一家的生前场景，生前的物质生活与精神生活。

从开篇"惊世发掘"开始认识墓的三位主人，辛追、她的丈夫（利苍）、她的儿子（利豨）。

到第二个区，用文物来证明三位墓主人的身份，比如利豨是将军，用他的武器与兵器来证明他。而利苍是丞相，他的墓被盗得很严重，但留下了三个印章，于是我们在展陈空间中特意用巨大的柜子展出三枚小小的印章，形成巨大张力。因为这三枚印章太重要了，这是身份的象征，轪侯府、利苍、长沙国丞相，印章是严谨的身份象征与确认。辛追夫人也有她的画像来证明。

接着进入富贵的生活——"生活与艺术"主题。采用文物组合方式，去还原轪侯府一家的生前场景。比如有一个有意思的场景，恍惚觉得辛追夫人正坐在一卷席子上，背后是她的执扇，左右两边摆着香薰炉，对面是乐俑、舞俑在给她演奏。场景完全靠物件与空间的组合方式呈现，让观众自然而然在脑海里浮现出场景。舞台上专门做了演艺的编程，灯光次第亮起，先是竽笙，再到琴瑟，接着舞者进入，最后灯光打在主唱泥俑的脸上。主唱面部雕刻精细，于是设计了一个镜面来反射灯光。旁边有阵列的木俑，表现辛追夫人奴仆成群。开始，专家希望完全按照出土的样子陈列，成排侧对观众，我拒绝了。若完全以出土时的模样陈列，会影响观感，也没法很美很直观地呈现出奴仆成群，最终摆成了错位的两排，中间放入戴帽官人俑。这就是空间展示，是需要设计者来对故事进行演绎与转换的，不是本来什么样子就摆什么样子。

之后讲到食材的讲究、烹饪的讲究、餐饮礼仪的讲究，再到梳妆、服装、素纱禅衣，可以看出汉代物质文明已经很发达，从物质文明向精神文明发展，已经发展出非常成体系的生活方式。

压轴的是"简帛典藏"，这是湘博很重要很独特的收藏。西汉的帛书，湘博估计是收藏最多的馆之一。帛书特别难保存，但是在马王堆保存得非常完好。2000多年前的帛书上的文字记载，是最宝贵的遗产。比如《五星占》，展现出西汉人的天文认知。展陈团队与专家选取两个点，利用视频与穹幕来讲述古人的天文成就，后来也成为湘博非常吸引眼球的展区之一。第一个点是500多天的金星运行会合周期，古人肉眼观察记录，与今天精密仪器观察下的误差只有0.48天，这是多么精准的计算。第二个点是对彗星的研究，古人对彗星尾巴背向太阳的认识，也比西方要早很多年。这里本来要做更大的穹幕，因为空间有限就做了半遮盖的穹幕，有模仿天体运转的设计。观众坐在穹幕下观看，先是第一人称视角，站在星空下看见流星；再转换为第三人称视角，看着太阳系的所有行星；再回到第一人称，回到地面，感受古人观星看到的东西。这些当时花的心思，虽然每个人不一定都可以体会得到，但我们设计的心意如此。

帛书帛画之后，就以陈列为主，因为要解释的东西很多。这时候参观相对专业又平铺的陈列，空间突然变得静谧幽暗，就可以慢慢解读，将时间和情绪缓下来，如同步入藏书阁一样。

接下来进入T形帛画空间，这里是我最为用心之处。我对T形帛画特别有感情，我走上绘画道路就有T形帛画的原因。它是小学美术课本上的画，老师跟我们说这代表天上地下人间，我当时不知道T形帛画是干嘛的，对这帛画在讲什么特别感兴趣。2003年开馆时第一次看到实物，心中就特别欣喜与震撼，但当时玻璃展柜反光很厉害，几乎看不清楚帛画的细节。为了让大家更了解帛画，馆方在墙上挂了线描稿，但线描稿是黑白的，本来精美绝伦的珍品，却愈发看得迷糊，本来很美的东西，这么看上去就很一般了。所以当我终于有机会亲自给T形帛画做展陈时，当然要想尽办法给它最熨帖的展示角度。

在"永生之梦"展厅，两幅汉代T形帛画拥有一个独立的空间，也是我小小的私心。更清透的玻璃与更有质感的灯光，让大家可以清晰地近距离欣赏。我也做了线描稿，但用的是墙上的彩色线描稿灯箱，让大家进一步看得真切。这还不能达到我想要的效果，于是如法炮制了类似上海世博会中国馆那个震撼全场的"动态清明上河图"，将帛画施以动画魔法，两幅平铺不能言语的帛画就此活了起来。古人画T形帛画时，碍于技术的原因，受到了限制。画面虽然是静态的，但我相信画师心里的龙不是一条静止的龙，而是不断升腾的龙，辛追夫人坐着的升天踏板也一定在不断往上升，一切在画师看来都是动的，是拥有灵魂的。底下两条交织的金鱼翻云覆雨，研究员跟我说，当时的人幻想地震就是地下两条巨大的金鱼在交织翻腾，有可能背上一痒一挠就造成了地震。古人认为必须有巨人把地面托起后压在两条金鱼之上将金鱼镇住。这么生动的理解难道是一张静止的画面能表达的么？肯定不是。我心里想的能动的画面，是T形帛画本来的样子，它应该是可以动的，是拥有灵魂的，所有的动都是可以自己讲故事的，不需要说。你可以看到金鱼的缠绕，巨人的镇压，两条龙的升空，仙鹤的伴舞，以及最中间的烛龙的迎接。我们在这个基础上就完全按照原画的方式做了一版动画，但这个动画我不满意。我想让这个动画所做的诠释更到位，后来拆开来讲，也是动画，但还是没有讲述清楚。其实馆方研究员是坚决反对我们做动画的，他们觉得客观呈现就好，也怕研究不到位讲不清楚。

T形帛画展示陈列效果图
黄建成团队供图

我认为元素还是原来的元素，故事还是原来的故事，只是用了更绚烂的动画语言，让普通观众可以更好地理解帛画里所蕴含的意义。在讨论中我们说服了馆方接受动画，策划团队也更细致地跟我们讲述各种知识。尽管从美学角度上说不够美，空间诠释上而言没达到我想要的"酷"，但它依然是我为之自豪的好展项。所以我也跟陈一鸣讲过，有时候要想办法去影响专家。

三楼可以说是非常热闹，但这个热闹也不会喧宾夺主，我们没有制造任何多余的东西。复原车马仪仗图，做成动画，也是小小的动画，只是做了利豨当时阅兵的场景，活灵活现地展示一下。总之从"惊世发掘"到生活、精神，最后是"永生之梦"，我们打破了以前展览的局限性。以前马王堆就是辛追夫人，辛追夫人就是马王堆，更多是从装饰主义角度出发，将展览做成西汉时期墓葬这样的地下空间，这是当时的设计语言，在当时也是很好的设计。这一次我们要宣传马王堆是什么，代表了什么，反映了什么，西汉时期人们内在的精神追求与文化追求到底是什么。我们是从这个角度展示文物的。语言环境跟以前完全不一样，我非常骄傲地说，跟其他博物馆也不一样。这是自成体系、有完整链条的一个展览，所以讲得非常透彻。

看完整个三层对轪侯府人们的物质生活与精神生活的还原，看完酷炫的墓坑影像，坐自动扶梯层层往下，观众就开始转换心情，路过四个彩棺，下到最底层可以仰望巨大的棺椁，辛追夫人的遗体则静静躺在毗邻的单独空间。这里我们去掉了所有的装饰，没有刻意做任何的造型，只做一件事情，就是让观众静静地瞻仰辛追夫人的遗体。这个空间定义的瞻仰，没有任何喧宾夺主的招式，只用一层透明的玻璃隔开两个时空甚至世间。愿意看的移步去看，不愿意看的可以径直前行。利用超大的空间与分割方式，突出我们对先人和生命足够的尊重与敬畏，也尊重了观众的观展选择权。

张小溪：确实，我也看过全国不少墓葬的展陈，至今马王堆的陈列都是非常独特的。当然在原址建的博物馆也有自己的优势，比如广州南越王博物院，就可以走进真实的墓坑，比想象中逼仄很多，也是另一番体验。我们重点谈一下马王堆墓坑的影像表达。这是团队野心与想象力的再一次勃发，争议也很大，另外虽然很多观众被形式吸引与震撼，但大部分观众估计看不懂讲述的是什么。

何为：最初黄建成老师与馆方想做超前的三维全息影像，但经过各种研究了解，发现当下技术上无法实现。我觉得可以使用世博

四层棺椁展示陈列效果图
黄建成团队供图

马王堆汉墓墓坑空间结构效果图
黄建成团队供图

视界·策展人与设计师说

463

会上使用过的3D Maping（3D投影技术），我了解这个技术，利用3D投影的方式将画面衔接到墓坑倒梯形空间之中很合适。当时反对的声音确实非常大。我的想法很激进，这个跟黄老师关系不大，要骂就骂我，但我最骄傲的就是这个，我始终认为非常适合。我没有理会他们的反对，表面上我嘻嘻哈哈，但我一直没变过。

我坚信一点，我做马王堆设计时，是带着崇敬去做的，跟湘博人一样视辛追夫人为湖南人的祖先、汉人的祖先。湘博的整个设计都很尊重辛追夫人，始终怀着人文关怀来看待她，包括矶崎新的整个建筑设计也是围绕她。我们的立意与建筑是一脉相承的，这就像是辛追地宫的重现修复，而我，是她的墓葬修复人之一。我的理念是，古代人为她画T形帛画与彩色棺绘，引领她走向天上另外一个世界，而我现在做的事情是一样的，只是我们把这个过程展示给大家看。这个墓坑投影，就是反映辛追夫人的灵魂，怎么从阴阳之隔一直进入仙界，最终羽化成仙。还原的故事情节，全部来自辛追夫人下葬后的四层套棺与T形帛画。四层套棺，第一层叫黑漆棺，阴阳之隔，也就是说辛追夫人去世之后，阴界与阳界隔开。第二个黑底彩绘棺，讲述阴曹地府小鬼为老太太的灵魂引路。第三个朱底彩绘棺，讲的是从阴曹地府走入了仙界，然后跨过昆仑山，越过扶桑树，进入仙界。仙界的那个棺叫锦饰内棺，用羽毛贴花绢来做的，示意着老太太会羽化成仙。这一块图像用的完全是T形帛画上天上的图来诠释。只是四层之间的穿越，原先是平面的，如今变得立体。由阴曹地府到另外一个世界的穿越，是通过祥云完成的。再用一点点红蓝光束代表老太太的灵魂，光到之处就点燃小鬼引路，那光束穿越阴曹地府直到羽化升仙。这种空间的穿越，空间美学的感觉，很多团队做不出来，有的直接拉了两层图层，而我要的是空间建模再进行渲染。后来还是与水晶石合作，他们理解我要做什么东西，在我的基础上进行了一定的拔高与修饰。

音乐也很讲究，前一段我用了特别喜欢的《权力的游戏》的音乐，很有历史感，又时尚好听，我请老师重新用中国的乐曲，仿造战国时的鼓点来演绎，这也算是我的小私心。到了天国阶段，则配上了宫廷感觉的音乐，这都是请上海音乐学院的老师创作的，如果还用老掉牙的编钟类的音乐，就缺了我们这辈人对天国的艺术上的理解。

张小溪：这个创意据说遭到了从馆长到厅长的一致否定，大家不太能接受在墓坑里、在历史博物馆里呈现迪斯尼与环球影城的效果。陈建明馆长时至今日都非常不认可这个墓坑的呈现，认为是方向性错误。

何为：他们担心博物馆变成一个娱乐场所，更希望的是复原当时墓坑的真实，还原汉代生活，最终回到西汉生死观的总结。作为一个完美主义者，陈馆长对设计方案会一次次问：还有更好的方式吗？还有更好的想法吗？但我认为，只要内容是你所要的，形式语言你要大胆地让设计师去发挥。即使被讥讽"很世博会"，但我认为这是合适的我就不会改，所以私底下我也倔脾气地坚持了下来。我们要大胆迈出步子，但绝对不会去恶搞它。

第一，这不是随意为之的恶俗演绎，而是非常尊重古人、尊重事实、尊重考据的四层空间故事，并没有自己制造一个新的符号进去。第二，我们不会用过于热闹的展演方式，整体上节奏、音量、转场画面，都控制在合理的度上。第三，墓坑本来就是复原的，不是真的。我们在复原的墓坑上要讲述什么故事呢？花费如此大力气1∶1复原墓坑，不能只简单体现椁与墓坑的空间关系，文物都来自墓坑底下，那么所有故事在这个墓坑做一个巨大的总结，正好阐释古代向死而生的生死观。中国传统文化中，死亡总是比出生更加隆重的。死后通往另外一个世界，那么这墓坑就像时空之门，用艺术的方式传递，让大家感受四层空间的穿越，最后我们看到辛追夫人羽化升仙化为星辰。当时有意见说，这做得太酷炫需要加配音，把所有内容告诉大家，但我觉得配音与解说很多余，这是用艺术方式让大家感受这个空间的穿越，他们感受得到，不需要去具象描绘到一点想象的空间都没有。重要的是研究与认知在不断发展，为何要留一个具体的东西，在这里留下一个足够想象的空间就足以。我觉得年轻人会很喜欢，这至少是湘博跟其他博物馆不一样的一个亮点。有些人说会吵了辛追夫人睡觉，其实不会的，她并没有在展演的这个空间，她被安置在展演空间底部的隔壁。或许观众不一定都看懂了那些飘舞的符号，但我没有制造一个新的符号进去，当他们往下走，看到一层一层的棺绘中的符号后，可能就会恍然大悟了。我也不能说带他们穿越多么具体的四层空间，走进古人的神话世界与生死观，但看到一层套一层的棺椁，会明白一层套一层的四重空间，原来如此。

张小溪：听说墓坑最初也有很安静的版本，更幽静神秘，更加缥缈。现在这个"突破得很厉害"的版本，听你讲完我才理解了具体意思。按理说形式设计是为内容服务的，最终的形式也需要策展人认可才行。馆方算是给了你们很大的设计创作空间呀！

其实仔细听陈馆长与你的阐述，内容上似乎并无巨大偏差，最终都想在这儿总结生死观。只是表现方式的问题，是形式设计会不会取代内容设计的问题。如果最后大家都记得这个多媒体展演形式，没有理解展演里的内容，也夺去了前面展厅那么多灿烂的西汉文明展示的光彩，可能就是失衡的。其实也很难说哪种是最好的呈现方式，但墓坑一直在这儿，或许想法变更、技术发展，未来会有人用崭新的方式，呈现出新的生死观总结。

何为：三层所有的物件都来自墓坑底下，它就像一个喇叭口，物品都是归于墓坑的，所有的故事都是在这里做一个总结。这个部分就是巨大的总结，是价值观的总结，是世界观的总结。陈馆长是文化人，不是设计师。他用他的语言表达的东西，我用我的艺术基因来诠释与表达，不同的设计师呈现出来的都不一样。我一直跟馆长强调，不用介意形式语言是什么样子，只需要介意是不是表达了你要讲的内容。内容是合适的，就要放手让设计师去做。以后更新换代完全是可以的，有各种想象空间。

总体而言，马王堆空间设计整体偏艺术展。刚说过，基于省级博物馆的严谨，不能进行假设，所以空间中更多是寻找西汉精神层面的气质，色调采用汉代独特的红与黑来传达，从入口处到墓坑投影区，其实我运用了七种红色，七种都是从漆器棺椁上提取的不同的朱红，其实一般人根本难以察觉出其微妙变化，但设计师有意为之，就是想用这细微的变化，表达不同的意境，也有点埋彩蛋的意思。

张小溪：七种红色？你不说还真没察觉到。刚说的艺术展的方式，还可以举例说明吗？

何为：马王堆汉墓中很多文物本身艺术价值就很高，从漆器到帛画，无一不体现西汉人对艺术的追求。我希望西汉人对艺术的追求，在马王堆展厅里可以体现。比如有一个展厅需要呈现当时的衣服布料，团队拿到那些碎布料展品时非常头疼，装裱方式有木框、不锈钢框、有亚克力的、有玻璃的，都不一样，很难看。最后我们将其做成三排平行展柜，用一层铝板打印，如同当代艺术展一样至简，不需要的东西都去掉，看着很舒服。

基本上在马王堆展厅，能用一张线稿、一团小字解决的，就用线稿与小字解决了。相对复杂的车马仪仗图，也只是做了小小的动画，活灵活现呈现利豨当时阅兵的场景，这也是世博会"动态清明上河图"的语言延伸使用。我喜欢这样平和至简又不失当的展陈方式，这也是很平静的方式。

张小溪：后来湖南省博物馆展陈照明工程获得了亚洲照明设计奖——亚洲之光。灯光这一块是如何控制的？

何为：博物馆的灯光要求极其严苛。既要让文物美丽起来，又得让文物不受损伤。光辛追夫人的照明设计，就是一个巨大的难题。这是千年不腐的有机质类文物，对光最是敏感，必须恒温恒湿并严格控制可见光辐射。在这个剔透的水晶棺里，她躺在那儿，继续永生之梦。设计师必须给她超显安宁静谧与自然的灯光。红外、紫外、色温、反射眩光、均匀度、显色指数都很讲究，灯光设计，灯光试验，灯具制作安装、调试，又是300多个日夜。安装的过程中，是由一名照明专家与一位来自湘雅的医学专家一起配合完成的。这是由专业的灯光设计团队负责的。

张小溪：我很少去看辛追夫人，最近去看了一次，发现她自身周边的灯光纵然设计得很精细，但建筑空间高处的灯光反光到玻璃上还是影响到了视觉，不知道以后是否可以改善。总体的展览，留言本上有观众说"马王堆的展陈像与文物面对面的交流"，这是一句很高的评价。您本人收到的反馈如何呢？

何为：新湘博开馆后的2018年4月，湘博举办了一个国际少儿绘画展，我陪大英博物馆芬克尔副馆长参观，对方说马王堆的陈列方式与大英博物馆完全不一样，他感受到整个过程试图在讲述一个古代故事，这个故事他虽然不一定理解得准确，但大概猜得到是生前生活的复原与死后的憧憬想象。他很喜欢这样的讲述，这样的设计有助于将文物信息与价值观更轻松地传递给下一代，他说在这一点上，大英博物馆已经落伍了。

西方的展陈方式比较固定不变，要变也是很小的改变。也许很多年后回头看，那样做也是对的。但现在来讲，并不是所有观众的文化素养都达到很高的水平，如果能讲清楚一个西汉的故事，更生动地将文化传达出去，在现当代中国这样做可能还是适宜一点。这是我目前为止自己最满意的一件作品。第一，它适度，多媒体使用也适度。第二，刚也说过，它打破了一种局限，它宣示了马王堆是什么，反映了当时人内在的精神追求与文化追求，自成体系，链条完整，表达透彻，语境与以前完全不一样。我希望能给新一辈的设计师传承的语言，接收一点我们这一辈的设计思想，尤其体制内很多套路化的设计真的要不得。

张小溪：有遗憾吗？

何为：遗憾？很多啊！马王堆的序厅部分就很傻。馆方提出要把"天上的部分"做成浮雕墙，表达一种"向死而生"，作为点题，要前后呼应。如今呈现在观众面前的是一面锻造的浮雕墙。最初我并不想做浮雕，想用更加意象化的表达方式来表达天上的部分，更虚幻通透一些，似有似无，不会那么具象，甚至只需要一面红墙，简单写上马王堆墓志铭，然后引入长沙古国概念，给观众更多的想象空间。具象是很过时的手法，但馆方坚持入口要赋予具象化的内容。具象不是自己创作，是拿着T形帛画上的内容来制作。我对这些次要辅助展陈物还是妥协的。浮雕墙第一版泥稿过来时也还挺满意。我找手机里的效果图给你看，光源暗藏，做了同色的丝网印刷，隐隐约约，两边消防门涂黑，入口很庄重。但最后定在安徽厂家做出来的浮雕成品效果却差之千里，仅仅是因为这个厂家的报价最便宜。这种造价限制的结果，也不是我们所能控制的范围，每一个艺术家都希望不计成本地实现他想要的效果，但屈服于实际也是工程不可回避的一部分。

还有临展厅，设计过一个白色盒子，大胆地利用圆圈的轨迹，将展板变成一块块弧形的大板，然后可根据轨道旋转。这个想法其实挺酷，但未被接受。

其实最遗憾的事情在于，博物馆在后期给展陈设计实施的时间非常仓促。有些前期付出了无数心血与精力的地方，只能在完成度上大打折扣。不知道这算不算一种中国特色，好像大多数项目到了最后都只能凑合了事，赶工期便成了最大的要求。

张小溪：这个现象很普遍，不只是这个博物馆，我已无力吐槽。最后问一个问题，马王堆"生活与艺术"展厅里有一些高差，在黑暗里容易摔跤，现在被加了很多围栏，又破坏了流线与美感。这种高台设计是故意的吗？

何为：其实是为了突出中间的舞台感，当初故意设计了一个高差。结果因为层出不穷的观众安全问题，馆方不得不加做了难看的不锈钢栏杆。要说后悔，这也是我后悔的事情，我不做这个台，他们就不会做不锈钢栏杆。原来设想的是在这个展厅里，一堵实墙都没做，非常开阔通透，一口气展示出西汉时代贵族那种奢侈磅礴的气势。在用于隔断分区的钢架与钢台之间，故意做成了镂空效果，以求尽量通透。如今则全被亚克力封起来，展厅贴满了各种防撞防滑防高度差的警示。玻璃前至少可以放绿植呀！

博物馆是什么

张小溪：展陈很重要，但安全无小事，可能夹在这两个大山之间的设计师甚至运营管理方，都不得不在其中互相妥协，互相制约，尽力一起找到艺术和世俗的平衡点。

何为：其实有些是"过于安全"了。不是所有博物馆都会贴这些东西。卢浮宫很多楼梯下来都没有扶手。过于安全、过于保护就画蛇添足了。

"湖南人"展陈设计的
得与失

张小溪×陈一鸣

作为全新的常设展之一，"湖南人"的展陈设计与内容策划一样，都属于最煎熬痛苦的一环。最终内容上确定了人类学的线索，总而言之是：在这样的一片土地上，有了这样一群人，他们有这样的生活与文化，造就了这样的精神。设计者要用他们的方式来呈现出匹配的宏大画卷。

但形式设计与内容呈现有时难免是一对矛盾体。设计强调美感与形式，内容要求完整细致、学术上没有纰漏。主导湖南人内容设计的李建毛副馆长学历史出身，内容呈现上体现了与性格比较一致的谨慎，生怕学术上不够完整严谨，经不起同行慧眼考究。专家把控内容对设计形成很大钳制，设计师有时候反过来影响专家，互相激发与成全，也不断拉锯与妥协。

内容不断调整更改，导致"湖南人"展陈设计前前后后也更改了11稿。

"湖南人"展厅主设计师是 1982 年出生的陈一鸣，是个朴素好脾气的男人。学环境艺术设计的他 2004 年 6 月进入黄建成工作室，参加的第一个项目便是深圳博物馆的招投标。此后他参与湘博、长沙市博、里耶、上海世博会中国馆大大小小的设计。他是一个非常专注的人，在博物馆展陈领域不断实践与深耕。十多年时间过去，他笑称自己成了一个"只会做博物馆"的人。他说，黄建成老师教了我展览与装修的区别，陈建明馆长则教了我博物馆展陈与其他展陈之间的区别。他说，做完湘博的展陈设计后，其他博物馆的都不怕了。这是，受折磨良多，也受益良多。

张小溪：作为一个展陈设计师，你在各地逛博物馆的时候会特别注意看什么吗？

陈一鸣：在世界各地逛博物馆与美术馆时，出于职业习惯会注意展陈使用的材料与拼接工艺，甚至忍不住会偷偷去敲一下，抠一下，获得触感记忆。但格外关注的还是博物馆在设计上的创意与视觉表达。印象很深的一次，在纽约自然历史博物馆，是这样展示一块陨石的："你们都见过月亮，但有没有触摸过？"一个提问就拉近了与观众的关系。在欧洲主要是感受传统的美术发源地，古老氛围的建筑与展示的结合，以及接触不同类型的博物馆样式。比如与众不同的荷兰精神病学博物馆，用非常特别的方式，从观众的视觉感受出发，一下就抓住了心理。它假设参观者是精神病患者，让大家思考该怎么去看待这世界。博物馆窗户的颜色都深有寓意，精神亢奋的时候也许是这种颜色，沮丧时则可能是另外的颜色。我很欣赏这样的方式。

　　最让我震撼的莫过于李布斯金的柏林犹太人博物馆，完全打破了展览观念。通常博物馆会设立清晰的流线来展示文物和收藏品，犹太人博物馆完全打破常规，从观众的内心出发。犹太人的历史是充满哀伤与流离的，所以它的流线是刻意混乱的。你站在那儿，却找不到出路，迷失其中。迷失时，只能找工作人员，他们帮助你推开一个暗门。而外面是倾斜的幽暗的水泥立方的花园，因为倾斜，找不到平衡，更平添紧张无序的混乱之感。通过建筑的元素，就可以让你体会到犹太人的心境。

悲惨的历史看完，再给你看最辉煌的历史。经过长长的白色楼梯，往上走，去看辉煌的过往。对犹太人文明，先怜悯，再崇拜。它始终影响着你的情绪，先抑后扬，心潮起伏。最后博物馆特意给参观者一个机会，用古老的希伯来文，把你的名字呈现出来，站在那儿会感动不已。我很期待将这样的情感植入新湘博的"湖南人"展陈，但湖南的区域文明要如何独特地呈现？大家甚至探讨过做湖南人的DNA序列与图谱，以至于复旦大学基因工程研究所来做DNA序列时，我也跑去抽了一管血。可后来不太好展现，从历史的角度有一点走不下去。理想与现实总会有差别。

张小溪："湖南人"的展陈方案诞生很艰辛，一直在探索与犹疑，它的展陈设计是根据最后的脚本来做的，还是也跟随着不断迭代？

陈一鸣："湖南人"确实对馆方也是一个挑战。最开始我们自己也进行了部分内容策划。我们做过11个版本的设计。在最终改用人类学思路之前，还曾经有过许多不同的逻辑线，比如衣食住行的、湖南特色板块来介入的。其实我觉得最开始采用的逻辑线更有意思。因为各种原因，方案被一次次覆盖与否决，我们就跟随着做了多个版本的设计。究竟如何才能恰当表达出湖南与湖南人？不管是对内容策划团队，还是我们展陈设计团队，都是巨大的挑战。最后确定用人类学方式讲述湖南人的故事后，这一方案同样历经了很多版本的设想。

比如序厅，前面黄建成老师介绍过，最初讨论方案时，想做一个特别湖南化的序厅。用三维多媒体投射，背景声是各种湖南口音的市井俚语，用烟火气的方式开启湖南人独有的旅程，最终停留在概念上。

去过新湘博的很多人应该对展厅中一座完整的湘西民居有印象，那是一栋怀化会同县高椅村民居的复原。其实之前就有直接搬一栋特色民居到馆中的设想，并且想用高科技媒体进行纪实性复原呈现。我们去到会同当地了解真实生活状态，更想赋予这个明清时代具象的、静态的点一条动态的线，想在房子里做一个时空影院，让房子成为一个透视穿越的窗。某一版的方案中，从屋里男主人60岁的寿辰饭开始，通过他回溯其家族的迁徙和数十年的更迭。在家庭与家族的艺术表达中，讲述鲜活的生活，记录历史的缩影。

张小溪：除了内容的更迭，做"湖南人"的展陈设计，跟以往的一些设计比，有什么特别的难处吗？

陈一鸣："马王堆"展厅文物只有400多件，"湖南人"展厅有3000多套接近4000件文物，我们也"抗议"过，馆方觉得为了呈现内容需要这么多文物支撑。为了便于设计和后期资料管理，所有文物都得建立三维模型，以便在三维软件中模拟布展。而这4000件文物中，大量文物没有尺寸数据，还得一件件临时测量，其中还有大量更换的展品需要重新测量。这样庞杂的工作量，最开始难免犯怵，真的是惊呆了。整个团队真的是没日没夜地干。全部建好模后，光排好这4000件文物就足足花了一个月，调整一遍又一个月过去了。设计团队直接将工作室搬到博物馆办公室，天天跟内容团队一起雕琢、调整，是那种每天近24小时的工作强度，还临时找了高校的学生帮忙做大量基础工作。文物的数量不断变化，设计永远处于动态之中，从来没有凝固的点，直到确定了开馆时间，只能说先到此为止不能再改了。负责内容设计的李建毛馆长也整整盯着调整了一个月，最后一天病倒了。

最后，在3000多平方米的空间，放下了一栋房子，放下4000件文物，放下了一条20米的路。总体来说，展陈是内容策展与形式设计两方努力的结果。馆方给我们的触动也很大，团队是非常专业敬业的，很清晰地知道自己想要什么。他们非常想要做一个一流的博物馆，这也鞭策着我们要尽最大努力去做完全。

张小溪：那段麻石路，我看到观众总是在路口先试探地、小心翼翼地伸出脚，然后才慢慢坦然地走上去，很有意思。

陈一鸣：这一段20米长的麻石路，是从旧城改造的潮宗街建筑工地切割搬运来的。在博物馆里保留一条充满历史气息的路还是蛮有味道。大家走在一条近代的麻石路上，身临其境观看着身边的近代文物，有一点穿越时空之门的感觉。博物馆要做的，也无非是保留这一段城市记忆，也带领大家回到那个过去的长沙。

张小溪：展品一直更换，空间也必须不断更换，循环往复地变吗？

陈一鸣：内容不是一开始就是成熟的，很多想法是后面产生的，就像这条麻石路。展品名单不停更改，展厅的空间秩序肯定也要做大的调整。最初展厅按照4米规划，我也是以4米为基准做好了设计。可是最后建筑设计师给出了8米的层高，吊顶设备吊装完还余6.5米层高。黄建成老师当时下了决心，说该拆就拆，重新再来，对我说"没有几次这样的机会让设计师如此发挥"。层高空间提高，自然有了不同的质感，当然也意味着我们不得不再一次调整设计方案。

不光是高度，还有展厅的承重，尤其是"湖南人"里高椅的那个老房子，位置来来回回变了很多次，因为展厅的内容不停地在调，布局也在调，然后位置也在调。展厅必须要符合房子的高度。房子位置变了，展厅的承重、高度就一直在变，一边变我们一边跟建筑方沟通，需要去衔接展厅的结构设计。

张小溪："湖南人"展厅的色块展示也打破了以往这种历史文化展厅的设计窠臼。

陈一鸣：最初设想中，"湖南人"有着跌宕起伏的空间叙述，鲜艳的色块与文物映衬，就像展开一幅宏大的画卷。如今走进"湖南人"展厅，第一幕入眼的是在博物馆中比较少见的大块蓝色。黄建成老师认为展厅需要用饱和的颜色，我坚持了这一点，虽然现在褒贬不一。

我们用视觉蒙太奇的方式来看最初的潇湘，最迷蒙的湖南。在祖先的四次大迁徙中，用蓝色代表从高空俯瞰湖南、俯瞰大江大湖的感觉，从一团流浪的迷雾里开始进入蔚蓝文明世界。这片地方有了这样一群人，才有了洞庭鱼米稻作文明。接着展现生活的足迹，飞入寻常百姓家，开始有民居家庭的概念，用木色的温润基调讲述生活，用半透明的山岚层层叠叠，表达各个民族大融合的过程。而进入湘魂展厅，镜头拉得更近，从最开始的屈原，经历三湘大地各路俊才，最末串到开创新中国的毛泽东。这里本来用了白色调来表达湘魂，穿越到湖南人内心，但白色调被认为太前卫，最终改成暖色调，与前面"生活的足迹"板块统一色调。展厅本来的冷暖白三色，只余冷暖两色。

张小溪：虽然"湖南人"常设展在大而全的要求下已尽力呈现，但在黄建成老师的眼中，展陈最后还是很遗憾。开馆后观众对"湖南人"展陈设计的堆积感，也有不少争议。

陈一鸣：每个人心里都有一个不同的湖南，都可以去解读一个与众不同的湖南。如果展陈需要满足所有人的愿望与设想，跟将几千件展品事无巨细摆上台面也没什么区别了。设计就是一个折中与衰减的过程。展陈设计师并不能控制内容走向，也无法完全控制形式设计，回想整个设计过程，我最喜欢刚开始时做平面布置的阶段。每一个地方的展项，都有无限遐想，没有东西来限制你。再往后，每个考虑的点，每个考虑的角度，就开始有一根风筝的线，将遐想慢慢收慢慢扯回来，终于从理想拉回现实。这种时候就考验设计的把控能力了。

总体而言，经历了湘博这一轮的展陈设计，我终于深刻理解了什么是博物馆，什么是博物馆展陈。我是学环境艺术设计的，黄建成老师教了我展览与装修的区别，陈建明馆长则教会了我博物馆展陈与其他展陈之间的区别。博物馆不是展示馆，更不是主题乐园，出于自己的使命，必须有一套自己的语言。自从做完湖南省博物馆，以后无论做哪个博物馆都不怕了。

张小溪：做完这个设计是不是对湖南特别了解了？

陈一鸣：这算是意外收获。做完"湖南人"展厅设计，确实对湖南突然变得很熟悉了。每一个方案，都是从不同角度去理解湖南。在此之前，我还设计过湖南里耶、老司城、长沙窑、谭家坡遗址博物馆等几个博物馆展陈，走过很多遗址，而这一次正好可以将曾经做过的一个个点全部汇聚，可以说叠加成了更鲜活厚重的湖南。这也是我与"湖南人"的机缘。而且做"湖南人"本身，做了很多次，每次从不同的思路去思考，相当于了解了很多不同角度的湖南。

张小溪：做里耶、老司城都是已经有展馆在，你再去设计，这次湘博一体化设计，对展陈有什么跟以前不一样的影响？

陈一鸣：一体化设计对特殊的空间表达会很好。但实际上一体化设计这个难度更大。以前是现成的博物馆场地，去利用好它就可以了，不是变量，是常量，怎么动它改变它都可以。现在是两边都在动，你调整意味着对方也要调整，他调整完你可能又需要调整，非常不容易。这样一种做法导致的后果是，我们平面一直在变，他们也要跟着变，两方都在不停地转动的过程，有点像螺旋式上升，施工方也很痛苦。常规的正确的做法应该是，我们这边出展陈方案，把平面布置好之后，省建院再在我们的平面上去做机电、消防这些辅助。而这种一体化的方式是非常难的过程。因为每一个专业跟专业之间考虑的基础点都不一样。这在国内是很独特的做法。

张小溪：做了十多年的展陈设计，这个领域有什么新的变化与趋势吗？

陈一鸣：其实在参与展陈设计的过程中，我们也见证着新旧博物馆职能的发展变化。当博物馆职能变成以教育互动为主，怎样通过优秀的展陈更好地传达知识，让文物不再是孤立的物品，而是能与故事、背景相维系？观众来看博物馆，如何将知识采集回去？这是现代博物馆展陈设计师的必修功课。我们要做的就是利用新的表达手段让博物馆更好履行教育职能，变得更智慧，成为真正的大众教育平台。

张小溪: 哈哈，我感觉陈建明馆长已经将他的博物馆理念深植于每一位与之共事的工作伙伴的头脑中了，他听到一定很欣慰。

博物馆是什么

Talk 3

临时展览：
边界与格局

——

一年2.8万个临展的繁荣与忧思

　　一场好的临展，通常能吸引一大拨博物馆爱好者，或者说艺术爱好者，千里迢迢也要奔赴。这两年多，我在全国不同的博物馆看了接近100个临展。大部分是为博物馆而去，基本陈列与临时展览一道观看，也有极少数是为一个临展专程而去，我们称之为"大展"。某种程度上，实现了国内"看展自由"。比如去上海博物馆看"丹青宝筏——董其昌书画艺术大展""沧海之虹——唐招提寺鉴真文物与东山魁夷隔扇画展""宝历风物——黑石号沉船出水珍品展""春风千里——江南文化艺术展"；去上海当代艺术博物馆观看各种建筑大展；去故宫看"千古风流人物——苏轼主题书画特展"；去辽宁博物馆看"山高水长——唐宋八大家主题文物展"；去湖北博物馆看"华章重现——曾世家文物特展"；等等。会因为偶遇云南博物馆小而美的"摩梭展"而欢欣，也会为错过巫鸿老师在苏州博物馆的"画屏展"而遗憾。

　　虽然观察时间不长，但密集地看临展，使我对国内主要大型博物馆的临展内容与水平有了大致了解。原创展览在内容与形式上但凡有亮点，都能获得大家的尊重。2020年度"全国十大展览精品"，我看过大半，其实看到名单时我是有疑虑的："全国十大展览精品"代表了中国当年展览最高水平，如果这些已是最高水平，那么全国的平均水平是值得怀疑的。数据显示，全国一年有2.8万个临展，看上去一片繁荣，但转念一想，在这庞大的数字中，真正优质的原创的临展，是多么稀缺。能引起全国关注的临展，无非出现在几个重量级大馆，或者理念先进，或者馆藏硬通货多。而如果仔细注视单一的一个博物馆，去观察它的临展，就更加经不起打量。在我有限的观察里，即使是某些著名的大馆，临展体系也是有点凌乱的，临展水平也是高低飘忽不定的。如果质量过于良莠不齐，那中国博物馆是否真如大家以为的那样无比蓬勃、欣欣向荣？空有高大上的一流场馆，里面的内容是否能与外壳匹配？

我这种对展览的"胃口"，一方面是被这几年诸多引进的大展喂大的；一方面是被大型美术馆的开幕展养刁的。上海在这方面一直走在最前面。西岸艺术中心的开幕展"时间的形态"，以及2021年开幕的"抽象艺术先驱：康定斯基"回顾展，都是基于蓬皮杜艺术中心相关研究员深厚的研究。浦东美术馆新开，就重磅地砸出三个大展："光：泰特美术馆珍藏展""胡安·米罗：女人·小鸟·星星""蔡国强：远行与归来"，都呈现出高级的展览样貌。在我看过的众多展览中，一种是引进的巡回大展，它们都是打磨成熟的展览产品，给人巨大的愉悦。如"阿富汗国宝展""古埃及文化特展""平山郁夫丝绸之路美术馆藏文物展""欧洲绘画500年""秘鲁古代文明展""亚细亚"等等，基本都是结构清晰、体系完整、节奏恰当，文物与要传达的内容高度匹配，将遥远的世界轻松地拉到眼前，看完如同上了一堂鲜活的历史课或艺术课。而另一种是我们自己的临展，让人感到遗憾和困惑。例如，我曾在同一个博物馆看到引进的设计大展，脉络清晰，展陈空间极其"洋气"；楼上自己做的临展，看得出花了大力气借展品，但因为赶工期，制作粗糙，内容没有节奏，设计土得掉渣。楼上楼下两相对照，特别像一个缩影。我们明明是有能力做到更好的，中间发生了什么？

作为观者，我可能关心的只是临展好不好看，是否严谨又有趣，有没有超越我此前的观展体验。而作为博物馆专家，陈建明馆长则在忧虑，博物馆的临展是否展览馆化？它与常设展是什么关系？是否建设了匹配的专业队伍？临展有哪些必要的原则必须坚守？如何在繁荣的表象中不迷失自己？

我们总是将巨额的资金投入硬件建设，却吝啬于软性的、看不见的投入。我心中理想的状态是，博物馆能多引进与培养专业人才，给他们尽量长的时间做研究，做出基于馆藏与研究，或者基于扎实田野调查的有特色的原创展览。哪怕小小的，只要充满生命力的展览越来越多，就是我们的幸运。

关于临展的 N 个问题

张小溪×陈建明

◎ **常设展会没人看吗?**

张小溪:我想继续跟您聊聊"临时展览",临时展览与平时说的"特别展览",是不是都是同一个意思?临展的界定是什么?

陈建明:是同一个东西。临展还是属于博物馆性的展览。我的界定,明确宣示开展日期与闭展日期的,就是博物馆的临展。特殊之处就是宣示了展期,其他与博物馆常设展览是一样的。

张小溪:因为在同城,湘博2017年新馆开馆后大部分临展我基本都去看了。一方面是持续引进国外的大展,一方面是做着本土挖掘,有时候也做"艺术长沙""方力钧版画"这样的画展。在我有限的视野里,湘博的临展水平相对在国内算第一梯队的,此时您已卸任馆长,我不知道您觉得湘博的临展是否在沿着正确的路途前进。

陈建明：其实谈临展说到底还是要说到博物馆是什么。所谓临展有三种情况的约束与边界。

第一种，有的博物馆刚刚建好，没有藏品，或者藏品不成体系，这种情况下可以引进外展。

第二种，博物馆本身藏品不足以支撑一系列的展览，但有一些很好的引子，比如苏州博物馆，我不太了解苏博具体的收藏，我只知道它有很好的书画收藏，但可能不足以像故宫、上海博物馆那样设立一个非常有分量的常设展，它就可以利用自己的馆藏与研究，组织同门类的展览，这样就走出一条正确的发展之路。巫鸿老师做的"画屏展"放在苏博就特别契合。总体就是在自己的建设过程中，或者藏品体系与常设展体系相对比较弱的时候，用一些资源不断做符合本博物馆的类型与定位的临展，我觉得这是正确的选择，是很好的补充与延伸。

第三种，即使博物馆本身有很好的藏品体系与常设展体系，也应该不断地做临展。比如"马王堆"是湘博的"长线产品"，应该长做不衰，但在"长线产品"外可以不断加上"短线产品"。

但如果完全临展化，或者不建设自己的收藏体系与常设展览体系，只做临展，就只是一个展览馆而不是博物馆，哪怕你的初衷是建博物馆，或者打着博物馆的幌子。所以我要强调一点：博物馆做临展的基础，是先要做好常设展，是做好收藏和研究，这是核心。然后我们才能来谈临展。

张小溪：近些年，博物馆这种对临展的重视与"热衷"是被什么力量推动的？

陈建明：对临展的重视不是从现在开始的。1978年开始，文物博物馆界就意识到要大力发展临展，把它作为应对博物馆千人一面、门可罗雀的窘况的良药。更早的1950年代，留苏回来的中国革命博物馆的罗歌，就在文章中提出博物馆既要"舞长枪"也要"耍短棍"。"长枪"就是常设展，"短棍"就是临展。改革开放后，主管部门、业务单位都把临展作为很重要的发展方向，大力提倡做临展、交流展。

临展的大力推出，确实活跃了博物馆，拉动了博物馆建设与发展，尤其是从供给端的角度来说，提供了丰富的文化产品与教育产品，这个要充分肯定。但如果对博物馆临展的本质与特点缺乏足够的认知，长期忽视甚至不断削弱常设展，博物馆的空心化和展览馆化就是不可避免的，这也就意味着博物馆的消亡。

临展有两种，一种是真正博物馆的临展，一种不是博物馆的临展，比如博览会、展览会里面的展览。我一再强调，如果博物馆不去建立收藏，不去靠自己的常设展览发展博物馆，光靠临时凑起的展览，是改变不了千人一面、门可罗雀的局面的。要比人多，博览会人山人海，你比得过吗？博物馆临展不是仅靠展览数量多、观众数量多来作为评价标准的。

现在，有些似是而非的观点在博物馆界传播。比如，博物馆还要藏品吗？包括《中国博物馆》杂志上都在发这样的文章，当然它是组织讨论。对于非专业人士来说，你如果没讲清楚，会误导人们。西方大博物馆已经建立了完整的收藏体系与架构，才开始强调说不能关着门只顾搞自己的研究，要为社会服务，要从收藏中心转为观众服务中心。中国博物馆发展的速度与阶段和西方不一样，基础与背景也不一样，到目前为止，我们文物系统的博物馆，并没有建立起一个符合博物馆发展规律与藏品需求的收藏体系与政策体系。在国家层面上没有一个政策，民间收藏也缺乏法律框架与学术共识。

为何关于临展我要讲这些？是因为展览不是博物馆的特权。社会上有很多类型的展览。包括文化艺术类展览，非营利的展览，都存在。尤其在日本，大百货公司里很早就举办极其专业的大展。

张小溪：上海现在这种趋势也很明显。这两年我去上海看的"乌菲齐大师自画像""莫奈与印象派大师""梦回江户"浮世绘大展等展览就不是在博物馆举行的，都是文化公司操作的商业大展，只要展览质量高，人们并不在乎在哪里展。哪怕收费很高，人潮依旧汹涌。

陈建明：我个人倒是巴不得这样发展，这也是为博物馆需要的文化环境增加营养。合理的文物与艺术的流通，恰恰是要有这样的架构的，促进良性的艺术品市场与古董市场发育发展，对艺术尊重、对艺术价值认可的人多了，毫无疑问对博物馆的收藏与保护只会带来好处。

张小溪：其实往后发展，当去博物馆变得越来越日常，常设展也会有很多爱好者一次次去看，一个常设展一次根本看不完，要看细看精就得反反复复去，哪怕一次看明白一个东西。

陈建明：对呀！中国历史博物馆当年做的"通史陈列"，我就一次都没看完过。我去了N次，每次看一段，或者专门看几件器物。军事博物馆我也从没有从头到尾看完过。看不完不是问题。比如只有一件藏品的博物馆，一眼就看完了，它就没有常设展这个意义吗？错。永远有人去看奥维尔小镇的"梵高"展，人们不在乎其他，只要拉乌客栈5号屋还在，那一张床还在，梵高就在，爱好者、研究者、好奇者就永远会去看，你能说这个东西过时了吗？你说会过时吗？博物馆的收藏与常设展，与我们刚举的例子，是一个性质。

我很早提出，革命纪念地与纪念馆，就是纪念类的博物馆。杨开慧故居，从管理的不同角度与体制看，你可以叫文物保护单位，也可以叫烈士故居，但它的实质归类，都是博物馆性的。具有博物馆性的，哪怕只有一件东西，都具有收藏、展示的价值，永远有人参观与利用。这个本质，在博物馆界讲得不够，尤其是现在，在"由藏品中心转向观众服务中心"这句口号的误导下。我从没说过这句话不对，但我认为确确实实存在很大误导性，尤其是对初入业界的人。有些从业者一进来一听说这个口号，就思考他的工作中心是怎么取悦观众，但实际上这样没有基础。我当年明确提出，新进专业员工的职位安排是两个方向，要么进库房，要么当讲解员。为何要先进库房？如果说文化创造要从基础开始，那么要知道博物馆的基础是什么，就要先进库房，就像进入矿山找原材料。那为什么要当讲解员？如果说博物馆是文化传播机构，那就从传播开始，去前端做销售，这样才能明白博物馆是怎样一条"生产链"。这些是打比方的说法，但完全符合博物馆的根本属性与特征。

◎ **临展要有学科匹配的专业人员**

张小溪："进矿山去找原材料"，是不是意味着临展也要尽量从本矿山挖掘才是正确的？

陈建明：做临展的原则，第一就是类型。博物馆是分类型的，比如湘博定位是历史艺术博物馆，临展就应该在这个大范畴之中。偶尔做一个科技类、自然类的展览，我并不会认为错了。如果同城有科技、自然类博物馆，就大可不必去做，因为你不是展览馆。一个历史博物馆并没有自然史专家，没有专业支撑，那么它去做恐龙展、蝴蝶展，与隔壁烈士公园做恐龙展与蝴蝶展有什么不同？没有。你越界了。只有在极端情况下才可以去做。

另外，永远不要忘了所有博物馆临展，是由物与人组成的。物是指博物馆藏品，人是指与藏品类型学科相符合的专业人员，离开了这些，就无从谈起。比如今天的湘博，我就对相关负责人提出过疑问，马王堆部是研究湘博核心收藏与展示的核心部门，从古代文物部里专门成立马王堆部，意味着他们将承担核心研究使命。他们也不是不能干别的，但如果"秘鲁古代文明展"是马王堆部主任在做，"宋代慢生活展"是马王堆部副主任在做，那马王堆部是不是挂羊头卖狗肉？学科跨度是不是也太大了？如果说这只是过渡时期所为，以后会有相应的部门，那倒也无可厚非。

张小溪：您十几年前引进"国家宝藏""古典与唯美"等临展是什么部门负责的？

陈建明："国家宝藏"是古代文物部负责，而"古典与唯美"就真没有太对口的专业部，这也是我后来提出要设西方艺术部的原因。再有，我刚才说的话题，意思并不是说做一次"无关"的展就有问题，而是长期如此是不对的。

总之，一个博物馆，无论怎样包罗万象，但一定要受到一个类型边界的约束，这才是合理的。就像一所大学，有非常多专业，但一定要有自己的强项。那么临展，正常来说，应该是按照自己收藏的类型和自己的专业学科背景，来决定临展的框架。比如湘博，起步时候定位是地志类博物馆，考古文物工作队并入博物馆后，尤其是马王堆挖掘后，很自然地被归入考古博物馆名录，主要展示马王堆这个著名考古发现，甚至以前的高至喜、熊传薪馆长都是考古背景，最有话语权的也是考古部。一直到我2000年接手的时候，还是"马王堆汉墓陈列馆"。

我接手做馆长后，发现此前每一年湘博都会做大量的临展，但往往是缺乏原创性与研究性的，不是作为大的类型与方向来做，而经常是书画展与绘画展。书画当然也属于收藏范围内。如此来说，湘博就不是纯考古博物馆，那么就应该是历史艺术类博物馆。艺术并不只是西方的雕塑与油画，也包括中国传统艺术。2000年左右湖南也没有真正意义上的艺术博物馆，所以我们有这个责任。其实湘博1956年开馆的时候就做了书画展，与艺术展有着渊源。

我们后来引进世界各地艺术展览的同时，就意识到，如果要长期做世界各地艺术展，就应该成立专业的艺术部门，引进专业的艺术史人员，但后来改扩建打乱了正常的部署与节奏。其实陈叙良副馆长本来是学历史的，后来去读艺术史博士，我也是非常支持的。这都是转型与布局的一个注脚。

博物馆临展的运行与操作，通常正确的方式应该是这样的。以"走向盛唐"为例，它是纽约大都会博物馆原创的大型中国古代艺术临展。一定是大都会博物馆亚洲部来策展，而不是欧洲、非洲部；一定是对中国古代艺术有研究的专业人员来策展，比如艺术史博士。只有对的组织架构，加上专业研究人员，这样做出来的展览，才是符合博物馆临展方向的。再比如"梵高展"，一定得是研究艺术史的人员，或者是研究欧洲这一段艺术史的人员，甚至就是研究梵高的专业人员主导的展览，这才是我认为的博物馆临展应该做到的事。只有让他们来做，才是正确的博物馆临展方向，才能真正不断有原创性的临展出来。这是每个博物馆长期做临展都需要注意的：是否有相应的专业团队，是否由相应的研究人员主导。

张小溪：如果是这样规范专业地做临展，我想一个博物馆一年做不了几个大的临展。

说起这个，我想起2020年云南博物馆一个原创临展"摩梭

Moso——婚姻·家庭·生活"，您也是被邀请去参加研讨会的专家。那时我刚好去过泸沽湖，就特意去看了看这个展是如何讲述摩梭故事的。这个展超出我的期待，让观众选择一个名字进入故事，用问题吸引大家进入，也都清晰解答了问题。最后引入当代艺术，以及全球30个家庭的故事。视野开阔，对话明显，没有落入民俗、人类学展览的窠臼，做得非常有当代艺术感。

陈建明：云博的"摩梭展"是很不错的尝试，我很喜欢这个展览。策展团队也非常年轻，馆长也是很专业很开明的馆长。策展人花了三四年时间做田野调查，搜集资料文物，挖掘本土题材，这都是很正确的临展方向。

一个地方丰富的民族文化，体现的是整个人类文化的一个缩影，是一个地方宝贵的财富。而一个区域性的博物馆，不仅需要依托考古发掘的文物，更应该关注和挖掘地域性的文化，从民族文化的角度去诠释和构建自己的展览。这也跟我当初想引导的博物馆转型的方向是很契合的。

专业的临展一年就是做不了几个。我当时在湘博提过，"一大两中四小五小八小"都可以。一个大中型馆要有自己的原创大展，一年能做一个，甚至三年做一个，就很了不起了。一年再做两个中型，再搭几个十天半个月的小展就足够了。

我们还要面对一个现实的问题：面对外界不当的介入，什么样的展览做，什么样的展览不做，我认为就是要守住底线，坚持专业性。比如说收藏家画展，如果出了赝品就麻烦了，每一张必须经过专业鉴定，需要专业介入。另外难免有临时性的、应景性的、任务式的展览，但还是可以做得专业一点。

我唯一反对的是，我们在临展中迷失自己。

◎ 博物馆临展要避免展览馆化

张小溪：关于您说的迷失，我看到中国博物馆界2019年的年报统计，每个馆的临时展览数量都很惊人。一些普通观众可能以为数量多就代表厉害，听您这么一说，数量太多有时候在质量方面可能值得怀疑。

陈建明：记得有一次在国外某博物馆考察交流，对方听国内某馆介绍一年举办临展多达40余个，很是惊讶，仔细询问多大的团队、多少临展厅、多少经费。最后对方疑虑地说：你们是展览馆呀。博物馆确实是做了这么多临展，只是与对方理解的博物馆临展不是一回事情。不是对错的问题，是专业理解的问题。所以我们应该避免博物馆展览馆化，避免没有研究没有收藏的临展。我没有说展览馆不好，社会也需要展览馆，但是博物馆是不同于展览馆类型的事物，它有它的使命，它应该去完成自己的使命，不然会被别人取代。

张小溪：我在一些博物馆看引进的临展时，发现馆方通常对引进展的理解很浅，很多就是原样照搬，没有自己的解读，提供的解说增量信息很少，最多是在形式设计上有一些变化。我就感觉这个展是飘浮在空中，与您脚下的这个馆没有紧密感。每当这种时候，我就会想起您担心的"展览馆化"。

您目力范围内，这些年国内的原创临展给您留下较深印象的是哪些？或者哪家做的临展，符合您心中真正的博物馆临展要求？

陈建明：可以这样说，我认为上海博物馆在马承源馆长、汪庆正副馆长阶段，做得最好。比如2002年"晋唐宋元书画国宝展"，72件国宝，那是中国"超级炸弹"式的展览，具备开创意义。这个意义上来说，上海博物馆1996年后推出的常设展和不断推出的系列临展，绝对是中国博物馆界的标杆。我们从上海博物馆学到很多东西，而且认为这是博物馆发展的正确方向。所以我们在做好马王堆常设展的前提下，也不断做出有影响力的临展，走出了自己鲜明的道路。从2003年开始的一段时间内，坦率地说，我认为湘博的临展在国内博物馆界算是做得相当好的。其他博物馆也有各自光彩，但湖南省博物馆有"国家宝藏""走向盛唐""古典与唯美""凤舞九天"这样影响甚大的一批临展。

张小溪：之前您提到，1978年甚至更早的时候，文物博物馆界就意识到要重视临展，但为何一直没有多大的社会影响？至少是从普通人角度看，没有影响。

陈建明：其实还是因为没有专业的支撑。我可以开出一串博物馆临展的名单给你，你可以看到大多是应付性的，而不是通过专业的有深度的学术研究，真正地去创作文化产品。即使是产品，也是日常流水线式的产品。

这就是我不断质疑的。从1950年代开始就很重视临展，1978年改革开放以后国家文物局明确提出大力发展临展。为何博物馆临展最近几年才有了一点轰轰烈烈的感觉，但专业性仍然不够呢？我认为是发力发错了，你没有专业支撑。说白了，真正丰富多彩的临展应该怎样做，刚刚都讲了。最近的好现象就是艺术博物馆发力了，这是非常可喜的，自然、科技类的也开始发力了，但似乎影响还不够大。目前为止，我们还缺乏真正的有国内影响力与国际影响力的大型艺术展览、科技展览和自然史展览。

张小溪：世界影响，您这要求太高了。目前能有全国影响都很难，一般是辐射自己那一小块区域。

陈建明：全国的临展现状，还是专业的发展不平衡、专业介入不够、博物馆展览馆化造成的。追求一时的所谓宣传推广效应，没有艺术史、自然史、科技史的支撑，没有考古学、人类学、历史学的支撑，临展要成为一个大的文化事件、文化产品与教育产品，是不可能的。

张小溪：中国博物馆在制定博物馆考评标准时对临展有怎样的设定？重视原创吗？

陈建明：在制定一级博物馆标准时，我参与了讨论。我明确提出"原创"一词。衡量一个博物馆的年度业绩，除了常设展硬性指标，还有临展指标。加"原创"二字，就是由博物馆性质决定的。

在发展初期，博物馆没有研究埃及、秘鲁的人，但引入埃及展、秘鲁展，这是允许的，我以前也是这样做的。当时国家文物局外事处的王立梅主任想组织几个大馆做埃及展，我非常支持，并积极筹措资金。这是因为，埃及的文物和马王堆文物都属于考古学大类，符合我们馆的类型与性质。

但博物馆如果常常做这一类展览，就需要有世界艺术史的研究人员，有世界艺术考古的背景，要不你就成立考古部、艺术部、历史部，甚至自然部。不是不能做，我要强调的是谁来做。

张小溪：马王堆做好了大型基本陈列，虽然也在继续研究，但是不是就不太好做马王堆临展？毕竟精华的文物都在常设展厅里。

陈建明：你错了。恰恰马王堆部，应该有做不完的马王堆临展。

张小溪：但我印象里，湘博这一二十年没有做过马王堆相关临展。

陈建明：以前马王堆不断地在做巡展，但在本馆确实没做过临展，这恰恰是错误的。我以前反思自己领导的业务，也把这一点当成我工作的一个缺陷。我以前的工作主要是强调了马王堆的研究，推动了研究，抓了几个大主题去做。例如，最近裘锡圭主编的《长沙马王堆汉墓简帛集成》获奖，中华书局当时的总编徐俊还在感念我的推动支持，感念湘博的胸怀。其实是我从内心感激他们。

张小溪：在文化的维度上去看，这是很有意义与价值的。

陈建明：这是正确的事情。文物不是博物馆的私藏，我们研究了40年，为何不能让其他人参与研究呢？

对于马王堆部，如果我现在是馆长，可能会做如下的工作：第一，马王堆的常设展常换常新，将研究成果补充进来，进行调整，文物也可以得到休息，要让常设展永远充满活力，背后的支撑就是专业人员不断深入研究。研究没有止境，比如马王堆帛书十一二万字，每年都有新成果。第二，不断地做临展，即马王堆本身发展与研究成果的临展。当然，马王堆同类型的发现与考古成果会不断涌现，也可以形成丰富的临展。同类型的横向比较拓展也可以做临展，比如海昏侯墓、徐州狮子山、满城汉墓等。

张小溪：湘博在2019年邀请全国各地专家做了十多期"汉墓"讲座，就是提供了横向对比，这样成体系成专题的讲座观众很感兴趣。这本身也可以做成多个横向研究的展览。2021年在广州南越王博物馆遇到"南越王与滇王"的临展，我查了一下，这是他们继"大汉楚王与南越王""中山王与南越王""齐鲁汉风""寻找夜郎"后第五个汉代诸侯王展，应该也是这样的策展意图。

陈建明：对，这就是马王堆部可以做的临展。这是正确的临展方向。

　　总结一下，真正的临展要由相应的专业部门研究与策展。若是别人原创的展览，需要符合本馆的专业方向。

　　张小溪：也有博物馆是由专门的展览部负责临展。

　　陈建明：一些博物馆有单独的展览部，负责交流与引进临展，这只是技术的措施，而不是专业安排。我们刚讲的是专业，专业之外有实操，比如运输、包装、保险、临展厅维护与使用，以及配合展览展厅需要做设施设备的更新与添加等等。这是展览部要做的事情。我了解的纽约大都会展览部权力很大，负责所有临展厅的安排。

　　张小溪：如果是一个关于中国的展览，那大都会博物馆应该先是由亚洲部策划，从专业上过关，再去展览部走后续流程吧。

　　陈建明：他们的临展要过两关。第一要在业务上过关，先是亚洲部、美洲部等竞争，curator（部门主管）投票，选题要胜出。第二，在档期与展厅安排上，要展览部同意，需要协调。确定后，大馆还有法律部、设计部等逐渐加入临展团队。专门的展览部，大馆有需要，小馆没必要。湘博相对也是中小馆，如果要设展览部负责捕捉展览的信息，推广本馆能推出去的临展的信息，我觉得也很不错。我们也成立了展览部。上海博物馆也有很强势的展览部。我们以前做临展也会遇到思路的不同，专业的分歧，甚至是利益的冲突。正确的方法应是由博物馆专业部门提出选题，大家再协作。我一直想推进这个方式，但效果不好。

◎ 往前一步就是谬误

张小溪：哈哈，您这是自我表扬。不过在21世纪初，湘博的临展是做得极其风生水起的，跟您的眼光与决断脱不了关系。听说"走向盛唐"临展，没有一件湖南的文物，是17个省市44家博物馆、考古单位的文物，您也成功把它弄到湖南来展出，轰动一时，很多博物馆不服气。2007年"国家宝藏"这个临展也是湘博的经典案例。具体引进过程您跟我们详细说说吧。

陈建明：观众会提出对特展的希冀，所以那些年我们引进了很多轰动的展览。大都会博物馆亚洲艺术部原主任屈志仁先生告诉我，从他有念头做大型的中国唐代的展览到展览开幕过了15年，提出选题到开幕过了7年，正式筹备用了5年。中国17个省市40多家博物馆、考古单位参与，那么多精品文物，构成了那么成功的展览。我在纽约看展的时候，还没有意识到可以引入湘博，后来展览被引入东京、香港等城市，我才意识到应该引入内地，并开始积极寻求省文物局、省长、国家文物局的支持。其实这个展里面没一件湖南文物，没一个湖南单位参与，但唯一的一个回国汇报展，最后却是在湖南省博做的，并把全国的兄弟单位请来开研讨会。那是完全不可重复的文化事件，观众人山人海、如痴如醉。辽宁的观众都飞过来观看。远在美国的屈先生很骄傲地发来祝贺。

后来我们引入了"古典与唯美"——以墨西哥收藏家19世纪的收藏为主的美术展览，西方古典美的大型展示。《潇湘晨报》评价我们引领了城市的时尚风向标，整体呈现了唯美的追求。湘博外面的大型展标上放着裸体女人的背，当时是很有争议的。小女孩问：她怎么没穿衣服呀？妈妈说：你看，多美呀。这就是我们要强调的，符合时代的，唯美的东西，唯美的氛围。

2007年"国家宝藏——中国国家博物馆藏品展"也是很经典的。当时，为了新馆的发展与建设，我带队去考察日本博物馆，在东京博物馆，我们发现中国国家博物馆的展览在那儿，很多都是近百年重磅级考古发现与出土的精品文物，包括1959年被调去就再没回过湖南的四羊方尊，我第一感觉就是，机会来了！我掌握的信息是，国博当时改扩建正好已经闭馆，藏品要打包分到三个地方去存放。我立刻想到，这次一定要把四羊方尊带回长沙展览。1月提出想法，3月就正式展出，速度惊人。这有赖于几乎所有部门的参与协作。我们重新取名"国家宝藏"，重新组织展览，后来，国博把这个展原原本本地在全国十多个大馆巡展，是国家博物馆与地方博物馆合作展览的成功典范。我经常开玩笑说，"国家宝藏"，他们欠湖南省博知识产权费呢！这一次我们的开幕展"在最遥远的地方寻找故乡"，国博又拿去展览，改名"无问西东"，就联合署名了。

　　张小溪：现在"国家宝藏"四字在文博系统与传媒界已是最热名词了。

　　陈建明：当时这个展览为何定名"国家宝藏"？以前都是用"中国国家博物馆馆藏展"这样的传统名字。21世纪初，湖南省博做大型展览，组织的讨论会需要所有部门参与，包括教育部、设计部、文创部门的负责人，都得参与。关于这个展叫什么名字，我们进行了一系列讨论。这名字是现在的设计部副主任吴茜提出来的，最近"宋代慢生活展"也是她设计的，很优秀的设计师。当时她还是一个非常年轻的设计师，提出可以叫"国家宝藏"。她说这些文物既是国家博物馆的重要藏品，也是我们国家重要的宝贝，而这个名字也是一部美国电影之名，在年轻人中很有影响力。教育部的同事立刻拥护，因为名字好推广。我回头问研究部专业负责人，叫"国家宝藏"，专业上有没有问题？对方说，我认为没有问题，确实是国家级宝藏，也是国家博物馆的宝藏。名字就这么定下来了，再加上一个副标题即可。

这些重磅级的大型展览，需要调动国际资源与国内资源。虽然放在今天看不足为奇，今天动不动就是超级大展，但在一二十年前却是弥足珍贵的。你的眼光必须与国际接轨，才能走得那么远。如今时代来了，但我们是时代的先行者。

张小溪：确实是先行者。在十多年前社会远没有形成"博物馆热"的时候，湘博的很多特展就已经引起了轰动。在策划临展的时候还有什么秘籍吗？

陈建明：这里我要补充一个背景。2003年我们新陈列大楼开馆，那时候的观众构成，外地旅游团队占了90%，本地人根本不来，也不知道里头有什么可看。还有人跑到门口问，你们这里是不是有个死尸？

我们是用大型临展来不断优化观众比例的。"走向盛唐""凤舞九天""古典与唯美""美国国家地理摄影展"，甚至"芭比娃娃展"……从考古、西方艺术，到摄影、时尚等不同维度的新鲜展览，吸引着长沙市民不断走进博物馆。有优质的内容，在媒体的助推下，湘博在本地区的知名度与知晓度开始攀升，本地观众比例上升到30%。

也因此，我们非常关注社会公众的需求，在展览实践中很早开始践行"以观众为主导"。这体现在从观众的立场和角度出发来组织展览活动，并将观众的导向贯穿于展览的策划、设计、执行、评估与反馈等各个环节之中。展览策划初期，我们会开展观众的预置研究，了解观众的审美取向和喜好特点，预测观众的基本构成，由此来讨论展览的教育目标，调研观众最感兴趣的展品，分析观众最容易接受的传播方式等。

形式设计阶段，进行各种创新与尝试。比如在2007年"古典与唯美"临展上，就打破使用白色墙面的惯例，采用自然宁静的蓝绿色调，既衬托出油画的华贵，又能使观众的眼睛不易产生疲倦感。在结构层次上，采用有浓重欧式风格的浮雕立柱，以及古典式装饰吊顶配件和内凹墙面相结合的设计，形成变化和层次感。在展线布局上，利用活动展墙将中厅分割，将重点画作进行重点展示。连制作说明牌，都是用几套文字大小不一的说明牌与画作进行对比，从而寻找出最佳尺寸。为达到最佳的灯光照射条件，特意定制了一批防反光和眩光的德国原装进口灯具。

在选择展品的过程中，重视展品的代表性和艺术性。在诠释展品特点时，避免使用过于生僻的专业术语，而是用通俗化的语言发掘展品背后的文化内涵，并以尽量丰富的辅助设计来弥补展品在表现主题上的局限性，等等。对一个展览的评判不以观众人数为依据，因为我们更大的追求是以满足观众需求为目标，通过展示推广，把对历史的思考、对美的追求传递给观众。另外，也要建立观众对服务质量的评估和反馈系统，通过大量的原始数据与反馈，为以后的展览提供借鉴。这就是我们所追求的。

张小溪：似乎突然之间，湘博与长沙产生了密切关系。听您说到细节，确实是很细致的系统工作。陈叙良2005年入馆时正好赶上这蓬勃之势，他印象里当时感觉到湘博机制灵活，管理理念先进，教育、展览、文创、开放服务在全国都排在很前列。

我在一篇论文里看到，湘博是从2006年开始在所有临展中全面推行"项目制"管理，由行政主导向业务主导转变的。从筹备开始就成立项目组，由一名专业研究人员担任项目负责人，下设"安全保卫组""内容设计组""形式设计组""布/撤展组""文物保护组""宣传组""教育组""营销组""学术活动组""开放管理组""文化产品开发组"等执行小组，分工协作，效率很高。这种一开始就让教育部、设计部、文创部等全部参与临展的做法，在今天的中国博物馆界是不是也不是一个惯常做法？

陈建明：这种做法是对的。做一个临展，博物馆的各个专业团队逐步深度介入，最后形成项目组，湘博是最早如此实践的博物馆之一。先是登录（展品的花名册、登记）。然后是文物技术保护介入，比如"走向盛唐"临展，木制、丝织品文物对环境很敏感，必须有严格的温湿度控制。现在跟很多大馆去谈合作，对方都要求出示你的场馆半年的温湿度记录。接下来要由学科相关背景的团队来主导，然后教育、推广、文创部门，逐步深入介入。这才是一个博物馆做临展应有的团队与业务态度、专业态度。大型特展是博物馆不可承受之重，必须由各个部门最优秀的人组成团队。

如果我们在这么短的时间内做一个展览，文创不一开始就加入，怎么来得及？提早介入，第一可以去寻找已有的产品，第二自己还可以赶紧做一些，比如纸质类、文具类。去美国国家美术馆、大都会艺术博物馆调研时，都被告知销售第一的就是纸质品，包括图录、场刊、笔记本、明信片、贺卡、胶带、日历台历等等。教育部也第一时间参与，从临展的名字开始做文章、做活动策划。例如"国家宝藏"，名字定了之后，我便交代设计部门，最重要的就是四羊方尊，因为它1959年被调走后第一次回来"省亲"，必须给四羊方尊单独设计一个独特位置。最后单独搭了一个台，一下就抓住了最核心的东西，抓住了所有人的目光，人们排着队来看它。闭馆没人时，我们也溜进去想再多看它几眼。说来，它还是在湖南省博修复的呢！至今还有一个残件在我们这儿。

教育人员也从始至终参与展览的策划、组织，配合展览开展一系列行之有效的教育活动，使博物馆的教育、展示功能得以充分发挥并相得益彰。"草原牧歌——契丹文物精华展""佛光里的神秘西藏"等一系列特展的成功举办，不仅体现在展览带给观众的历史与艺术的熏陶上，更体现在以展览为契机开展的博物馆教育与学校美术教育合作课题研究、主题家庭活动日、公众讲座等教育活动的成功开展上。有益的实践为今后教育工作的开展积累了宝贵的经验。

张小溪：说到"走向盛唐""国家宝藏"这样引进的展览，也延伸到当下与未来还将大量出现的引进临展中。一个优秀的博物馆应该怎么对待它？策展方面是不是不太可能有大的变动？那么博物馆自己还可以有什么作为？

陈建明：引进展览的整个架构你是不可能去打乱的，你也来不及。每一件东西都是一个方向，都是一组组的组合。我们要学习人家的策展，哪怕就一个临展，其中的文物关系与文物组合，都非常清晰，一组一组讲清楚一个问题。我们现在很多的常设展都远达不到这样的水平。我们要做的不是重新打乱结构，而是做小的调整。比如提炼关键词，做展览定位，等等。临展引进后，博物馆的任务是重新认识它、解读它、阐述它。根据场馆的条件，可以做一些重点的调配与提炼。没有一个临展是一模一样的。"走向盛唐"，在大都会开幕的展览我看了，后来在香港文化博物馆展出，我正好有事去沙田，就又去看了。在不同地方看到的格局与表达都不一样。我们也会就自己的认知，将我们认为重要的东西做一些提炼。展线与展柜特意突出哪件展品，灯光、阐述、推广，都会不一样。

简单归纳，有一模一样摆着的，有重新阐述与解读的。比方刚说的四羊方尊，把它当"国家宝藏"里所有文物的1号明星，专门在展厅搭一个单独的台子，安排专人值守，这就是不一样的重点阐述与推广。再举个例子，我们有个很有表达能力的研究员，他对佛造像很有研究，"走向盛唐"展出期间，我就拜托他天天去展厅给观众讲佛像，他讲得非常生动。为何要讲佛像？"走向盛唐"其中一个"走向"，就是东汉以来佛教文化东传对中国产生了极其重要的影响，是走向盛唐很重要的文化原因。

张小溪：我现在也会有意识关注同一个引进展在国内不同博物馆的呈现。首先是展览的标题，可以看到不同的价值取向。比如秘鲁展，广东省博取名"黄金国之谜——秘鲁安第斯文明特展"、重庆三峡博物馆取名"失落的黄金国——安第斯文明特展"，都比较吸引眼球，利于推广。湖南省博物馆取名"秘鲁古代文明展——探寻印加帝国的源流"，天津博物馆取名"安第斯文明特展——探寻印加帝国的起源"，就仿佛看到一个比较严谨内敛平实的策展人。但形式设计上，有观众对比，说湖南版的设计更具神秘感，展厅高大，做出了异域氛围。我也先后看了"欧洲绘画500年"在湖南与成都的不同呈现，营造的氛围完全不同，湘博显得大气，成都博物馆的更精致小巧。"阿富汗国宝展"的时候，听南京博物馆展陈设计师说，他们也先来湖南等地看过展览，然后回去重新做出自己的调整与设计。

陈建明：是这样的。我们引进的"走向盛唐"，和在纽约大都会呈现的状态不一样。因为你不是大都会，也没有那样的场馆，只能根据自己的场馆条件，重新做创意与形式设计。所以一旦要做一个引进临展，艺术设计团队必须要介入，而且只有全程参与策划，才能保证内容与形式的协调统一，真正突出展览主题和展品内涵，确保每个展览风格各异、形式独特。完全只由一个展览部强势操作大型临展，是错误的做法。

这里我要插一个话题。临展需要临展厅，大的装置、绘画、当代艺术需要大的空间。湘博定位为历史艺术博物馆，受制于旧日展厅大小，此前做些大型特展时，非常捉襟见肘。基于这些经验，以及对自己未来临展的期许，在新湘博的一楼，我们明确要求，要有两个空间巨大的特展厅，它们既可以独立，又可以连为一体。为了达到更好的临展效果，规划中有一个展厅，挑高17米，1000平米的巨大展厅没有一根柱子，配置自动升降的天花板与灯架，可以适应各种各样的展览。这样看上去是要多花一个升降顶的钱，但长远来看，它反而是非常节约好用的。不同的策展人，可以调整展厅的高度来适应不同的展品，展品个头不大时，天花板可以下降到正常展厅尺寸，升高时几乎可以承载任何尺寸的展览，不只是巨大尺幅的当代作品，10米高的菩萨雕塑、恐龙，都可以毫不局促地立起。这样高的展厅几乎很少有博物馆有，留出设备空间后，最终还有近12米（超过12米就得上消防水炮）高，高处可承力吊挂，且10吨的货车可以对接专用电梯，展品直接抵达展厅。很多人会被这个空间吓到。

张小溪：后来虽然遗憾地取消了升降装置，但不得不说，在匹配得当的尺度上，它依然有惊艳的效果。2019年艺术长沙展，艺术家杨茂源惊叹于自己的作品在这个阔大展厅中呈现出来的效果。他说，这是他见过的最好的展厅。

回到临展，作为观众，我看引进的巡展有一种感觉，很多不提供讲解，即使有讲解，也是非常浅层快速地过一遍，增量信息不多，对于比较有求知欲的观众来说，这是远不能满足的。我想这是因为在引进展领域，博物馆没有专业研究人才，而讲解员与志愿者如果没有足够的知识储备，也难以立刻上马讲解。

陈建明：要解决这个问题，就是刚讲到的，所有人员一开始就得积极参与。我们决定做"走向盛唐"的时候，教育部就同时拿到了资料，开始培训志愿者。做"凤舞九天"临展，开始借展时，教育部就跟着介入，这样就有足够的时间去准备与打磨。

张小溪：我在长沙市博物馆看"从地中海到中国——平山郁夫丝绸之路美术馆藏文物展"时，遇到顺德博物馆工作人员前来观看，他们应也有意愿引进，一直查看装修材料，也问询讲解的资料从哪里来，讲解员说都是自己从网上查找的资料……可见，目前中小型博物馆都还在探讨非常初级的话题。像类似于顺德博物馆这种地市级中小型博物馆，他们的临展该怎么做？未来，这样的博物馆会多如牛毛，可能经验会很有限，专业人员有限，甚至对博物馆的理解也有限，感觉还有很长的路要走。

陈建明：我同意你这个观点。中小型博物馆的临展怎么做，这是另一个话题。它不可能有那么多专业人员。

不是所有的馆都要把临展作为硬性指标。这也是机械式的管理。博物馆类型、使命都差异性很大。不同类型的馆，不同级别的馆，不同规模的馆，要分类指导。有的馆才三五个人，你让它做临展就是强人所难。

临展是很重要的业务方向，但如果提到太高的很不恰当的位置，就会损害整个博物馆事业。这就是我的观点。任何一个博物馆还是要有一个自己独一无二的声明。这句术语不是我说的，是1980年代，北京鲁迅博物馆彭小苓写的一篇文章里说的，我极其认同。她说，每一个馆都应该通过常设展（基本陈列），来发表一个独一无二的声明。这是我在博物馆学里引用得最多的一句话。

每个博物馆先要问自己，你核心的常设展做好了没？做好了再来谈临展。常设展才是安身立命的东西。就像我们现在所在的大理栖居，是一家民宿，如果所有房间都变成了餐厅，那你就是餐馆而不是民宿了。

当年湖南省博物馆做那么多临展，为湖南省博物馆的发展提供了极好的动力，引起了社会高度的重视与关注，对内对外的作用毫无疑问是很好的。但是，再往前迈一步就是谬误。

张小溪："往前一步就是谬误"这句话怎么理解？

陈建明：很简单，打个比方，上海博物馆的定位是中国古代艺术博物馆，最强的领域是青铜、陶瓷、书画。如果它不断呈现的是俄罗斯、西班牙、美国的艺术与故事，那是否会脱离上海博物馆的定位呢？比例要控制、要分配好，任何一个博物馆，如果从馆长到副馆长到专业部门，全部把力量都放在临展上面，就有舍本逐末之嫌。

开幕大展：
要具备世界级的眼光

张小溪×陈建明×陈叙良

◎ 博物馆本身是文化交融之所

张小溪：与朋友看展，尤其是涉及不同国家的展览，经常会面临两种状况：一种是看到他国更为古老先进的文化，比如几千年前古希腊的科学，回头看看我们的差距，容易妄自菲薄；一种是因为我们曾有灿烂的文明，而洋洋自得。

陈建明：如果多去一些博物馆，多观察文明之间的交融与渗透，也许妄自菲薄与洋洋得意都能减少一些。我在海外博物馆看到很多东西，发现自己曾受的近代史教育，片面性很明显。有轻视中国的现象吗？有。但从国王到小康之家，也曾对中国文化崇拜得不得了。我们有很辉煌的东西，比如青铜器、丝织品、漆器，多么辉煌。在西方的博物馆里，东方元素出现得非常频繁，有的从东方来，有的学东方元素，当时是一种时尚。2013年我去巴西开会，参观一个世界文化遗产，是葡萄牙国王逃难到巴西后盖的王宫，国王床边摆着两个大型中国瓷器。漂洋过海逃难都舍不得扔，不正是对中国文化的喜爱吗？

西方近代艺术发展史上，受东方影响明显的，一次是和风，一次是中国风。荷兰曾打开日本国门，形成兰学，同时将日本文化带去欧洲，毕加索等画家就深受和风影响。而后的中国风，比如陶瓷，从风格、造型、技术、装饰上都对世界影响至深。

虽然文化的彼此交流很深，但不同国家的文化隔阂也很深。中国文化影响最深的还是东亚，如今还会有日本人惊讶地问："你们中国人也用筷子？"我们要消除这种隔阂，只能从文化着手。文化的本质是交融，你可以选择不同的路途，各种补充与吸收，但这种交融是深入血液的。

张小溪："哲学"也是日本翻译，连"自由"二字也是日本人翻译传入。最初严复是将"论自由"翻译为"群己权界论"。

陈建明：但输出是相互的。此前比较公认的是日本人在1861年左右用"博物馆"三个汉字，对译了英文的"museum"。但是我发现1841年的《四洲志》，有两个地方出现了"博物馆"三字。其中讲到在兰顿（伦敦）的大英博物馆，便是用"博物馆"对译了"museum"。也可能是收录了《四洲志》的《海国图志》传到日本，将这个汉译词带到了日本。如此说来，虽然近现代日本对中国输出更多，但即使在我们最孱弱的时期，还是对日本有输出的。我们两个民族正是互相学习，才各自创造出了各自的荣光。

博物馆本身，就是东西文明的一种对话。博物馆是西方传过来的，很多展览也关乎中西文明交流。而日本是东西文明交汇处，亦是融合得最好的地方。而我们的建筑师正好来自融汇东西的日本，深谙东方的底蕴又具备世界的眼光。

张小溪：这就能理解新湘博的开幕大展之一为何会做"在最遥远的地方寻找故乡"，国家博物馆看上它，引入国博展出时更名"无问西东"，正是对湘博理念的提炼。

陈建明：这个展是当年"全国十大展览精品"之一。虽然落地时有很多不足，但我认为将在中国博物馆展览历史上留下痕迹，因为思想高度在那儿了。我们可以留待时间来检验。

张小溪：您是新湘博开幕大展的总策划人，是什么触发了您将开幕大展的方向定在春秋战国与文艺复兴？

陈建明：前面提到过，基于我们是国家级重点博物馆，必须要有世界的眼光，所以我明确提出要以春秋战国为背景做一个中国历史艺术的展览，以意大利文艺复兴为背景做一个世界艺术交流的展览。百家争鸣的时代到底有一个怎样的时代面貌？宏大的叙事要落在小的细节上。它不是一个古文物器物展。春秋战国，"秦王扫六合，虎视何雄哉"，在这之前是什么样的中国？这么宏大的叙述怎么讲？做展览，其实切口要小，才能真正组合起来。比如可以讲六艺，贵族都要受六艺的素质教育，驾车骑马射箭等等。为何投壶，为何射箭，为何要学驾车？为何要刺秦王？从一个点去切。用文物讲故事的时候，要有眼界与方法论，要把那个年代的中国讲出来。我学习历史，我真觉得那才是中国，那才是丰富多彩、有民族精神与文化的中国。春秋、盛唐，都是早熟的。做这个展不是讲历史故事，不是写书，不是文字的表达，是器物组合的表达。策展时，脑子里要想到的是哪几种器物要如何组合，这才是策展的根本点。

做"文艺复兴"，不是一朝一夕提出来的，我思考了很长时间。

博物馆是什么

启发点是2008年在英国布莱顿博物馆看的"中国絮语"展览，当时英国多家博物馆联合做了中国风展览。英国稍微富裕的家庭都会有中国风的一两件东西，从建筑到日用家居、工艺美术艺术都受到中国文化的影响。从马可波罗开始，中国的形象便是富裕美好积极的，比如教皇的袍子上都装饰着中国纹饰，你看影响有多大？我们的文化自信从哪里来？真正的自信是可以讨论任何可能性的。在很多个类似的展览中，我都直接地感受到文化是双向传播的，无问西东。

我们常常说起唐朝，包括我们2006年做过的临展"走向盛唐"。李氏家族本身并不是纯汉人。如何走向盛唐？简单归纳，第一，有本土文化的积累传承，中土的文化源流是根，要嫁接各种文化，先得有自己的根才能接续。第二，从大兴安岭杀过来的北方游牧民族是催化剂，提供了新鲜血液。第三，以印度的佛教文明为代表的文化进入，至关重要。第四，有古希腊、古罗马的文明，通过波斯、西域，传到大唐。东南西北全部融会贯通，才有盛唐文化，才让长安成为世界之都。列维-斯特劳斯也曾说过，多少种语言消失了，多少个民族消失了。这是不可阻挡的，但你不能说它灭绝了，其实它是融合了。当时株洲市委副书记带领多位部门领导，参观完后叹息：我是看明白了唐代如此兴盛的原因，国家要发展强大首先要开放、融合，需要吸收各种优点与养分。我们株洲到底应该怎样发展，需要好好思索。

能引起这样的思考，观照当下，我们博物馆人是欣慰的，这就是做展的初衷。

从这个意义上来说，博物馆恰恰就是文化和解、交融、交流的平台。我们就是传播者，是传教士，传"文化融合发展创新"的教。无问西东，何论南北。文化就是你中有我，我中有你，中西体用之争误导了很多人。唐代就是大交流大融合。所以开幕展截取的时间段，既是百家争鸣、百花开放，更是"你中有我，我中有你，无问西东"。

张小溪：2017年东京国立博物馆做了一个"茶道特别展"，它的策展逻辑非常清晰地传达了自己的宣言：向中国致敬，自我的诞生，大我，古典复兴，新的创造。既致敬了来源，又对自己在文明之中的位置非常清晰与重视。

陈建明：策展人必须有这样的视野。我们邀请李军做"在最遥远的地方寻找故乡"的策展人，恰恰因为他是跨文化交流学者，我认为他把事情讲清楚了。文艺复兴，过去只是强调古希腊、古罗马，忽略了蒙古从大草原到地中海，五十年完全扫平了欧亚大陆，使文化产生贯通与融合的事。就跟走向盛唐一样，以长安为中心，把世界的四大文化全部融合在一起，才有盛唐。所以文艺复兴只是借了古希腊、古罗马的名头，复兴的是全世界的优秀文化。世界文明的源头，不是西方，也不是东方，是东西方交融之处。博物馆的追求要高于一般的文化娱乐，关乎人的灵魂，关乎人的幸福，它要根据历史发展真正的背景，揭示出文化对于人意味着什么。跳出东西之争，这才是博物馆应该追求的。

张小溪：在《成吉思汗与今日世界之形成》一书中，作者也与李军老师有基本相同的观点。

陈建明：他的研究正好符合博物馆的需求，研究到了具象上，研究到了器物上，这就是不一样的。历史学家写了书，但不能帮我们策展。李军可以，他在卢浮宫，在巴黎待过，他不仅仅懂美术史，也研究了博物馆学与博物馆史，是最合适的策展人。我们是在2014年就明确了开幕展方向的，他在2015年加入。这个合作也涉及学者与博物馆的关系，独立策展人与博物馆的关系，是未来博物馆发展中需要探讨的。他后来在采访中也一直讲，感谢湖南省博物馆，如果没有博物馆的眼光，就没有这个展览。而我也恰好希望通过李军老师的介入，让湘博真正建构起这样一个专业团队。

张小溪：您刚说去意大利看到很多。确定做这个方向的开幕展后，怎么与意大利方面沟通？

陈建明：我去意大利找过他们文物部门、博物馆，甚至拜访了佛罗伦萨的市长。市长与我交流了半个小时，他说："你这是一个伟大的想法，我很乐意支持你实现这个梦想。"很多中国游客去意大利旅行也必定去逛一些博物馆，但很多人不知道要看什么，怎么看。市长很宽容地说："这只是他们对我们不了解，这就是文化隔阂。"而博物馆就应该是一个打破文化隔阂的平台，这就是我们为何要做中国—意大利文化交流，我们要做东西文明的交流平台。人类的文明是可以沟通、可以交流的，博物馆要做的恰恰是文明的沟通。

博物馆强调包容与多元。2008年我们做"古典与唯美——西蒙基金会藏19世纪欧洲绘画精品展"，大幅宣传海报是裸女的背面，在当时有点大胆。天地间最美的就是人，没有任何装饰的人，作为一个公共平台，你需要去兼容各种东西。

我们是一个真正的博物馆，开幕大展是"在最遥远的地方寻找故乡"，它不是单一的一次展览，而是有前面多年的积淀与铺垫才会出现，未来是要顺着这条路继续往前走的。往上走，是整个中国以外的古代史，不仅仅是古罗马、古希腊，还可以是两河流域文明、苏美尔文明、古埃及文明、波斯文明，回到东方可以是日韩文化、东南亚岛屿文化、南太平洋文化。往下走，一直到西方当代艺术。这就要设置专门的部门与专业人员，如果有可能，要去建立收藏，然后研究，即使没有收藏，也可以顺着方向继续策展。关于西方历史文物与艺术，不是盲目的，而是有目的有计划地来介绍他们的文明、文化、艺术，绝对不能东一榔头西一棒槌。这才是一个大馆应有的眼光。

张小溪：听说专业团队组建可能也有一些现实问题，编制、薪资等等。但确实是如您所说，可以先提出来，要有这样的格局与眼光，做不到不要紧，总有一天会有人去做的。

陈建明：回到我们的初衷，策划设计阶段，起点一定要高。到底要做怎样的博物馆，要留下空间与框架。比如清晰地知道临展的重要，有丰富的临展经验，就知道一定要设计一个具备前瞻性的临展厅。所谓博物馆的百年大计，就是尽我现在的认知所能，做到最好的。你的追求、理念、视野，都要是最好的。当初设计的临展厅就是这样，开幕大展也是如此。

◎ 策展人必须要有超越的东西

张小溪：有一些深具影响的大展，比如卢浮宫的"达·芬奇大展"，可能是花了十年研究策划才有这个展，但国内这种土壤似乎比较少一点。在湘博，有没有可能，一个策展人，花多年去研究一个课题，最终做一个深具学术成果的展览出来？

陈叙良：这涉及学术与专业的评价标准问题。博物馆展览在大的学术科研系统里面，本身是相对较弱的。展览当然是一个专业工作，但是不是一个很高端的原创性的科研成果，这些评价标准还没有完全形成共识。像电影工业、电视剧制作都有一整套非常成熟专业的体系，分工明确细致，而在博物馆展览领域，关于这些体系、分工等还没有形成共识。不只是社会没有形成共识，行业内都还没形成。

现在博物馆的文创产品也好、展览也好，牵涉的知识面与学科太多，博物馆原有的学科设置与专业人员队伍很难支撑，需要引进社会力量，建立协同创新机制。

张小溪：湘博这样的历史艺术博物馆做了不少西方艺术的展览，拓宽了我们的眼界。博物馆里多是考古与历史专业人员，那西方艺术等专业的队伍是否已经建立了？

陈叙良：已经开始招，但很少。近几年我主持策划了几个比较大的艺术展览，2020年的"欧洲绘画500年"就是其中之一，几个月（里）经常跟美方博物馆沟通。策展同时，还需要做相关讲座，做直播，事情很繁杂。

策展人压力很大。观众组成复杂，知识结构差异很大。虽然我做艺术史，但在一个阶段可能聚焦在某个课题，当然通识性的信息都有，但通识性的东西观众也有，若没有，也能拿起手机立刻搜索。如今大学教育普及，观众掌握的工具多元，眼界也宽了，很多去法国去意大利逛过无数博物馆，在某些局部可能比我们掌握的内容更多。策展人必须要有超越的东西。我们毕竟有一个相对完整的知识体系，面对高阶观众，要尽量在观念、理念上可以与他们对话。对于普通观众，也需要深入浅出，立得起来。

张小溪：总体来说，在国内，湘博的策展能力相对还是很不错的。

陈叙良：还不错。但前有标兵后有追兵。2020年"5·18"国际博物馆日，我在南京接触到中小馆的一批年轻人，他们受过较为严格的学科和策展训练，眼界开阔，思维活跃，很有想法。

现在要做一个策展人真不容易。第一，你要对展览的展示对象有深入研究，必须超过一般人的认识，有自己的创见；第二，对传播要很熟悉；第三，在互联网时代，你对多媒体与数字展示技术也要了解并善于利用，展览没有互动与体验，观众也不愿意看；第四，对当代艺术，对当代的一些文化市场、文化理念你要去了解。

再拓展一下，你要了解这些东西时，你的学科领域也会拓展得很大，文学、哲学、历史等都要去了解，不然你根本看不懂。将当代文化和当代艺术的一些观念和理念引入传统博物馆的展览里，其实会有一些新的视角、新的呈现方式、新的发现，会做得特别有意思。现在一些展览都有这种趋势，年轻策展人真的不能小看。

张小溪：小馆可能自主性更强。在长沙，年轻人就很喜欢谢子龙影像艺术馆。

陈叙良：湖南非国有博物馆里，从建筑到专业队伍，它都是最好的。传统的大馆其实面临着整个社会多元化、文化多样性的选择与发展挑战，各行各业都开始关注博物馆，这种关注产生一种巨大的冲击力，博物馆如果还停留在自己原来那样一个知识体系里面，就会很被动。

张小溪：陈建明馆长曾经有个厚望，就是让湘博从依托考古学转型到依托历史人类学、文化人类学。湘博现在有在做类似的转型吗？

陈叙良：我们即使是用文化人类学的方法做了一个"湖南人"的展览，但谈到博物馆转型，学术上转向或拓维，我觉得这仍只是一个孤立事件。要让整个队伍、整个办馆理念、专业方向发生根本性的、开放式的、多元式的转型，很难。目前为止至少是不明显的。有一些人意识到了这个问题，可能有少数人在思考，但是并没有呈现出一种大的潮流。观念的转化、知识的积累都需要有个过程。

张小溪：回到湘博开幕的中—意大展，为何会选择元朝的中西文化交流？

陈叙良：讨论新馆开馆临展时，陈建明馆长提出要做一个中国文化（的展览）、一个西方经典时代的展览。中国选了春秋战国，这块相对做得少一些，最初起名"轴心时代的东方"，被否。"轴心时代"本就是西方的概念，有点矮化自己，第二次世界大战时，轴心国是法西斯，容易造成误解。最后改成"东方既白"。

而西方经典时代的展览，则经历了从（西方经典时代）这个大方向到明确要做西方艺术或者中西文化交流，再慢慢细化到要做文艺复兴时期的文化交流。我正好在中央美术学院碰到跨文化艺术史研究学者李军老师，他从哲学、美学转做艺术史，在卢浮宫整理过东方的收藏，在哈佛大学做过客座教授，英、法、意大利语都很精通，也深刻理解博物馆本身。他当时有一个研究正是关于元明时期的中西文化交流，报告标题为"在最遥远的地方寻找故乡"。我回来跟陈馆长一说，他眼睛一亮，马上就一起去北京拜访李军老师，讨论之后觉得这个初步研究成果符合湘博的展览方向与定位，就拍板请他来做具体策展人。我们三人就是整个方案的策划团队。

湘博还是有比较高的立意、比较高远的追求和使命感的。这两个开幕展想探讨的命题比较宏大，有点地方馆去做国家馆的事情的意思，也宣示了湘博很有国际视野。这与陈馆长本身很强的文化使命感有关系。

张小溪：陈建明馆长觉得最初"你中有我，我中有你，无问西东、何来西东"的立意，在最终的实现过程中有衰减吗？

陈叙良：一开始只是有想法，想到的展品可能有七八十件。我们去意大利一个个博物馆查看与挑选，去美国大都会、芝加哥菲尔德博物馆借。有些借到了，有些未能如愿。

最后呈现的效果大概只有70%，这个有执行上的损失，以及各种变故。比如国内一座博物馆12件很重要的文物，早已谈好借展意向，展位全部预留。离开幕只有10天左右的时候，却因为某些政策原因无法到湘博展出，真是急得吐血。只能跑到自家库房，寻找沾边、类似的文物替代：拿清代的刻本替换明代的刻本，拿清代的《八骏图》替代明代的《天马图》，拿明代的矮脚铜马替代元代的高头大马、石马。

哪怕出了这样的变故，还是被评为国家文物局2018年"弘扬中华优秀传统文化、培育社会主义核心价值观"主题展览十大重点推介项目，肯定了展览在学术上、价值观上的创新。

张小溪：陈馆长是理想主义的人，理想主义的人难免容易失望。（笑）那具体的策展、选取文物遵循着怎样的逻辑？

陈叙良：我喜欢《Hello！树先生》这样的电影，也研究过湖南卫视优秀的娱乐节目，很多东西其实都是相通的。也许有人会诟病娱乐化节目，但我们要看到它在传播等方面的突破性，以及持续的文化输出与影响。一个展览，如果只是根据教科书或现成的学术研究成果找文物来证明，这样的展览，思考深度和原创性是不够的。展览不在于展出多少件展品，而在于展品之间内在的逻辑，最重要的是你发现了展品之间的新关联。"在最遥远的地方寻找故乡"就是按照这种思路去做的。

近三年，我对展览也会有新的认知。我以前受过严格的历史学训练和写作训练，又是典型的处女座，有挑剔苛刻、过于追求完美的毛病。写东西逻辑严密，环环相扣，但我发现这种方式会变得无趣，会把自己包裹其中。这些年会刻意多阅读诗歌、散文等文学书籍，以及哲学、艺术类书籍，试图打破自己的线性思维或者过于逻辑性的东西，打破思维定式，变得更感性或者更发散一些。持一种开放的甚至自觉的反思去打破思维固化的东西，这对学术很有帮助。倾向于在自己有限的能力范围之内，找一个点突破，以点带面。就像匕首一样，有一种穿透力。

我后来做的几个展览，包括"齐家"（2019年），原本是想做成宏大叙事的，后来想法发生了改变。其实包括之前齐白石、古琴的展览，以及我写的一些研究题目，大多属于做小点切片，以小见大。

我也认为展览不应以简单的数量衡量，也不应仅用时间长度、规模大小衡量，最重要的是你的主题、表现手法需要与通过展览传导的价值观有关。要经过深思熟虑，根据馆藏或者别人的馆藏，呈现一个完整的而不是初级的作品。这应该是博物馆专业应有的共识。

展览是很短暂的，真正能打败时间的可能只有文字，所以高水准的展览图录是非常重要的。我做书画研究，觉得要多追求从视觉现实和作品本体出发得出个人洞见，而不是（追求）对文献的堆砌或对已有东西的修修补补，那样永远无法超越自己。

张小溪：作为策展人，您通过"在最遥远的地方寻找故乡"最想传达的是什么？后续有什么临展体系计划？

陈叙良：一个博物馆作为文化中枢，除了提供本区域、本民族的文化产品和服务，也需要满足观众多样的文化需求，特别是本地观众。（让他们）了解其他区域与民族的文明，了解国外离我们很远的一些文化，了解怎么样来看待别人的文化，其实是有助于反观自己的。有的时候我们会很自大，但是你看了别人的文化以后就觉得人家也很厉害。人们其实需要这样一种文化上的观照，需要一个开放的体系。所以博物馆除了基本陈列、专题陈列，还有特展，这就是一种拓展，一种对照与交流。我们特展分四个系列：湖湘文化系列、中华区域文明、全球范围内的历史文化、世界艺术系列。当然，我个人认为这个体系的构建还是存在过于宽泛的问题，从长时间段来看好像也可以，但在策展实践层面应该更聚焦、更系列化一点。2020年的"欧洲绘画500年"属于世界艺术系列，"秘鲁古代文明展"就是世界其他民族、国家的文明系列。

我们是综合性历史艺术博物馆，我们为何会做艺术？2019年以前没有湖南美术馆，湘博就兼顾了艺术与美术馆的一些功能，现在也需要这种延续。加上我们古代的艺术品不少，书法、绘画、陶瓷、青铜等，于是就有一种对话的需求。如此，老百姓不出国门，就能够低成本在自己的城市看到外面的世界。比如"欧洲绘画500年"这样的展，就是一堂西方艺术课，策展难度很大，但可以将一些名家精品，以及当时有名后来被历史遗忘的、中国观众不是很熟悉的艺术家介绍给大家，对提升城市的文化品位，提升公众的文化素养与审美素养，都是有帮助的。北京、上海的艺术氛围都很强，长沙也需要慢慢培养，而湘博有这个责任。所以包括"艺术长沙"展，我们也一直在参与。

PART FOUR

即使人们用最大的热诚和丰富的资源来建设一座博物馆，它在很大程
度上也取决于偶然所赋予的种种机遇。

——安德烈·马尔罗

生长

博物馆的未来

陈建明先生（左）与矶崎新先生（右）在南京

作者与设计团队采访矶崎新先生

原湖南省博物馆设计团队在长沙回顾一体化设计

2019年，南京，原湖南省博物馆设计团队访问矶崎新，此时矶崎新刚获得当年的普利兹克建筑奖

访谈者手记

等待一座博物馆的生长

　　2017年11月29日，湘博开馆，当天涌入了3万名观众。在艺术大厅正中，挂着一块大漆板，叫"鬃同事心"。出于文化印象，一看便知创意来自汉代漆器，具体来说，马王堆分餐而食的漆盘也有类似一杠一杠的条纹。绢布胎上鬃了很多道漆，仔细看可以看到底纹。这件看着非常具有当代艺术品气质的大板，其实正是一块匾。"匾是干什么的？就是湖南省博物馆重新亮出的招牌。"从"鼎盛洞庭"的建筑，到内部的展览，其实都是对湖湘文化的重新梳理。新馆开放，招牌闪亮。

　　开馆12天后，矶崎新团队来看他的作品。矶崎新说："新馆是展示和建筑空间结合在一起的非常成功的案例。博物馆随着时间的推移，内容会不断地扩展。博物馆这种类型的建筑，开馆那天才是生命的开始。希望新馆在未来，不断完善细节，除固定展览，临展能不断呈现。"陪他一起参观的段晓明馆长说："我们一定会打造一个 Museum·Plus，一个超越'Museum'的空间。"新任湘博馆长段晓明与湘博的缘分，以及个人的轨迹，与陈建明馆长非常相似。都曾在湖南省文物局博物馆处（原博物馆科）工作，都曾被局里派来协助建馆工作，最终调任湘博，成为湘博馆长。年轻的段馆长接下新馆开馆与运营重任，这是棘手的任务。他顶着巨大压力延续着湘博的精神，同时也努力去建设一个新时代的湘博。当然，这属于另外一个故事了。

2019年3月，当年普利兹克建筑奖名单公布后的第10天，矶崎新先生获奖后第一次来中国。国内建筑师纷纷前来祝贺，在南京四方美术馆有一场欢迎晚宴。在邻湖的"泊舟"会议室，陈建明馆长、杨晓等人与矶崎新有一场重逢。矶崎新非常关注新湘博新的生长。

打造一座鲜活的博物馆

陈建明×矶崎新×胡倩

陈建明：首先对矶崎新先生获得普利兹克建筑奖表示祝贺！

湘博运行一年，312天，360多万观众参观。以前以每年接待500万观众的规模设计，现在看来360万人就很拥挤了。这不是建筑与设计的问题，因为很多功能区尚未完成，恰恰说明设计还未完成，馆方也正在完善，3层的4个展厅正在紧锣密鼓地施工。5月18日，中国博物馆日主会场将会放在湖南省博，我们也非常希望能邀请先生出席。

矶崎新：谢谢。我也很想参加，但我的时间一点都没有办法（腾出来），很不凑巧，我5月19日在法政大学有一天的演讲，20号去巴黎领奖，不能去参加这次活动了。

5月18日是不是所有地方都开了，正式open（开门）？上次的open几乎是草草open。我2017年4月份去过工地，当时的状况我认为当年肯定完不成，但居然在11月就open了，中国对建设速度的要求——包括这个博物馆也是响应这个速度——很让人震惊，也很让人佩服，大家也很辛苦。我经历的美术馆，比如日本的，第三代改扩建很多年了，到现在都还没完工。在中国，庞大体量的工程总是能很快建成。

开馆是一个很美好的事情，在时间压力下能够开馆是个很伟大的事情。细节上的瑕疵可以在运营过程中去修缮。美术馆与博物馆，一般一年后才是正式open。因为会遇到很多运营问题，比如干湿程度都会受到影响，哪些作品能放，试运营后才会决策，半年或者一年后才正式open，这个是常识。但已经来了360万人，我也不能再说什么了。

陈建明：湘博现在也有这种状况。技术人员已经提出问题了，现在有的文物已经要撤回去，不能再展。先生没到现场，却好像看到了一样。

中国的博物馆其实与先生说的有点类似，其实也会有试运营，只是没有设置一个明确的试运营结束与场馆正式open的时间。这次"5·18"国际博物馆日主会场设立在湖南省博物馆，其实也相当于一次正式开馆。上一次开馆所有人都没来，这次几乎所有馆长都会来。

矶崎新：业界的人全部都到的话，才算是正式open。

陈建明：试运营时，中国国家文物局副局长到场，当时有个评价，说5年内不可能有大馆超过湘博。这是对建筑、陈列等整体的一个评价。中国的博物馆发展很快，但目前我们这个馆真正很有特色、最有亮点的东西还没被发现、被呈现出来。

如今从广场到水体、艺术空间、顶层餐厅，都正在重新整理。我虽然离开了，我要为现在的运营者说一句话，他们很不容易，差一点这个馆就烂尾、就夭折了。曾有领导叮嘱，湘博现在唯一的出路，就是突围，向死而生。怎么突围？就是把馆打开，以后再慢慢完善。听了他这句话，在很困难的情况下，我们把馆打开了。

矶崎新：联系到以前说的"城市的未来是废墟"，建筑也是不断地生长与再生。有的地方坏了，需要修理；有的地方，需要扩展。以前的老馆，后来也没了，被包含在了新的馆里，我们留了一点印记。

一个建筑，最开始能呈现这个时代最好的东西，这样自然很好。如果做不到，我也不着急。废墟也是被破坏，破坏之后才会有增长。破坏并不是就没了，反而会有一种力量。我对建筑也是这样理解。不着急，既然开始已经是这样的开始，可以等待它的成长。

不只是建筑质量的问题，还有其他一些关联的问题。博物馆、美术馆这种类型的建筑，开馆的那天只是竣工，不会是一成不变的，开馆才是生命的开始。建设起来后，运用的过程是会影响建筑维持与延续方向的，这也是很关键的。比如说内部的展示，都是几个月、几年就会变化。这个是博物馆、美术馆的宿命。随着时间推移，内容在不断扩展。如果不动了，就成了坟墓。

文物本身、展品本身、展示方式本身也会发生变化，展品与人的关系也会发生变化。观看展览，年轻一代会有不同的方式。我看过湘博的固定陈列——美院团队的固定陈列的展示——用了当代的一些手法，动画与影像手法的导入，是非常成功的。我觉得成功的理由，是它很好地利用了建筑留下的空间，把故事讲得很清楚。文

博物馆是什么

字相对少，又通过墓坑、内容、解说等把故事讲明白了。展示与建筑的空间结合在一起，是非常成功的案例。我对历史与艺术是非常感兴趣的，也看了世界上非常多的博物馆，我认为这个博物馆及里面的展示内容，是非常成功的，听说也受到了广大群众的高度评价。除了固定展陈，希望我们的馆有源源不断的新的陈列，是一座鲜活的博物馆，会受到全社会的瞩目。

另外，我很关心观众人数的问题。一天一万我都觉得人太多了，我还是希望能再限定一点流量，博物馆毕竟不是博览会。我在深圳遇到一个国内独立建筑师，好像是长沙人，说去了几次都进不去，都要排两个小时队。几年前在上海博物馆看七十二件国宝展（即"晋唐宋元书画国宝展"），也感受到了可怕的人流，《清明上河图》前大家都不动，里三层外三层，排队都不知道如何排，基本都看不到。

胡倩：日本的"颜真卿展"，限流就限得很好，镇馆那幅《祭侄文稿》，虽然排队30分钟，但至少可以看3分钟。而且在排队的流线上，用不同的方式对展品做着介绍。比如拿王羲之、颜真卿、褚遂良作比较，有什么不同，初唐到盛唐的变化是什么。另外，马王堆复原墓坑中的三维展示更多是烘托氛围，日本博物馆的三维，更多是将研究的结果表现出来，以后还是有很多可以成长改善的地方。

陈建明：这一点我又与先生想到一块儿了。我最近跟段馆长谈了三个小时，重点谈到限流的问题。段馆长也很认可。

胡倩：开馆时段馆长说入口大厅怎么只有一个扶梯上去，流线不行，过于拥挤。矶崎新先生说这就是限流的方式，希望在这个基础上再进一步限流，我们当初都计算过了。另外，现在展厅里地面怎么会有高低差，这样会有危险性，也影响观展的体验，这都是不可以理解的事情。

陈建明：这些细节都在修改。

矶崎新：中国的很多博物馆，从故宫、国家历史博物馆到南京历史博物院，我都有看过。故宫是以建筑为主的。国家历史博物馆后来又增加了建筑与内容，空间相当宏大。建筑与展品一开始能很好结合、整体呈现的博物馆，中国国内还不多。湖南省博物馆很注重整体呈现，除此之外，更注重大量观众人流的流线。大量人群涌进来后，他们一路参观，怎么静下心来观看，最后看镇馆之宝？这个过程的梳理，需要在流线上、设计上限流，不是人数限流，而是利用空间的控制与梳理，通过设计手法自然而然地限流，很自然地让大家静下心来看最后的老太太，再离开。一体化呈现是博物馆想做的事情，流线能不能这样梳理？这种局面能不能呈现？我们这块地很局促，有地势问题，体量又大，在这个里面解决复杂的人流，相对来说比其他馆更重要。在建筑为展品服务等基本理念外，流线问题的解决我是最看重的，所以会有艺术大厅、艺术广场这样的配备。我想问问运营一年后有没有达到这样的目的。

陈建明：我跟段馆长也交流过此事。当时的设计，很重要的一点，前广场、水体、水上的观景台，都是为了整个流线的观众体验，现在完全变成了排队场地。另外，广场前面的老楼没拆，前广场回旋余地比较小。观众没地方可去，直接堵在马路上，与城市交通发生拥挤。所以广场全用来排队也是被迫的。现在段馆长已经理解了设计意图。如果老楼拆了，那边可以分流，前广场作用发挥出来，艺术大厅的功能再充分发挥后，他们就能逐渐理解主要线路的设计是合理的了。

关于馆的设计，我想要请教另外一个问题，是关于纪念碑性与当代性的。我觉得这个馆的设计，不只是符合湖南省博物馆需求的，还是全世界目前都不多的、真正回到博物馆本源、回到博物馆本质、体现博物馆建筑的一种类型与方法，而这恰恰是馆方认识不够的。如果有机会还想请先生讲讲，为何在这样一个地方，采取了这样一个方法，要放这样一个博物馆，它跟公园的关系，跟纪念碑的关系如何。先生一直强调纪念碑性，就像芝加哥大学教授、东亚艺术中心主任巫鸿说的，既有纪念碑性，又是现代的。我们博物馆有这个条件，做成这样一个既有纪念碑性，又是当代的馆。先生的这个设计，正好做到了这点，只是博物馆与烈士公园、纪念碑等等的关系，很少有人可以认知。

矶崎新：我读过巫鸿的一些书，如《重屏：中国绘画中的媒材与再现》，觉得巫鸿很理解艺术与哲学之间的关系。《再造北京：天安门广场和一个政治空间的创造》就是讲纪念碑问题，很有意思。我完全同意他对博物馆的纪念碑性与当代性的理解。

博物馆为何会出现，就是近代国家成立时需要拥有另外一种组合形式的神殿。墓很重要，墓里的陪葬品是很重要的文物。另外一个就是无名英雄，近代的墓，就是无名英雄墓。

我认为湖南省博物馆最后的解决方案，让近代国家需要的博物馆的性质、地位、精华与元素都在这个博物馆呈现。它还有一种本身的偶然性，就是其他博物馆不会有女尸。湖南省博物馆正好有这个墓，有辛追夫人，这是一个巧合。我看了隔壁的无名英雄纪念碑，它和远古的辛追夫人的墓，正好与近代国家博物馆的起源全部吻合。我把这种吻合性用我的理解去呈现。这块地虽然局促，但是有偶然性可以被运用。

从烈士纪念碑看过来，博物馆这里是一个小山岗。小山岗可以被整个当成一个墓。从烈士公园看过来，山岗本身也是墓的一部分，墓与下面的陪葬品都与这个山岗结合在一起，是远古的文明与今天（的文明）结合在一起。但这样一个墓，别人看不到什么。远古的墓葬，上面会有一个标志，比如一棵树，我就想空中飘来一个今天的盖子，对墓有鲜明的标示性。这个轻盈的顶，如同湖湘文化水汽升腾，也是对今天对未来的人的一个昭示。

对我来讲，这个建筑的正面或者说标志，其实只是这个屋顶。只有屋顶是我设计的正面，其他都是墓坑的一部分，包括山岗，虽然传统认为接触城市与广场的那面才是正面。当然建筑从功能上需要正面，人们需要出入。对我来说，这个馆，只有屋顶是我的正面。

我有个愿望，我看了夜景照片，觉得处理得还不够。夜景，也只需要照亮屋顶，让它像酷炫的隐形飞机，升腾与浮起的感觉要表现得更强烈。其他的全部不要。这是很关键的当代性。

陈建明：我会转达您的意见。某种意义上，湖南省博物馆也获得了重生，这是准备重新出发的过程与契机。我们一起等待它的继续生长与完善。

博物馆是什么

后记

飘移的边界

　　这是一个边界不断飘移的时代。柏林墙的倒塌曾令人产生政治边界已经过时的无限遐想；数字革命的凯歌行进更使得"无边界世界"的预言广泛流传。然而，现实是，我们仍然生活在一个边界无处不在的世界。告别现代，扎根后历史的代价是，边界在急剧地飘移中。

　　或许是出于识别和重构知识的学科本能，博物馆界对边界保持了必要的敏感。英国莱斯特大学博物馆学系教授西蒙·内尔（Simon Knell）在2018年北欧博物馆协会（Nordic Museum Association）年会上就提出了"边界在哪里"的疑问；同年，他在陕西历史博物馆发表演讲时的题目是《边界与桥梁：博物馆与全球文化和谐》。接着，作为对世界充满边界的反思与回应，他于2021年出版了一本关于博物馆如何体现知识、真相、记忆和身份边界的专著：*The Museum's Borders: On the Challenge of Knowing and Remembering Well*（《博物馆的边界：关于认知和记忆的挑战》）。内尔意识到在其长期的地质、技术、历史和艺术诸领域的研究工作中，边界大量出现，于是提出了"博物馆如何参与边界的建设、保护和缓解"的疑问，首次将"边界"这一视角作为一种新的工具来解构和重构博物馆实践，力图揭示科学家、艺术史学家和历史学家如何借助博物馆来建构我们这个充满"边界"的世界。

唯恐在全球化的惊涛骇浪中迷失自我的国际博物馆协会对于博物馆的发展方向始终保持高度关注，突出表现就是越来越频繁地在全体大会上重新讨论和定义博物馆。最新的成果是，经过近六年的各种忙活，终于克服了主要是来自内部的挑战，在今年（2022年）八月举行的布拉格大会上通过了新的博物馆定义，以此重申博物馆这一事物的本质特征及其边界：

> 博物馆是为社会服务的非营利性常设机构，它研究、收藏、保护、阐释和展示物质与非物质遗产。它向公众开放，具有可及性和包容性，促进多样性和可持续性。博物馆以符合道德且专业的方式进行运营和交流，并在社区的参与下，为教育、欣赏、深思和知识共享提供多种体验。

虽然这个定义的中文译本还在推敲之中，但用三句话表明博物馆是什么、做什么、如何做的含义是清楚无误的，这就是博物馆的本质、边界和价值。

问题在于，如果我们对比2007年维也纳大会修订的定义：

> 博物馆是一个为社会及其发展服务的、向公众开放的非营利性常设机构，为教育、研究、欣赏的目的征集、保护、研究、传播并展出人类及人类环境的物质与非物质

　　　　　　　　　　　　博物馆是什么

遗产。

再对比1974年哥本哈根大会通过的定义：

> 博物馆是一个不追求营利的、为社会和社会发展服务的公开的永久性机构。它把收集、保存、研究有关人类及其环境见证物当作自己的基本职责，以便展出，公之于众，提供学习、教育、欣赏的机会。

最后回到国际博物馆协会1946年成立于巴黎时给博物馆所下的第一个定义：

> 博物馆这个词包括藏品对公众开放的所有艺术的、技术的、科学的、历史的或考古的机构。包括动物园和植物园，但是图书馆除外，仅包括保持永久展厅的图书馆。

我们可以看到，这里所列举的博物馆定义的四个版本中，其核心要素一直处于"飘移"之中，即由"藏品"（1946年）、"人类及其环境见证物"（1974年）到"人类及人类环境的物质与非物质遗产"（2007年）和"物质与非物质遗产"（2022年）。也就是说，"藏品""见证物"和"物质与非物质遗产"是博物馆功能得以产生的核心物质条件，巴黎第三大学教授、国际博协博物馆学专业委员会前主席弗朗索瓦·迈赫斯（François Mairesse）将其称为"博物馆工作的物件"。事实上，这几个专业术语更是博物馆定义中最能揭示博物馆本质特征的核心要素。而这些核心要素不断"飘移"的结果是：关于博物馆本质特征的说明或描述，不是更清晰了，而是更模糊了。

迈赫斯曾引述英国博物馆协会1998年的定义："博物馆使人们探索藏品，获得启发、学习和娱乐。博物馆是收藏、保护并为社会托管文物和标本供人参观的机构。"他指出其中"藏品"这一术语抽象度比较低。尽管英国博物馆协会至今仍使用这一术语，"博物馆是面向公众的、以藏品为基础的机构"，但国际博物馆协会早在1974年就已经改用"见证物"这一专业术语。应该说，material evidence（物证）作为博物馆定义的核心要素是迄今为止最为准确清晰的表述，既符合博物馆实践，便于操作与辨识（如"任何机构，如果根本不利用物品，或者没有把物品用作主要的信息传达工具，不论其性质如何，都不是博物馆。"——阿尔玛·魏特林），又符合高度抽象以揭示事物本质的要求。

令人遗憾的是，从2007年维也纳版本到2022年布拉格版本，定义中的核心要素修改成了"人类及人类环境的物质及非物质遗产"和"物质与非物质遗产"。迈赫斯曾指出，"物质和非物质遗产"概念被认为是模棱两可的，有人建议用"遗产"取而代之。如果我们将"人类及其环境"和"物质与非物质"视为"遗产"一词的定语，这里的核心术语确实就是"遗产"（heritage）。而我们知道，在过去的几十年里，"遗产"概念发生了爆炸式的扩展，从继承的私人遗产扩展到国家文化遗产和世界遗产。

联合国教科文组织分别于1972年和2003年通过了《保护世界文化和自然遗产公约》和《保护非物质文化遗产公约》，并对"文化遗产""自然遗产"和"非物质文化遗产"给出了定义：

"文化遗产"：

　　文物：从历史、艺术或科学角度看，具有突出的普遍价值的建筑物、碑刻和碑画，具有考古性质成分或结构的铭文、窟洞以及联合体；

建筑群：从历史、艺术或科学角度看，因其建筑式样、分布均匀或与环境景色结合方面具有突出的普遍价值的单立或连接的建筑群；

遗址：从历史、美学、人种学或人类学角度看，具有突出的普遍价值的人造工程或人与自然的联合工程以及考古遗址等地方。

"自然遗产"：

从审美和科学角度看具有突出的普遍价值的由物质和生物结构或这类结构群组成的自然面貌；从科学或保护角度看具有突出的普遍价值的地质和自然地理结构以及明确划为受威胁的动物和植物生境区；从科学、保护或自然美角度看具有突出的普遍价值的自然景观或明确划分的自然区域。

"非物质文化遗产"：

"非物质文化遗产"是指被各社区群体，有时为个人视为其文化遗产组成部分的各种社会实践、观念表达、表现形式、知识、技能及相关的工具、实物、手工艺品和文化场所。这种非物质文化遗产世代相传，在各社区和群体适应周围环境以及与自然和历史的互动中，被不断地再创造，为这些社区和群众提供持续的认同感，从而增强对文化多样性和人类创造力的尊重。

《公约》所定义的"非物质文化遗产"包括以下方面：

1.口头传统和表现形式，包括作为非物质文化遗产媒介的语言；

2.表演艺术；

3.社会实践、仪式、节庆活动；

4.有关自然界和宇宙的知识和实践；

5.传统手工艺。

显而易见，上述关于遗产的定义并不能涵盖世界各国博物馆实践中的"工作物件"，而且，从文本的角度看，这些定义是一系列概念的列举，需要再逐项释义；从实践的角度看，对这些概念的理解差异很大，需要不断更新"操作指南"，事实上也只有极少数特殊类型的遗产得到了有效的保护。那么，国际博物馆协会是否应该对"物质及非物质遗产"再下一个定义？

相比之下，"物证"一词更适合作为博物馆定义中的核心术语以确切描述和揭示博物馆这一社会机构的本质特征，因为博物馆所有使命、目的、功能的实现，都是建立在对"见证物"的收藏与研究之上的。同理，博物馆学学科一直在困境中奋斗挣扎，学科的研究对象长期模糊不清，也是因为学科的核心术语建构受实践对象的牵连而缺乏共识、莫衷一是。事实上，博物馆物才是博物馆学科合乎逻辑的研究对象。博物馆学的正确发展方向，唯有运用科学思维和术语及方法，以"博物馆物"为对象，构建起本学科的科学世界。我们认为，"博物馆物"的本质是文化遗存物，即人类文化活动的产物及遗存，它是一种历时性与共时性特征并存的文化见证物，既是今人见古人，亦是古人见今人。

理论的贫乏与实践的困顿往往互为因果。当代博物馆实践中，博物馆在加速泛化与异化，其核心与边界日渐模糊，从科研重镇到教育基地再到游乐场兼小商品卖场，一如人类社会不断重演的许多悲剧，前方明明是万丈悬崖，却不乏欢呼雀跃、振身飞奔者。本书研究案例的参与者对此保持清醒的认识，为秉持博物馆的专业方向，提出并努力践行了"一体化设计"的理念与思路，在博物馆学、建筑学和设计学的加持下，以一个客观实体的创造，来建立起"博物馆是什么"的现实样板；而本书作者则试图在愉悦和痛苦的实践过后，来整理与呈现当初的思路历程，为理论探索"博物馆是什么"增加素材。我们看到，专业和学科的内核是支撑现实世界的基石，否则"博物馆""建筑"与"设计"将无以存在；而专业和学科边界的飘移，则既可能产生跨界融合的正能量，也可能生成销蚀剂。本书案例中，各专业之间对相互边界的承认与否就产生了完全不同的效果，整体而言是创造了难以轻易超越的经典，但也留下了不少可以进一步讨论的空间。比如"长沙马王堆汉墓"陈列，从博物馆学的立场看，完全可以接受设计方的总体视觉设计和艺术立场，从这个角度说，是"内容"服从了"形式"；但这个设计中的墓坑展示部分完全是"形式"取代了"内容"，至少是虚化了内容。设计师将之述说为以艺术的方式讲述马王堆故事，言之有理。问题在于，这是一个整体呈现考古学著名案例的历史陈列，构筑大型墓坑复原场景，是为了直观地、形象地展示考古发现的"真实"内容，而现在的呈现方式，似乎是"艺术"取代了"科学"，"形式"越过了"内容"的边界。上文不惜篇幅讨论各种关于博物馆的定义，也是为了说明本书贯穿始终的一个学术观点：博物馆物是博物馆安身立命的根本，对博物馆物的科学阐述是博物馆的核心使命。

　　本书撰写过程中同样遇到了作者、编者之类的"边界"问题，从书名到体裁，也一直处于变动之中。在此要感谢广西师范大学出版社社科分社的领导和编辑，他们为本书最后的呈现指明了方向。

毫无疑问，这是一本集体创作的著述，矶崎新先生、胡倩女士、黄建成、杨晓、赵勇、何为、陈一鸣、李建毛、陈叙良、方昭远诸位先生都是贡献卓著的作者；作为项目统筹，陈新先生身居幕后却是始终在场的重要推手；陈成先生不仅参与湘博建设项目，也为本书付出了功不可没的辛劳，留日归来的他不仅是一位沟通中日语言和文化的杰出译者，还是一位默默奉献的志愿服务者。对于成书而言，张小溪执笔作著的辛劳创作居功首位，而我直到读到项飙、吴琦著的《把自己作为方法——与项飙谈话》一书，才下决心在著者中写下自己的名字，以对博物馆学专业负责，对本书文稿负责。最后需要说明一下，本书谈到的所有具体事例，均属于设计思想的讨论，不涉及已有成果的评价。谨以为记。

陈建明

二〇二二年十一月冬日桂香之际